100 SELECTED GOOD YEARS WINES

Exclusive Wine Tasting Notes and Recommended Chinese Food Pairings

WORLD WINERY TOUR

世界酒莊巡禮

精選100支美好年代葡萄酒

獨家品酒筆記與推薦中華料理搭配

黃輝宏 著

Foreword 🍷

由葡萄酒品味生活 ———— Angelo Gaja

世界最知名的義大利酒莊 Gaja 莊主、義大利葡萄酒教父

"Wine is one of the greatest signs of civilization in the world" [quote Ernest Hemingway]

Wine is rooted in humanity, landscape, history, culture, tradition, ...
Learn how to drink properly, accompany wine with food, conviviality at the table.
Who knows how to drink, also knows how to live.
Angelo Gaja

「葡萄酒是世界上最偉大的文明象徵之一。」——[引自海明威]

葡萄酒深植於人類、風景、歷史、文化、傳統……
學習如何正確品味葡萄酒，將其搭配美食，享受餐桌上的歡聚。
懂得品味葡萄酒的人，也懂得生活。

Foreword 🍷

跟著黃老師喝過最貴的酒 —————— 李昂
作家

我有超過50年喝西方葡萄酒的經驗，加上後來自己的努力，也算喝到一些好酒。我尤其深愛老香檳，也在著名的藏酒專家處學習品評好酒。

以價格來說，眾多老香檳很難去評估一定的價格。但以目前市場的買賣來說，最高價的是跟著香檳騎士黃老師喝到一瓶勃根地的名酒：Roumier Musigny 2005，年產量僅僅300瓶，68萬。

葡萄酒搜尋網站Wine-Searcher釋出了2022年全球最貴葡萄酒榜單。這瓶酒排第六，黃老師解釋：Domaine Georges & Christophe Roumier Musigny Grand Cru，WS評分：96分／國際均價：約62萬元，Domaine Georges Roumier在漫畫《神之雫》中打頭陣以第一使徒出場，名聲更振，將本來就高的售價推上天價。當然，第一使徒Amoureuses僅是一級園，不可能打入世界最貴葡萄酒之列（儘管她的售價已經穩超絕大多數特級園，水平亦然）。這一殊榮還是要交給Roumier酒莊的王牌——Musigny特級園。

黃老師還豪邁的說：「比有些Conti好喝。」

我們幾個人分享這一瓶好酒，因為看到我那麼迫切的渴望，黃老師多幫我加了一次酒。

哇！那酒在嘴巴裡展開的各式繁富滋味，因為沒有跟食物混合，喝到單純的酒的極致美味，變化歷歷清楚，可以說是我到目前為止喝過最美好複雜的酒。

我也算喝過一些好酒，只能讚嘆真是只有天上有！

當然有人一定要說，只會喝這些昂貴的酒，錢能買到的沒有什麼了不起，要能夠從一般的好酒當中，去找尋CP值高的，才是行家。

黃老師從事葡萄酒買賣多年，當然有這樣的能力幫助客戶找尋到適合的好酒。

可是我沒有這麼多的時間、精力去找尋。黃老師提供的就是我這種有點懶惰的美食者最好的依賴：跟著專家搜尋過的美好，再自己去品嚐出心得，而不是神農嚐百草方式。

這本書便提供的這樣的好處。黃老師驚人的記憶力、在業界老牌的經驗，都使得書中提供的資訊十分珍貴。

比較有趣的是用葡萄酒來搭中餐，這一點，老實說可能不同的人有不同的意見。而用稀有的頂級好酒來搭配中菜？我基本上是不會這樣做的。因為醬油是葡萄酒的頭號殺手，而中菜，怎可不用醬油！

但是，這本書提供的搭配方式，或許也是一個嘗試的起步。讓我們繼續一起努力，試著找尋出一條搭配的新出路吧！

Foreword

和黃騎士一起品味好酒 ——————— 李崗

導演、作家

黃騎士是多年好友，每次在他吆喝下的聚會，品味著不同年份、不同地域的各種好酒，和差不多地域差不多年份的各種好朋友。

酒和人一樣的是，每一種酒都有它不同的土壤、文化、性別、年紀、個性……不同的靈魂，都值得品味。

喝酒和吃飯不一樣的是，吃飯是每一頓都得吃，但酒和茶就比較麻煩，你喝過比較好的，就喝不下比較差的。

當然，人在找醉的時候是不太講究酒質的，但在找品味的時候，那就是看各人的喜好和個性了，雖然酒的分數也是人打出來的，沒有絕對的標準，但差的酒、一般的酒和好酒，一口下去，還是有個大致共識的。

差的酒，你不會想喝第二口，至於好酒，是怎麼個好法，就不太有標準了。

酒跟電影很像，我們講商業片和藝術片，商業片是市場大眾甚或娛樂的需求，大賣是操作得宜，那就是主流和王道，輸的閉嘴；而藝術片本來就是小眾，市場越賣座，評審和影評會越覺得被冒犯，我怎麼能這麼一般品味，專業會被侮辱到。

無論商業片和藝術片，在影展中如果要得獎，那又是另外一回事，影展和選舉一樣（如果它是公正公平的），和片子好壞沒有絕對的關係，那是那一屆評審們之間相對折衝妥協的結果，就像每次選出來當選的人，是投票人之間的最大公約數，並不見得是最好、最優秀的人選。

同時要能賣座和得獎、又能得到絕大多數人的認同，那是最高的境界。

電影只是個導體，編劇、導演和演員每個人，都會把他的各人情感、記憶投射在故事中，其實影片完成之後，就是觀看的人的想像世界了，跟做的人的掏心掏肺一點關係都沒有，觀眾如果能被你帶進這個世界，他就是男主角、女主角或其中的一個角色，每個人都有他各自不同的成長記憶、情感和個性，那是他自己的想像和感受。

好片、爛片和好酒、爛酒不太難區分，但好片和好酒，每個人就都有話說了，那是每個人自己的故事。

所以好片和好酒的分數，參考而已，自己喜不喜歡最重要。

黃騎士是個讓所有朋友都喜歡他和帶來溫暖的人，算是最高境界，他熟知酒國的江湖恩

怨，如數家珍，每次聚會就像影展一樣，告訴大家各個影片是哪個國家、哪家公司哪一年出品的，是哪個導演、哪些明星、哪個編劇、故事是什麼？為什這樣拍？票房是多少？影評是怎麼說的？競爭的對手是些誰？……

最難能可貴的是，他的快樂是分享，那些酒都是他的收藏，不是他的作品，你要是當面不喜歡哪個導演的作品，他會跟你玩命，但你喜不喜歡黃騎士的酒，他並不在意（通常都是一口下去，大家都哇……啊……嘖嘖嘖……嗯……的零負評，最高境界），你有吃有喝有看，還不用買票。

這朋友比那些好酒更有滋味，酒喝下去就沒了，酒味不見得會記得，可能還留些頭疼，但這個朋友他隨時都在，味道不會散，他會念著你，你會念著他。

Foreword

準備出發尋訪世界佳釀

沈方正

老爺酒店集團執行長

敝人從事旅館餐飲業三十多年，算是早期就接觸到葡萄酒文化的業內人士，從早期沒有中文專書，硬著頭皮讀英文大部頭書籍開始，再讀到日本作家翻譯著作，這十幾年國人對餐酒搭配熱愛，及葡萄酒飲用較為普及化，台灣作家的書寫才紛紛出爐，為有興趣的民眾提供了多元的參考素材，而近年來葡萄酒品酒教學及證照進修考試課程更成為時尚。

早年葡萄酒的飲用，大多是政商名流宴客，由專業人士建議搭配，是限於少數人的專屬趣味，隨著台灣經濟成長及留學國外專業人士增加，市場消費同時需求增加，葡萄酒進口百家爭鳴，但也亂象百出，無論在品質、保存、年份、搭配上，消費者喝得不少、懂得不多，只是有錢喝貴的、沒錢喝便宜而已！

就我個人而言，雖然很早就開始學開始喝，但是由於「專業的無知」，始終都覺得葡萄酒的餐酒搭配必須精準到位，尤其是好的酒挑餐、排杯、挑場合、挑人，仔細想起來真的不容易享受，所以除了自家辦餐酒宴或上歐式餐廳吃飯，自己的生活日常，無論外出用餐或居家喝葡萄酒的比例反而不高，頂多在夏天喝點白酒，或是在薄酒萊出品時購買與朋友共同嘗鮮，幫同仁上課助講時才多開酒分享。基於興趣，看到好的葡萄酒還是會收藏，只是買的多喝的少，但是從遇到黃煇宏老師之後終於茅塞頓開，理解好的酒適合的杯子，好朋友輕鬆也可以喝出極大樂趣。

跟黃老師吃飯是種特殊體驗，他學識淵博而不賣弄，信手捻來都是好故事，他為人慷慨，珍貴收藏信手開來都是好精采的體驗享受，遊遍葡萄酒產地、喝遍世界美酒、嚐遍四海美食、讀遍人生故事，他個人其實就是一本精采好書，值得欣賞。幸虧結識老師，跟著他學習葡萄酒知識，放心吃喝，人生短短走一遭，精采的事物輕易因為自己本身的「執念」放不開而錯過，如果有一天回頭悔恨就真的來不及了，很開心得知黃老師重出江湖動筆寫出好書——《世界酒莊巡禮：精選100支美好年代葡萄酒》個人迫不及待希望馬上買來閱讀，跟著他走訪世界名貴佳釀的品飲故事，讀了就出發尋訪心目中的美好佳釀。

Foreword ♀

美酒、美食與好友相遇美好時光 ——— 陳新民

大法官、《稀世佳釀》作者

法國香檳騎士黃輝宏兄，在其大作《相遇在最好的年代：100大酒莊巡禮、世紀年份、中華美食》於2015年問世後，一時洛陽紙貴。這本巡禮世界一百座偉大的酒莊及其最佳年份，且別出心裁的搭配一百款台灣與大陸美食的佳作，不僅讓喜愛美酒、美食的讀者能夠一覽世界最頂級百大酒莊的佳釀以及與其最適合搭配的中華美食，這是當今世界各國出版，且種類數量已經達到汗牛充棟的葡萄酒著作中難得一見的著作，無怪乎獲得了海峽兩岸美食美酒界一致的讚譽。

黃兄長年來透過講授葡萄酒課程、經營葡萄酒業，以及頻繁拜訪世界各地著名酒莊，親自與酒莊主人及釀酒師討教交流，獲得不少寶貴的經驗，同時累積了極為豐富的葡萄酒知識，又長年在海峽兩地舉辦的品酒會，可說天下好酒沒有不入其口者，其葡萄酒的味蕾自然已達到出神入化的程度，故其著作絕對不是紙上談兵或人云亦云，全部有其「實戰」的背景，更可強化其著作的可信度。

這本開拓葡萄酒與美食結合新境界的大作問世後，旋即造成搶購旋風，經久不衰。很快八年的時間已過。世界頂級葡萄酒的版圖也有了甚大的改變。我記得我國古人有句名言「歷代皆有英豪出，各領風騷數十年」，這句話形容頂級葡萄酒的世界只對了前句；的確在近三、四十年來，因為頂級葡萄酒價格的上揚、甚至飆漲，鼓舞了許多懷抱理想的人士投入釀酒行業，同時激勵了許多原本已頹喪、落伍的歷史名莊，奮力復興，造成了酒業一片欣欣向榮的新氣象，的確印證了「歷代皆有英豪出」，但是釀酒業是一個艱困的行業，由栽種葡萄的過程費心照顧、採摘果實的嚴格以及釀酒手藝的講究，都必須付出絕大的關注、熱情以及智慧的累積，此三個要件缺一不可，而且這個程序每年重複一次，其產品更是受到全世界美酒界的嚴格品鑑，絕無含糊過關的可能。唯有全年兢兢業業的投入才可以保障其令譽持續不墜。因此一旦成名的酒莊，並不能保證其可「獨領風騷數十年」。頂級酒莊在其受到全世界美酒界的頂禮膜拜的背面，其實是一個殘酷無比的競爭叢林。

特別是在近十年，世界財富的兩極化更顯凸出，能夠有能力及品味欣賞頂級葡萄酒的消費群，呈幾何數的擴張，拉抬了產量本即不多的名莊產品的售價。「百大」的排行榜也勢必受到了衝擊，這促成了輝宏兄將該本大作重新改版的動力。檢視這本大作可以發現其已將八年前的作品做了全面的翻修，其更改的幅度達到一半左右，同時增加了近年來各酒莊

最好的年份，這是給予喜歡品賞與收藏這些酒莊佳釀最好的資訊，造福這些愛酒人士的功德大矣。

我個人對這近十年來世界頂級葡萄酒的發展也有很深的感觸，特別是法國勃根地的頂級酒，價錢已經狂漲到不可思議的程度，例如目前全世界最貴的葡萄酒首推樂花酒莊（Domain Leroy）的慕西尼（Musigny），在拙著《稀世珍釀》1997年初版時，每瓶不過數千元，如今一瓶新上市也逼近兩百萬；其他勃根地的頂級酒上看五十萬元一瓶，也不令人驚訝。其他各頂級酒莊雖然未有如此的誇張漲勢，但動輒三、五倍的起漲，也視為平常。因此，世界「百大」勢必需重組，輝宏兄此次出版的大作正是反應世界頂級酒界排行榜次，值得大家特別的珍視。

而我對黃兄此次抉選入其「百大」酒莊的眼光，特別推崇備至。其中最吸引我目光者，乃是其特別的挑選了中國大陸五大酒莊——寶莊&誕生地、賀蘭情雪、銀色高地、敖云及瓏岱。有別於其前著作所列四個酒莊主要集中在寧夏地區，此次則納入山東（一家）以及雲南（兩家），更是擴大了海峽兩地品酒界的眼界。的確，中國本來是葡萄酒的荒漠一片，由過去國家酒廠壟斷的時代釀出一大批質劣、價低的工業化葡萄酒，一躍而為現在如雨後春筍般地冒出一批批懷抱理想與熱情的酒莊，這正可以說是中國葡萄酒的「文藝復興」。這五款中國美酒還只能在中國大陸獨領風騷，不論其資訊或獲得品賞的機會，在海外地區幾乎很難獲得。而我近幾年因為工作的關係不常往返大陸，這五款美酒只聞其名，唯有敖云一款得有緣品試到兩個年份（2016、2017）。當然我品嚐時（2020），該兩年份仍極年輕，但我已經感覺到其澎湃的酒體、飽滿的果香，口味上偏向加州新興的膜拜酒，但無論如何已經可以跨入頂級酒的門檻。我相信其他四家上榜的酒莊，也一定具有相同的水準。這五支中國葡萄酒莊的入列百大，相信可以激勵其他中國新的酒莊，讓他們產生更上一層樓的動力。

輝宏兄在他忙於事業之餘，一字一字地撰成新版《世界酒莊巡禮》，其辛苦不言可喻，我必須在此對他致上最誠摯的賀意，也感謝他為海峽兩岸的美酒界貢獻出這本那麼好的佳作。

序於2023年 中秋皓月當空之際

Foreword 🍷

在美好葡萄酒中
教學相長 —————— 葉匡時

政治大學科智所教授、前高雄市副市長

　　黃煇宏是我多年好友，他做人有如其名，十分「恢弘」大器。我經常受他邀請品嚐美酒美食，是人生一大快意。每次我聽他講述葡萄美酒的故事時，我都很希望能做筆記，不僅可以增添我們對葡萄酒的知識，更可以把這些美好的故事流傳下去。很高興看到煇宏兄新出版這本《世界酒莊巡禮：精選100支美好年代葡萄酒，獨家品酒筆記與推薦中華料理搭配》，正好符合我一直以來的期待。

　　在我1981年出國前，我並不清楚「wine」其實不是「酒」而是「葡萄酒」，與我們華人所理解的「酒」，並不全然相同。記得我在1981年出國留學時，學校安排了接待家庭來協助我們更快地了解美國社會。第一次到接待家庭作客時，從晚餐前、晚餐中，晚餐後，接待主人都不斷地問我要點什麼 wine，無知的我不知要如何點起，每次都點啤酒。接待主人還跟我開玩笑說：「我很容易伺候，是很好的客人。」又有一次，同學邀約參加一個品酒會。我當天如期赴約，沒想到其他參加的同學衣服都穿的比較正式，男同學都有著獵裝外套，只有我是輕鬆的套頭衫。只見品酒桌上擺了約五六瓶不同款式的葡萄酒。一位侍酒師逐一解釋各瓶酒的特質，然後要我們一一品味，我根本聽不懂這位侍酒師在講什麼，只是胡亂一陣喝。這兩次的經驗，讓我體驗到葡萄酒在西方有著悠久的文化傳統，反映一種生活風格。我於是在學校選修了一門品酒課，希望能多認識西方的葡萄酒文化。同時，我也買了幾本介紹葡萄酒的書，並配合著喝起葡萄酒了。但是，畢竟當時只是窮留學生，加上學業為重，既沒有足夠的錢也沒有充裕的時間去學習博大精深的葡萄酒文化。

　　1998年我任教的中山大學管理學院開辦南部第一家EMBA班，我在頭兩屆時，找了我的好友，葡萄酒專家陳立元，來我EMBA班上課，向同學們介紹葡萄酒。當時，台灣喝葡萄酒的風氣方興未艾，我的學生們普遍對葡萄酒的認識與我剛出國留學時差不多，但是，經過我的課後，很多人開始愛上葡萄酒，後來有不少人也成為素養高超的葡萄酒達人了。我認識煇宏兄後，曾幾次請他到高雄來，與那些葡萄酒達人共同品嚐煇宏兄帶下來的好酒，教學相長，我個人以及高雄的葡萄酒達人功力也因而不斷地提升。

　　然而，我在這些品酒經驗中，最困擾的問題是酒食搭配（pairing）問題。相對而言，比起中華美食，西餐搭配葡萄酒要比較容易，畢竟葡萄酒發源於西方，酒食的搭配已經有悠久的經驗可以傳承。中華美食因為各食材與配料的燒煮炒蒸等過程，每道菜的風味變化萬千，要怎麼搭配葡萄酒要複雜困難地多了。煇宏兄這本書難能可貴之處，在於他不僅介紹了100支美好的葡萄酒，更推薦可搭配的中華美食菜單，這樣的書寫內容，可能是坊間所僅見。就算我們一時之間沒法喝到他介紹的美酒，也可以去吃吃那些入味的美食。感謝煇宏兄填補了美酒搭美食的空白，讓我們生活更美好。

Foreword 🍷

你慢慢喝，就會懂葡萄酒為何是人類文明的標誌了！

—————————— 蔡詩萍

作家、台北市文化局長

恭喜香檳騎士黃煇宏大作的新版問世

香檳騎士黃煇宏又要翻新他的著作了，這回，書名定為：《世界酒莊巡禮：精選100支美好年代葡萄酒，獨家品酒筆記與推薦中華料理搭配》。

說翻新，乃每隔數年時光，世界精選葡萄酒的排名，就如同華山論劍一樣，固然新人搶攻擂台，氣象新穎，然老將依舊伏櫪，雄心壯志。於是百大的名單總不斷更新，對於品鑑葡萄酒的飲者而言，這樣的著作無異是寶典，這樣的作者，無疑在跟上時代。

葡萄酒的高手，可以拿這本書，做論劍參照，一瓶一瓶去對照作者的推薦是否恰如其分的得體；而入門者，亦可以之打開自己的視野，彷彿攤開世界地圖，揣摩自己葡萄酒的探索可以走多遠，爬多高！

我對葡萄酒的心思，是很微妙曲折的。

跟很多人一樣，在葡萄酒要打入台灣的市場時，剛好是我人生步入飛揚跋扈的年歲，學著喝葡萄酒，是某種步入人生階段的象徵。

但葡萄酒學問太深，葡萄酒的保存又太嬌貴，個性不求甚解的我，始終不能真正的深入。

於是中年之後，轉戰威士忌。威士忌相對來說，粗曠豪放，喝個幾杯，蓋上蓋子，隨手置放，即便忘它幾個月，回頭找出來，仍然無損於它的口感。

感覺這實在太適合我這樣的散漫個性了。

於是中年之後的我，對威士忌的熟悉程度，遠遠超過對葡萄酒的認識。

但由於喜歡威士忌，便把在紅酒國度開山立派的香檳騎士黃煇宏，也拉進到我們一群威士忌兄弟會的群組裡，就這樣，我便時不時，仍有機會，親炙香檳騎士對紅酒信手拈來的知識。

想喝紅酒，想知道哪些品牌物超所值，跟著黃老師走，就對啦！

香檳騎士黃煇宏在葡萄酒國度的專業影響，口說無憑，單以這次他的新書版本，得到義大利酒莊Gaja莊主Angelo Gaja 的親筆道賀，便是鐵證。

香檳騎士轉這封信給我看，我立馬在莊主的修辭與他引述的作家海明威句子裡，聞嗅出葡萄酒優雅的氣質與深邃的魅惑。

"Wine is one of the greatest signs of civilization in the world" [quote Ernest Hemingway] Wine is rooted in humanity, landscape, history, culture, tradition, ...

Learn how to drink properly, accompany wine with food, conviviality at the table.

Who knows how to drink, also knows how to live.

海明威説得多好，紅酒是世界文明最偉大的標誌之一。

海明威自己是紅酒的鑑賞者，在他尚未出名之前，羈旅巴黎，雖克勤克儉，但已然能在有限費用下，日日佐餐搭酒，享受巴黎徜徉於葡萄酒文化的自在。他寫出了《巴黎的盛宴》，文人雅士無時無刻不顯露日常生活中，咖啡與葡萄酒交錯的雅興。

而巴黎，法國，波爾多，不正是紅酒與日常，紅酒與文明，最緊密的連結地嗎！

至於，Gaja酒莊莊主Angelo Gaja 自己的文字，亦深深勾勒出紅酒與文明之關聯，紅酒是與歷史、土地、傳統、文化緊密相連的，因而，當我們懂得品飲紅酒，懂得紅酒與食物相搭配，也就等於懂得文化，懂得了生活。

多年前，我還年輕時，一位好友赴法國留學，一段時日後，寫了封信給我，描述著：巴黎街頭，處處露天咖啡座，早上在街邊修築馬路的施工工人，傍晚則坐在露天餐座上，兩三人開瓶紅酒，開懷聊天。

朋友説，這就是巴黎。

是啊，但那何嘗只是巴黎呢！那更是紅酒的文化，葡萄酒的深韻，是品飲文化的普及，是日常休閒的慢活與自得。

香檳騎士黃輝宏更新版本的《世界酒莊巡禮：精選100支美好年代葡萄酒，獨家品酒筆記與推薦中華料理搭配》，書名即已透露了這本寶典的關鍵字：酒單好，筆記好，搭餐酒食亦好。

Author

享受美酒
美食的人生

　　黨國大老、書法家兼美食家的于右任曾說過：「人生就像飲食，每得一樣美食，便覺得生命更圓滿一分。享受五味甘美，如同享受色彩美人一樣。多一樣收藏，生命便豐足滋潤一分。」吃吃喝喝絕不是生活中的一件小事，而是對於人生的一種品味。

　　春秋以來孔夫子就已經主張「食不厭精，膾不厭細」，這是中國人在飲食上追求的一種態度。唐朝李白醉酒後能斗詩三百首，宋朝蘇軾在通宵酣暢之餘能舞劍吟出流傳千古的《水調歌頭》，清代文人袁枚在遍嚐名菜之後能寫出《隨園食單》，余光中在〈尋李白〉的新詩中寫說：「酒放豪腸，七分釀成了月光，餘下的三分嘯成劍氣，口一吐就半個盛唐。」從古到今，帝王百姓，文人騷客都為飲食留下了許多美麗的詩句與不同的註解。

　　中國美食，博大精深，浩瀚無窮，上至山珍海味，下至地方小吃，各地的風俗和地理條件不同，所以各具風味。中國菜系主要分為八大菜系；魯、川、蘇、粵、閩、浙、徽、湘。再加上客家菜和道地台菜，就成了十大菜系。想要品出各流派菜系真正的味道，必須要去當地，只有沉浸在當地的人文山水之中，才能夠品出一道菜的真味。就如蘇東坡被貶於黃州時，貧困之餘複製了「東坡肉」這道名菜，張大千到了敦煌莫高窟發明了「苜蓿炒雞片」這道菜流傳於世。我雖不如東坡居士與張大師的聰黠睿智，但這二十年來，進出大陸不下300次，東奔西跑，南北闖蕩，遍尋美食，甚至深入新疆、蒙古、寧夏大西北、貴州、雲南、四川西南地區實地採訪，嚐過的地方佳餚雖達幾百道以上，但仍不能窺其一二，只是野人獻曝，僅供參考而已。

　　筆者自1992年開始進入葡萄酒進口公司服務，歷經公賣局時期的公賣利益繳稅、90年代的葡萄酒進口過剩，導致崩盤、重新洗牌，到近年的WTO酒精稅，網路上的百家爭鳴，目前為止幾乎每一役都參與過。筆者也從一個門外漢，苦讀自修，不恥下問，嚐遍世界不同美酒，拜訪歐美各大酒莊，經過這一番洗練之後，在葡萄酒的領域上頗有心得。2007年受聘為臺北社區大學、文化大學葡萄酒講師，自2007年起每一年帶團到世界各地參觀酒莊，從不間斷，今年已經是第十一屆了。2009年受邀為上海第五屆葡萄酒博覽會的評審，2010年再度受邀為上海世博展館舉辦的葡萄酒博覽會評審，2012年在香港獲頒法國香檳騎士榮譽勳章，2013年再度遊歷採訪歐美、澳洲和中國各知名酒莊，到2023年為止總共拜訪搜集

作者簡介
黃煇宏 Jacky Huang
2012 授勳法國香檳騎士

經歷
2013 年受邀主持寧夏電視台節目拍攝《北緯 38 度》葡萄酒 10 集紀錄片、上海第五屆葡萄酒博覽會專任評審委員、上海世博葡萄酒專任評審委員、英國《品醇客》（Decanter）葡萄酒雜誌中文版專業講師、台北市士林社區大學葡萄酒講師、文化大學推廣部葡萄酒講師、聯合報進修線上葡萄酒講師、台灣彰化二林農會紫晶杯葡萄酒評審委員、德國 Volkswagen（台灣）福斯汽車講師、台灣第一個葡萄酒講師連續帶領世界百大葡萄酒莊之旅 1～12 屆、百大葡萄酒有限公司執行長。

的酒莊超過300家以上，以後就成為這本《世界酒莊巡禮》新書的素材。

這本書能夠出版，要感謝我的老大哥《稀世珍釀》作者陳新民教授，這二十多年來對我耳提面命和鞭策勉勵，讓我在葡萄酒世界裡如沐春風，最後並且特別抽空寫推薦序，亦師亦兄，永誌難忘！還有催生此書的台北市文化局長蔡詩萍大哥，沒有他的引薦，這本書也不可能獲得時報文化出版公司趙政岷董事長的青睞，至今也不能問世。還有好友前高雄市副市長葉匡時先生、知名導演李崗先生、知名作家李昂姊、老爺集團執行長沈方正先生等先進好友，百忙之中特別撰寫推薦序美言，不勝感激。更榮幸的是邀請世界最著名的酒莊 Gaja 的莊主，同時也是義大利酒的教父 Angelo Gaja 為我寫一則推薦語，實在是令人振奮與欣喜。還有時報文化編輯宜家小姐日夜辛苦的編輯，此書才能迅速出版。最後還要感謝我的公司同仁幫忙校稿和家人的體諒與長期支持，尤其是大兒子禹翰花了大量時間找資料、照片，最後到校稿，勞苦功高，在此向你們說聲：「辛苦了！」

從第一本書「相遇在最好的年代」花了十年收集資料到出版，睽違十年，第二本書《世界酒莊巡禮》這本書又花了長達十年時間酒莊採訪、吃遍四方、資料收集，一年來一個字一個字的自己敲打撰寫，可說是集畢生精力嘔心瀝血之作，如今能付梓成冊，輕鬆之餘，更多了一份自在。此刻心情可用李白詩句來形容：「長風萬里送秋雁，對此可以酣高樓。」

黃煇宏 序於2023年中秋

著作
《相遇在最好的年代：世界 100 大／酒莊巡禮／世紀年份／中華美食》（繁體）、《和葡萄酒相遇在最好的年代：世界 100 大酒莊巡禮／100 支世紀年份酒品評／美酒美食創意搭配》、《酩酊之樂》主編

Contents

WORLD WINERY TOUR

100 SELECTED GOOD YEARS WINES

Exclusive Wine Tasting Notes and Recommended Chinese Food Pairings

世界10大酒評家和兩個酒評雜誌的評分制度

★Michael Broadbent 評分體系：5星制
　英國Decanter資深主編，《The Great Vintage Wine Book》作者

★Robert Parker評分體系：100分制
　由聞名世界的酒評家Robert Parker（派克）所創，簡稱RP

★Jancis Robinson評分體系：20分制
　由《世界葡萄酒地圖》作者Jancis Robinson所創

★Bettane & Desseauve評分體系：20分制+BD
　時使用5個BD劃分酒莊，「BD」數量越高代表酒莊質量越高
　Bettane & Desseauve為《法國葡萄酒指南》作者

★Allen Meadows評分體系：100分制
　創立Bourghound網站，專攻勃根地酒，簡稱BH

★Antonio Galloni評分體系：100分制
　創立Vinous網站，義大利酒專家，簡稱AG

★James Halliday評分體系：100分制+5星制
　同時使用5顆星制劃分酒莊，星數越高酒莊質量越高
　由澳洲酒專家James Halliday所創，簡稱JH

★James Suckling評分體系：100分制
　Wine Spectator資深酒評家，簡稱JS

★Stephen Tanzer評分體系：100分制
　創立《International Wine Cellar》雜誌，簡稱IWC

★Bob Campbell評分體系：100分制+5星制獎項
　Bob Campbell為紐西蘭最知名的酒評家

★Wine Advocate 評分體系：100分制
　酒評家Robert Parker所創立的網站，簡稱WA

★Wine Spectator評分體系：100分制
　美國最著名的葡萄酒網站，簡稱WS

WS 12支世紀之酒

《Wine Spectator》在1999 January 31的封面故事中，眾家編輯們選出了1900～1999這一百年來，大家心目中的12瓶二十世紀夢幻之酒，結果如下：

Château Margaux 1900
Inglenook Napa Valley 1941
Château Mouton-Rothschild 1945
Heitz Napa Valley Martha's Vineyard 1974
Château Pétrus 1961
Château Cheval-Blanc 1947
Domaine de la Romanée-Conti Romanée-Conti 1937
Biondi-Santi Brunello di Montalcino Riserva 1955
Penfolds Grange Hermitage 1955
Paul Jaboulet Aine Hermitage La Chapelle 1961
Quinta do Noval Nacional 1931
Château d'Yquem 1921

世界拍賣市場上最貴的10大葡萄酒

1. Romanée-Conti 1945
   558,000美元

2. Screaming Eagle Cabernet 1992
   500,000美元（6L）

3. Champagne Piper-Heidsieck Shipwrecked 1907
   275,000美元（750ml）

4. Château Margaux 1787
   225,000美元（750ml）

5. Château Lafite 1787
   156,450美元（750ml）

6. Château d'Yquem 1787
   100,000美元（750ml）

7. Massandra Sherry 1775
   43,500美元（750ml）

8. Penfolds Grange Hermitage 1951
   38,420美元（750ml）

9. Cheval Blanc 1947
   33,781美元（750ml）

10. Romanée-Conti DRC 1990
    28,113美元（750ml）

羅伯・派克（Robert Parker）
心目中最好的12支葡萄酒

1. 1975 La Mission-Haut-Brion

2. 1976 Penfolds Grange

3. 1982 Château Pichon-Longueville Comtesse de Lalande

4. 1986 Château Mouton Rothschild

5. 1990 Paul Jaboulet Aîné Hermitage La Chapelle

6. 1991 Marcell Chapoutier Côté-Rôtie La Mordorée

7. 1992 Dalla Valle Vineyards Maya Cabernet Sauvignon

8. 1996 Château Lafite-Rothschild

9. 1997 Screaming Eagle, Napa Valley Cabernet Sauvignon（美國）

10. 2000 Château Margaux

11. 2000 Château Pavie St.-Émillion

12. 2001 Harlan Estate

英國《品醇客》Decanter
一生必喝的100支葡萄酒

前10名的酒款
1945 Château Mouton-Rothschild
1961 Château Latour
1978 La Tâche-Domaine de la Romanée-Conti
1921 Château d'Yquem
1959 Richebourg-Domaine de la Romanée-Conti
1962 Penfolds Bin 60A
1978 Montrachet-Domaine de la Romanée-Conti
1947 Château Cheval-Blanc
1982 Pichon Longueville Comtesse de Lalande
1947 Le Haut Lieu Moelleux, Vouvray, Huet SA

波爾多區
Château Ausone 1952
Château Climens 1949
Château Haut-Brion 1959
Château Haut-Brion Blanc 1996
Château Lafite 1959
Château Latour 1949, 1959, 1990
Château Leoville-Barton 1986
Château Lynch-Bages 1961
Château La Mission Haut-Brion 1982
Château Margaux 1990, 1985
Château Pétrus 1998
Clos l'Eglise, Pomerol 1998

葡萄酒
必知知識

勃根地區

Comte Georges de Vogue, Musigny Vieilles Vignes 1993
Comte Lafon, les Genevrieres, Meursault 1981
Dennis Bachelet, Charmes-Chambertin 1988
Domaine de la Romanée-Conti, La Tâche 1990, 1966, 1972
Domaine de la Romanée-Conti, Romanée-Conti 1966, 1921, 1945, 1978, 1985
Domaine Joseph Drouhin, Musigny 1978
Domaine Leflaive, Le Montrachet Grand Cru 1996
Domaine Ramonet, Montrachet 1993
G. Roumier, Bonnes Mares 1996
La Moutonne, Chablis Grand Cru 1990
Comte Lafon, Le Montrachet 1966
Rene & Vincent Dauvissat, Les Clos, Chablis Grand Cru 1990
Robert Arnoux, Clos de Vougeot 1929

阿爾薩斯區

Jos Meyer, Hengst, Riesling, Vendange Tardive 1995
Trimbach, Clos Ste-Hune, Riesling 1975
Zind-Humbrecht, Clos Jebsal, Tokay Pinot Gris 1997

香檳區

Billecart-Salmon, Cuvee Nicolas-Francois 1959
Bollinger, Vieilles Vignes Francaises 1996
Charles Heidsieck, Mis en Cave 1997
Dom Perignon 1988
Dom Perignon 1990
Krug 1990
Louis Roederer, Cristal 1979
Philipponnat, Clos des Goisses 1982
Pol Roger 1995

羅瓦爾河區

Domaine des Baumard, Clos du Papillon, Savennieres 1996
Moulin Touchais, Anjou 1959

隆河區

Andre Perret, Coteau de Chery, Condrieu 2001
Chapoutier, La Sizeranne 1989
Château La Nerthe, Cuvee des Cadettes 1998
Château Rayas 1989
Domaine Jean-Louis Chave, Hermitage Blanc 1978
Guigal, La Landonne 1983
Guigal, La Mouline, Cote-Rotie 1999
Jaboulet, La Chapelle, Hermitage 1983

法國其他地區

Château Montus, Prestige, Madiran 1985
Domaine Bunan, Moulin des Costes, Charriage, Bandol 1998

義大利

Ca'dl Bosco, Cuvee Annamaria Clementi, Franciacorta 1990
Cantina Terlano, Terlano Classico, Alto Adige 1979
Ciacci Piccolomini, Riserva, Brunello di Montalcino 1990
Dal Forno Romano, Amarone della Valpolicella 1997
Fattoria il Paradiso, Brunello di Montalcino 1990
Gaja, Sori Tildin, Barbaresco 1982
Tenuta di Ornellaia 1995
Tenuta San Guido, Sassicaia 1985

德國

Donnhoff, Hermannshole, Riesling Spatlese, Niederhauser 2001
Egon Muller, Scharzhofberger TrockenBeerenAuslese 1976
Frita Haag, Juffer-Sonnenuhr Brauneberger, Riesling TBA 1976
J.J. Prum, Trockenbeerenauslese, Wehlener Sonnenuhr 1976
Maximin Grunhaus, Abtsberg Auslese, Ruwer 1983

葡萄酒
必知知識

澳洲
Henschke, Hill of Grace 1998
Lindemans, Bin 1590, Hunter Valley 1959
Seppelts, Riesling, Eden Valley 1982

北美洲
Martha's Vineyard, Cabernet Sauvignon 1974
Monte Bello, Ridge 1991
Stag's Leap Wine Cellars, Cask 23, Cabernet Sauvignon 1985

西班牙
Vega Sicilia, Unico 1964
Dominio de Pingus, Pingus 2000

匈牙利
Crown Estates, Tokaji Aszu Essencia 1973
Royal Tokaji, Szt Tamas 6 Puttonyos 1993

奧地利
Emmerich Knoll, Gruner Veltliner, Smaragd, Wachau 1995

紐西蘭
Ata Rangi, Pinot Noir 1996

波特酒／加烈酒
Cossart Gordon, Bual 1914
Fonseca, Vintage Port 1927
Graham's 1945
henriques & henriques, Malmsey 1795
HM Borges, Terrantez, Madeira 1862
Quinta do Noval, Nacional 1931
Taylor's 1948, 1935, 1927

美國最好的20個酒莊

1. Screaming Eagle

2. Harlan Estate

3. Bryant Family

4. Eisele

5. Dalla Valle Vineyards, Maya

6. Diamond Creek Vineyards

7. Caymus Vineyards, Special selection

8. Stag's Leap Wine. Cellars, Cask 23

9. Shafer, Hillside Select

10. Grace Family Vineyards

11. Joseph Phelps Vineyards, Insignia

12. Opus One

13. Scarecrow

14. Ridge, Monte Bello Cabernet Sauvignon

15. Colgin Cellars (Tychson Hill)

16. Sine Qua Non (Syrah)

17. Kistler (Cathleen)

18. Kongsgaard (Judge)

19. Schrader Cellars (Old Sparky)

20. Marcassin (Marcassin Vineyard)

2023年世界最貴前50名酒單及價格 (美金)

1. Domaine Leroy Musigny ($48,616)

2. Domaine de la Romanée-Conti Romanée-Conti ($27,053)

3. Leroy Domaine d'Auvenay Chevalier-Montrachet ($26,709)

4. Leroy Domaine d'Auvenay Batard-Montrachet ($25,451)

5. Leroy Domaine d'Auvenay Criots-Batard-Montrachet ($21,016)

6. Domaine Georges & Christophe Roumier Musigny ($20,840)

7. Domaine Leflaive Montrachet ($19,109)

8. Egon Muller Scharzhofberger Riesling Trockenbeerenauslese ($17,460)

9. Domaine Georges & Christophe Roumier Echezeaux ($16,897)

10. Domaine Leroy Chambertin ($14,200)

11. Leroy Domaine d'Auvenay Mazis-Chambertin ($13,662)

12. Barbeito Vintage Terrantez, Madeira, Portugal ($13,204) ($18,699)

13. Leroy Domaine d'Auvenay Les Bonnes-Mares ($12,830)

14. Domaine de la Romanée-Conti Montrachet ($12,758)

15. Domaine Leroy Richebourg ($11,910)

16. Domaine de la Romanée-Conti Corton-Charlemagne ($11,594)

17. Domaine Leroy Corton-Charlemagne ($11,185)

18. Domaine Leroy Romanee-Saint-Vivant ($10,855)

19. Henri Jayer Echezeaux ($10,765)

20. Leroy Domaine d'Auvenay Les Gouttes d'Or, Meursault ($10,497)

21. Leroy Domaine d'Auvenay Puligny-Montrachet en La Richarde, ($9,588)

22. Domaine Jean-Louis Chave Ermitage 'Cuvee Cathelin' ($9,494)

23. Domaine Leroy Clos de la Roche ($8,945)

24. Leroy Domaine d'Auvenay Les Folatieres, Puligny-Montrachet ($8,842)

25. Leroy Domaine d'Auvenay Puligny-Montrachet Les Enseigneres ($8,733)

勃根地33個特級葡萄園

Chambertin
Chambertin-Close de Bèze
Charmes-Chambertin
Mazoyères-Chambertin
Mazis-Chambertin
Ruchottes-Chambertin
Latricières-Chambertin
Griotte-Chambertin
Chapelle-Chambertin
Clos de Tart
Clos des Lambrays
Clos de la Roche
Clos Saint-Denis
Bonnes Mares
Musigny
Clos de Vougeot
Grands Echézeaux
Echézeaux
Romanée-Conti
La Tâche
Richebourg
Romanée Saint-Vivant
La Romanée
La Grande Rue
Corton
Corton-Charlemagne
Charlemagne
Montrachet
Chevalier-Montrachet
Bâtard-Montrachet
Bienvenues-Bâtard-Montrachet
Criots-Bâtard-Montrachet
Chablis Grands Crus

法國50個最佳香檳品牌

1-Louis Roederer
2-Pol Roger
3-Bollinger
4-Gosset
5-Dom Pérignon
6-Jacquesson
7-Krug
8-Salon
9-Deutz
10-Billecart-Salmon
11-Charles Heidsieck
12-Perrier-Jouët
13-Philipponnat
14-A. R. Lenoble
15-Veuve Clicquot
16-Taittinger
17-Henri Giraud
18-Joseph Perrier
19-Laurent-Perrier
20-Ruinart
21-Mailly Grand Cru
22-Henriot
23-Bruno Paillard
24-Drappier
25-Alfred Gratien

26-Duval-Leroy
27-Palmer & Co
28-Delamotte
29-Lallier
30-Moët & Chandon
31-Ayala
32-Veuve A. Devaux
33-Cattier
34-Fleury
35-G. H. Mumm
36-Pannier
37-Besserat de Bellefon
38-Nicolas Feuillatte
39-De Venoge
40-Piper-Heidsieck
41-Pommery
42-Lanson
43-Tiénot
44-Henri-Abelé
45-Jacquart
46-Barons de Rothschild
47-Beaumont des Crayères
48-Mercier
49-Canard-Duchêne
50-Vranken

香檳區17個Grand Cru（特級園）

Ambonnay
Avize
Ay
Beaumont-sur-Vesle
Bouzy
Chouilly
Cramant
Louvois
Mailly

Champagne
Le Mesnil-sur-Oger
Oger
Oiry
Puisieulx
Sillery
Tours-sur-Marne
Verzenay
Verzy

1. Domaine de La Romanée-Conti

羅曼尼‧康帝酒莊

給億萬富翁喝的酒～

羅曼尼‧康帝酒莊（Domaine de La Romanée-Conti）其高昂的價格總是讓人咋舌，世界最具影響力的酒評人羅伯‧派克（Robert Parker）説：「百萬富翁的酒，但卻是億萬富翁所飲之酒。」因為在最好的年份裡羅曼尼‧康帝的葡萄酒產量十分有限，百萬富翁還沒來得及出手，它就已經成為億萬富翁的「期酒」了。不少亞洲買家而今熱衷於尋覓一瓶羅曼尼‧在有生之年一嚐其滋味，不少人更將收藏的羅曼尼‧康帝視為鎮宅之寶。

紅酒之王（Domaine de La Romanée-Conti），常被簡稱為「DRC」，是全世界最著名的酒莊，擁有兩個獨占園（Monopole）羅曼尼‧康帝園（La Romanée-Conti）和塔希園（La Tâche）這兩個特級葡萄園，另外還有李奇堡（Richebourg）、聖維望之羅曼尼（La Romanée St-Vivant）、大依瑟索（Grands Echézeaux）、依瑟索（Echézeaux）特級園紅酒高登（Corton）、蒙哈謝特級園白酒（Le Montrochet），高登查里曼白酒（Corton Charlemagne），每支酒都是天王中的天王。

羅曼尼‧康帝位於勃根地的金丘（Côte d'Or），它的歷史可以追溯到12世紀，早在當時酒園就已經有了一定聲望。那時酒園屬於當地的一個名門望族，產出的葡萄酒

A
B C D
E

A. 以馬來耕種葡萄園。
B. Romanée-Conti特級園十字標誌。
C. Romanée-Conti特級園。
D. 酒莊掌門人Aubert de Villaine。
E. 作者在Romanée-Conti特級園留影。

如同性感尤物般魅惑眾生。你可能有所不知的是，如此極致的美酒佳釀最初竟源於西多會的教士們。對於葡萄酒他們有著極高的鑒賞能力和釀製水準，他們的虔誠近乎瘋狂，並不單單侷限於品味佳釀，而是關注酒款的氣候、土地等條件，甚至用舌頭來品嘗泥土，鑒別其中的成分是否適合種植葡萄。

　　酒園與教會的淵源在1232年後又得以延續，擁有酒園的維吉（Vergy）家族隨後將酒園捐給了附近的教會，在漫長的四百年間它都是天主教的產業。

　　1631年，為籌巨額軍費給基督教人士所發動的十字軍東征巴勒斯坦的軍事行動，

教會就將這塊葡萄園賣給克倫堡家族（Croonembourg）。直到那時酒園才正式被改名為羅曼尼（Romanée）。但之後的一場酒園主權的爭鬥，可謂顛動了整個歐洲宮廷，皇宮貴族們都摒息凝神地關注著這場內部爭鬥，羅曼尼究竟最後會花落誰家呢？當然兩位主角都大有來頭，且實力不相上下。這其中的男主角是皇親國戚，同屬波旁王朝支系，具親王與公爵頭銜的康帝公爵（Louis-François de Conti）。女主角則是法王路易十五的枕邊人，他的情婦龐巴杜夫人。康帝公爵熱衷於美食、美酒，對於文學也頗有鑒賞力。法王賞識其軍事才能和雄才遠略，康帝公爵在外交事務上也對法王獻計獻策，他和法王路易十五共享著不少政務機密。龐巴杜夫人對藝術有著極高的鑒賞力，伏爾泰稱讚龐巴杜夫人：「有一個縝密細膩的大腦和一顆充正義的心靈」。雖然法王不得不面臨左右為難的局面，但最終羅曼尼被康帝公爵以令人難以置信的高價，據傳為8,000金幣（Livres）收入囊中，使其成為當時最昂貴的酒莊，而自此之後酒莊也隨公爵的姓康帝，才成為了我們現在耳熟能詳的羅曼尼·康帝（Domaine de La Romanée-Conti），據悉康帝公爵在餐桌上只喝羅曼尼·康帝葡萄酒。

1789年，法國大革命到來，康帝家族被逐，酒莊及葡萄園被充公。 1794年後，康帝酒莊經多次轉手。1869年，酒莊由葡萄酒領域非常專業的雅克·瑪利·迪沃·布洛謝（Jacques Marie Duvault Blochet）以260,000法郎購入。康帝酒莊在迪沃家族不懈努力的經營管理下，最終真正達到了勃根地乃至世界最頂級酒莊的水準。1942年，亨利·樂花（Henri Leroy）從迪沃家族手中購得康帝酒莊的一半股權。至此，康帝酒莊一直為兩個家族共同擁有。

至今，康帝酒莊葡萄園在種植方面仍採用順應自然的種植方法，管理十分嚴格。葡萄的收穫量非常低，平均每公頃種植葡萄樹約10,000株，平均3株葡萄樹的葡萄才能釀出一瓶酒，年產量只有五大酒莊拉菲堡的1/50。在採收季節裡，禁止閒雜人等

左：Domaine de La Romanée-Conti特級園套酒，價值約台幣一百三十萬元。
右：Domaine de La Romanée-Conti1995渣釀白蘭地

左：酒窖。中：Romanée-Conti特級園。右：葡萄園。

進園參觀。為期8～10天的採收中，會有一支90人組成的採摘隊伍，熟練的葡萄採收工小心翼翼地挑選出成熟的果實，在釀酒房經過了又一輪嚴格篩選後的葡萄才可以用於釀酒。釀酒的時候酒莊不用現在廣泛使用的恆溫不鏽鋼發酵罐，而是在開蓋的木桶中發酵。自1975年開始，酒莊就有這樣一條規定：每年酒莊使用的橡木桶都要更新，釀造所使用的木桶由風乾3年的新橡木製成。羅曼尼·康帝對於橡木的要求極其苛刻，還擁有自己的製桶廠。酒莊的終極目標是追求土壤和果實間的平衡，達到一種和諧的共生關係。

1974年，德維蘭（Aubert de Villaine）和樂花家族的拉魯（Lalou Bize）女士開始共同管理酒莊。當時雙方的父母仍在背後出謀劃策，所以他真正執掌康帝酒莊大權是十年後的事情了。但之後拉魯的決策失敗，迫使其離開了羅曼尼·康帝管理者的角色。這對於Aubert de Villaine而言無疑是一個巨大挑戰，他說：「1991年當拉魯離開後，我有一種白手起家的感覺，但很快進入狀況，酒莊的發展也蒸蒸日上。」在釀造方法上他停止使用肥料和農藥，而是採用自然動力種植法（Biodynamism），利用天體運行的力量牽引葡萄的生長。

二次大戰也對酒園造成了巨大的影響，戰亂導致的人工短缺加上天公不作美，嚴重的霜凍使得羅曼尼·康帝回天乏術，1945年那一年酒園只產出了兩桶葡萄酒，僅有600瓶。1946年，酒莊又將羅曼尼·康帝園的老藤除去，從拉塔希園引進植株種植，因此在1946年到1951年期間，酒莊沒有出產一瓶葡萄酒。假如你在市場上發現了這期間幾個年份的葡萄酒款，那麼甚必定是假的。

英國品醇客雜誌（Decanter）曾經選出羅曼尼·康帝園（La Romanée-Conti）1921、1945、1966、1978、1985五個年份和塔希園（La Tâche）1966、1972、1990三個年份為此生必飲的100之葡萄酒之一，一個酒莊能有八支酒入選，當今葡萄酒界只有羅曼尼·康帝一家。巴黎盲品會主持人史帝芬·史普瑞爾（Steven Spurrier）對1990的塔希園如此形容：「一直以來的摯愛，擁有深沉的色澤，飽滿的花的芬芳與天鵝絨般的口感，他是一件超越美術的藝術品，是勤於奉獻的人所帶來大自然之

作——最純淨地表達了它們土壤的各種可能性。」另外他對1966年的塔希園更為推崇：「1990的塔希園以後會變得更好，但自此還是很難打敗1966年的。」

對於這樣偉大的一家酒莊來說，世界上任何酒評家的評論和分數也許對他來說已經不重要了。也許這句話比較貼切，有人曾用富有詩意的語言來形容羅曼尼‧康帝的香氣：「有即將凋謝的玫瑰花的香氣，令人流連忘返，也可以說是上帝遺留在人間的東西。」▮

後記：

2007年4月下旬，18位很有身份的資深勃根地專家，包括羅曼尼康帝現在的掌門人奧貝爾‧德維蘭先生（Aubert de Villaine）本人在內，齊聚紐約Per Se餐廳，通過持續3天的宴席和單獨的品鑒會，完成了對這世界上最傑出同時也最昂貴的葡萄酒羅曼尼康帝特級園，跨越三個世紀垂直年份（1870～2004），總共74個年份的歷史性檢驗，所有費用由大家平分。

這場品鑒會曠世空前，恐怕後人再難超越，能找到這麼多年份的羅曼尼康帝的老年份，而且很多都是已經非常稀有，甚至價值難以估計的極老年份。尤其是一個產量稀缺又具有傳奇色彩的年份——1945，據說至今仍未見過三瓶以上。

艾倫（Allen Meadows）30多年的葡萄酒職業生涯中，給無數的勃根地酒打過分數，只有這支1945康帝，獲得了他完美的評價100分滿分。

艾倫用很長的篇幅極為詳盡地描述了他在這支葡萄酒裡所體會到的感官體驗和情感反應。但他在品酒詞的最後，總結性地寫道：「1945年的羅曼尼康帝是一支完滿的酒，具有能夠和靈魂對話的能力，偉大卻不誇炫，性感但不低俗，威嚴而不冷峻；它是過去時代仍然鮮活的里程碑，但同時也成就了未來年份的典範。」羅曼尼康帝的莊主德維蘭先生評價說：「1945年代表著羅曼尼康帝失落的聲音（the lost voice of Romanée-Conti）。總之，這是我想像中最接近完美的葡萄酒，同時也是我喝到過的最偉大的葡萄酒。」

在2018年，蘇富比紐約拍賣會上，一瓶1945年份的羅曼尼康帝以558,000美金的價格成交（約合16,740,000台幣）。這一價格打破了1869年份拉菲曾經保持的的233,000美金的世界紀錄。也讓來自勃根地的羅曼尼康帝從此登上了全世界最貴葡萄酒的王座，且至今未被打破！同時在此次拍賣會上，3瓶1945年份的La Tâche也以297,600美金成交。這兩個拍品都是由我上海的朋友拍走。

這些佳釀來源於勃根地著名酒商Joseph Drouhin前任莊主Robert Drouhin的個人酒窖。Joseph Drouhin曾在1928～1964年間是羅曼尼康帝酒莊在法國和比利時的獨家代理商，且這批酒在購入後一直存放在酒窖，從未移動，現經蘇富比拍賣行拍賣，確保了來源和保存的狀態。

Romanée-Conti 1945

Allen Meadows 評語：

1945年的Romanée-Conti：帶有淡淡的磚紅色，但除此之外，這款已經60多年的葡萄酒的外觀仍然很年輕。香氣極具表現力且同樣年輕，透露出最後一絲初級水果的香氣，再加上現在主要呈現的次級水果香氣，帶來出令人難以置信的複雜度，這是只有在傑出的年份，才能夠帶來的成熟味道。

在很罕見的情況下，你不必品味一款葡萄酒，就能欣賞到它超凡的美麗，坦白地說，幾乎難以用言語形容這支1945年份葡萄酒帶有張力的芳香，它帶來了令人難以抗拒的香氣，包括黑莓、黑醋栗、紫羅蘭、森林地底層細微的香氣、溫暖的土地、茶葉、醬油、茴香、丁香和動物的氣息，並伴隨着美妙的乾玫瑰花瓣的背景香氣，就如同你在溫暖的夏日花園裡察覺到的香氣。這種風味特點同樣難以捕捉，因為我立刻想到了曾品飲過的1934年Romanée-Conti，它帶有完美的和諧感；可以說是毫無瑕疵的完美。

實際上，很少有葡萄酒能像這樣，每個組成的分子都與隔壁的分子相融，讓人無法單單分析其中一個單一面向。從專業角度來看，這款葡萄酒最初讓我感到挫敗，因為我無用我平常冷靜、有條理的方式進行評估。我無法有邏輯地從一個思緒轉向另一個思緒，因為每一個思緒都不在我的掌握中，它們既挑逗我、又鼓勵我繼續下去；在這方面，它確實讓我想起了一瓶曾經品飲過的1865年份的Santenot那次的品飲也是一場完美和諧的體驗。

尾韻純淨，讓人回味無窮。我在一週之後仍能感覺到它的味道，彷彿它的一部分已駐留在我的味蕾上，因為時不時地，它的味道仍會突然閃現。這講起來非常奇特，但確實是如此。就如同Santenots一樣，1945年的Romanée-Conti是一款完整的葡萄酒，這款酒能夠觸動靈魂，偉大但不張揚，性感卻不庸俗，優雅但不嚴肅，它以生動的方式紀念了過往，又是禾米牛份的典範，因此M. de Villaino評論道，1945年份代表了Romanée-Conti失落的聲音。

總結來說這是我所能想像、最接近完美的葡萄酒，也是我品嚐過的最棒的葡萄酒。

Aubert de Villaine 名言：

羅曼尼康帝莊主奧貝爾德維蘭先生，曾經說過的：「風土佳釀是自然和人類完美結合的產物，但就像所有的結合，它從來都不是自然而然就一帆風順的。」

Aubert和妻子Pamela在夏隆內（Chalonnaise）的Bouzeron擁有屬於自己的酒莊A&P de Villaine，由Aubert的另外一個侄子Pierre de Benoist負責管理。Aubert還是勃根地申請聯合國教科文組織世界文化遺產的小組成員。同時，他也是葡萄酒歷史上著名的1976年巴黎審判（Judgment of Paris）的評審委員之一。

彩蛋：

有關酒標簽名

1974～1989（Aubert de Villaine +Lalou Bize-Leroy）

1990（Aubert de Villaine +Charles Roch）

1991～2018（Aubert de Villaine +Henri-Frederic）

2019（Aubert de Villaine + Perrine Fenal）

2022以後新的主席（Bertrand de Villaine+ Perrine Fenal）

左至右：1989 DRC酒標兩位主席簽名。1990 DRC酒標主席簽名簽名。
1991 DRC酒標主席簽名簽名。2019 DRC酒標主席簽名簽名。

作者所辦DRC品酒會

2017年1月16日（台中）——酒單：

◇ Bollinger R.D. Extra Brut 1990
◇ Henri Giraud Champagne Fût de Chêne 1999
◇ Domaine d'Auvenay Meursault 2003
◇ Domaine Leroy Corton-Charlemagne 2003
◇ DRC Grands-Echézeaux 1961
◇ DRC Richebourg 1972
◇ DRC Grands-Echézeaux 1991
◇ DRC Romanée St. Vivant 1995
◇ Armand Rousseau Clos-de-Bèze1988
◇ Armand Rousseau Clos-de-Bèze1995
◇ Domaine Leroy Clos de la Roche 1989
◇ Domaine Leroy Nuits-Saint-Georges Aux Lavieres 1989
◇ Domaine Leroy Pommard Les Vignots 1990
◇ Domaine Leroy Chambolle-Musigny Les Fremieres 1991
◇ Domaine Leroy Vosne-Romanee Les Genevrieres 2001
◇ Dr.Loosen TBA 2006

DRC整箱12瓶裝原箱；1瓶Conti、3瓶La Tâche、2瓶Richbourg、2瓶Romanee St.Vivant、2瓶Grands Echezeaux、2瓶Echezeaux

DRC台中品酒會

2020年3月28日 (台南) —— 酒單：

◇ Montrochet 1989
◇ Romanée-Conti 1987
◇ La Tâche 1987
◇ Richbourg 1987
◇ Romanee St.Vivant 1987
◇ Grands Echezeaux 1987
◇ Echezeaux 1987

DRC 整套1987年份品酒會

2020年10月27日 (台北) —— 酒單：

◇ Montrochet 1986
◇ Romanée-Conti 1992
◇ La Tâche 1992
◇ Richbourg 1992
◇ Romanee St.Vivant 1992
◇ Grands Echezeaux 1992
◇ Echezeaux 1992

DRC 整套1992年份品酒會

2020年12月31日 (台南) —— 酒單：

◇ La Tâche 1974
◇ La Tâche 1982
◇ La Tâche 1988
◇ La Tâche 1991
◇ La Tâche 1996
◇ La Tâche 1998
◇ La Tâche 2001
◇ La Tâche 2004

2023年1月4日 (台北) —— 酒單：

◇ Leroy Corton Charlemagne 1997 (白頭)
◇ D'Auvenay Auxey-Duresses Les Clous 2009
◇ DRC Montrachet 2011
◇ DRC Romanee Conti 1975
◇ DRC Romanee St.Vivant 1982
◇ DRC Richebourg 1993

La Tâche品酒會

2023年4月14日 (上海) —— 酒單：

◇ Jacques Selosse Lieux-dits 'La Côte Faron'
　Blanc de Noirs Ay Grand Cru
◇ Ramonet Montrachet 2016
◇ Leflaive Montrachet 2001
◇ La Tâche 1966
◇ La Tâche 1987
◇ La Tâche 1995
◇ La Tâche 1999
◇ La Tâche 2005
◇ La Tâche 2008
◇ La Tâche 2011
◇ La Tâche 2017

DRC品酒會

杜渥·布羅傑一級園紅酒

DRC Vosne-Romanee 1er Cru Cuvee Duvault-Blochet 1999

ABOUT

適飲期：現在～ 2045
台灣市場價：140,000 元
品種：100% 黑皮諾（Pinot Noir）
桶陳：24 個月
年產量：約 4,000 ～ 21,000 瓶

儘管酒莊在Vosne村的三個極佳的氣候內擁有地塊，分別是
Les Gaudichots（0.08ha）、Les Petits Monts（0.41ha），
及Au-Dessus des Malconsorts（0.11ha），這些酒從不對
外銷售，到了2018年才釀了第一個年份的Les Petits Monts。
但是，在1999、2002、2004、2006、2008、2009、2010、2011、
2019、和2020，DRC出品了Vosne-Romanee Premier Cru
Duvault-Blochet，以此紀念酒莊最初的創建者雅克·瑪利·迪
沃·布洛謝。這款一級園實際上並不是完全採用來自一級園的葡
萄釀造而成，而是來自其DRC 六個特級園內年輕葡萄（不包括
Corton），按照勃根地的AOC法則，不同產區混釀必須降級。

高登特級園紅酒

DRC Corton 2011

ABOUT

適飲期：現在～ 2060
台灣市場價：120,000 元
品種：100% 黑皮諾（Pinot Noir）
桶陳：24 個月
年產量：約 8,000 ～ 9000 瓶

Aubert de Villaine並沒有刻意尋找一塊Corton的葡萄園，他
當時一直在尋找Vosne-Romanée之外的挑戰，這個機會恰好
在2008年出現了。在Prince和Princesse de Mérode去世之
後，家族中的年輕人並沒有人有意接手酒莊。這時候Princesse
de Mérode的姊夫Alexander de Lur Saluces（原滴金酒
莊莊主，譯者注）找到了Aubert de Villaine，問他羅曼尼康
帝是否有意租種Princesse de Mérode位於Corton特級園
的葡萄田。羅曼尼康帝酒莊於2008年11月開始租種Prince de
Mérode家族三片Corton特級園的地塊：Clos du Roi（0.57
公頃），Bressandes（1.94公頃）和Renardes（0.51公頃）。
2009是第一個年份。

高登查里曼白酒

DRC Corton Charlemagne 2019

特別
介紹

ABOUT

適飲期：現在～2050
台灣市場價：300,000 元
品種：100% 夏多內（Chardonnay）
桶陳：24 個月
年產量：約 6,000 瓶

高登・查理曼採用的葡萄來自Le Charlemagne和En Charlemagne
的四個地塊，這兩區緊鄰Aloxe-Corton和Pernand-Vergelesses
村。「我們原先以為海拔最高的地塊釀出來的酒，風味會太緊澀、偏
酸，但當我們混釀後，成果卻令人耳目一新，」DRC主席伯特蘭・德維
蘭說（Bertrand de Villaine）。2023年五月底我帶了一團酒莊之旅來
到了勃根地品酒，在下榻的城堡裡酒窖，竟然發現酒單裡有一瓶DRC
Corton Charlemagne 2019，踏破鐵鞋無覓處，DRC所出售的酒品
中，就這一款沒喝過。我正尋尋覓覓求喝這一瓶佳釀白酒，看了價格以
後，更讓人心動，今晚如果沒有嚐到，將會遺憾終生。由於城堡僅有一瓶配量，故等到晚餐
結束後，我便邀請了幾位懂酒的友人，在城堡的VIP室，請侍酒師幫我們侍酒。一款閃閃發
光的金黃色，一開瓶就有濃烈的石頭香氣，以及奶油爆米花、梨子和礦物味，口感滑順，酸
度支撐了酒的骨架，尾韻留長，每位酒友都稱讚不已，不愧為Domaine Romanee Conti
這塊金字招牌所釀。

小山園一級園紅酒 DRC Vosne-Romanée Les Petits Monts 1er Cru

這款酒於 2018 年首次釀造，專供法國餐廳使用，作者尚未嚐過，有去法國旅遊出差的讀
者，不仿去找找看。

巴塔蒙哈謝白酒 DRC Batard-Montrachet

DRC酒莊在1960年代初買入一塊Montrachet葡萄園的同時，也買下一小塊Batard-
Montrachet特級園的土地。這個地塊位於Chassagne-Montrachet村，靠近Criots-
Batard-Montrachet特級園和該村著名的一級園Vide Bourse，每年的產量僅有600
瓶。酒莊不曾公開發售過這款酒，只保留給少數前來酒莊品鑒的客人，因此酒標上顯示這
款酒的編號為00000。一些酒商會將這些來自酒莊的禮物轉手給饕客，可能會有一兩瓶流
通在市面上。

Domaine de La Romanée-Conti（土地面積）

- Romanée-Conti（1.81）
- La Tâche（6.06）
- Richebourg（3.51）
- Romanee-St-Vivant（5.29）
- Grands-Echezeaux（3.53）
- Echezeaux（4.67）
- Corton Bressandes（租種）
- Corton Clos du Roi（租種）
- Corton Renardes（租種）
- Vosne- Romanee Les Gaudichots（0.08）
- Vosne-Romanee Les Petits Monts（0.41）
- Vosne-Romanee Au-Dessus des Malconsorts（0.11）
- Le Montrachet（0.68）
- Batard-Montrachet（0.17）
- Corton Charlemagne（租種）

蒙哈謝特級園白酒

DRC Montrochet 1989 &1975

ABOUT

分數：WA 99、WS 98、BH 95
適飲期：現在～2030
台灣市場價：400,000 元
品種：100% 夏多內（Chardonnay）
桶陳：24 個月
年產量：約 3,000 瓶

康帝紅酒

DRC Romanée-Conti 1996

ABOUT

台灣市場價：750,000 元
品種：100% 黑皮諾（Pinot Noir）
桶陳：24 個月
年產量：約 4,000 ～ 6,000 瓶

塔希紅酒

DRC La Tâche 2005

ABOUT

適飲期：現在～2055
台灣市場價：250,000 元
品種：100% 黑皮諾（Pinot Noir）
桶陳：24 個月
年產量：約 16,000 ～ 20,000 瓶

康帝酒莊渣釀白蘭地

DRC Marc de Bourgogne1947

ABOUT

台灣市場價：250,000 元
品種：100% 黑皮諾（Pinot Noir）
舊桶陳：60 個月
年產量：約 1,800 瓶

地址 │ 1, rue Derriere-le-Four 21700 Vosne-Romanee
電話 │ +33 3 80 62 48 80
傳真 │ +33 3 80 61 05 72
網站 │ www.Romanée-Conti.fr
備註 │ 不接受參觀

DaTa

康帝紅酒

DRC Romanee Conti 1975

ABOUT
適飲期：現在～2035
台灣市場價：750,000 元
品種：100% 黑皮諾（Pinot Noir）
桶陳：24 個月
年產量：約 4,000 ～ 6,000 瓶

品酒筆記

2023年的元月初，世足賽剛結束不久，作者和友人打賭法阿決賽輸了，拿出一瓶康帝酒請客。這款Conti 實在有夠精采，一打開就花香四溢，尤其是Conti 特有的玫瑰花，連侍酒師都問我，能不能喝一小口？實在太香了。做為當晚紅酒第一款酒，倒入酒杯，花香、果香、木質香，中段的香料和薄荷迷迭香，尤其迷人。層層疊疊，忽隱忽現，伴隨著天鵝絨般的細緻單寧。奇妙豐富，精采絕倫，深度、廣度、長度、美味樣樣高超，這是一支我嚐過最好的康帝之一，有如一趟奇異之旅。一直到酒會結束，我都還捨不得喝完，風采依舊，尚未出現藥草味，此酒將入選為我農曆年前的一年最佳20款酒的酒單。
當晚其餘的酒也都很好；有DRC Montrachet 2011、Leroy Corton Charlemagne 1997、Domaine d'Auvenay Auxey-Duresses Les Clous 2009、DRC Richbourg1993、DRC Romanee St.Vivant 1975，但在Conti之前，誰與爭鋒？

建議搭配
簡單的禽類料理。

★ 推薦菜單　白鯧米粉

品鮮樓海鮮的白鯧米粉是目前台灣最正宗的。用的是真材實料，該有的都有，用正白鯧魚經過油炸後再放進米粉湯鍋，湯內還有芋頭、蛋酥、香菇和魷魚，再灑上宜蘭蒜苗，香噴噴，熱騰騰。這道菜只是讓大家先吃飽，漱漱口，再來品嚐美酒。因為這支康帝根本不需要任何菜來配，它本身就是一道最精采的菜，除了鮑參翅肚可以和它媲美，還有什麼美食能與他匹配？

品鮮樓海鮮餐廳
地址｜台北市文山區木新路三段
112 號

2. Domaine Leroy

樂花酒莊

　　1868年，弗朗索瓦·樂花（François Leroy）在莫索（Meursault）產區一個名為奧賽·都雷斯（Auxey-Duresses）的小村子建立了樂花酒莊。自那時起，樂花酒莊就成為了傳統的家族企業。到19世紀末，弗朗索瓦的兒子約瑟夫·樂花（Joseph Leroy）和他的妻子一起聯手將他們自己小型的葡萄酒業務一步步擴大，一邊挑選出最上乘的葡萄酒，一邊選擇勃根地產區最好的土地，種植出最優質的葡萄。1919年，他們的兒子亨利·樂花（Henry Leroy）開始進入家族產業，他將自己的全部時間和精力都投入到樂花酒莊，使之成為國際上專家們口中的「勃根地之花」。

　　亨利只有2個女兒，而小女兒拉魯（Lalou Bize-Leroy）自幼就對父親的釀酒事業表現出濃厚的興趣。在1955年時，拉魯女士正式接管父親的事業。當時年僅

A.樂花莊主拉魯女士。B.酒窖。C.酒莊。D.橡木桶

	B
A	C
	D

　　23歲的她即以特立獨行、充滿野心且作風強悍的個性聞名於勃根地的酒商之間。1974年拉魯擔任康帝酒莊（Domaine de la Romanée-Conti）的經理人，拉魯堅持保有酒莊獨立的特色與積極開拓海外市場的策略，一直不能獲得其他股東的認同。雖然拉魯將康帝酒莊酒莊經營的有聲有色，但在理念不合的情況下，拉魯最後還是被迫離開酒莊。在向來以男人為中心的勃根地葡萄酒業裡，拉魯是個少數，過去她掌管的羅曼尼‧康帝酒莊以及現在的樂花酒莊，在勃根地都有著難以追求的崇高地位，酒價都是最高的。

　　失去了天下第一莊羅曼尼‧康帝，拉魯僅存的資產是一塊23公頃包括一級與特級產地但已荒廢多年的的葡萄園。土地雖好，但代價可不小。為了能東山再起，拉魯咬緊牙關，依然秉持追求完美的精神陸續釀造出不少令人驚豔的佳釀，同時

也積極的開拓海外市場，在由日本高島屋集團取得東亞地區的經銷權，成功的打進日本後，拉魯便開始擴展版圖，又陸續收購了幾個優質的葡萄莊園，甚至以絕地大反攻之姿重新買回羅曼尼‧康帝酒莊的部分股權。拉魯‧樂花也成為勃根地產區最傳奇的女性。

幾十年來，她一直都是勃根地最受爭議的頭號人物，即使今年她都已經70歲了，有關她的傳說還是爭論不休。拉魯除了完全拒絕使用化學合成的肥料與農藥，她還相信天體運行的力量會牽引葡萄的生長，依據魯道夫‧斯坦納（Rudolf Steiner）的理論，加上她自己的認識和靈感，她想出千奇百怪的方法來「照料」葡萄園。例如把蓍草、春日菊、蕁麻、橡木皮、蒲公英、纈草、牛糞及矽石等物質放入動物的器官中發酵，然後再灑到葡萄園裡。自然動力種植法也許在旁人的眼裡顯得迷信，好笑甚至瘋狂，但確實能生產出品質相當好的葡萄酒來。

樂花酒莊的葡萄酒價格相當昂貴，當然這與它卓越的品質是分不開的。目前村莊級或一級園價格都在6位數以上，如果是特級園都要一瓶200,000台幣起跳，好一點的如李奇堡的價格也需要300,000台幣到400,000台幣以上。膜拜級的木西尼園起價也都在是900,000台幣起跳到3,000,000台幣之間。樂花酒莊的酒價已經不是一般酒友能承受得起，節節高漲，在拍賣會上屢創佳績，做為普通老百姓的我們只能望酒興嘆了！樂花酒莊在勃根地的地位，除了羅曼尼‧康帝酒莊，已經無人能及了。知名的釀酒學家雅克‧普塞斯（Jacques Pusais）曾說過：「現在我們就站在樂花酒莊，這些酒是葡萄酒和有關葡萄酒語言的里程碑。」著名的作家尚‧雷諾瓦（Jean Lenoir）將樂花酒莊的酒窖比做「國家圖書館，是偉大藝術作品的誕生地。」🍾

Leroy 事件簿：

- 1868年，Maison Leroy建立。
- 1942年Maison Leroy買下了羅曼尼康帝酒莊的50%的所有權，之後Lalou Bize-Leroy夫人代表Leroy家族擔任羅曼尼康帝的聯合管理人。
- 1980年，Bize-Leroy和她的姊姊從她父親那裡繼承了Domaine d'Auvenay的房子和莊園，這裡原是一片年代久遠的農場。
- 1988年，因為Maison Leroy作為酒商開始越來越難購買到頂部那一級的葡萄，通過出售Maison Leroy公司的部分股份給高島屋，從勃根地Vosne-Romanée村的Charles Noellat酒莊和Gevrey-Chambertin的Philippe-Rémy酒莊買下了數量可觀的特級和一級葡萄園，建立了Domaine Leroy。
- 1988年，Domaine d'Auvenay正式由Lalou Bize-Leroy和丈夫Marcel Leroy創建。但一直是由其丈夫Marcel管理。

- 1990年，Bize-Leroy買下Domaine d'Auvenay中她姊姊的股份，酒莊為她100%所擁有，並開始在夜丘和博納丘買下更多紅白葡萄園。
- 1992年，Bize-Leroy退出羅曼尼康帝的董事會與管理，更專注Maison Leroy、Domaine Leroy與Domaine d'Auvenay。
- 2004年，丈夫Marcel Bize去世，Bize-Leroy接過Domaine d'Auvenay全權處理。

　　Maison Leroy因為是酒商酒，很多人都會質疑Maison Leroy的品質不如Domaine Leroy。關於Maison Leroy，酒莊總經理Gilles告訴我們有3點需要了解：

1. Maison Leroy選酒是極其嚴苛的，並且全部都是通過盲品選擇層層篩選。比如Maison Leroy的大區級紅白大多都是混釀的村級田，而且是從40～50個樣品中通過盲品篩選出的。而且Maison Leroy的酒總要在最好的年份選擇最好的酒，這也是為什麼每一年的酒款也會有所不同。像是年份一般的2012和2013，Maison Leroy就沒有出產大區級的紅葡萄酒。
2. Leroy的酒投入市場的時間都是酒莊認為可以飲用的時候，2015年份就因為更加奔放先於2014年份發售，而且2015年份比2005年份發售的也更多。
3. 當遇到偉大的年份，Maison Leroy都會儲存一部分酒，等到20～30年後再重新投入市場。歷史的積累和雄厚的實力讓Leroy家族擁有勃根地最大的葡萄酒收藏（約200萬瓶）。

　　無論論從價格還是名氣上來說，Domaine Leroy的Musigny都被認為是酒莊最好的酒款，你們也這麼認為麼？」這個問題，Gilles Desprez表示：「每個人都有自己的愛好，有的人可能喜歡Musigny，有的人可能喜歡Richebourg或者Romanée-Saint-Vivant，Chambertin……至於Musigny，首先它是一個非常出色的特級園這點毋庸置疑，其次還因為它的稀缺性，我們每年只有600瓶Musigny。」

為什麼會出現酒塞漏液？

　　不少人都表示遇到過Leroy的酒塞出現污漬或者漏液的現象，酒莊是否像傳說中那樣使用了廉價酒塞？Gilles告訴我們真正的原因是：

1. 酒莊選擇了一種100%天然的橡木塞，而這種橡木塞在裝瓶的時候需要壓的很緊才能塞入酒瓶。當裝瓶完成後，橡木塞可能還未恢復彈性，所以當酒瓶放倒時可能會有幾滴酒液流出。
2. 為了讓酒液接觸到更少的氧氣，能夠有更長的陳年潛力，酒莊在裝瓶時通常會裝的比較滿，這也會增加酒液滲出的幾率。不過從2015年起，酒莊跟一家頂級的西班牙橡木塞商合作，對木塞進行了改進，今後這類問題將會很少出現。

2017年1月16日（台中）

DRC+Leroy+A.Rousseau 品酒會——酒單：

- ◇ Bollinger RD 1990
- ◇ Henri Giraud Collection 1990
- ◇ Domaine d'Auvenay Meursault 2005
- ◇ Domaine Leroy Corton Charlemagne 2003
- ◇ Domaine Leroy Clos de La Roche 1989
- ◇ Domaine Leroy Nuits St. Georges Aux Lavieres 1989
- ◇ Domaine Leroy Pommard 1990
- ◇ Domaine Leroy Chambolle Musigny Les Fremieres 1991
- ◇ Domain Leroy Vosne Romanee Les Genaivrieres 2001
- ◇ Armand Rousseau Chambertin Clos de Beze 1988
- ◇ Armand Rousseau Chambertin Clos de Beze 1995
- ◇ DRC Romanee St Vivant 1995
- ◇ DRC Grands Echezaux 1991
- ◇ DRC Grands Echezaux 1961
- ◇ DRC Richebourg 1972
- ◇ Dr.Loosen Wehlener Sonnenuhr TBA 2006

2017年1月16日品酒會

2018年2月8日品酒會

2018年2月8日（杭州）

Leroy 品酒會——酒單：

- ◇ Krug Clos du Mesnil 1995
- ◇ Leroy Chevalier Montrachet 1949
- ◇ Leroy Chambertin 1961
- ◇ Domaine Leroy Musigny 2007
- ◇ Leroy Musigny 1961
- ◇ Leroy Clos St.Denis 1971

2021年5月1日（台南）

Leroy 品酒會——酒單：

- ◇ Domaine Leroy Latricieres Chambertin 1994
- ◇ Domaine Leroy Clos de La Roche 1994
- ◇ Domaine Leroy Savigny Les Beaune Les Narbantons 1994
- ◇ Domaine Leroy Volnay Santenots 1994
- ◇ Domaine Leroy Volnay Santenots Du Milieu 1997
- ◇ Domaine Leroy Vosne Romanee Les Beaux Monts 1997

白頭1961 Musigny、Chambertin和 1971 Clos St.Denis

2021年5月1日品酒會

有關傳奇的 2004 年 Leroy 紅頭（俗稱傷心酒）：

2004年是勃根地歷史上最差的年份之一，因為一場空前的粉孢襲擊了黑皮諾和夏多內，也因為幾場嚴重的冰雹襲擊了勃根地地區。這一年，也是拉魯最心愛的人Marcel Bize過世，所以拉魯女士無心釀酒，稱為悲傷的一年。

2004這一年，Domaine Leroy僅有5款紅葡萄酒出品，只有大區和村級，要知道Domaine Leroy光特級園就有9個。這5款2004年份的Domaine Leroy分別是Bourgogne、Chambolle-Musigny、Gevrey-Chambertin、Nuits-Saint-Georges及Vosne-Romanee。

2004 Leroy Bourgogne-（產量16,200瓶）

這絕對是2004年最貴也最不起眼的Bourgogne，2023年9月的市場價已經來到100,000 一瓶。這是一款特殊的大區酒，由Pommard LesVignots、Savigny-Les-Beaune Narbantons、Volany Les Santenots、還有特級園Clos de Vouget、Clos de la Roche及Corton Renardes混釀而成。

2004 Chambolle Musigny-（產量3,313瓶）

Chambolle-Musigny由Les Charmes、Les Fremieres、王者Le Musigny，一起混釀而成。Leroy Musigny目前是世界上最貴的葡萄酒，Wine-Searcher的國際均價是1,500,000以上，一瓶最好的年份2015年份要3,000,000起跳。

2004 Gevrey Chambertin-（產量5,440瓶）

這瓶的葡萄全部來自Gevrey-Chambertin村，包括了Chambertin特級園、一級園Les Combottes以及村級葡萄園。這款酒有著拉魯女士最喜歡的香貝丹特級園，作者也認為樂化的香貝丹釀的最好，有機會您一定要嚐嚐看。

2004 Nuits Saint Georges -（產量7,857瓶）

這款酒包含了Nuits-Saint-Georges村的2個一級園les Boudots和Aux Vignerondes、3個村級Aux Allots、Au Bas de Combe、Aux Lavieres的葡萄園。

2004 Vosne Romanee-（產量20,405瓶）Domaine Leroy -14、15

來自Richebourg、Romanee St. Vivant、Brulees、Les Beaumonts及Genevrieres等幾個葡萄園，當初這是一款最超值的葡萄園，剛上市的價格約為3,000元台幣，如今已經飛漲到200,000元台幣。

Domaine Leroy（土地面積）

- Musigny (0.27 h)
- Chambertin (0.50 h)
- Le Richebourg (0.78 h)
- Romanee-St-Vivant (0.99 h)
- Clos de Vougeot (1.91 h)
- Clos de la Roche (0.67 h)
- Latricieres-Chambertin (0.57 h)
- Corton-Renardes (0.50 h)
- Vosne-Romanee Aux Beaux Monts (2.61 h)
- Vosne-Romanee Aux Brulees (0.27 h)
- Vosne-Romanee Aux Genevieres (1.23 h)
- Chambolle-Musigny Les Fremieres (0.35 h)
- Chambolle-Musigny Les Charmes (0.23 h)
- Gevrey-Chambertin Les Combottes (0.46 h)
- Gevrey-Chambertin (0.11 h)
- Nuits-Saint-Georges Aux Boudots (1.20 h)
- Nuits-Saint-Georges Aux Vignerondes (0.38 h)
- Nuits-Saint-Georges Aux Allots (0.52 h)
- Nuits-Saint-Georges Au Bas de Combe (0.15 h)
- Nuits-Saint-Georges Aux Lavieres (0.69 h)
- Savigny-Les-Beaune Les Narbantons (0.81 h)
- Volnay Les Santenots (0.35 h)
- Pommard Les Trois Follots (0.07 h)
- Pommard Les Vignots (1.26 h)
- Corton-Charlemagne (0.43 h)
- Auxey-Duresses Blanc (0.23 h)
- Bourgogne Aligote (2.58 h)
- Bourgogne Blanc (0.35 h)
- Bourgogne Rouge (0.74 h)
- Bourgogne Grand Ordinaire Blanc (0.26 h)
- Bourgogne Grand Ordinaire Blanc (0.52 h)

白頭Chambertin 1985

白頭La Romanee 1962

白頭Richebourg 1990

Domaine Leroy Corton-Charlemagne 2002

難得一見的白頭Montrachet 1976

白頭Corton-Charlemagne 1989

樂花酒莊可登查里曼白酒

Domaine Leroy Corton-Charlemagne 1990

ABOUT

適飲期：現在～2040
台灣市場價：400,000 元
品種：100% 夏多內（Chardonnay）
桶陳：18 個月
年產量：2,012 瓶（第一年黃頭）

樂花酒莊香貝丹紅酒

Domaine Leroy Chambertin 1989

ABOUT

適飲期：現在～2050
台灣市場價：500,000 元
品種：100% 黑皮諾（Pinot Noir）
桶陳：18 個月
年產量：約 1,500 瓶

DaTa

地址｜ 15 Rue de la Fontaine, 21700 Vosne-
Romanée, France
電話｜ +33 03 80 21 21 10
傳真｜ +33 03 80 21 63 81
網站｜ www.domaine-leroy.com
備註｜ 只接受私人預約參觀

Recommendation
Wine

樂花酒莊慕西尼紅酒

Domaine Leroy Musigny 2007

ABOUT
適飲期：現在～2070
台灣市場價：1,500,000 元
品種：100% 黑皮諾（Pinot Noir）
桶陳：18 個月
年產量：約 600 瓶

🍷 品酒筆記

這款巨大的樂花慕西尼2007年份可說是我喝過最好喝的慕西尼特級園之一，實力絕對可以和康帝酒莊的羅曼尼康帝酒相抗衡。當我在2018年初的時候喝到它時，內心無比的激動，天之美祿，受之有愧啊！除了感謝杭州的友人外，還要謝天謝地。深紅寶石色的酒色，文靜醇厚。開瓶經過一小時的醒酒後，香氣緩緩的汨出，先是玫瑰、紫羅蘭、薰衣草，再來是黑櫻桃、黑醋栗、大紅李子和藍莓，眾多的水果，陸續的迎面而來。如天鵝絨般的單寧從口中滑下，薄荷、櫻桃、藍莓、香料、煙燻培根、雪茄盒、等等不同的味道輕敲在舌尖上的每個細胞，有如大珠小珠落玉盤，密集而流暢。能喝到這款偉大的酒，且讓我對拉魯女士大聲說出「萬歲」。

🍴 建議搭配

油雞、燒鵝、東山鴨頭、阿雪珍甕雞。

★ 推薦菜單　白斬土雞 ———

品鮮樓海鮮土雞是店中最招牌的菜色之一，如果沒有先預訂，常常會敗興而歸。土雞用的是烏來山上的放山雞，肉質鮮美肥甜，Q嫩有彈性，吃起來別有一番不同滋味。樂花慕西尼酒性醇厚飽滿，果香與花香並存，單寧細緻柔和，餘韻優揚順暢。這道原味土雞以原汁原味來呈現，不搶鋒頭，可以讓主角無拘無束，不疾不徐的發揮，這才不負如此高貴迷人的美酒。

品鮮樓海鮮餐廳
地址｜台北市文山區木新路
　　　三段 112 號

3. Domaine d'Auvenay

都文內酒莊

都文內酒莊（Domaine d'Auvenay）莊主是酒界的一代女皇拉魯‧畢茲‧樂花（Lalou Bize-Leroy）老太太，出生於1932年，大家都叫她拉魯女士（Lalo），在勃根地是一個傳奇人物。1974年進入康帝酒莊當總經理，1989年離開之前，在1988年建立樂花酒莊（Domaine Leroy，俗稱紅頭）。拉魯女士的父親亨利在聖烏班（Saint-Romain）擁有一座極其古老的農場，始於1180年，這座農場的名字叫做都文內酒莊，拉魯女士與她的丈夫Marcel Bize就居住於此。

1990年拉魯女士收購了她姊姊手中持有的都文內酒莊所有股份，成為唯一的主人。此後，拉魯女士不斷買入位於莫索（Meursault）、普里尼蒙哈謝（Puligny Montrachet）、奧賽都黑斯（Auxey-Duresses）等地的優質葡萄園。此外，都文內酒莊還擁有一些超一流的特級園，比如瑪茲香貝丹（Mazis Chambertin）、柏瑪（Bonnes Mares）、騎士蒙哈謝（Chevalier Montrachet）、格里歐巴塔蒙哈謝（Criots Batard Montrachet）、巴塔蒙哈謝（Batard Montrachet）等。

都文內酒莊和樂花酒莊同樣是Leroy旗下的酒莊，根據地塊和酒款在種植釀造過程中會有異同，但在種植和釀造的理念上幾乎沒有什麼區別，從建立之初就沒有殺蟲劑、化肥和除草劑這些當時很普遍的東西，而且都是100%生物動力法。

A | B
   | C

A．莊主拉魯女士和夫婿。B．三款偉大的白酒。C．作者收藏的老年份
Meursault Chaumes des Perrieres & Meursault 1er Cru Les Gouttes d'Or &
Puligny Montrachet 1er Cru Les Folatieres。

　　都文內酒莊更稀有的產量和更獨立的控制權或許是都文內酒莊能突飛猛進的第
二個祕密。4公頃的葡萄園面積加上低產的做法，讓都文內酒莊一年總共只有約
10,000瓶葡萄酒的產量。

都文內酒莊有哪些酒款：

5個特級園

1. Criots-Batard Montrachet Grand Cru（0.0637公頃）

　　格里歐巴塔蒙哈謝於1990年收購，是都文內酒莊最早一款白葡萄特級園，藤齡
70年左右，面積為0.0637公頃，年產量180瓶。當然這個特級園總共只有1.57公
頃，也是是勃根地面積最小的白酒特級園。最近排名是世界最貴的酒第三名，國
際價格為900,000台幣。

2. Batard Montrachet Grand Cru（0.3公頃）

　　這款酒來自於2012年，拉魯女士收購的巴塔蒙哈謝一塊0.3公頃的土地，據說價格為750萬歐元（相當於台幣255,000,000）。第一個年份就是2012年。最近排名是世界最貴的酒第四名，國際價格為800,000台幣。

3. Chevalier Montrachet Grand Cru（0.16公頃）

　　騎士蒙哈謝是酒莊1992年從Jean Chartron家族購入，葡萄藤大都20世紀40年代裡種下，年產量800瓶左右。最近排名是世界最貴的酒第二名，僅次於樂花慕西尼，國際價格為970,000台幣。

4. Bonnes Mares Grand Cru（0.26公頃）

　　都文內酒莊是柏瑪特級園面積最小的業主，在這裡共有0.26公頃的葡萄園，夾在臥駒公爵（Vogue）和胡米耶（G. Roumier）之間。平均50年樹齡，拉魯在1993年從收購了這片葡萄園，每年大約釀造700瓶。國際價格為400,000台幣。

Bonnes Mares 1994

5. Mazis Chambertin Grand Cru（0.25公頃）

　　瑪茲香貝丹地塊於1993年購入，北部與Clos de Bèze接壤，占地面積0.25公頃，年生產約550瓶。國際價格為420,000台幣。

3個一級園

1. Meursault 1er Cru Les Gouttes d'Or（0.19公頃）

　　莫索金滴園一級園葡萄樹的平均樹齡超50年，每年大約生產700瓶。第一個年份是1996年。國際價格為320,000台幣。

2. Puligny Montrachet 1er Cru Les Folatieres（0.26公頃）

　　普里尼蒙哈謝佛拉提耶一級園平均60多年藤齡，每年釀造約800瓶。國際價格為430,000台幣。

3. Puligny Montrachet 1er Cru En la Richarde（0.21公頃）

　　普里尼蒙哈謝里查一級園葡萄園靠近騎士蒙哈謝，70年藤齡，每年生產650瓶左右。國際價格為300,000台幣。

村級和大區級

- Auxey-Duresses La Macabrée（0.62公頃）奧賽都黑斯瑪卡布黑園，每年大約釀造1800瓶。國際價格為240,000台幣。
- Auxey-Duresses Les Boutonniers（0.25公頃）
  奧賽都黑斯布通尼爾園，每年大約釀造600瓶。國際價格為240,000台幣。
- Auxey-Duresses Les Clos（0.29公頃）
  奧賽都黑斯克羅斯園每年大約釀造700瓶。國際價格為280,000台幣。
- Meursault Pre de Manche（0.1公頃）
  每年大約釀造300瓶。國際價格為190,000台幣。
- Meursault Chaumes des Perrieres（0.08公頃）
  每年大約釀造240瓶。國際價格為280,000台幣。
- Meursault Les Navaux（0.67公頃）
  每年大約釀造1800瓶。國際價格為250,000台幣。
- Puligny Montrachet Les Enseigneres，0.63公頃
  每年大約釀造1800瓶。國際價格為240,000台幣。
- Bourgogne Aligote Sous Chatelet（0.3公頃，應該有再擴充）

Auxey-Duresses Les Clos 2009

Meursault Chaumes des Perrieres 1998

Meursault Les Navaux 1995

台南品酒會酒款

阿里哥蝶夏特列園是全世界最貴的阿里哥蝶白酒，也酒莊的代表性酒款之一，可能全勃根地的酒莊到今天都無法置信，一瓶阿里哥蝶白酒可以賣到7,000元美金。作者曾經喝過兩次，第一次是2018年在台中由酒友Bruce分享的，另一次是2023年在上海的酒友卡姊拿來分享，記憶深刻，尤其是冷冽的麗絲玲硝石味，至今無法忘懷。喝了Domaine d'Auvenay Aligote Sous Chatelet以後，所有的阿里哥蝶白酒就沒有嘗試的必要了。都文內酒莊和康帝總經理德維蘭酒莊（Domaine de Villaine）一起證明了阿里哥蝶也能釀造出傑出的勃根地白酒。2004年釀造2097瓶、2014年釀造2371瓶。國際價格為220,000台幣。

現在，都文內酒莊的酒已經漲出天外天，任何一款酒幾乎都超過200,000台幣，每一瓶都是可以超過DRC Tache或Richebourg，甚至超越酒王Romanee Conti的價格，真可謂是全天下最貴的奢侈品了，你還買得下去嗎？別擔心，由於數量太稀有了，自然有億萬富豪的買家下手收藏，收一瓶少一瓶，喝一瓶也少一瓶，每年就只釀數百瓶而已！🍾

左：Aligote Sous Chatelet 2014酒標。右上：Aligote Sous Chatelet 2014背標。
右下：Aligote Sous Chatelet 2014。

地址｜Rue de pont Boillot, Meursault 21190, Burgundy

DaTa

Recommendation
Wine

都文內酒莊騎士蒙哈謝白酒

Domaine d'Auvenay Chevalier Montrachet 2001

ABOUT
適飲期：現在～2050
台灣市場價：970,000 元
品種：100% 夏多內（Chardonnay）
桶陳：18 個月
年產量：約 800 瓶

品酒筆記

2001年騎士蒙哈謝白酒是我品嚐過的最出色的勃根地白酒之一，除了 DRC Montrachet 或 Leflaive Montrachet 之外。在杯中散發著柑橘皮、白花、燧石、烤芝麻、蜜餞果乾、薄荷巧克力、奶油爆米花、熟鳳梨、蜜漬蘋果……太多了，難以形容。沒見過騎士蒙哈謝白酒如此酒體飽滿、口感濃郁、層次分明、豐富細膩複雜多變、結構完整，真是一款深不見底的特異白酒，尤其是令人難以置信的餘韻悠長，迷人的酸度直衝腦門，完整的滲透全身每塊肌膚。勃根地酒莊認為不可能的事情，樂花拉魯老太太做到了，這般誘惑而具有殺傷力的白酒，無比神奇的力量，或許只有老天爺和拉魯老太太知道？

建議搭配
生魚片、涮新鮮魚片。

★ **推薦菜單** 燻帶魚腩 —————

新榮記台州菜應該是全中國最會烹調帶魚的餐廳，台州靠海，和台灣一樣，對於海鮮的燒製，自有一套功夫。這道燻帶魚腩取最有肉的魚肚腩去刺，再以慢火燻烤，外酥而內嫩，適合搭酒。與這款世上第一流的白酒搭配，不需要任何的掩飾矯情，需要的只是時間，慢慢品、慢慢嚐，這款神奇的白酒，就會讓您體驗何謂瓊漿玉液？此酒應是天上有，為何下凡到人間？

新榮記（外灘店）
地址｜上海市黃埔區中山東二
路 600 號 N3 棟 3 樓

4. Domaine
G.Roumier

胡米耶酒莊

大自然就好像一隻導導盲犬，你必須遵循它的引導。讓大自然決定一切，而不是你自己。──Christophe Roumier, Domaine G.Roumier莊主

胡米耶酒莊（Domaine Georges Roumier）的聲名鵲起與漫畫《神之雫》可謂淵源頗深。《神之雫》第一使徒就是──胡米耶酒莊愛侶園（Domaine G.Roumier Chambollle Musigny Premier Cru Les Amoureuses 2001）。

1924年，喬治胡米耶（Georges Roumier）與來自香波慕斯尼村的Genevieve Quanquin結婚。按照當時的習俗，實際上時至今日仍然如此，Genevieve Quanquin帶來一些珍貴的葡萄園作為嫁妝，其中包括位於香波慕斯尼村的一級園伏斯園（Les Fuees）、愛侶園（Les Amoureuses）和特級園柏瑪（Bonnes Mares）的地塊。胡米耶酒莊由此開始創建，當時喬治胡米耶還在香波慕斯尼村的

酒莊莊主

大戶臥駒公爵酒莊兼任葡萄園主管。

過了不久，喬治胡米耶就購買了貝洛吉酒莊（Belorgey）三分之一的股份，從而擴充其在柏瑪和伏舊園的土地。1953年，喬治胡米耶再度發力，買下了莫黑聖尼斯村（Morey-St-Denis）的一級園布希黑（Clos de la Bussiere）並在同年退休。喬治胡米耶的大兒子阿蘭胡米耶（Alain Roumier）進入香波慕斯尼村最具聲望的臥駒公爵酒莊工作，負責管理葡萄園。

老三尚・馬瑞・胡米耶（Jean-Marie Roumier）是家族中最有天分的釀酒者，也正是他在1961年繼承了父親一手創建的胡米耶酒莊，並將其打造成為整個勃根地，乃至全世界都數一數二的頂尖生產商。

尚・馬瑞還在高登查里曼（Corton-Charlemagne）特級園購入0.2公頃的土地，以及0.1公頃的特級園慕西尼（Musigny）。他有4個子女，現任莊主克里斯多佛胡米耶（Christophe Roumier）在他父親的基礎之上使胡米耶的名字成為與DRC、Leroy等相提並論的膜拜品。

生於1958年的克里斯多佛低調而又自信。畢業於第戎大學釀酒系，他從1982年開始負責酒莊的的技術工作，並在許多方面做出了改革以獲得更高的酒質。他不儘極大

的提高了酒莊的品質，對於金丘的許多其他釀酒師也影響深遠，在當地極受尊敬。

　　胡米耶家族組建了一個公司以經營 胡米耶酒莊，目的就是為了保持家族產業的完整性，並避免今後的土地分割。

　　如果說克里斯多佛有何祕訣，第一條就是所有的葡萄必須保證處於最佳狀態。第二條則是保留一部分的葡萄梗，尤其是來自老藤的葡萄。這樣做的好處是能夠增加酒的優雅度的同時，保留較高的集中度和力量。

　　克里斯多佛與香波慕斯尼村的釀酒者一樣，認為香波慕斯尼村的個性太容易被橡木桶影響，因此胡米耶酒莊的村級葡萄酒僅使用大約20%的新桶，一級園使用的新橡木桶比例介於20%～35%之間，而特級園則是35%～45%。超過8成的橡木桶來自胡米耶酒莊長期合作方Francois Feres，他認為Francois的木桶更加優雅和溫順，適合香波慕斯尼優雅的特質。

　　胡米耶酒莊擁有一些香波慕西尼的葡萄園，1.76公頃的葛瑞斯（Les Cras），一瓶價格約33,000元台幣左右。以及在2005年從村級升級為一級園0.27公頃的康貝特（Les Combottes），一瓶價格約43,000元台幣左右。最著名的的一級園愛侶園（Les Amoureuses），只有0.4公頃，每年的產量僅1500瓶左右，一瓶價格約200,000元台幣左右。Roumier位於莫黑聖尼村的一級園布希黑（Clos de la Bussiere），這不僅僅是其獨占園也是胡米耶家族居住的地方，一瓶價格15,000元台幣左右。酒莊還有一個0.64公頃的特級園胡丘提斯香貝丹（Ruchottes-Chambertin），是通過租借形式獲得。由於並非自有土地，此園以克里斯多佛的名義裝瓶銷售，一瓶價格40,000元台幣左右。胡米耶最為重要的葡萄園並非Musigny，而是1.45公頃的柏瑪特級園，葡萄藤種植於1967年。柏瑪特級園之所以對胡米耶如此重要，很大原因是因為面積，畢竟1.45公頃柏瑪特級園的產量要比0.1公頃的慕西尼足足多出十來倍了，自然能產生更加豐厚的經濟回報，目前國際行情一瓶價格約100,000元台幣左右。

　　柏瑪特級園的士壤由兩種質地構成。靠近莫黑的部分，土壤呈紅色。但是，隨著葡萄園向南衍生，土壤逐漸變為白色，含有大量的生蠔化石。克里斯多佛習慣將他的不同地塊分別釀製，之後再融合在一起，渾然天成。他說紅色部分給予了葡萄酒力量和骨架，還有集中度；而白色土壤的葡萄則更加靈性，賦予胡米耶酒莊的柏瑪特級園優雅和精準的風土特性。而極具天賦的克里斯多佛巧妙的將不同的酒釀成之後融合，形成1+1大於2的完美效果。

　　最稀缺且最昂貴的胡米耶是特級園慕西尼，大概0.1公頃，這些老藤種植於1934年，每年產量不到300瓶，胡米耶酒莊的慕西尼以其超凡的優雅和平衡詮釋著勃根地最佳的風土之一，目前國際行情一瓶價格約500,000元台幣起跳。

　　不為人所知的是胡米耶酒莊還有特級園白葡萄酒，來自0.2公頃的高登查里曼

白酒（Corton-Charlemagne），克里斯多佛的父親在1968年的時候購入，並在當年全面翻種葡萄藤。5年之後，胡米耶高登查里曼白酒（Roumier Corton-Charlemagne）問世。不過他的白酒並沒有達到紅酒那樣的水準。

　　最近胡米耶酒莊開始生產一款艾瑟索特級園（Echezeaux）。胡米耶酒莊的慕西尼是勃根地紅酒價格最高的酒款之一（僅次於樂花的Musigny），每瓶的均價超過50萬台幣。從2016年開始Christophe Roumier開始出產一款艾瑟索特級園，葡萄園來自一位投資者，Roumier和該投資者簽訂了地租協議。2016年份的產量極小，酒莊並未公開發售。而這次艾瑟索特級園的價格也同樣令人咂舌，部分酒商對2017年份這款酒的公開報價甚至已經在25萬台幣左右，也就是說：該酒款第一個公開發售年份就已經奠定了現今「最貴艾瑟索特級園」的地位！當然這也引發了愛好者的紛紛議論，比如酒莊這塊艾瑟索特級園的來歷，具體位於什麼位置？到底值不值這麼多錢？據說，這塊地是的擁有者，曾經是大陸首富，就讓大家猜猜看吧？

　　2018年Jasper Morris MW在品鑑期酒的過程中就給出了Domaine G.Roumier Echezeaux特級園的評價：「酒莊2017年份Echezeaux的產量是2.25桶（675瓶），這其中有一桶（300瓶）要歸還這塊地的業主。漂亮的淡紫色，顏色不是特別深。釀造這款酒的葡萄來自En Orveaux的地塊，入口輕盈而精緻，非常棒的持久度。櫻桃果味之外，帶梗發酵賦予這款酒很多能量感。無窮無盡的餘韻。」

2017年1月30日（台北）
Bonnes Mares品酒會——酒單：

◇ Bollinger Grande Annee 1990
◇ Kistler Cathleen 1999
◇ Remoissenet Montrachet 1996
◇ Domaine G.Roumier Bonnes Mares 2004
◇ JFM Bonnes Mares 2004
◇ Domaine Comte Georges Vogue Bonnes Mares 2004

2017年1月30日品酒會酒款

2022年11月30日（台南）
品酒會——酒單：

◇ Leroy Vosne Romanee Les Genaivrieres 1988
◇ Domaine Bizot Vosne Romanee Les Jachees 2008
◇ JFM Musigny 2002
◇ DRC La Tâche 1994
◇ Domaine G.Roumier Musigny 1985

2022年11月30日品酒會酒款

Domaine G.Roumier（土地面積／公頃）

- Bonnes Mares（1.3）
- Charmes-Chambertin（0.27）
- Corton-Charlemagne（0.20）
- Musigny（0.10）
- Ruchottes-Chambertin（0.54）
- Chambolle-Musigny Les Amoureuses（0.40）
- Chambolle-Musigny Les Combottes（0.27）
- Chambolle-Musigny Les Cras（1.76）
- Morey St. Denis Clos de la Bussierre（2.49）
- Chambolle-Musigny（3.86）
- Bourgogne（0.46）

左：Bonnes Mares 2006 & 2008 & 2014
中：Bonnes Mares 1997
右：Corton-Charlemagne 1999

Ruchottes-Chambertin & Charmes-Chambertin

特別推薦

胡米耶酒莊慕西尼特級園紅酒

Domaine G.Roumier Musigny 1985

ABOUT

適飲期：現在～2040
台灣市場價：700,000 元
品種：100% 黑皮諾（Pinot Noir）
桶陳：18 個月
年產量：約 300 瓶

DaTa

地址｜4 Rue de Vergy, 21220 Chambolle-Musigny
電話｜+33 3 80 62 86 37

Recommendation
Wine

胡米耶酒莊慕西尼特級園紅酒
Domaine G.Roumier Musigny 1999

ABOUT
適飲期：現在～2040
台灣市場價：700,000 元
品種：100% 黑皮諾（Pinot Noir）
桶陳：18 個月
年產量：約 300 瓶

🍷 品酒筆記
胡米耶酒莊的慕西尼有如一顆罕世珍珠，融匯了奇異非凡的紅果香氣：櫻桃的甜澀、覆盆子的濃醇、越橘的清新、木本草莓的芳香，層層疊疊，變化多端，令人目不暇給。細緻溫柔、優雅高貴，氣質迷人，這樣卓越超凡的女性氣息，誰都無法拒絕。如果讓我選一款全世界最好的酒，那絕對是這款慕西尼特級園紅酒，我還不知道胡米耶艾瑟索特級園釀得究竟如何？因為我還沒嚐過。

🍴 建議搭配
阿雪甕仔雞、煙燻鵝肉、脆皮乳鴿、白斬雞。

★ 推薦菜單　脆皮野生烏石參配蝦子蔥燒柚皮

烏石參，澳大利亞和紐西蘭南端海岸的純天然深海海參，因其長期生長在水溫很低的海底，以底棲的微小動植物，有機紫海藻和沉澱物為食，所以肉汁表層藍黑色，口感細膩豐富，因上岸都不能養活，所以漁民只能曬乾，所以廚師製作起來需要比較長的時間，一般需要用熱水浸泡5天左右才能讓裡面的肉充分吸水軟化，刮去表層泥沙和肚子的內臟泥沙，切塊用姜蔥水煮透去醒，再用高湯慢火燒入味，烤香即可。這道脆皮野生烏石參在粵菜大師郭元峰先生精心料理下，變的更Q彈細緻，口感豐富，與天下第一美酒一起搭配，簡直是強強聯合，瞬間得到三倍以上的快感，無論是酒的複雜果香還是烏石參的滑嫩，都是天花板的頂級層次，無與倫比。

萊佛士雲璟餐廳
地址｜深圳市南山區中心路3008
　　　號深圳灣1號萊佛士酒店
　　　70 樓

5. Domaine Leflaive

樂飛酒莊

白酒之王──Domaine Leflaive（樂飛酒莊暱稱雙雞）

無論價格或品質，勃根地的白酒可以說是世界之最！但在世界之最裡，誰又是王中王？目前蒙哈謝（Montrachet）價格已經超越DRC蒙哈謝白酒，在勃根地有「白酒第一名莊」之美譽的，就是樂飛酒莊（Domaine Leflaive）。

樂飛酒莊是珍奇逸品，它很好認，兩隻黃色公雞中間夾了一個像是家徽的圖樣，所以酒友均稱它「雙雞牌」。樂飛酒莊早在1717年成立，葡萄園多半位於勃根地最佳的白酒村莊普里尼蒙哈謝，四個特級園都有作品，瓶瓶都是上萬元身價。尤其它的蒙哈謝一瓶難求，近年開出的行情都是六位數起跳，無論是在佳士得或台灣的羅芙奧落槌價都超過DRC的蒙哈謝，已經成為白酒的新天王，瓶瓶都落入收藏家酒窖。最近一次Acker拍賣會上2007年份的樂飛蒙哈謝白酒拍出了400,000以上台幣。

值得一提的是，此莊園雖然名氣非凡，但在女莊主安妮‧克勞德‧樂飛（Anne Claude Leflaive）手上，更是竭力自我挑戰。她領先業界改採自然動力法，讓整個樂飛在飽滿與堅實之外，還多了那難以忘懷的純淨與深邃，系列品項一向靈氣十足，不愧為世界標竿。不論派克所著《世界上最偉大的葡萄酒莊園》（The

A		
B	C	D
E		F

A . 酒窖藏酒。B . Bâtard-Montrachet葡萄園。C . 莊主Anne Claude Leflaive。D . Puligny Montrachet Clavoillon葡萄園。E . 成熟葡萄。F . 酒窖

World's Greatest Wine Estate: A Modern Perspective），或是陳新民教授所著《稀世珍釀》，任何一本討論頂級酒款的書，就必須有樂飛酒莊。葡萄酒大師（MW）克里夫‧寇提斯（Clive Coates）說，「它是一支飲酒者需要屈膝並發自內心感謝的酒」。1996年份的樂飛蒙哈謝也被《品醇客》雜誌選為此生必喝的100支酒之一。1995年份的騎士蒙哈謝白酒更獲得了《葡萄酒觀察家》雜誌（Wine Spectator）的100滿分。

畢竟是一等一的酒莊，大部分玩家只要喝過樂飛酒莊的酒，就能輕易感覺它精采的實力，甚至終生難忘！無論是特級園巴塔蒙哈謝（Batard Montrachet）、比文紐巴塔蒙哈謝特級園（Bienvenues Bâtard Montrachet）、騎士蒙哈謝（Chevalier Montrachet）到天王級蒙哈謝（Montrachet）款款精采，扣人心弦。尤其是2007年份的酒，這是功力深厚的酒莊總管皮爾・墨瑞（Pierre Morey）自1989年起，在樂飛酒莊任事的最後一個年份，一瓶難求，玩家值得珍藏。在皮爾・墨瑞的協助下，Anne-Claude為酒莊帶來變革，開始在葡萄園和酒窖採用生物動力法，Pierre在2008年從酒莊管理員的位置退休，Eric Rémy接掌他的空缺，Eric Rémy自2003年便開始在酒莊工作，之前是在Meursault的Château Génot-Boulanger擔任釀酒師。

較為平價的品項，還有2004年添購的馬貢-維爾茲（Macon-Verze）。在勃根地酒價狂飆的今天，大概只能搖頭嘆息，如果還想喝到名家風範，這種馬貢內區的村莊級好酒千萬不要放過。若是處在兩者之間，口袋不上不下的酒友，樂飛酒莊也提供了莫索（Meursault）一級園，該園地處普里尼蒙哈謝與莫索之間，在樂飛幾塊一級園中，位置偏北，地勢略高，酒易偏酸而較有礦石味。不過在安妮的調教下，實力依然精采，價格相對來說卻是平易近人。比起赫赫有名的一級園普賽勒園（Les Pucelles），價格可能只有一半。

1920年，約瑟夫・樂飛（Joseph Leflaive）建立起了這座珍貴而古老的勃根地酒莊。1953年，約瑟夫去世後，樂飛酒莊由他的第四個子女繼承。文森特・樂飛（Vincent Leflaive）是第一位繼任者，此後他一直執掌樂飛酒莊，直到1993年逝世；文森特的弟弟約瑟夫（Joseph）在哥哥執掌樂飛酒莊時，負責行政和經濟事務，以及釀酒工人的雇用。1990年文森特的女兒釀酒師安妮・克勞德・樂飛與約瑟夫的兒子奧利維爾（Olivier）共同執掌樂飛酒莊。而到了1994年，奧利維爾離開了酒莊，開始經營自己的葡萄酒買賣。1994年，安妮・克勞德是酒莊的全權負責人。

樂飛酒莊每年有70%會銷售到國外市場，只有30%的葡萄酒會在法國本地流通。所以連法國人想要享用一瓶樂飛的酒也不是那麼的容易。2015年4月5日安妮・克勞德已在她位於勃根地的家過世，享年59歲。以後安妮所釀的這款世界上最貴的白酒，只有上帝能喝到。對於這位被《品醇客》雜誌譽為「世界最好的釀酒師」（Master of Wine）的逝世，我們除了感到悲傷之外，還有致上最崇高的敬意。

樂飛酒莊白酒在大木桶中發酵，新橡木的比例隨著葡萄酒的品質和口感豐富度增加而提高，因此勃根地地區級10%的新橡木桶、村級 15%、一級園20%、特級園25%，其中Le Montrachet是個例外，總量有一個橡木桶、最多1.5個橡木桶，

都會被存放在新橡木桶中。酒莊通常都會訂購特製的310升的木桶來存放陳年。

在Puligny一級園每個園都很令人驚艷，都帶有自己的個性以及豐富的香味。

Puligny Montrachet Le Clavoillon：國際市場價15,000起跳

Puligny Montrachet Les Folatières：國際市場價19,000起跳

Puligny Montrachet Les Combettes：國際市場價20,000起跳

Puligny Montrachet Les Pucelles：國際市場價23,000起跳

雙雞四個特級園，不但價格高漲，更是一瓶難求！

● Bienvenues Bâtard-Montrachet：

果味充沛，優雅迷人。是雙雞最便宜的特級園，一瓶價格在40,000元左右。

● Bâtard-Montrachet：

作者認為最超值最能表現巴塔蒙哈謝特級園的酒莊，俐落大方、直接對決、勁道十足、立即感受到酒的果味和香料，豐富的礦物味，清涼可口。價格在50,000以上。

● Chevalier-Montrachet：

釀酒師說：「大膽與活潑」，還可以加入「力量和輕盈」。一瓶價格在60,000元左右。

● Montrachet：

這是一款濃郁、強勁、集中的葡萄酒，充滿香料和豐富的果味，不斷迸出的爆米花，令人著迷。這塊葡萄園直到1994年才開始擁有，在那一年，他們購入Chassagne的一小塊葡萄園，這也讓他們成為第一個在最傑出的勃根地葡萄園擁有葡萄藤的Puligny Montrechet業主。雖然只有小小的0.08公頃，每年產量約300瓶，即使如此，雙雞酒莊的Montrechet仍然是世界最貴的Montrachet，國際價格已經衝破40,0000，而且一瓶難求！🍾

左：難得一見的雙雞酒商酒Charmes Chambertin。右：Bâtard-Montrachet 2006

左：Bienvenues-Batard-Montrachet 2014。右：Chevalier-Montrachet 2015 。

彩蛋：

　　樂飛酒莊宣布正式推出一款全新的一級園酒款：Chassagne-Montrachet 1er cru La Maltroie。這款酒的第一個年份為2017年，產量3桶（900瓶）雙雞酒莊早在2005年就買入了這個占地僅僅0.125公頃（1,250平方米）的Chassagne-Montrachet La Maltroie地塊，此地塊位置低平，黏土含量較高。酒莊在2006年將這塊地全部拔除重新種植，並對土地進行了生物動力法的改造，直到2017年，雙雞酒莊產出了這款酒的第一個年份。

Domaine Leflaive（土地面積）

- Batart-Montrachet (1.91h)
- Bienvenues-Batard-Montrachet (1.15h)
- Chevalier-Montrachet (1.99h)
- Le Montrachet (0.08h)
- Meursault Sous le Dos d'Ane (1.62h)
- Puligny-Montrachet Le Clavoillon (4.79h)
- Puligny-Montrachet Les Combettes (0.73h)
- Puligny-Montrachet Le Folatieres (1.26h)
- Puligny-Montrachet Les Pucelles (3.06h)
- Puligny-Montrachet (4.64h)
- Bourgogne (3.24h)
- Chassagne-Montrachet 1er cru La Maltroi (0.125h)

DaTa

地址｜Place des Marronniers, BP2, 21190 Puligny-Montrachet, France
電話｜+33 03 80 21 30 13
傳真｜+33 03 80 21 39 57
網站｜www.leflaive.fr
備註｜參觀前必須預約，並且只對酒莊客戶開放

樂飛酒莊蒙哈謝白酒

Domaine Leflaive Montrachet 1999

ABOUT

適飲期：現在～2045
台灣市場價：400,000 元
品種：100% 夏多內（Chardonnay）
桶陳：18 個月
年產量：300 瓶

品酒筆記

樂飛酒莊的蒙哈謝白酒兼具花香迷人，質地柔滑，風味緊緻，
陳年的優良特質，這款蒙哈謝特級園確實如此。顏色是美麗
動人的鵝黃色，有淡淡的草木香、礦物、蜂蜜、水蜜桃，青梨
和青蘋果，異國香料和橘皮。有如一位情竇初開的少女，洋溢
著青春氣息，毫不掩飾，大方迷人，心曠神怡。1999年毫無疑
問是一個經典偉大的年份，只是需要時間來證明。

建議搭配

生魚片、清蒸黃魚、乾煎白鯧、清燙野生石鯛魚。

★ 推薦菜單　琉璃鱘龍魚骨

琉璃魚骨採自16年以上的鱘龍魚頭軟骨，經過複雜的烹飪手法烹
製而成，其富含豐富的膠原蛋白、硫酸軟骨素、DHA（高度不飽和
脂肪酸）和EPA（腦黃金）。素有：「鱘魚腦白金」和「水上燕窩」
之稱，它的膠原蛋白分子量非常適合人體吸收哦，其口感Q彈軟
糯，提高人體免疫力，抗氧化作用明顯。女人吃了變漂亮，男人吃
了活力滿滿！配上這一支世界上最好的白酒，這道菜更顯得脆滑爽
口、Q彈軟嫩。白酒中的果香味，有如一首輕盈的主旋律，琉璃魚
骨和自製醬汁的鮮甜緊追在後，如金庸小說的天龍八部，倚天不
出，誰與爭鋒？

木南春曉私廚
地址｜深圳市南山區僑城一號
　　　廣場主樓 3 樓

6. Domaine Armand Rousseau Pere et Fils

阿曼盧騷酒莊

勃根地三王一后：三王為Romanée-Conti、La Tâche、Chambertin，一后是 Musigny。拿破崙的最愛，可惜他是兌著水喝。

阿曼盧騷酒莊（Armand Rousseau）被稱為「香貝丹之王」，身為哲維瑞·香貝丹（Gevrey Chambertin）村莊最具代表性酒廠之一，地位有如馮·侯瑪內（Vosne Romanee）村莊的Domaine de La Romanee Conti，其出名頂級酒 2005年份的香貝丹（Chambertin）特級園與2005年份的羅曼尼·康帝同樣榮獲酒評家艾倫米道斯（AM）99高分，自2000年以來勃根地葡萄酒只有六個葡萄園獲得 AM 99高分，這份殊榮得來不易。

酒莊創辦人阿曼在1909年結婚後，分得了葡萄園和房子。該房子在一座建於13 世紀的教堂周圍，房產包括房屋、儲藏室和酒窖。剛剛開始釀酒時，阿曼都是將葡萄酒以散裝的方式批發給當地的經銷商。酒廠成立於二十世紀初，阿曼盧騷從一

A. 葡萄園。B. 老莊主Charles Rousseau。C. 酒莊家徽。
D. Armand Rousseau Clos de la Roche老年份。

個小地農經營葡萄園，陸續購入了許多有名的葡萄莊園，如在1919年購買香姆‧
香貝丹（Charmes Chambertin），在1920年購入Clos de La Roche，1937年購
入Mazis Chambertin，1940年購入Mazoyeres Chambertin。在法國葡萄酒雜誌
《Revue des Vins de France》創辦人雷曼德（Raymond Baudoin）的建議下，
阿曼決定自己裝瓶以自家名字銷售葡萄酒，特別是針對餐館和葡萄酒愛好者。

　　1959年，阿曼一日外出狩獵遭遇車禍不幸去世，查理‧盧騷（Charles
Rousseau）擔當重任，成為第二代莊主，延續酒莊的發展。查理‧盧騷有著非常
驚人的語言天賦，他可以用英語和德語非常流利地同其他人溝通，因此，他決定
大力拓展葡萄酒出口業務，業務範圍從英國、德國、瑞士迅速擴張到整個歐洲，
接著是美國、加拿大、澳大利亞、日本和台灣等國家。阿曼盧騷出口占80%，剩

餘的20%才留在法國；而這20%當中的1/2，則由外國觀光客所購，因此只有10%的阿曼盧騷真正為法國人所享用，可見阿曼盧騷的葡萄酒在世界上有多受歡迎。

1982年，查理．盧騷的兒子艾瑞克（Eric）加入酒莊的釀酒團隊，他在葡萄種植中引入了新技術，採取低產量管理系統，去除超產的葡萄來保證釀酒葡萄的品質，同時也非常尊重傳統的葡萄酒釀造技術，盡力減少對釀酒過程的任何干涉。絕不使用化學肥料，而是利用動物糞肥和腐植土。種植精細，採收更是嚴謹，葡萄由人工嚴格篩選。

阿曼盧騷幾乎坐擁哲維瑞村內所有最知名的葡萄園。在其擁有的14公頃葡萄園中，特級葡萄園就占了8.1公頃，反而是村莊級地塊占地最小，僅2.2公頃，14公頃的土地，分散在11個園區，其中一個在荷西園（Clos de la Roche），其他10個都在香貝丹區，這11個園裡有6個是特級園，不知羨煞多少人。其中最知名的當然是酒王香貝丹（Chambertin）和酒后香貝丹．貝日園（Chambertin Clos de Beze）。香貝丹．貝日園被分為40塊園區，目前分別屬於包括Pierre Damoy、Leroy、Armand Rousseau、Faiveley、Louis Jadot、Joseph Drouhin等18個酒莊。阿曼盧騷貝日園座落於產區東坡，面向日出方向，主要田塊位於坡地斜面中部，土壤多石子、碎石，尤其富含石灰岩。在此兩名園之下則是品質媲美特級園的一級園聖傑克莊園酒款（Clos Saint-Jacques）。此園如同香波——蜜思妮（Chambolle-Musigny）酒村的一級愛侶園（Les Amoureuses）同屬勃根地最精華的一級園代表，實有特級園的實力。目前只有五家擁有，除了阿曼盧騷外，其他四家分別為；Bruno Clair、Esmonin、Fourrier和Louis Jadot。阿曼盧騷並未釀造Bourgogne，唯一的一款村莊等級的哲維瑞．香貝丹即是酒廠的入門酒款。

阿曼．盧騷父子酒莊所生產的葡萄酒幾個好年份是：1949、1959、1962、1971、1983年、1988年、1990年、1991年、1993年、1995年、1996年、1999年、2002年、2005年、2009年、2010年和2012年。最高分數當然是香貝丹（Chambertin 2005）獲得AM的99高分，1991、2009和2010三個年份的香貝丹園也一起獲得98高分。另外香貝丹．貝日園（Chambertin Clos de Beze 2005）也有98高分，1962、1969、2010和2012四個年份的香貝丹．貝日園也同樣獲得97高分。目前Chambertin新年份台灣市價一瓶都要120,000元起跳，好年份則更貴。Chambertin Clos de Beze一瓶都要120,000元起跳，Clos Saint-Jacques一瓶要40,000以上，Charmes Chambertin則要35000元以上，Clos de La Roche一瓶要35000元以上，Mazis-Chambertin要30000元以上，而且一直在上漲當中，建議酒友們看到一瓶收一瓶，因為數量實在是太少。連派克都說：「我極度景仰查理．盧騷，並以收藏其酒釀為傲。」在勃根地，阿曼盧騷酒莊所釀造的葡萄酒已經廣為消費者接受和認可。

　　葡萄園的名字來源於其附近的Saint Jacques（耶穌十二門徒之一）雕像，在歷史上，與很多地塊一樣曾是教會財產。法國大革命後，Clos Saint-Jacques轉入私人手中，並在19世紀初成為 Moucheron伯爵的獨占園。

　　後來，Clos Saint-Jacques 被分售給 Esmonin、Armand Rousseau、Fourrier和 Domaine Bruno Clair。而後 Bruno Clair 將1公頃的 Clos St. Jacques 賣給Louis Jadot，才有了5個酒莊共用這塊頂級一級園的現狀。

彩蛋：

Armand Rousseau 有兩款不為人知的酒：

1. Gevrey Chambertin Cuvee Clos du Château

　　據說澳門的商人Louis，他以天價800萬歐元買下城堡及其周邊2公頃多的葡萄園，邀請Eric Rousseau為其打理葡萄園，包括位於城堡周邊1.36公頃的村級略地 Clos du Château，0.3公頃的Geverey-Chambertin Lavaux St. Jacques和0.11公頃的Charmes Chambertin。Armand Rousseau本來就有Lavaux St. Jacques與Charmes Chambertin，因此新增加的地塊與原有地塊融合釀製，而村級的Clos du Château則單獨釀製及裝瓶。2012年份Clos du Château並沒有在市場上流通，可能是Louis 全部收下作為私人珍藏了，目前應該可以買到2013～2019年的酒。

Gevrey Chambertin Cuvee Clos du Château

2. Bourgogne Blanc

　　這款大區白酒由Chardonnay、Pinot Blanc及 Aligote三種葡萄混釀而成，來自位於Gevrey-Chambertin村內的葡萄園。由於AOC法律規定Gevrey-Chambertin產區只能種植黑皮諾並釀制紅葡萄酒，因此即便來自位於村內的葡萄園也不能以Gevrey-Chambertin產區名義裝瓶，Armand Rousseau的這款大區白酒與Romanee Conti的Batard-Montrachet一樣，沒有在市面流通，只是在酒莊內招待來訪的貴賓。

Bourgogne Blanc

2021年9月23日（台北）

<u>Armand Rousseau Chambertin 品酒會──酒單：</u>

◇ 加碼酒 Dom Perignon 2003 藝術版
◇ D'Auvenay Puligny Montrachet 1er Cru Les Folatières 1998
◇ Armand Rousseau Chambertin 1995（BH 94）
◇ Armand Rousseau Chambertin Clos de Beze 2000（BH 93）
◇ Armand Rousseau Chambertin 2004（BH 93；WA 90）
◇ Armand Rousseau Chambertin 2007（BH 94）
◇ Armand Rousseau Chambertin 2011（BH 96）
◇ Armand Rousseau Chambertin 2017（BH 97）

得票結果

◇ Chambertin 1995（第一名）
◇ Chambertin 2017（第二名）
◇ Chambertin Clos de Beze 2000（第三名）

2021年3月27日（台南）

<u>Armand Rousseau Crand Cru 品酒會──酒單：</u>

◇ A.Rousseau Gevrey-Chambertin 1959（作者加碼）
◇ A.Rousseau Chames-Chambertin 2011
◇ A.Rousseau Mazis-Chambertin 2012
◇ A.Rousseau Clos de la Roche 1996
◇ A.Rousseau Clos de la Roche 2004
◇ A.Rousseau Clos de la Roche 2005
◇ A.Rousseau Clos de la Roche 2006
◇ A.Rousseau Clos de la Roche 2008
◇ Bernard-Bonin Meursault Le Limozin 2017（白酒）

得票結果

◇ 第一名當然是陳年過的1996 Clos de la Roche
◇ 第二名是2005 的Clos de la Roche，而且還可以繼續陳年
◇ 2008 Clos de la Roche 還未到適飲期
◇ 2006 Clos de la Roche 表現也不錯

2023年3月24日（上海）

香貝丹 品酒會──酒單：

◇ Bollinger RD 2002
◇ Michel Colin-Deleger Chevalier-Montrachet 1999
◇ Arnaud Enta Meursault "Clos Des Ambres" 2007
◇ Domaine d'Auvenay Meursault Les Narvaux 1995
◇ Armand Rousseau Chambertin 1990
◇ Armand Rousseau Chambertin 1992
◇ Armand Rousseau Chambertin 2011
◇ Armand Rousseau Chambertin 2017
◇ Armand Rousseau Chambertin Clos de Beze 2017
◇ Dugat Py Chambertin 2008
◇ Denis Mortet Chambertin 1996
◇ Denis Mortet Chambertin 1999
◇ Perrot-Minot Chambertin 2014

得票結果

◇ 1.Denis Mortet Chambertin 1999
◇ 2. Armand Rousseau Chambertin 1992
◇ 3.Dugat Py Chambertin 2008

上：Armand Rousseau Chambertin 品酒會。中：Armand Rousseau Crand Cru 品酒會。
下：Chambertin 品酒會

作者認為三支最好的Chambertin：

◇ Dugat-Py（0.05公頃）／ 年產量：120瓶～180瓶
◇ Domaine Leroy（0.5公頃）／ 年產量：1,200～1,800瓶
　圖中2000年產量1,756瓶，2001年產量1,192瓶。
◇ Armand Rousseau（2.15公頃）／ 年產量：10,000瓶左右

◇ 作者喝過Armand Rousseau Clos de la Roche
　1966、1978、1983、1996、2004、2005、2006、2008
◇ 喝過Armand Rousseau Chambertin Clos de Beze
　1979、1988、1995、1997、2000、2004、2007、2014、2015、2017
◇ 喝過Armand Rousseau Chambertin
　1990、1992、1994、1995、1998、2000、2004、2006、2007、2011、2013、2017
◇ 喝過最老的Armand Rousseau是Gevrey-Chambertin 1959
◇ 喝過最好喝的是Armand Rousseau Chambertin 1994（1.5L）
◇ 喝過最難忘的是Armand Rousseau Clos de la Roche 1978

左：Armand Rousseau Chambertin Clos de Beze 1979
中：Armand Rousseau Chambertin 1994（1.5L）
右：Armand Rousseau Clos de la Roche 1978

Armand Rousseau（土地面積）

- Chambertin, Crand Cru（2.15ha）
- Chambertin Clos de Beze, Grand Cru
  （1.42ha）
- Charmes Chambertin, Grand Cru
  （1.37ha）
- Clos de La Roche, Grand Cru（1.48ha）
- Mazis-Chambertin, Grand Cru（0.53ha）
- Ruchottes-Chambertin, Clos des
  Ruchottes, Crand Cru Monopole
  （1.06ha）

- Gevrey Chambertin, Premier Cru,
  Clos st-Jacques（2.22ha）
- Gevrey-Chambertin, premier Cru,
  Les Cazetiers（0.6ha）
- Gevrey-Chambertin, Premier Cru,
  Lavaux St-Jacques（0.47ha）
- Gevrey-Chambertin（2.21ha）
- Gevrey-Chambertin Clos du
  Château（1.36ha）

DaTa

地址｜ 1. rue de l'Aumônerie,21220 Gevrey
Chambertin, France
電話｜ +33（03）80 34 30 55
傳真｜ +33（03）80 58 50 25
網站｜ www.domaine-rousseau.com

香貝丹

Chambertin 1990

ABOUT

分數：AM 94、WA 90
適飲期：現在～2050
台灣市場價：200,000 元
品種：100% 黑皮諾（Pinot Noir）
桶陳：18 個月
年產量：約 10,000 瓶

品酒筆記

經過30年，仍然是非常孔武有力的一款酒，以一支勃根地酒來說，充滿旺盛的生命力。這是一支帶有濃郁厚重的紅色黑色果香的黑皮諾，經過兩小時的醒酒後，玫瑰花、丁香、紫羅蘭開始奔放綻開，雖然還帶著青草和木桶香，閉花羞月，欲拒還迎。微微的香料辛辣，松露和燻烤香。單寧趨近於圓潤柔順，如絲絨般的細緻誘人，香氣與口感都展現出王者之風。1990年是一個偉大而傳奇的年份，對阿曼盧騷的香貝丹來說，未來的20年都在高峰，將成為一支美妙而動人的經典佳釀。

建議搭配

台灣蚵仔麵線、生炒鵝肝鵝腸、台灣滷味、白斬雞。

★ 推薦菜單　紅燒獅子頭

這是一道著名的揚州菜，紅燒獅子頭因為肉丸形似獅子頭而得名。這道菜需要細火慢燉的料理，看似簡單卻不簡單，能吃到肉及大白菜的鮮甜，圓圓的肉丸子在年節時應景又討喜，雖然有這麼多家在賣，但是做得好吃的卻沒幾家。紅燒獅子頭要做得好吃有三個要素：第一是醃料，這屬於獨家配方，不能太鹹或太甜，醃製時間不能太短或太長，必須要入味。第二是油炸粉，個人覺得應該用地瓜粉才會酥脆不會糊。第三是油炸的溫度與時間控制，要剛好熟又不會太老澀。這支陽剛味濃郁的勃根地來配這道揚州名菜，真是神來一筆，不是一般人能想到，而且也出乎意料的驚艷。肉丸的酥脆柔嫩，香貝丹紅酒的濃郁剛烈，有如虞姬與霸王那樣的投緣與絕配。

鼎泰豐（廈門店）
地址｜廈門市思明區篷景路 95 號
　　　（磐基中心 5 樓）

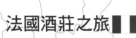

7. Domaine Ramonet

哈蒙內酒莊

　　Domaine Leflaive、Domaine La Romanee Conti、Domaine Ramonet 三家的Montrachet 是世界上最偉大的三款白酒，此生必喝！

　　哈蒙內酒莊（Ramonet）的特級園已經成為膜拜級的白酒，和Domaine Leflaive（雙雞）齊名，產量少，分數高，具陳年實力，蒙哈謝特級園1992和2012更雙雙獲得勃根地著名評論家艾倫將近滿分的99高分，這在勃根地的白酒中是很少見的。另外，巴塔蒙哈謝特級園（Ramonet, Batard Montrachet 1995），這款酒就是在《1001 WINES YOU MUST TASTE BEFORE YOU DIE》（死前必喝1001支酒）書裡，同酒莊、同年份的酒款，就是這一支！要找書中同酒款容易，但「同年份」是非常難的。

　　哈蒙內酒莊算是一個非科班，非歷史大家族的勃根地酒莊，專長Puligny Montrachet / Chassagne Montrachet / St Aubin 的白酒（事實這三塊根本連在一起）。它從Le Montrachet到St Aubin一級園，甚至夏山村的紅白村酒都有，目前高居葡萄酒大師Clive Coates MW筆下的三星酒莊（最高級），標準的玩家品項。可稱的上是夏山村的扛霸子。平常在市面多半是以特級園出現，夏山村的紅酒實力亦佳，但少見。

A ——
 B

A.三瓶國際標的Ramonet。
B.莊主

He was a man who, let's say, made wine his own way.

　　此莊在30年代由皮耶哈蒙內（Pierre Ramonet）開始自行裝瓶，算是當時先河。後來兩個兒子諾伊（Noël）與尚克勞德（Jean-Claude）在1984年接手，他們沒有科班背景，多半依直覺釀酒，水準卻是日益精進，算是無師自通的精品酒莊。釀出的酒長於個人風格，榨汁後就留酒在桶內，泡渣時間極長，同時極少攪桶，完全是讓酒自然發展，得出的酒口感極其濃郁豐富，特級園甚至可長至18個月之後才裝瓶，讓酒有著無比的陳年潛力。他們對於新橡木桶的使用也非常謹慎，村級大約使用25～30%新桶比例，一級大約40%左右，而特級園則介於50～75%之間，其中蒙哈謝（Le Montrachet）新桶比例最高。

一小部分的白酒在12個月之後裝瓶，絕大部分則會在第二個冬季期間裝瓶。而且每個葡萄園的裝瓶時間不盡相同，夏山蒙哈謝村級在隔年的9月就開始裝瓶，而普里尼蒙哈謝和夏山蒙哈謝的一級園在隔年的11月裝瓶，更高級的Caillerets和Ruchottes則在第三年的2月份，特級園甚至經歷了兩年的陳釀才裝瓶。

Bienvenues-Batard-Montrachet 2009 #1.5L

此莊精華是僅有0.45公頃的巴塔蒙哈謝特級園，幾乎可説是巴塔蒙哈謝最具代表性的生產者，極富收藏價值的品項。同時它也是夏山蒙哈謝的白酒高手，要知道夏山蒙哈謝爛東西不少，但哈蒙內酒莊絕對可以洗白夏山村的名聲。至於它的Bienvenues-Batard Montrachet（簡稱BBM）也是不錯的選擇（依規可標Batard Montrachet，不過酒莊既是同時出兩品項，那就是兩款酒了），如果行有餘力，可同時收之比對。

勃根地白酒的賈爺（Henri Jayer）——哈蒙內酒莊，為什麼哈蒙內酒莊蒙哈謝的國際價格可以超過台幣10萬元，新年份甚至已經逼近15萬元？普里尼村有天下第一白酒名家雙雞（樂飛），而夏山村能與其相提並論的唯有哈蒙內酒莊，兩家頂級的釀酒者同樣擁有穩定的品質和極高的評價，樂飛蒙哈謝白酒價格已超過40萬元台幣，可見哈蒙內蒙哈謝白酒未來還有漲幅空間。

對於勃根地白酒來説，1986是公認的完美年份，這在勃根地白酒最出色的特級園蒙哈謝中表現尤為明顯。酒莊創始人皮耶哈蒙內先生1986年仍然健在，但當時八十多歲高齡的他早在1983年便把酒莊交給了兩位孫子打理：諾伊（1962年生）和尚克勞德（1967年生）。Pierre先生於1994年逝世，享年88歲。諾伊和尚克勞德繼承了皮耶哈蒙內先生的釀酒理念。

羅伯特·派克在1992年的8月品鑒了1986蒙哈謝這款酒，對其卓越的品質讚不絕口：「濃郁的爆米花、蜜漬蘋果和柳丁的香氣。成熟甜美的夏多內給酒帶來具有嚼勁又柔和絲滑的口感。恰到好處的酸度將所有元素交織在一起。收尾濃郁悠長，充滿了奶油回味。」

Michael Broadbent在1997年品嚐了其9公升裝後表示：「細膩濃郁的吐司香氣之後，好戲登場。口感甜美，酒體飽滿，充滿了果仁香氣。任何讚美之詞在其面前都顯得蒼白無力。厚實的風格，完美的酸度。具有卓越的陳年潛力。」

哈蒙內酒莊總共有四個特級園白酒，分別是蒙哈謝特級園（Montrachet）國際價格在150,000台幣以上、騎士蒙哈謝特級園（Chevalier-Montrachet）國際價格在60,000台幣左右、巴塔蒙哈謝特級園（Batard-Montrachet）國際價格在45,000台幣以上、比文紐巴塔蒙哈謝特級園（Bienvenues-Batard-Montrachet）國際價

左：Ramonet Montrochet 2015。中：Ramonet Montrochet 2016。右：Batard-Montrachet 2001#1.5L

左：Batard-Montrachet 1996。中：Chevalier-Montrachet 2010。右：Montrachet 1994

格在40,000台幣以上，其中以蒙哈謝特級園和巴塔蒙哈謝特級園為代表，騎士蒙哈謝特級園最稀有，一年僅僅300瓶而已。

作者曾喝過3次以上的蒙哈謝特級園，一次比一次精采，當然也一年比一年貴，最近一次在2023年的八月份，和一款dD'Auvenay Puligny Montrachet Les Folatieres 1998互相較量，各有千秋。也有喝過1994、1995、1996、2011、2014、2015、2016年，最近喝到的最新年份2016年，個人覺得還是要再陳幾年，太年輕了，此時喝非明智之舉，等到2026年喝這款酒，或許是最好時機。2023年的八月份同樣也喝過1994年份的Ramonet Montrachet，剛開始喝時有點羞澀，經過兩小時以後，漸漸撥雲見日，晴空萬里，展現出哈蒙內酒莊的大將之風，香氣和口感都是Montrachet的最高層次，記住，喝Ramonet Montrachet醒酒一定要有耐心。最難忘的是Montrachet 1996，濃濃奶油的爆米花、椰子糖、高山梨、蜜漬蘋果、小白花、肉桂皮、柑橘……，層出不窮的味道，只要聞香就好，捨不得喝下去。當然還有難得一見的Chevalier-Montrachet 2010、Batard-Montrachet 2001（1.5L）、Batard-Montrachet 1996、Bienvenues-Batard-Montrachet 2009（1.5L）。

2020年8月29日（台南）

Montrachet 品酒會──酒單：

◇ 1997 Joseph Drouhin Montrachet Marquis de Laguiche BH 93
◇ 1998 Etienne Sauzet Montrachet RP 94
◇ 1998 Bouchard Père & Fils Montrachet RP 93
◇ 1998 Ramonet Montrachet BH 94
◇ 2006 Bouchard Père & Fils Montrachet（Magnum）BH 97、RP 96
◇ 2007 Remoissenet Père & Fils Montrachet RP 92
◇ 2011 Albert Bichot Montrachet
◇ 2011 Vincent Girardin Montrachet
◇ 2011 Jacques Prieur Montrachet BH 92～94

票選第一名仍然是Ramonet Montrachet 1998

2020年8月29日Montrachet品酒會　　　　Montrachet 1996　　　Montrachet 1998

Domaine Ramonet（土地面積）

- Le Montrachet（0.26 h）
- Chevalier-Montrachet（0.09 h）
- Batard-Montrachet（0.64 h）
- Bienvenues-Batard-Montrachet（0.45 h）
- Chassagne-Montrachet La Boudriotte（Blanc）（1.23 h）
- Chassagne-Montrachet Clos de la Boudriotte（Rouge）（1.01 h）
- Chassagne-Montrachet Les Caillerets（Blanc）（0.34 h）
- Chassagne-Montrachet Les Chaumees（Blanc）（0.12 h）
- Chassagne-Montrachet Clos Saint-Jean（Rouge）（0.79 h）
- Chassagne-Montrachet Morgeot（Blanc）（1.21 h）
- Chassagne-Montrachet Morgeot（Rouge）（0.59 h）
- Chassagne-Montrachet Ruchottes（Blanc）（1.18 h）
- Chassagne-Montrachet Les Vergers（Blanc）（0.53 h）
- Puligny-Montrachet Champs Canet（0.33 h）
- St-Aubin Le Charmois（0.14 h）
- Chassagne-Montrachet Blanc（1.22 h）
- Chassagne-Montrachet Rouge（1.88 h）
- Puligny-Montrachet（0.46 h）
- Puligny-Montrachet Les Enseigneres（0.38 h）
- Bourgogne Aligote（0.5 h 1）
- Bourgogne Blanc（0.44 h）
- Bourgogne Rouge（0.80 h）
- Bourgogne Passetoutgrain（1.03 h）

DaTa

地址｜4 Pl. des Noyers, 21190 Chassagne-Montrachet
電話｜+33 3 80 21 30 88

哈蒙內蒙哈謝白酒

Domaine Ramonet Montrachet 1998

ABOUT
適飲期：現在～2033
台灣市場價：150,000 元
品種：100% 夏多內（Chardonnay）
桶陳：18 個月
年產量：約 900 瓶

品 酒 筆 記

這款頂級的Montrachet, Ramonet 1998白酒，具有油質
的潤滑口感。有著奶油、梨子、香料、蜂蜜、白花以及茴香的
香味，慢慢的醒酒慢慢地喝，會有堅果、無花果以及椰子的香
氣溢出。入口後擴散持久的香味，醇厚回甘，餘韻悠長，絕對
是世間一支最完美的尤物。

建 議 搭 配

清蒸魚、乾煎白帶魚、清燙花枝、清蒸蟹、烤響螺。

★ 推 薦 菜 單　清蒸處女蟳 ───────────────────

田山餐廳清蒸處女蟳選的每隻處女蟳都是飽滿的膏，其肉厚實且
甘甜細嫩，比紅蟳來得更鮮甜。不只蟹膏美味，蟹肉的部分也是很
結實，自然散發出濃郁的香氣，和清甜的蟹膏，凡人無法擋。與這
款世上最頂級的白酒搭配，真是恰到好處，白酒的水果、香料味道
和鮮甜細嫩的蟹膏相融合，讓白酒表現得更突出、更好喝，實在是
太美妙了。

田山餐廳
地址｜高雄市新興區洛陽街 67 號

8. Domaine Coche-Dury

寇許‧杜里酒莊

　　如果要談論當前勃根地最頂級的白葡萄酒，絕對繞不開寇許‧杜里酒莊。至少在價格方面，寇許‧杜里酒莊早已達到頂級酒莊的水準：寇許‧杜里酒莊一瓶莫索石頭園一級園（Meursault Les Perrières）的國際均價140,000台幣以上，已經超越任何一級園白酒，除了達瓦內酒莊（Domaine d'Auvenay）的一系列莫索村級酒以及樂花的同款一級園Les Perrières成為整個產區價格最高的葡萄酒，就連勃根地大區級的Bourgogne Blanc國際均價也已經達到了12,000元以上，比很多酒莊的特級園還要貴！寇許‧杜里酒莊的葡萄酒到底有什麼魔力？真的那麼好喝嗎？

　　一些資深愛好者曾戲言，看到桌上有一瓶寇許‧杜里酒莊莫索村級的時候，普通酒莊的特級園都不好意思拿出手。寇許‧杜里酒莊在頂級鑒賞家的眼裡幾乎是一個傳奇，酒莊在白葡萄酒領域的造詣和地位甚至超越了傳統頂級名家雙雞樂飛酒莊。

A．Coche Dury Corton Charlemagne 1994&1999&2003&2013
B．三瓶Coche Dury Corton Charlemagne 2013。C．難得見到的紅酒Coche Dury Auxey-Duresses 2011。D．莊主Jean-François Coche。

　　尚‧法蘭西斯‧寇許（Jean-François Coche）從14歲開始就跟隨祖父喬治‧寇許（Georges Coche）在葡萄園裡工作。1975年尚‧法蘭西斯‧柯許和歐迪‧杜里（Odile Dury）結婚，一些葡萄園作為杜里家族的嫁妝被帶到了尚‧法蘭西斯‧寇許的名下，按照勃根地傳統，帶來葡萄園的女方的姓氏被加到寇許家族姓氏後，這才有了寇許‧杜里的名字。尚‧法蘭西斯‧寇許一家人像中世紀的僧侶一樣終日在葡萄園耕種，在酒窖裡的工作也極為傳統：酒莊至今仍保留著勃根地

傳統的籃框式壓榨機，並堅持手工裝瓶。2010年尚‧法蘭西斯‧寇許正式退休，他的兒子瑞法樂‧寇許（Raphaël Coche），自2000年前後就開始接班跟隨其工作。寇許‧杜里酒莊的傳奇故事仍在延續。

　　如果在討論莫索村甚至整個勃根地地區最頂級的白酒生產商的時候沒有寇許‧杜里莊，這簡直就是不可思議的一件事情。在過去的20年裡，這家生產商的莫索白酒幾乎就是該村最佳風土的代言。寇許‧杜里酒莊也早已晉級膜拜品的行列，該產區拉馮公爵酒莊（Comtes Lafon）、胡洛酒莊（Domaine Roulot），雖然與寇許‧杜里酒莊並列莫索村三大家，但也很難相提並論，新星阿諾‧安特酒莊（Arnaud Ente）更難望其項背。

　　勃根地紅白葡萄酒中，產量稀少卻具有超高質量的兩大代表生產者，非尚‧法蘭西斯‧寇許‧杜里（Jean-François Coche-Dury）和克里斯多夫‧胡米耶（Christophe Roumier）二人莫屬。前者以高登查理曼白酒堪稱得意之作，而後者則是以慕西尼來打響名號。尚‧法蘭西斯‧寇許‧杜里是一位謙遜樸實的真正釀酒家，他精通於從葡萄園到酒窖的各項工作，擁有與亨利‧賈爺在紅酒釀造史上一樣的傳奇性地位。

　　儘管寇許‧杜里酒莊一直被認為是莫索村風土的最佳詮釋者，但是他在該村卻僅擁有三個一級園，Les Perrieres、Les Caillerets和Les Genevrieres。兩款都是人間珍品，可謂色香味俱全。年輕的時候，兩款都充滿蜂蜜和花香，陳年之後會衍生出榛果的氣息。Les Perrieres、Les Caillerets更容易讓人聯想起普里尼蒙哈謝的風格，畢竟它的南部緊鄰普里尼村，這裡含有較多營養豐富的黏土，因此酒體更趨複雜。而Genevrieres就在Perrieres的北面，帶有迷人的桃子香味，質地更加豐盈飽滿，充滿果味。寇許‧杜里最高等級的葡萄園是來自高登查里曼（Corton-Charlemagne），質地堅實擁有極佳的酸度和陳年潛力。法蘭西斯‧寇許2013年受訪時說，2005的高登查里曼還沒到適飲期，所以一瓶都沒賣出，一直到2015年才開始釋出，整整等了10年之久。

　　法蘭西斯‧寇許（François Coche）認為一款好的白酒應該具備這些優點：精緻、平衡、新鮮度、圓潤和持久度。作者喝過Coche Dury Corton Charlemagne 1994、1996、1999、2003、2013等不同年份，一瓶成熟的寇許‧杜里高登查里曼白酒應該有肉桂，入口後有非常持久的回味和深度。年輕時期的寇許‧杜里高登查里曼白酒，流露出哈密瓜、刺槐、洋梨、香料、桃子和熱帶水果的香味。在口中，則能感覺到它的礦物質感，又有檸檬、薑、蘋果、新鮮核桃和橘子的味道。這樣的高登查里曼白酒在市場上幾乎很難找到。

　　寇許‧杜里酒莊的價格年年高漲，每一款酒都是萬元戶，就算是大區級的Bourgogne Blanc都要12,000元以上。一瓶村級的Meursault則要30,000元以上、

一瓶Meursault Les Rougeots要60,000元以上、一瓶Meursault Les Caillerets要70,000元以上、Meursault Les Genevrieres 要120,000元以上、Meursault Les Perrieres 要140,000元以上、Puligny-Montrachet Les Enseigneres要50,000元以上、稀有的Coche Dury Corton Charlemagne最貴一瓶要300,000元，無論如何，看到一瓶收一瓶就對了。🍾

Coche Dury Corton
Charlemagne 1996

Coche Dury Bourgogne
2016&2017&2018

Coche Dury Meursault Les
Caillerets 2009

Coche Dury Corton
Charlemagne 1994

Coche Dury Puligny-Montrachet
Les Enseigneres 2001

Coche Dury Meursault 1991

2020年11月13日（台北）
Coche Dury Corton Charlemagne
品酒會——酒單：

◇ Coche Dury Corton Charlemagne 1994
◇ Coche Dury Corton Charlemagne 1999
◇ Coche Dury Corton Charlemagne 2003
◇ Coche Dury Corton Charlemagne 2013
◇ Domaine Leroy Corton Charlemagne 2002
◇ George Roumier Corton Charlemagne 2000
◇ Dugat-Py Corton Charlemagne 2011
◇ Rouget Echezeaux 1996

Coche Dury Corton Charlemagne品酒會

Domaine Coche-Dury（土地面積）

- Corton Charlemagne (0.34h)
- Meursault Les Genevrieres (0.20h)
- Meursault Les Perrieres (0.23h)
- Meursault Les Perrieres-Dessus (0.37h)
- Pommard Les Vaumuriens (0.30h)
- Volnay Clos des Chenes (0.16h)
- Volnay Les Taillepieds (0.21h)
- Auxey-Duresses Les Boutonniers (Rouge) (0.23h)
- Auxey-Duresses Les Fosses (Rouge) (0.27h)
- Meursault Les Caillerets (0.18h)
- Meursault Les Chaumes des Perrieres (0.29h)
- Meursault Les Chevalieres (0.12h)
- Meursault Clos des Ecoles (0.51h)
- Meursault Les Dressoles (0.44h)
- Meursault Les Durots (0.12h)
- Meursault Les Luchets (0.32h)
- Meursault Les Malpoirers (Rouge) (0.14h)
- Meursault Les Narvaux (0.50h)
- Meursault Les Pellans (0.10h)
- Meursault Les Peutes-Vignes (0.19h)
- Meursault Les Rougeots (0.69h)
- Meursault Les Vireuils (1.12h)
- Monthelie Les Crays (0.28h)
- Puligny-Montrachet Les Enseigneres (0.50h)
- Bourgogne Aligote (0.39h)
- Bourgogne Chardonnay (1.06h)
- Bourgogne Pinot Noir (1.21h)

特別推薦

寇許・杜里莫索石頭園一級園白酒

Coche Dury Meursault Les Perrieres 2009

ABOUT

適飲期：現在～2040
台灣市場價：150,000 元
品種：100% 夏多內（Chardonnay）
桶陳：18 個月
年產量：3,000 瓶

DaTa

地址｜9 rue Charles Giraud, 21190 Meursault, France
電話｜+33 03 80 21 24 12
傳真｜+33 03 80 21 67 65
備註｜僅對預約開放

Recommendation
Wine

寇許・杜里高登查里曼白酒
Coche Dury Corton Charlemagne 1999

ABOUT
適飲期：現在～ 2050
台灣市場價：300,000 元
品種：100% 夏多內（Chardonnay）
桶陳：18 個月
年產量：1,500 瓶

品酒筆記

1999的高登查里曼白酒太難得了，這款絕世佳釀有著完美的平衡、集中度和力量感，超出我想像的複雜性、蜜餞檸檬、杏仁糖、奶油榛子、梨子、烘烤橡木、肉桂、咖啡；以及強烈的礦物質芳香瞬間布滿全部口腔。這樣的美酒餘香嬝繞，三日不絕於口。

建議搭配
清蒸東星斑、清蒸沙蝦、烤澎湖石蚵、清蒸大閘蟹。

★ 推薦菜單　骨肉團聚

順德美食真是吃它千遍也不厭倦，就拿今晚吃的這家私廚來說，我都已經來過30次以上了，這家正宗的順德菜我還是第一次吃。每一道菜都在上乘之作，尤其是一道由和順魚做成的「骨肉團聚」，令人嘖嘖稱奇，感謝到五體投地。順德的和順魚很多來順德的朋友都嚐過，本身肉質就細嫩有彈性，這次將整條魚拆開，中間的魚肉部分做成魚丸、周圍軟嫩的部分切成小塊、加上魚子，魚骨舖底，用清蒸的方式，設計成這道曠世之作——骨肉團聚。配上這款世界最好的高登查里曼特級園白酒，美妙不在話下，筆難以形容，和順魚的鮮甜和礦物沁涼特級園白酒互相碰撞，味道立即提升到雲端上的境界，只有「舒爽」二字可以形容。

識德嘆順德私廚
地址｜廣東省佛山市順德區新
　　　發路 28 號

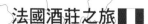

9. *Domaine du*
   Comte Liger-Belair

李白酒莊

本是同根生，相煎何太急？

Liger-Belair家族祖先在1815年的時候通過聯姻獲得了第一個羅曼尼（La Romanee）地塊，當時稱為Aux Echanges。在此之後的12年時間裡，Liger-Belair家族不斷地購入其餘的8個地塊，最後Louis Liger-Belair在第戎以羅曼尼的名義正式註冊，從而稱為Liger-Belair家族的獨占園。

當時，Liger-Belair還擁有1.45公頃的塔希（La Tâche）。1924年Louis-Michel的曾祖父去世之後，遺產由曾祖母管理。但是1933年，曾祖母去世的時候，有一些繼承人還未成年，根據當時法律，未成年人不能繼承土地。於是，其餘10位合法繼承人則迫不及待的想得到屬於自己的股份，以免夜長夢多。他們之中對財產繼承還持有不同的意見，比如三位女婿不願意保留土地，因此Liger-Belair家族不得不將葡萄園出售，包括羅曼尼、塔希，以及一級園Aux Reignots。維蘭德（Edmond Gaudin de Villaine），即今日DRC的共同擁有者家族之一，在1933年舉行的拍賣中購入塔希，並將其Les Gaudichots的地塊合併形成今日的塔希。幸運的是，Liger-Belair家族中的Just Liger-Belair為了保留家族財產參與競拍，在與當時富有傳奇色彩的釀酒師Rene Engel（簡稱RE）經過激勵的競爭之後，奪回了La Romanee以及Aux Reignots。

A
B | C | D

A. Domaine du Comte Liger-Belair酒莊。B. 難得一見的Vosne-Romanee La Colombiere 2005大瓶裝t。C. 難得一見的La Romanee 2003大瓶裝。D. 作者與莊主Louis-Michel在品酒會合影。

　　Just Liger-Belair本職是神父，無暇顧及葡萄園的日常管理，而此時Louis-Michel的父親還未成年，因此葡萄園以葡萄分成的模式（Metayage）出租給Michaudet家族。1946年開始，Forey家族成為新的租戶。佛瑞（Regis Forey）的曾祖父在1946年至1961年間負責管理並釀製羅曼尼。佛瑞從1988年開始管理葡萄園，直到2001年租賃協議到期。

　　真正的李白酒莊（Domaine du Comte Liger-Belair）成立於2001年，因為這一年Louis-Michel Liger-Belair回歸酒莊並收回了租借給佛瑞及其他佃戶的葡萄園。在此之前，他以Metayage方式獲得的酒都沒有以Domaine du Comte Liger-Belair的名義裝瓶銷售，而是通過酒商公司Maison C. Marey et Comte Liger-Belair的名義裝瓶，此外還有Maison Delaunayhe和Thomas-Bassot。1950年至1962年間，

Maison Leroy成為新的買家（作者2022年的八月在杭州曾拿出一瓶Maison Leroy La Romanee 1962年的白頭，是至今我喝過最好喝的La Romanee）。隨後Liger-Belair家族與Maison Bichot達成協議，一直到1975年。1976年Liger-Belair家族成員Marie嫁入當地大戶布夏家族（Bouchard），Bouchard因此與Liger-Belair家族就La Romanee達成獨家協議，協議規定雙方各獲得50%La Romanee的酒，有效期直到2005年。Liger-Belair家族與分銷商簽訂的協議使其一年最多只有12瓶的配額，無論品質或價格與Romanee Conti相差甚遠。

2002年份開始，路易・米歇爾（Louis-Michel）全權管理自己的獨占園La Romanee，包括管理葡萄園，釀造以及陳釀。Louis-Michel直言自己的陳釀方法與Bouchard有所不同，比如他自己在裝瓶之前絕不換桶，而Bouchard則習慣在發酵中換桶；他們兩人使用的橡木桶截然不同，他傾向使用來自Alliers，Tronçais和Bertranges等森林的橡木，而Bouchard會用他們自己的橡木桶。換句話說，2002年以後的La Romanee都是由Liger-Belair釀造，不同之處在於陳釀方式及橡木桶。2006年開始，La Romanee成為真正意義的獨占園，只有Domaine du Comte Liger-Belair La Romanee。

羅曼尼的傳奇故事絕對不亞於康帝（Romanée-Conti），甚至很多人認為La Romanee其實就是Romanée-Conti的一部分。自1826年起La Romanee就是Liger-Belair家族的獨占園，歷經兩個世紀，現在還是。La Romanee是勃根地最小的特級園，面積只有0.85公頃。La Romanee位於La Romanée-Conti的西邊，李奇堡（Les Richebourg）的南面以及大街（La Grande Rue）的北面。

La Romanee每年的產量僅有250至350箱，也就是說任一個年份的La Romanee就只有3000瓶左右。

Louis-Michel Liger-Belair堅定地認為La Romanee曾經就是La Romanée-Conti的一部分，直到15世紀的時候才分離。如果僅從名字上來考慮，這種說法倒十分可信，因為La Romanée-Conti經常以La Romanee出現在各種文獻資料中。事實上，La Romanée-Conti在17世紀中期到18世紀末都是被稱為La Romanee，Conti是在康帝王子（Prince de Conti）買下之後才加上去。最有力的證據則是La Romanée-Conti在法國大革命之後公開拍賣的時候，拍賣文件中葡萄園的名字是La Romanee，而非La Romanée-Conti。更有意思的是，如果將La Romanée-Conti中原先屬於Les Richebourg部分的地塊去掉，La Romanée-Conti的面積就是1.69公頃，恰恰是La Romanee的一倍。勃根地的土地在繼承過程中必須是均分的，那麼La Romanee就極有可能是原先一個地塊中的三分之一，在繼承過程中被分割出來。有關La Romanee的起源以及它和La Romanée-Conti的關係爭議不斷，但是可以肯定的是La Romanee自古以來就是勃根地最頂級的葡萄園。

Louis-Michel Liger-Belair釀造方式除了Vosne-Romanee的獨占園Le Clos de Château以外，所有的葡萄園在2009年開始採用生物動力法管理。釀造開始於嚴格的篩選，100%去梗（Vosne Romanee的Les Brulees在2008年的時候曾經嘗試過部分保留梗）。所有的葡萄酒都採用100%的新橡木桶陳釀13～18個月，不過濾及去除酒渣。

作者認為La Romanee與La Romanée-Conti、La Tâche、Richebourg、Musigny、Chambertin等頂級名園為勃根地最好的五個地塊，La Romanee擁有與王者之園La Romanée-Conti幾乎一樣的條件和風土，Louis-Michel重新改造後，無論是價格與品質，將與這些名園一較長短，指日可待！

2023年時一瓶新上市的La Romanee行情超過25萬元台幣以上，一瓶Echezeaux的價格現在都超過15萬台幣以上，Clos de Vougeot價格大約12萬元，Vosne-Romanee Les Petits-Monts和 Vosne-Romanee Aux Reignots要10萬元，Vosne-Romanee La Colombiere和Vosne-Romanee Les Suchots大約7萬元，就連一瓶Clos des Grandes Vignes Monopole 1er Cru Blanc白酒都要5萬元以上，而且不斷的翻漲，相信不久之後，會貴到你真的就買不下去了，所以，現在看到一瓶就要收一瓶。🍾

2018年6月5日（香港）Liger-Belair餐酒會

作者在香港凱悅酒店參加Liger -Belair餐酒會，能夠一次喝Liger-Belair酒莊14款酒，真的不容易！能夠和Liger-Belair莊Louis-Michel一起喝酒合影也不容易！能夠一次喝到La Romanee重回懷抱第一個年份2006和最新年份2015也不容易！

酒單：
◇ Nuints Saint Georges Blanc ler Cru Clos des Grandes Vignes 2014 Monopole
◇ Nuints Saint Georges Blanc ler Cru Clos des Grandes Vignes 2015 Monopole
◇ Vosne Romanee Clos du Château 2010 Monopole
◇ Vosne Romanee La Colombiere 2010
◇ Nuits Saint Georges ler Cru Aux Cras 2012
◇ Nuits Saint Georges 1er Cru Aux Cras 2015
◇ Nuits Saint Georges ler Cru Clos des Grandes Vignes 2015 Monopole
◇ Vosne Romanee ler Cru Aux Brulees 2009 Magnum
◇ Vosne Romanee 1er Cru Aux Reignots 2015
◇ Vosne Romanee ler Cru Les Petits Monts 2010
◇ Clos de Vougeot Grand Cru 2015
◇ Echezeaux Grand Cru 2015
◇ La Romanee Grand Cru 2015 Monopole
◇ La Romanee Grand Cru 2006 Monopole

彩蛋：
◇ 2001前由 Bouchard Pere & Fils裝瓶
◇ 2002～2005 Bouchard Pere & Fils與Comte Liger-Belair共同裝瓶
◇ 2006由 Comte Liger-Belair獨占、裝瓶

上：品酒會酒單。下：品酒會同時喝到三個特級園的偉大年份2015年）

- La Romanee（0.85 h，年產量約3600瓶）
- Echezeaux（0.62h，年產量約1950瓶）
- Clos de Vougeot（年產量約900～1200瓶）
- Nuits-Saint-Georges Les Cras（0.37h，年產量約1200瓶）
- Nuits-Saint-Georges Les Lavieres（0.14h）
- Vosne-Romanee Les Brulees（0.12h）
- Vosne-Romanee Les Chaumes（0.12h）
- Vosne-Romanee Les Petits-Monts（0.13h）
- Vosne-Romanee Aux Reignots（0.73h，年產量約2100瓶）
- Vosne-Romanee Les Suchots（0.22h）
- Vosne-Romanee Clos du Château（0.83h）
- Vosne-Romanee La Colombiere（0.78h）
- Vosne-Romanee（0.63h）
- Clos des Grandes Vignes Monopole 1er Cru Blanc（年產量約1050瓶白）

左：產量只有85瓶的1.5公升
Vosne-Romanee Les Brulees 2009
右：Vosne-Romanee Les Petits-Monts 2010

特別推薦

李白酒莊獨占園白酒

Domaine du Comte Liger-Belair Clos des Grandes Vignes Monopole 1er Cru Blanc 2014

ABOUT
適飲期：現在～2045
台灣市場價：60,000 元
品種：100% 夏多內（Chardonnay）
桶陳：12 個月

這款產量極少的李白酒莊唯一的一級園白酒，有著高山梨、白桃和花香馥郁撲鼻，口感超級豐富，同時結構也很完美平衡。這款佳釀質地清新，圍繞甚至包裹著濃郁的石頭、礦物質和熟透的梨子風味，陣陣堅果和礦物質的清香緩緩溢出，烤麵包的香味若隱若現。層層疊疊的醇厚、高度精粹且強勁的水果香俘虜了第一次嚐到的味蕾，而它靈動的酸度又使其顯得濃而不膩，應該可以陳年20年以上。

地址｜ 1 Rue du Château, 21700 Vosne-Romanée
電話｜ +33 3 80 62 13 70

DaTa

Recommendation
Wine

李白酒莊羅曼尼特級園紅酒

Domaine du Comte Liger-Belair La Romanée 2008

ABOUT
適飲期：現在～2055
台灣市場價：280,000 元
品種：100% 黑皮諾（Pinot Noir）
桶陳：18 個月
年產量：約 3,000 瓶

品酒筆記

這支酒表現得非常很完美，散發著皮革、肉桂、柑橘和玫瑰的香氣。對我來說，是第三次喝到Domaine du Comte Liger-Belair La Romanée（喝過2006、2015）這款高貴的酒款，淡淡優雅的薄荷，還帶有異國風味的香氣乾燥花。平衡性感的酸度慢慢流露出來，嚐在口中時，更加豐富、變化不斷，尾韻有各種東方香料味。是一款耐喝又具陳年實力的頂級好酒，應該可陳年40年以上。

建議搭配

白斬雞、油雞、乳鴿。

★ 推薦菜單　香燒港式乳鴨

乳鴿在香港特別有名，但乳鴨卻很少嚐到，用潮式獨特的祕方醃製烘烤，做工繁複，色澤赤紅，皮脆肉嫩，汁濃骨脆，不油不膩，美味可口，非常誘人。Domaine du Comte Liger-Belair La Romanée，果香豐沛，有黑莓、櫻桃和黑醋栗的濃郁果香，其間或有微妙的丁香和白胡椒味道，入口絲滑，醇厚豐滿，結構強大，與嫩滑豐美的乳鴨搭配，有如天作之合。誘人的花香與薄荷，恰逢烤得酥脆的金黃鴨皮，不燄不火，既保持了食材的原味，又不會掩蓋香燒乳鴨本身的香醇，相得益彰，堪稱人生最大樂事。

木南春曉私廚
地址｜深圳市南山區僑城一號
　　　廣場主樓三樓

10. Domaine Bizot

畢佐酒莊

　　在葡萄酒的世界裡勃根地酒迷最渴望擁有的夢幻逸品「畢佐艾瑟索特級園」（Domaine Bizot Echezeaux）是一瓶難求。1995年成立的「Domaine Bizot」，並不是傳統的勃根地名莊，如今它的價錢卻已經超越勃根地的一些頂級名莊（如DRC、Roumier、Liger-Belair、Emmanuel Rouget），但不一樣的是「Bizot」不是有錢就隨時能買到。記得2008前後「Domaine Bizot Echezeaux」在台灣的價格大約在5,000～6,000台幣左右，但是今天的價錢最少也要在前面加一個1還不一定能買到。Domaine Bizot為什麼這麼火紅？Jean-Yves Bizot是怎麼做到的？地質學家出身的Jean-Yves BIZOT，如何用最簡單的方式釀造出了風味複雜、辨識度極高的夢幻逸品。

　　「人類在6000年前就開始釀酒，人們總是認為現在的酒比過去的好喝，但我認為每個時期人類都釀造出過好喝的酒，如今我們擁有很多先進的釀造設備，但我卻一直想回到過去那種簡單的釀造方式，對釀造過程進行最小化的干預。」Jean-Yves Bizot是這麼說的。

　　Jean-Yves Bizot聲稱，直到今天，除了手工封瓶的機器外，他在酒窖裡找不到任何需要電力的設施。另外Jean-Yves Bizot對釀造過程中「硫」的容忍度幾乎為零，為了能減少硫的使用，Bizot選擇使用百分百新桶釀造他的葡萄酒，因為這樣可以避免使用硫清洗過的舊橡木桶，他認為6000年前人類就掌握了釀酒的方法，

A
B | C | D

A．莊主Jean-Yves Bizot。B．Domaine Bizot Echezeaux 2011。
C．Domaine Bizot Echezeaux 2014。D．Domaine Bizot Vosne
Romanee Les Jachees 2007。

而硫的使用只不過是近代的事情。

此外Jean-Yves BIZOT是帶梗釀造的堅定支持者，在葡萄還在藤上未被採收的時候他對葡萄的嚴格考驗已經開始了，「不熟」、「乾扁」、「腐爛」、「枯萎」的葡萄全部都會被淘汰，有時候篩檢一串葡萄的時間得花上幾分鐘，也正因為他對葡萄嚴格篩選，才有辦法這麼做，這種困難的釀酒方式釀出來的酒更充滿花香。

「Domaine Bizot」會這麼火紅，其實跟另外一個早在二十年前就火紅的「Domaine Leroy」一樣，他們都有極高辨識度，喝過「Domaine Bizot」及「Domaine Leroy」的酒友，已經不需要用眼睛辨識他們的紅酒，而是用鼻子跟用心，就可以感受到他們的存在，而且是有所區別的，如果硬要說他們有什麼共同之處，那就是你在勃根地的葡萄田裡，你看到藤蔓自由往上發展的葡萄田，不是「Domaine Leroy」的葡萄園，就是「Domaine Bizot」的葡萄園。

從歐洲夢幻般城堡的玫瑰花園，到神祕的東方中藥草舖，Bizot的香氣引領著飲者乘著氣味的魔毯穿越時空。在勃根地控們還沉醉其中時，回過神後卻早已遍尋

不著Bizot芳蹤……。Jean-Yves說過：「簡單這兩個字不只意味著簡單，它通常反而會是複雜的，所以持續的警惕和反覆的自我提問是必要的。」相信追求完美是他永無止盡的理想。

這間酒莊的歷史，可追溯到現任莊主Jean-Yves Bizot的祖父。當時酒莊有2.5公頃葡萄園，但是接連兩代，Bizot家均是以醫藥為業，研究地質的Jean-Yves算是第3代，他在1993年展開釀酒事業，1994年正式成立酒莊，而在2007年左右，酒莊也入手了新葡萄園，使全莊面積達到3.5公頃。

Bizot手工裝瓶，每桶分離，不過濾，不澄清，用最簡單的方法釀製最自然的葡萄酒。他的酒頗受勃根地狂熱愛好者的追捧，純淨、細膩且優雅。

Domaine Bizot全部的產量一年也就900餘箱，不僅村級Vosne-Romanee品質極高，連他的Bourgogne Chapitre也是一瓶難求。頗值一提的是他的白葡萄酒Bourgogne Les Violettes，價格直逼普通釀酒者的村級甚至一級園，擁有無法描述的深邃魅力和香味。Domaine Bizot是勃根地老饕「遇見便收」酒單中的一員，低調的品質釀酒者。

現在許多新銳釀酒師，像Fabien Joannet，只要扛著「師從Bizot」都是一項可觀的經歷，可見Bizot之威名鼎鼎。Bizot絕大部分都是私人藏家收走，那獨一無二的優雅風格如果口袋深度夠，而且市面上居然出現，真的是無上享受的好機會。🍶

2023年3月7日品酒會（上海）—— 酒單：
◇ Jacques Selosse Millesime 2009
◇ Domaine G. Roumier Corton Charlemagne 2018
◇ Philippe Colin Chevalier Montrachet 2018
◇ Domaine Leroy Corton Charlemagne 2008
◇ Domaine Prieure Roch Chambertin Clos de Beze 1998
◇ Domaine Arnoux-Lachaux Vosne Romanee Aux Reignots Premier Cru 2011
◇ Domaine Bizot Vosne Romanee Les Jachees 2015
◇ Domaine Bizot Vosne Romanee Les Jachees 2016

紅酒票選
第一名Domaine Prieure Roch Chambertin Clos de Beze 1998
第二名Domaine Bizot Vosne Romanee Les Jachees 2015

左：2023年3月7日品酒會。
右：Domaine Bizot Vosne Romanee Les Jachees 2015&2016

Domaine Bizot 的葡萄園

- Bourgogne Blanc Les Violettes：位於Vosne-Romanee產區的略地Les Violettes內，靠近Clos Vougeot與VR接壤的圍牆。大區級，但比特級園的價格還貴很多，目前市價格一瓶都要80,000元以上。

- Bourgogne Rouge Le Chapitre：在整個金丘（Cote d'Or）大區級葡萄園內。並且是路易十六的餐酒，不但有一級園的實力，而且價格更不可高攀，一瓶都要100,000元以上。

- Vosne-Romanee：皆來自超級老藤，絕大部分種植於1927～1933年間。

- 有四個園

- Vosne Romanee「Vieilles Vignes」，2009為最後一個年份，一瓶難求，價格都在120,000元台幣以上。

- 「Vosne Romanee Les Jachees，雖然是村級，上方卻是頂級園Romanee-Saint-Vivant，一瓶的價格都在150,000台幣以上。

- Vosne Romanee Les Reas；都是80年以上老藤，而種植於1986年的新藤則以Vosne-Romanee裝瓶，一瓶的價格都在150,000台幣以上。

　　Bizot位於Vosne-Romanee村的村級葡萄園幾乎都是80年的老藤，以Vosne-Romanee V.V裝瓶出售。部分於1986年新種植的則以Vosne-Romanee名義裝瓶銷售。2009年份開始，Jean-Yves認為新藤的素質已經符合他的標準，因此不再單獨釀製Vosne-Romanee V.V，2009年份這一個大年恰恰是老藤Vosne-Romanee的最後一個年份。

　　值得一提是Bizot在Vosne Romanee特級園的艾瑟索（Echezeaux），大概的位置是在面積較小的Les Treux和面積較大的Les Orveaux，這是畢佐酒莊（Domaine Bizot）擁有的一個黃金葡萄園，比DRC的Echezeaux還貴，應該是地表最貴的一款Echezeaux，一瓶的價格都在200,000台幣以上，而且有錢還不一定買得到！

　　「有集中度，但不做過度的萃取；有結構，但也不過於強壯。」Jean-Yves Bizot這樣總結他自己的酒款。

彩蛋：

　　如果買不起Bizot的葡萄酒，可以買Bizot妻子的酒來喝喝看，一瓶只要4,000台幣左右，作者喝過兩款都覺得很超值。

1. Domaine Henri Naudin Ferrand Borugogne Hautes-Cotes de Nuits Clematis Vitalba，年產量4,500瓶

2. Domaine Henri Naudin Ferrand Borugogne Hautes-Cotes de Beaune Bellis Perennis，年產量4,500瓶

Bizot Bourgogne Le Chapitre，在2019年也升成了Marsannay 村級。（舊款的還是標示Bourgogne Le Chapitre）

3. 值得一提的是，酒莊還有一款並不是年年都釀造的的「Vosne-Romanée 1er Cru」。酒莊在Echezeaux有兩個地塊，分別是面積較小的Les Treux和面積較大的Les Orveaux。如果當年的產量較低，Jean-Yves會將兩個葡萄田的葡萄混合，共同釀造Echezeaux Grand Cru，而若是遇到盛產的年份，Les Orveaux將單獨釀造Echezeaux Grand Cru，而Les Treux則用來釀造這款「Vosne-Romanée 1er Cru」。

特別
推薦

喬安內酒莊沃恩侯馬內紅酒

Domaine Joannet Vosne Romanee 2021

ABOUT

適飲期：現在～2040
台灣市場價：3,500 元
品種：100% 黑皮諾（Pinot Noir）
桶陳：12 個月
產量：3,000 瓶

莊主為Jean-Yves Bizot正宗嫡傳高徒Michel Joannet，比起一瓶Domaine Bizot Vosne Romanee（130,000台幣），真的太便宜了。

特別
推薦

畢佐酒莊喬芝士園紅酒

Domaine Bizot Vosne Romanee Les Jachees 2008

ABOUT

適飲期：現在～2045
台灣市場價：150,000 元
品種：100% 黑皮諾（Pinot Noir）
桶陳：20 個月
產量：1,800 瓶

DaTa

地址｜ 9 Rue de la Grand Velle, 21700 Vosne-Romanée
電話｜ +33 3 80 61 24 66

畢佐酒莊艾瑟索紅酒

Domaine Bizot Echezeaux 2001

ABOUT
適飲期：現在～2055
台灣市場價：200,000 元
品種：100% 黑皮諾（Pinot Noir）
桶陳：20 個月
產量：1,200 瓶

品酒筆記

這支 Bizot Echezeaux 2001 香氣非常芬芳綻放，純淨的紅櫻桃和草莓香氣，並帶有玫瑰花瓣的芬芳，隨著時間的變化會帶出一絲紫羅蘭花香。結構均衡，單寧順滑，十分和諧，精緻的酸度讓豐富的酒體更加柔美。層層堆疊的花香，完美地展現了艾瑟索風土的魅力。

建議搭配

鹹水雞、八寶鴨、燒雞、白灼五花肉。

★ 推薦菜單　雲璟珍味葵花雞

「也許是人間至味」，不用任何佐料配吃的——葵花雞。浸泡僅用「農夫山泉水」，不放任何香料。肉鮮甜，骨髓脆，皮黃爽。以鮮葵花為主要食材。種植過程都用有機奶。從幼雞到大完全餵食有機奶，加上135首中外名曲伴隨135天的生長期。這款天王級的畢佐艾瑟索特級園，酒體純淨、誘人的花香和深邃的果香，與葵花香的鮮美雞肉搭配的天衣無縫，嚐一口肉喝一口酒，直上雲端，比神仙還快活！

萊佛士雲璟餐廳
地址│深圳市南山區中心路
　　　3008 號深圳灣 1 號萊佛
　　　士酒店 70 樓

11. Domaine Dugat-Py

杜卡匹酒莊

　　如果DRC、Leroy算是勃根地龍頭，在嚴格標準下，杜卡匹（Dugat-Py）、胡米耶（Roumier）、阿曼盧騷（A.Rousseau）仍可說是位列二線，直追其後。而這些都是法國《La Revue du Vin de France》（法國葡萄酒雜誌）評的最高等級酒莊，實力堅強、價格不斐。無論是一級園或是特級園動輒萬元起跳，甚至50,000、80,000元也不足為奇，而且有錢還不一定能買到，最重要的原因就是量太少！

　　今天的主角杜卡匹酒莊位於哲維香貝丹，屬於杜卡家族一支，此家族在17世紀即是葡萄農，如今靈魂人物伯納杜卡（Bernard Dugat）已是第12代，1923年Fernand Dugat創設酒莊；其後，1972年Pierre Dugat領軍，酒莊終以香姆香貝丹（Charmes-Chambertin）獲得金丘大獎（特級園紅酒）；接手的伯納杜卡，1975年踏入釀酒的旅程，而他在1979年結婚後，夫妻兩人共同打理酒莊，1989年終以伯納杜卡之名開始裝瓶，而之前都是將酒以桶裝出售。後來為避免與堂兄弟克勞德杜卡（Claude Dugat）的酒莊名稱混淆，1994年將酒莊加入妻姓Py而成為今日的杜卡匹酒莊。

　　多年來，此酒莊在世界有著卓絕地位，名列羅伯・派克所選156間最偉大的酒莊

A
B | C | D | E

A. 百年葡萄樹。B. 產量只有600瓶的Mazis-Chambertin 2006。C. 產量只有900瓶的Gevrey-Chambertin Petite Chapelle 2001。D. 舊標的Corton Charlemagne 2011& Corton Charlemagne 2019。E. 產量只有280瓶的Chambertin 2004。

之一，亦收錄陳新民的《稀世珍釀》。它目前擁有約10公頃的葡萄園，大多都是老藤，主力酒款濃厚、複雜、多層次，在國內酒友心目中地位崇高。2003年酒莊完成轉型，全部改為有機耕作，翌年更是大幅更新釀造設備。此外，為了維護葡萄園生態，也採用馬來協助農務。

如今，酒莊持續向外購買葡萄園，品項日趨多元。杜卡匹酒莊的品項，收藏的是此莊一系列名作：從得獎的香姆香貝丹還有其它特級園，到內行酒友收藏的Cœur de Roy「王者之心」—這是一款村莊級，但來自三塊葡萄園的老藤傑作，還有性價比超高的兩款一級園。最重要的它們都是經典品項，數量當然極為有限，看到老年份有一瓶收一瓶，因為您不必等待就可享受，如果搶的到手。

伯納杜卡的兒子路易（Loïc）出生於1981年，過去十年來，路易也一同在酒莊工作，目前路易主要負責領導酒莊往有機栽種的方向前進。目前酒莊的面積增加了一倍，他們從沃恩羅曼尼（Vosne-Romanée）、波瑪（Pommard）、莫索

（Meursault）、夏山蒙哈謝（Chassagne Montrachet），以及哲維香貝丹取得葡萄。杜卡匹酒莊採用相對直接的釀造方式。伯納解釋道：「我讓大自然為我工作」。在1990年代，他們曾歷經葡萄過度萃取及葡萄酒過度過桶，但自2000年開始，酒莊所釀造的葡萄酒已更加細緻與平衡。

　　葡萄酒裝瓶前，會先在桶中待上18個月。橡木桶的比例Bourgogne約10%、Gevrey-Chambertin Vieilles Vignes約30%、Cœur de Roy約80%，一級園和特級園則採用100%的新橡木桶。

　　杜卡匹酒莊最頂級的酒款包含一級園的拉維聖傑克園（Lavaux St-Jacques），市價一瓶為12,000元台幣、香波園（Champeaux Tres Vieilles Vignes），市價一瓶為9,500元台幣、產量900瓶的小教堂（Petite Chapelle Gevrey-Chambertin），市價一瓶為10,000元台幣，以及特級園的瑪佐瓦爾香貝丹（Mazoyères-Chambertin），市價一瓶為10,000元台幣、年產量只有1200瓶的香姆香貝丹（Charmes-Chambertin），市價一瓶為20,000元台幣、產量600瓶的瑪茲香貝丹（Mazis-Chambertin），市價一瓶為28,000元台幣，和僅僅270瓶的香貝丹（Chambertin），市價一瓶為90,000元台幣。三個一級園都擁有豐富的口感，其中又以小教堂在年輕時，呈現出最多果香味。杜卡匹酒莊的壓軸好酒是香貝丹特級園，僅有0.05頃，每年產量不到300瓶，可遇不可求！

Domaine Dugat-Py（土地面積）

- Chambertin (0.05h)
- Charmes-Chambertin (0.47h)
- Mazis-Chambertin (0.22h)
- Mazyeres-Chambertin (0.22h)
- Chassagne-Montrachet Morgeot (0.24h)
- Gevrey-Chambertin Fonteny/ Corbeaux/Perriere (0.33h)
- Gevrey-Chambertin Chameaux (0.32h)
- Gevrey-Chambertin Lavaux St-Jacques (0.13h)
- Gevrey-Chambertin Petite Chapelle (0.32h)
- Gevrey-Chambertin (1.28h)
- Gevrey-Chambertin Coeur de Roy (2.38h)
- Gevrey-Chambertin Les Evocelles (0.68h)
- Meursault (0.21h)
- Pommard (0.78h)
- Vosne-Romanee (0.32h)
- Bourgogne Blanc (0.12h)
- Bourgogne Rouge (1.41h)
- Bourgogne Rouge Cuvee Halinard (0.40h)

DaTa

地址｜ B.P.31,Cour de L'Aumonerie,21220 Gevrey-Chambertin France
電話｜ +33 03 80 51 82 46
傳真｜ +33 03 80 51 86 41
郵箱｜ dugat-py@wanadoo.fr
網站｜ www.dugat-py.com
備註｜ 謝絕參觀

Recommendation
Wine

杜卡匹香貝丹特級園紅酒

Dugat-Py Chambertin 2008

ABOUT

適飲期：現在～2050
台灣市場價：90,000 元
品種：黑皮諾（Pinot Noir）
橡木桶：法國橡木桶
桶陳：18 個月以上
瓶陳：12 個月
年產量：280 瓶

品酒筆記

2008年的杜卡匹的香貝丹特級園紅酒色彩鮮艷、絢麗奪目，它呈現出黑子色澤，甘草、奶油吐司、黑莓和紅醋栗的香味從酒杯中釋出。這款酒酒體豐腴，甘甜的蜜錢黑色水果、甘草、香料、新鮮的藥草和烤橡木的混合香味濃郁而迷人。華麗的口感令人頭暈目眩，飽滿的酒體、水果果香溢滿整個口腔，在綿長無盡的餘韻中。這款美妙的香貝丹特級園紅酒，至少需要陳年10年以上，也可以窖藏20年，甚至更久的時間。每年只產280瓶的茗藤香貝丹，實在太稀有了，是香貝丹少見的珍品，能喝上一次，已是幸運之神眷顧。

建議搭配

烤鴨、醬牛肉、滷豬腳、潮滷老鵝頭。

★ **推薦菜單　八寶醬油雞**

八寶醬油雞是捌伍添第粵菜餐廳大廚謝師傅的大作，我個人非常喜歡這道菜的味道，鹹甜交錯融合，毫不含糊，濃淡相宜，很是下酒。如果要喝酒，點這道菜肯定沒錯，無論是波爾多、義大利、甚至是勃根地，都是很好的搭配。這道八寶醬油雞肉質細膩，鹹鹹油油，味道稍濃，細皮嫩肉，和這款頂級香貝丹紅酒中的甘草、香料、藥草、黑色水果，互相搭配，更能提升酒的複雜度和層次感，酒含在口中，瞬間味蕾美味芳香，一飲而盡，餘韻悠長。

捌伍添第
地址｜台北市信義區信義路五
段 7 號 85 號樓 B 側

12. *Domaine Jacques Frederic Mugnier*

慕尼耶酒莊

　　慕尼耶酒莊（Jacques Frederic Mugnier，簡稱JFM）位於勃根地香波慕西尼（Chambolle Musigny）村內，與胡米耶（George Roumier）、臥駒（Comte de Vogue）一起被稱為這個村最好的三家酒莊。JFM的故事對國內勃根地迷來說，幾乎是耳熟能詳。作為酒友口耳相傳的慕西尼「御三家」，此酒莊之先輩原先從事烈酒生意，後來陸續在香波慕西尼置產，物產包括知名的慕西尼堡（酒標上的那一座，已註冊成商標），算是勃根地名莊中，少數真正有座「堡」的生產者。雖說如此，可是此莊早年都是將葡萄園租給他人耕作，1950年代以前的葡萄酒事務都是由外人代管，直至1978年才有陸續回收的打算，也才逐步建立起自己的名聲。

　　目前此莊由佛瑞德瑞克掌舵，在根據地香波慕西尼，此莊當然以慕西尼特級園作旗艦，還有Amoureuses 1er（愛侶園），其它品項主打夜聖喬治（Nuits St.

酒莊

Georges），尤其一級園的元帥夫人（Clos de la Meréchale），紅白兼有、酒質又佳，酒迷經常湊對收藏。至於村莊級（可稱之二軍）的Clos Des Fourches，則是門檻相對較低的入門款。

JFM擁有一塊位於夜聖喬治租給重量級酒商飛復萊（Faiveley）的獨占一級園元帥夫人園，長達近五十年的租借於2004年到期回歸自家酒莊的經營。此塊葡萄園占地9.76公頃，是夜丘面積最大的獨占葡萄園。

元帥夫人園自2004年回歸JFM手中後，品質不斷精淮，採用香波慕西尼酵母釀製更讓酒中了分香波慕西尼細膩的優雅風格，另外更有源自夜聖喬治強勁扎實的酒質，黑色果實的香氣、稠密的口感與扎實的單寧，層次間亦展現多汁柔軟的黑皮諾果味。

一般而言，此莊在香波慕西尼中可説是輕淺靈動，微淺的酒色中有著秀氣，口感不僅細緻，兼具高雅。就釀酒而言或許全去梗、不破皮是關鍵，但應用此法能維持架構實屬不易，世界名莊之一，酒質有著難以攀附的高度。尤其是

Musigny1988

旗艦款 Musigny Grand Cru 2009被BH評為將近滿分的99分,產量只有2,000〜3,000瓶,喝一瓶少一瓶,通常是藏家們的口袋名單。慕尼耶酒莊的柏瑪僅有豆腐塊般大小,0.36公頃,大約年產量只有100多箱。位於香波慕西尼村與莫黑聖丹尼村的中間部分,性格剛毅、稜角分明、入口架構感極強,非常男性化的酒。

　　特別要介紹的是1992年份的慕尼耶酒莊破例釀製了一桶老藤慕西尼(Musigny V.V),為了慶祝他們的小公主誕生。慕尼耶酒莊也開始釀製一款白葡萄酒,自夜聖喬治村的元帥夫人園。這塊獨占園命運坎坷,在飛復萊家手中近50多年,2004年,佛瑞德瑞克才重新在此園豎起了JFM的招牌。

2016年12月31日(台北西華飯店Toscana)
JFM 品酒會──酒單:

◇ Krug 1996
◇ Salon 1999
◇ Comte Georges de Vogue Musigny 1991
◇ Comte Georges de Vogue Musigny 1993
◇ Comte Georges de Vogue Musigny 2006
◇ JFM Musigny 1994
◇ JFM Chambolle-Musigny Les
　　Amoureuses 1998

每年產量僅僅1500瓶的Chambolle-Musigny Les Amoureuses 1998

2016年12月31日品酒會酒款

2017年1月30日 (台北喜來登安東廳) ── 酒單：

◇ Bollinger Grande Annee 1990
◇ Kistler Cathleen Chardonnay 1999
◇ Remoissenet Montrachet 1996
◇ Comte Georges de Vogue Bonnes Mares 2004
◇ J. F. M Bonnes Mares 2004
◇ Roumier George Bonnes Mares 2004
◇ Dr.Loosen A級白袍教士2000

2017年1月30日品酒會酒款

2023年8月23日 (上海精禧薈) ── 酒單：

◇ Dom P3 1992
◇ Ramonet Montrachet 1994
◇ DRC Montrachet 2006
◇ Faiveley Musigny 2008
◇ Comte Georges de Vogue Musigny 1979
◇ Domaine Jacques Frederic Muginer Musigny 2009
◇ Domaine Jacques Frederic Muginer Musigny 2011
◇ Domaine Jacques Frederic Muginer Musigny 2013
◇ G.Romier Musigny 1985

2023年8月23日品酒會酒款

Musigny 2009、2011、2013

JFM價格

◇ Musigny（國際行情110,000～120,000台幣）
◇ Bonnes Mares（國際行情55,000台幣）
◇ Chambolle-Musigny Les Amoureuses（國際行情90,000台幣）
◇ Nuits-Saint-Georges Clos de la Marechale（國際行情8,000台幣）
◇ Nuits-Saint-Georges Blanc Clos de la Marechale（國際行情7,000台幣）
◇ Chambolle-Musigny Les Fuees（國際行情7,000台幣）

每年只有1000瓶的Bonnes Mares

Domaine Jacques Frederic Muginer（土地面積）

- Bonnes Mares（0.36h）
- Musigny（1.14h）
- Chambolle-Musigny Les Amoureuses（0.53h）
- Chambolle-Musigny Les Fuees（0.71h）
- Nuits-Saint-Georges Clos de la Marechale（0.60h）
- Nuits-Saint-Georges Blanc Clos de la Marechale（9.76h）
- Chambolle-Musigny Les Plantes/La Combe d'Orveau（1.32h）

DaTa

地址｜ Rue de Vergy, 21220 Chambolle-Musigny
電話｜ +33 3 80 62 85 39

Recommendation
Wine

慕尼耶酒莊慕西尼

Domaine Jacques Frederic Muginer Musigny 2002

ABOUT
適飲期：現在～2050
台灣市場價：140,000 元
品種：黑皮諾（Pinot Noir）
橡木桶：法國橡木桶
桶陳：12 個月以上
瓶陳：12 個月
年產量：4,000 瓶

♟ 品 酒 筆 記
非常複雜的香氣，草莓、紅櫻桃、樹莓、玫瑰花、桂葉、薄荷、檀香、黑巧克力、東方美人茶⋯⋯大量的紅色水果汁不斷湧出，中等酒體，結構分明、單寧平衡，非常有深度的一款酒，令人驚訝，絕對不輸給我所喝過的 Leroy Musigny。

♟ 建 議 搭 配
燒雞、白斬雞、叉燒、宜蘭鴨賞。

★ 推 薦 菜 單　沙茶炒鵝腸

疫情期間我第一次來的時候，人還不多，看到香港美食家蔡瀾寫的「吃得痛快」四個字，就知道這家大排檔一定值得一試。這次是我第二次來不夜粥大排檔，聽說是重新開幕，一定要來嚐嚐他的沙茶鵝腸。汕頭沙茶鵝腸是全中國最好吃的地方，而不夜粥這家大排檔才是汕頭沙茶鵝腸的天花板。為何這樣說？我已經嚐過很多家的沙茶鵝腸，沒有像不夜粥炒得那樣鮮嫩爽脆，沙茶也很入味（因為沙茶是獨家祕方製作），咬起來是又鮮又美的味道，其他家的鵝腸總帶一點腥味，處理得不甚乾淨。

這道沙茶鵝腸簡單的做法，卻能引起顧客的記憶，一定有過人之處。搭配這款頂尖的勃根地慕西尼紅酒，紅酒中玫瑰花、桂葉、薄荷、檀香，正好與沙茶的醬味結合，散發出特殊的香氣，口中的紅酒瞬間變得甘甜，兩者互相融合，難以形容，世界第一等享受。

不夜粥大排檔
地址｜汕頭市龍湖區金砂東路
　　　融裕大廈一樓

13. Emmanuel Rouget

艾曼紐胡傑

　　若問目前國際葡萄酒市競逐最烈的法國勃根地酒，人人都會説是羅曼尼‧康帝。但答案錯了，應當是克羅‧帕宏圖園（Cros Parantoux）。在稀世珍釀世界「百大」的勃根地酒中，共有23款，除了帕宏圖、愛侶園（Les Amoureuses）、美山園（Les Beaux Monts）、小山園（Les Petits Monts）、佛內一級園（Volnay Premier Cru），屬於一級酒園外，其餘都是特級酒園（Grand Cru）。

　　勃根地可説是集全球酒迷關愛於一身，其中酒神亨利‧賈爺的品項更是天價，雄踞各大拍賣會榜首無出其右。賈爺的傳奇只剩老酒，其人2006年逝世後，公認的傳人有兩位：一位是外甥艾曼紐‧胡傑（Emmanuel Rouget），另一位是卡木塞酒莊（Jean Nicolas Meo）。尤其艾曼紐‧胡傑與賈爺相處時間極長，又和賈爺三兄弟（喬治、路西安、亨利）皆熟識，甚至接手操刀他們的酒款。艾曼紐‧胡傑雖非科班出生，但公認賈爺傳人的地位，無可挑戰。

　　艾曼紐‧胡傑租到了賈爺家的精華葡萄園艾瑟索，當然，他的作品還包括天王一級園帕宏圖。一般而言，艾瑟索在沃恩羅曼尼（Vosne Romanee）特級園的愛好者來説，或許是個後段班。但是你只要加了艾曼紐‧胡傑，酒友馬上肅然起

莊主

敬！另一塊帕宏圖更不同說，有誰把它當成一級園過？一個艾曼紐・胡傑，或是另一個卡木塞酒莊，這兩位超級釀酒師寡占了這賈爺手上的奇珍，卻不枉此園的實力，每每釀出鄰居李奇堡級的神物。

1989年賈爺退而不休，從旁協助胡傑直到1997年為止。市面上任何一瓶出自賈爺之手的克羅・帕宏圖酒（1978年至2001年份），已經寥若塵星，價錢至少300,000台幣以上，若逢賈爺最輝煌的年份，例如1985、1990、1993年及1999年份，至少超過400,000台幣。但一代傳奇終有結束的一日，可喜名園後繼有人。胡傑酒園的克羅・帕宏圖酒，年產約三千瓶至四千瓶，在賈爺親手調教下的高徒作品，自然還留有「賈爺餘韻」，成為炙手可熱的競逐對象。

艾曼紐・胡傑的酒是頂級行家在拍賣會玩的，很少會流通，主要是買的人根本只見其酒名就可下單，現在有老年份零星出售，量少是絕對，機會更是有限。尤其有些老年份還是賈爺在世時的品項（1989～1997賈爺仍有指導釀酒），這些品項是否沾光，喝了才知道。

酒神亨利・賈爺已經是天價，Emmanuel Rouget能收趕快收，以後恐怕也難追了！

1985年艾曼紐・胡傑通過傳統的長期租賃方式（metayage）與亨利賈爺的兄弟Lucien Jayer簽訂了租約，獲得了一些位於艾瑟索、沃恩羅曼尼及夜聖喬治產區的地塊。1987年，亨利賈爺的另外一位兄弟喬治（Georges Jayer）也將自己位於艾瑟索和夜聖喬治的地塊以長期租賃方式（metayage）租借給胡傑（metayage即是租

戶負責管理葡萄園,採收之後負責釀酒,並將一半的葡萄酒作為租金交給地主)。

亨利賈爺兩個女兒無心釀酒,兩個兄弟也都將土地租借給艾曼紐·胡傑,賈爺家族並無一人繼承其衣缽,更不用說葡萄園了。因此,他對於胡傑視如己出,不僅傾囊傳授畢生功力,更將自己絕大部分的葡萄園都租借給了胡傑。時至今日,艾曼紐胡傑酒莊所擁有的葡萄園有90%都是來自亨利賈爺及其家族。

1995年賈爺退休,胡傑接手其所負責的葡萄園及釀酒工作。2006年10月,亨利賈爺辭世之後,胡傑幾乎成為酒神的代言人。

胡傑採收時期是盡可能的接近完全成熟的狀態,以此獲得更佳的陳年潛力。採收之後二次篩選,遵循亨利賈爺的100%去梗,但不破皮,去梗後的葡萄放入水泥槽以乾冰降溫到10～12度,進行3～5天的發酵前浸皮,只使用天然酵母。

胡傑與亨利賈爺風格的不同,胡傑認為姑丈賈爺使用更高比例的新橡木桶,因而年輕的酒不易飲,桶味過重。需要經過歲月的沈澱方能展現芳華絕代的一面。今日,得益於科技的發展和對種植釀酒認知的深入,他能夠釀製出年輕時候綻放果味和花香的佳釀。🍾

Emmanuel Rouget 酒款價格 (台幣):

◇ Vosne-Romanee 1er Cru Cros Parantoux (價格約120,000以上)
◇ Echezeaux (價格約40,000以上)
◇ Vosne-Romanee 1er Cru Les Beaux Monts (價格約30,000以上)
◇ Vosne-Romanee (價格約15,000以上)
◇ Nuits-Saint-Georges (價格約10,000以上)
◇ Savigny-Les-Beaune (價格約7,000以上)

左至右:Vosne-Romanee 1er Cru Cros Parantoux 2002、2003、2009、2015

左:新舊年份 Echezeaux
右:難得一見大瓶裝Echezeaux 1995

2018年6月2日

2018年6月2日（台北）品酒會──酒單：

- ◇ Dom Pérignon 1996
- ◇ Kistler Dutton Ranch 2005
- ◇ Comtes Lafon MeurSault-Charmes 1998
- ◇ Vogue Musigny 1988
- ◇ Gentaz-Dervieux Cote-Rotie 1988
- ◇ Liger-Belair Vosne-Romanee Aux Reignots 2009
- ◇ Armand Rousseau Gevrey-Chambertin 1999
- ◇ Château Rayas Reserve 2003
- ◇ Emmanuel Rouget Echezeaux 1993
- ◇ Leoville Las Cases 1989

2018年9月12日（上海）──酒單：

- ◇ Salon Blanc de Blancs 1997
- ◇ Bollinger V.V. Francaises 2000
- ◇ Dom Pérignon Oenothèque 1996
- ◇ Jacques Prieur Montrachet 2003
- ◇ d'Auvenay Puligny Montrachet Folatières 1998
- ◇ Rene Engle Clos-Vougeot 1993
- ◇ Leroy Latricieres Chambertin 1992
- ◇ Emmanuel Rouget Vosne Romanée Cros Parantoux 2003
- ◇ Meo-Camuzet Vosne Romanée Cros Parantoux 2007
- ◇ DRC Grands Echézeaux 1999
- ◇ Screaming Eagle 2008

2019年7月10日（南京）──酒單：

- ◇ Ramonet Bienvenues Batard Montrachet 2001
- ◇ SQN Rejuvena Tors White 2004
- ◇ Emmanuel Rouget Echezeaux 1996
- ◇ Dana Helms Vineyard 2015
- ◇ Realm The Absurd 2015

2019年7月10日

作者品評：

還要對自己說，總以為來日方長，卻忘記了世事無常。人的一生總是在等，等將來、等不忙、等下次、等有時間、等有條件、等有錢⋯⋯到最後等來了遺憾，才發現來日並不方長。

這樣的酒局一次就夠了，酒神榨出來的酒，一次喝個夠，就算喝醉也不為過，九款帕宏圖，還有人爭先恐後的加碼：沙龍1997、胡洛莫索2018、寇許杜里莫索一級園2009。

2023年5月14日（上海）
Cros Parantoux 品酒會──酒單：

◇ Salon 1997
◇ Roulot Meursault Clos des Boucheres 2018
◇ Coche Dury Meursault Caillerets 2009
◇ Emmanuel Rouget Cros Parantoux 2002
◇ Emmanuel Rouget Cros Parantoux 2003
◇ Emmanuel Rouget Cros Parantoux 2009
◇ Emmanuel Rouget Cros Parantoux 2015
◇ Emmanuel Rouget Cros Parantoux 2017
◇ Henri Jayer Cros Parantoux 1979
◇ Meo Camuzet Cros Parantoux 2004
◇ Meo Camuzet Cros Parantoux 2006
◇ Meo Camuzet Cros Parantoux 2017

2023年5月14日

Emmanuel Rouget的葡萄園絕大部分都是租借的。
Domaine Emmanuel Rouget的葡萄園：

◇ Bourgogne Passetoutgrain
◇ Bourgogne Rouge
◇ Cote de Nuits-Villages
◇ Nuits-Saint-Georges
◇ Savigny-Les-Beaune
◇ Vosne-Romanee
◇ Vosne-Romanee 1er Cru Les Beaumonts
◇ Vosne-Romanee 1er Cru Cros Parantoux
◇ Echezeaux（Georges Jayer）

特別推薦

艾曼紐胡傑艾瑟索特級園紅酒

Emmanuel Rouget Echezeaux 1999

ABOUT
適飲期：現在～2050
台灣市場價：50,000 元
品種：100% 黑皮諾（Pinot Noir）
桶陳：18 個月
產量：2000 瓶

DaTa

地址｜ 18 Rte de Gilly, 21640 Flagey-Echézeaux
電話｜ +33 3 80 62 86 61

艾曼紐胡傑帕宏圖一級園紅酒

Emmanuel Rouget Vosne-Romanee 1er Cru Cros Parantoux 1996

ABOUT
適飲期：現在～2055
台灣市場價：130,000 元
品種：100% 黑皮諾（Pinot Noir）
桶陳：18 個月
產量：3000 瓶

品酒筆記
這支1996 Vosne-Romanee 1er Cru Cros Parantoux 簡直完美，散發著新鮮玫瑰、草莓、櫻桃和杉木的香氣。過了幾分鐘後，肉桂、薄荷、香草，也紛紛的跳出，另外帶有東方風味的乾燥花。嚐在口中時，會有更多不同的層次，讓感官更加豐富。這是一款豐收的美酒，魅惑人心，妖嬈交纏，令人無法抗拒的美酒，絕對可以成為胡傑代表的一款絕世佳釀。

建議搭配
鹹水鵝、北京烤鴨、脆皮叉燒、油雞。

★ 推薦菜單　祕製菌香甲魚

朴魯匯董事長陳柏源先生不吝分享，因為作者實在太喜歡這道菜了。提供這道菜的做法：取錢塘江野生甲魚一隻洗淨砍成大小均勻塊狀焯水備用。鍋中加入豬油沙拉油，7層油溫下入蔥薑蒜少許爆香，加入甲魚翻炒後加高湯，自製菌香醬料，鮮醬油、雞精、食鹽。開大火熬製5分鐘，轉小火煨15分鐘。待小火煨好後轉大火收濃汁裝入加熱煲內加青紅椒丁即可。這道霸王的菜，遇上天下第一園帕宏圖，更能彰顯甲魚的霸氣與香味，口感濃郁、綿嫩細滑。而帕宏圖紅酒更表現出其複雜度、優雅度、平衡度，層層果香、東方香料、菸草皮革，果然不負重望，有如虞姬碰上霸王，天生一對！

朴魯匯餐廳
地址｜杭州市蕭山區湘湖路
567

14. Domaine Meo-Camuzet

卡木塞酒莊

　　勃根地之神亨利‧賈爺打造的酒款可說是全世界最珍貴的葡萄酒！他的傳人（之一）尚‧尼可拉斯‧米爾（Jean-Nicolas Meo），大約在30年主掌卡木塞酒莊（Domaine Meo-Camuzet）。這酒莊後來雖然有出Meo-Camuzet Frère et Soeurs版本（酒商酒）──包含了許多價格相對平易但實力精采的品項，不過酒莊本身的主力，在李奇堡和帕宏圖兩款無敵名酒領軍下，聲勢足以配享「賈爺傳人」之名。

　　尚‧尼可拉斯‧米爾（Jean-Nicolas Meo）的釀酒工夫不容置疑，在他麾下的卡木塞酒莊品項，市場追逐者眾，在拍賣會更是有其身價。沃恩‧羅曼尼（Vosne-Romanée）的超級名園自不在話下，但是如果退而求其次，此莊（酒莊酒）在沃恩‧羅曼尼、伏舊園（Clos de Vougeot）、香波慕西尼（Chambolle-Musigny）等其它區域，也有實力堅強的好酒。尤其伏舊園，這裡園區面積大，生產者眾多，因此生產者之間的實力一比即知。不像許多獨占園，或是帕宏圖那種寡占園，很多時候根本無從判別是釀酒工夫好，還是地塊本身佳，只能就結果來想像它是否真正已臻完美。但是卡木塞酒莊出品的伏舊園就是另一回事，它能禁得起同一地塊其它生產者的挑戰，屢屢皆是贏家，也是我個人認為最好的三家

A. Clos Vougeot 城堡。B. 勃根地騎士盛大聚會。
C. Richebourg 1995&1996&2004。D. Jayer和莊主Jean-Nicholas。

伏舊園之一，其他兩家是Leroy和葛羅兄妹園（Domaine Gros Frere et Soeur，簡稱金盃），他的伏舊園與慕西尼接壤，是最好的地塊。

卡木塞酒莊不見得只喝李奇堡和帕宏圖，也不見得一定要去追珍稀白酒Clos Saint-Philibert（有，當然還是不要放過）。事實上它的實惠型酒款出現在沃恩‧羅曼尼的其它園區，像Vosne Romanée les Chaumes，當然還有伏舊園，此酒莊的酒本來就不便宜，但他以上的酒款卻才是掌握卡木塞酒莊的真正重點，尤其是面對其它名莊的挑戰。老年份的酒在那個勃根地還未被現代酒風掩蓋的時代，酒的精采並非在於展現驚人的開場格局，而是蘊於隨時間發展出的深度。

卡木塞酒莊位於沃恩‧羅曼尼村內，20世紀初創始人 Etienne Camuzet 開始在村內購入葡萄園，因膝下無子，1959 年由表弟尚‧米爾（Jean Meo）繼承酒園，正式成立卡木塞酒莊。勃根地傳奇釀酒師亨利‧賈爺則在二次大戰後採無償佃農（Métayage）合約方式開始替 卡木塞酒莊家族釀酒（需將每年釀的酒一半繳回給地主），無奈尚‧米爾事業繁忙而分身乏術，多是將酒整桶賣給酒商。直到 1980 年中期，尚‧米爾的兒子尚‧尼可拉斯‧米爾決定繼承酒莊經營，並取得種植與釀酒相關文憑，聘請亨利‧賈爺擔任釀酒顧問，直到他對 尚‧尼可拉斯的釀酒技術滿意後才功成身退。

卡木塞酒莊的葡萄園以沃恩‧羅曼尼為中心，當中除了最著名的李奇堡頂級園和超重量級一級園帕宏圖外，酒廠也以最高水準的「伏舊園」聞名，占據村莊周圍最好的地塊，是卡木塞酒莊的另一招牌酒款。

卡木塞酒莊在勃根地地區擁有十五公頃園區，列入頂級的三個特級園，只有不到四公頃的面積，其中伏舊園即有三公頃。卡木塞家族在本世紀初曾擁有伏舊園城堡，1944年才售與「品酒騎士團」，這是一個在1934年才成立，為推廣當時滯銷的勃根地酒所成立的品酒團體。

2023年5月13日（上海）
Cros Parantoux 品酒會——酒單：

◇ Salon 1997
◇ Roulot Meursault Clos des Boucheres 2018
◇ Roulot
◇ Coche Dury Meursault Caillerets 2009
◇ Emmanuel Rouget Cros Parantoux 2002
◇ Emmanuel Rouget Cros Parantoux 2003
◇ Emmanuel Rouget Cros Parantoux 2009
◇ Emmanuel Rouget Cros Parantoux 2015
◇ Emmanuel Rouget Cros Parantoux 2017
◇ Henri Jayer Cros Parantoux 1979
◇ Meo Camuzet Cros Parantoux 2004
◇ Meo Camuzet Cros Parantoux 2006
◇ Meo Camuzet Cros Parantoux 2017

2023年5月13日 Cros Parantoux 品酒會

Domaine Meo-Camuzet（土地面積）

- Clos de Vougeot (3.00h)
- Corton Clos de Rognet (0.45h)
- Echezeaux (0.44h)
- Richebourg (0.34h)
- Chambolle-Musigny Les Cras (0.34h)
- Chambolle-Musigny Les Feusselottes (0.50h)
- Fixin Clos de Chapitre (0.75h)
- Nuits-Saint-Georges Aux Argillas (0.18h)
- Nuits-Saint-Georges Aux Boudots (1.05h)
- Nuits-Saint-Georges Aus Murgers (0.75h)
- Nuits-Saint-Georges Les Perrieres (0.25h)
- Vosne-Romanee Aux Brulees (0.74h)
- Vosne-Romanee Les Chaumes (2.00h)
- Vosne-Romanee Au Cros Parantoux (0.30h)
- Chambolle-Musigny Les Athets/Drazey/Herbures (0.38h)
- Fixin Les Clos/ Herbues (1.12h)
- Marsannay Le Petit Puits/ Grandes Vignes (1.50h)
- Nuits-Saint-Georges (0.60h)
- Vosne-Romanee Les Barreaux (1.40h)
- Hautes Cotes de Nuits Blanc (3.50h)

DaTa

地址｜ 11, rue des Grands Crus 21700 Vosne-Romanée - France
電話｜ +33 3 80 61 55 55
傳真｜ +33 3 80 61 11 05
網站｜ www. Meo Camuzet.com
備註｜ 可預約參觀

卡木塞李奇堡

Domaine Meo-Camuzet Richebourg 1996

ABOUT
適飲期：現在～2040
台灣市場價：120,000 元
品種：100% 黑皮諾（Pinot Noir）
橡木桶：100% 新法國桶
桶陳：18 個月
年產量：1,000 瓶

品酒筆記

Domaine Meo-Camuzet Richebourg 1996的酒色是漂亮的寶石紅色；聞起來有櫻桃、小紅莓和些許莓果香，以及花香、森林、黑巧克力的香氣。口感有水果漿味、李子、紅莓、藍莓，肉桂與咖啡滲透其中，中上的酒體，均衡飽滿，單寧非常細緻，輕輕的抿一口，餘味綿密悠長，令人回味無窮。

建議搭配

北京烤鴨、燒鴨、煎松阪豬肉、南京板鴨。

★ 推薦菜單　鹽水鵝肉 ─────────────────

這道鹽水鵝肉看起來晶瑩剔透，選用台灣最好的新屋鵝隻，肉質肥美，口感鮮甜，皮Q肉軟，嫩而不柴，又充滿咬勁。這樣的鹹水鵝肉是台灣人的記憶，台灣各地從小吃攤到大飯店都有這道菜，只式烹調的方式不一而已。勃根地黑皮諾聞名世界。這款來自Richebourg的黑皮諾堪稱當地的代表，帶著微微酸度的黑李、輕輕的紅莓、咖啡、淡淡的肉桂，口感均衡，飽滿細緻的單寧和鵝肉的鮮甜相映成趣，水果的甜味可以沖淡鵝皮的油膩感，整體搭配和諧，精確的展現出紅酒的圓潤與平衡。

中壢上好吃鵝肉亭
地址｜桃園縣中壢市豐北路
42 號

15. *Domaine Sylvain Cathiard*

斯凡卡薩德酒莊

　　勃根地「第一線」酒莊，幾十年來就是少數幾家。這其實有點像是波爾多，「五大」那麼多年以來就是那樣。這不是說其它酒莊不優，但是排在前面的酒莊實在太厲害，想跟人家平起平坐（並獲得酒評與市場雙重認同），就是那麼難。

　　不過，在眾星雲集的沃恩羅曼尼（Vosne Romanee），90年代後可是出現了等於是「超二」的名莊，那就是以精準果味，但表現純淨優雅的的斯凡卡薩德酒莊（Domaine Sylvain Cathiard）。此莊先代阿佛瑞・卡薩德（Alfred Cathiard）本是Savoie孤兒，1930年來到勃根地效力於 康帝酒莊與拉馬史酒莊（ Domaine Lamarche），後來自己買了幾塊地，開始了在當時絕非好生意的葡萄酒事業。

　　下一代的安德黑・卡薩德（André Cathiard）於1969正式接手，隨後斯凡卡薩德開始與父親安德黑一同工作，但斯凡主要是在Thomas Moillard酒莊賺小錢釀自己的東西，其實他的工夫真的是自己練出來的居多。1995年老爸退休後，斯凡卡薩德正式接管，也是這間名莊竄起之時。

　　我們都知道超二的酒不輸五大，斯凡卡薩德酒莊在整體風評上，尤其它的聖維望特級園（Romanee St Vivant），真的是與康帝與樂花平起平坐。葡萄酒大師Clive Coates給了酒莊最高的3顆星，很少有成立於90年代後的勃根地酒莊能獲此殊榮，而且它比較的對象，地塊都在沃恩羅曼尼——這大概是最難最難的挑戰了。

　　酒莊在2005年由第4代薩巴斯汀（Sebastien）接手，大概是2011後正式掌理大

A | B
  | C

A. Sylvain Cathiard 葡萄園。
B. Sylvain Cathiard 莊主。
C. Vosne Romanee Aux Reignots 1er 2016。

權，這個時間點正是派克口感式微，勃根地（酒價）絕塵而去的開始。酒莊自有的4.5公頃，加上租來的3.5公頃，不刻意強調自然工法的簡樸路線，全去梗與發酵前冷浸泡的作法，此莊的幾個名園樣樣都是精采作品，如聖維望特級園、馬康索一級園（Malconsorts）、蘇綉一級園（Les Suchots）、瑞諾斯一級園（Aux Reignots）。此莊也有哲維香貝丹，但是都已經喝到這個程度了，怎能不喝上沃恩羅曼尼？

比起其它相對嚴肅的沃恩羅曼尼「鄰居」，斯凡卡薩德酒莊向來是優雅中帶有最精準的果味，屬於清秀酒款的重度愛好者。它並非厚實而有層次，而是陰柔中有著不斷電的紅色果香，聖維望特級園是其名作，馬康索一級園的果香在清秀中卻是力道不絕、單寧如絲，絕對不要錯過。

1941年，Thomas-Moillard家族邀請安德黑·卡薩德 與其父親為在其耕作最珍貴的葡萄園聖維望特級園。1984年，Thomas家族的一員將其繼承的68畝聖維望特級園土地出售給了兩位佃農，一位是Robert Arnoux（即今日Arnoux Lachaux）；另一位即是安德黑 卡薩德。卡薩德出品的聖維望特級園首年份是1984年。

70年代斯凡卡薩德也開始進入酒莊工作，這個時期酒莊做了兩個重要的決定。第一是在沃恩羅曼尼村大舉收購良田，其實斯凡卡薩德所有的土地都加起來都不超過5公頃，比如沃恩羅曼尼村16畝的蘇綉一級園及24畝的瑞諾斯一級園，他還在鄰近的香波慕斯尼村買下不少村級。

斯凡卡薩德釀酒過程非常傳統，Sylvain採用輕柔萃取的方式，較偏好精緻的葡萄酒，而非強力萃取的結果。就如Henri Jayer曾說的：「最困難的事情是什麼都不做」。Sylvain仰賴高齡、低產量的葡萄藤來賦予葡萄酒層次及集中度，他希望釀造出「能使人滿意，富有果香味和絲綢般的單寧」的葡萄酒。而新橡木桶的比例也有所不同：Bourgogne Rouge未採用任何新橡木桶，村莊級採用40～50%，一級園和特級園則採用80～100%。Sylvain偏好來自Allier的橡木桶，並向Remond和François Frères購買橡木桶。他目前認為，Remond的橡木桶能達到更細微的成效，但他仍喜歡使用兩種橡木桶時所擁有的富層次的口感。🍶

Sylvain Cathiard葡萄酒價格：

◇ Nuits-Saint-Georges（大約9,000元台幣）
◇ Vosne-Romanee（大約12,000元台幣）
◇ Vosne-Romanee Les Suchots（大約40,000元台幣）
◇ Vosne-Romanee Les Reignots（大約40,000元台幣）
◇ Vosne-Romanee Les Malconsorts（大約45,000元台幣）
◇ Romanee-St-Vivant（大約150,000元台幣）

Domaine Sylvain Cathiard（土地面積）

• Romanee-St-Vivant（0.17h）
• Vosne-Romanee Les Malconsorts（0.74 h）
• Vosne-Romanee En Orveaux（0.29 h）
• Vosne-Romanee Les Suchots（0.16 h）
• Vosne-Romanee Les Reignots（0.24 h）
• Vosne-Romanee（0.85 h）
• Chambolle-Musigny Clos de l'Orme（0.43 h）
• Nuits-Saint-Georges Les Murgers（0.48 h）
• Nuits-Saint-Georges Aux Thorey（0.49 h）
• Nuits-Saint-Georges（0.13 h）
• Bourgogne（0.27 h

2022年9月7日（上海）
Romanee St Vivant 品酒會──酒單：

◇ Leroy d'Auvenay Criots Batard Montrachet 2005
◇ Leroy Romanee St Vivant 1989
◇ DRC Romanee St Vivant 1995
◇ LeroyRomanee St Vivant 1995
◇ Sylvain Cathiard Romanee St Vivant 2004
◇ Robert Arnoux Romanee St Vivant 2006
◇ l'Arlot Romanee St Vivant 2017
◇ Hudelot-Noëllat Romanee St Vivant 2009
◇ Lucien Le MoineRomanee St Vivant 2007

Romanée-St-Vivant 品酒會

票選前三名（白酒最優，但不列入）
◇ Leroy 1995
◇ DRC 1995
◇ SC 2004

Romanee St Vivant 結論還是這三家做得最好

斯凡卡薩德酒莊馬康索一級園紅酒

特別推薦

Domaine Sylvain Cathiard Vosne-Romanee Les Malconsorts 2004

ABOUT
適飲期：現在～2045
台灣市場價：45,000 元
品種：100% 黑皮諾（Pinot Noir）
桶陳：18 個月
年產量：約 2,000 ～ 2,400 瓶

斯凡卡薩德酒莊除了聖維望特級園以外，若要選出最好的酒，那一定是馬康索一級園紅酒（Vosne-Romanee Les Malconsorts）。剛入口中時，香味在口中久久不散，個性鮮明、酸度較高、帶有結實的單寧，擁有極佳的陳年潛力，因此需要陳放幾年才能飲用。這支酒十分陽剛，酒體扎實，艾倫米道認為斯凡卡薩德酒莊的馬康索一級園是該酒莊最佳出品，也是勃根地的指標。

DaTa

地址｜ 20 Rue de la Goillotte, 21700 Vosne-Romanée
電話｜ +33 3 80 62 36 01

斯凡卡薩德酒莊聖維望特級園紅酒

Domaine Sylvain Cathiard Romanée-St-Vivant 2005

ABOUT

適飲期：現在～2060
台灣市場價：160,000元
品種：100% 黑皮諾（Pinot Noir）
桶陳：18 個月
年產量：約 600 瓶

🍷 品酒筆記

斯凡卡薩德酒莊的聖維望特級園則較為細緻，帶有優雅、輕柔、和諧的口感，富含成熟的果香味，尾韻甜美、具絲綢口感。Sylvain Cathiard Romanée-St-Vivant 2005這支酒透露出薄荷、原木、肉桂、野莓和新鮮玫瑰的味道。味道豐富，單寧非常細長，到了最後仍有許多香味在我的唇齒間流轉。味道繁複、果味濃厚，尾韻悠長、酸度等一切都感受到了，是真正優秀一款酒，是我喝過最好的Romanée-St-Vivant紅酒之一。

🍴 建議搭配

油雞、燒鵝、東山鴨頭、阿雪珍甕雞。

★ 推薦菜單　明福佛跳牆

相傳此菜最初為清朝光緒年間，一福州銀局官員（一說為福州一錢莊老闆）在家中設宴宴請福建布政司周蓮時所製，主料為雞、鴨、豬，原料約為十多種，用紹興酒罈精心煨製而成。周蓮品嚐後讚不絕口，問及菜名，該官員說該菜取「吉祥如意、福壽雙全」之意，名「福壽全」。鄭春發（1856～1930年）為周蓮的廚師，是此宴會幫廚，後對此菜加以研究改進，口味勝於先者。某次宴會上，賓客品嚐鄭氏改進後的「福壽全」感到極其鮮美，座中文人即興賦詩道：「壇啟葷香飄四鄰，佛聞棄禪跳牆來」。同時，在福州話中，「福壽全」與「佛跳牆」發音亦雷同。從此，人們引用詩句意，普遍稱此菜為「佛跳牆」。

明福台菜
地址｜台北市中山區中山北路
　　　二段 137 巷 18-1 號

這道食譜要點是：冬筍或是筍乾必須事先以熱水汆燙過後，再將其材料和湯汁放到酒罈最底層，用來熬煮時來軟化其他材料。另外，芋頭、火腿或豬前腳，及雞肉必須油炸過後，先把上述材料放在筍乾湯汁來稍微去油後，最後再來把它們依層次是雞肉、火腿或豬前腳、芋頭放到酒罈中。還有，栗子必須事先用油乾炒再放在上層，最後，冬菇或是香菇、鯊魚（魚翅、魚皮）先泡水清洗後，和鴿蛋及薑片放置最上層，再來用蠔油、食鹽、冰糖、芋頭、紹興酒、薑片、蔥段、生油、高湯等覆蓋住去熬煮最多2～4小時。

獲得米其林一星的台菜，基本功是宜蘭菜，對這道佛跳牆改良後，反而沒那麼油膩，又加了幾個雞佛增加口感和可看性，色香味俱全，成為店中招牌菜。配上這款勃根地最出色的聖維望特級園紅酒，果味多汁，鮮美可口，還有檜木、肉桂、薄荷等香料味，仿佛是一場色香味的饗宴，多采多姿，品味人生。

16. Domaine Dujac

杜賈克酒莊

勃根地名莊杜賈克酒莊，大本營在莫黑聖丹尼斯（Morey-St-Denis），1967年時由雅克賽西（Jacques Seysse）取得，第一個年份是1968。自1969年份起，逐步走向一線酒莊之列，如今有人稱它是小DRC，就水準表現與價格而言，此莊當之無愧。尤其2000年之後，全球葡萄酒愛好者瘋狂追求勃根地名酒，此酒價格幾乎是以3倍速成長，直至2021年之後，漲勢終於稍有減緩。

作為勃根地的領導品牌，此酒莊有其釀酒風格。它的高階品項（一級名園、特級園），一向都是100%新桶，同時整串不去梗發酵。酒莊認為去梗會破壞葡萄的完整性，對葡萄傷害太大，而持此看法者，包括DRC與Leroy。就結果而言，Dujac的酒顏色不若其它酒莊深沉，可是內容極有深度，通常開瓶半小時後，香氣可自然開展，紅色水果香氣之後，果香猶如熟蘋果，後轉木系紅茶味，單寧細緻而有力。至於在葡萄園方面，有機為主，部分嘗試自然動力，各品項中，荷西園最為酒界激賞，其餘莫黑聖丹尼斯的品項，像柏瑪，也是收藏級作品。至於Dujac Pere et Fils算是2003年才成立的酒商酒，由第二代的傑米瑞（Jeremy）負責，作法上則是多半去梗，新木桶的用量也較少。

值得一提的是，此莊其實有著法美混血的奇異身影，主要是老莊主雅克賽西與接班人傑米瑞，皆娶了美國老婆。特別是傑米瑞的妻子史諾登（Snowden）來自納帕，又是知名釀酒學府加州大學戴維斯分校的學生；納帕（妻）與布根地（夫），加州大

A | B
——
C

A. 著名的Dujac Les Malconsorts 2014
B. 難得一見的白蘭地Dujac Marc
C. Dujac 莊主

學戴維斯分校（妻）與法國Dijon大學（夫），這看似各擅勝場的兩大傳統，在杜賈克酒莊的酒中如何整合，實在耐人尋味，但結果卻是無懈可擊。

　　1966年，毫無釀酒經驗但卻對勃根地神祕的風土充滿嚮往的雅克來到了勃根地。他先是在豆芽酒莊（Domaine de la Pousse d'Or）打了兩年工。然後買下了位於莫黑聖丹尼斯村的Domaine Graillet及其4.5公頃的葡萄園，1967年11月買下了這個酒莊和田產（4.5公頃），包括：荷西園0.5公頃、聖丹尼斯園（Clos Saint-Denis）1公頃、哲維香貝丹康貝特一級園（Gevrey-Chambertin 1er Les Combottes）1公頃、莫黑聖丹尼斯村級，這其實就是今日杜賈克酒莊的前身。1969年，他連續買入0.6872公頃的特級園艾瑟索和0.4336 公頃的特級園柏瑪。1977收購了荷西園、聖丹尼斯園0.3577公頃、香姆香貝丹0.6959公頃、哲維香貝丹康貝特一級園。

　　1990年又收購了荷西園 0.1663公頃。最重大的一次收購發生在2005年，他和Etienne de Montille一起收購了 Charles Thomas酒莊，並分得了令人垂涎的一些超級葡萄園，包括香貝丹0.0537公頃，柏瑪0.1465公頃、租賃聖維望（Romanee-st-Vivant）0.1656公頃，馬康索（Les Malconsorts）、美山園（Vosne-Romanée 1er Les Beaux Monts）等，2014年租賃佛拉提耶（Puligny-Montrachet 1er

Folatières）和康貝特（Combettes），也由此奠定了其在勃根地一線地位。

　　杜賈克酒莊的第一個年份是1968年，但是這一年的酒實在是太差了，所以他把這些葡萄酒賣給了酒商。1969年是杜賈克酒莊自己裝瓶的第一個年份。根據艾倫米道斯的書《The pearl of The cote》，1968年在勃根地是一個超級災難年份，羅曼尼康帝酒莊在這一年沒有裝瓶紅葡萄酒。根據傑米瑞的描述，1968年也許是勃根地在20世紀最差的年份，在8月中旬到9月的採收季連續下了45天雨。傑米瑞回憶说，每當他和父親雅克一起採收的時候，碰到一個比較差的年份，父親總说再差也不會比1968年差。

　　賽西家族偏好新橡木桶，村級就是用高達45%的新橡木桶比例，一級是60%，特級則是90%至100%。杜賈克酒莊的馬康索園被勃根地教父艾倫米道斯認為是標竿性的代表作。雅克對此僅僅表示他們只是做了簡單的翻譯工作，最根本的還是這些葡萄藤生長在正確的地方。杜賈克酒莊有三款白葡萄酒，首當其衝的是已經有20多年歷史的大區白大區級夏多內白酒（Bourgogne Chardonnay），每年的產量僅3桶，不到1000瓶的量；莫黑聖丹尼斯則是10～15桶，葡萄藤種植於1984和1986年。第三款是一個莫黑聖丹尼斯的一級園，僅0.6公頃。這個地塊以白堊土質為主，1997年才開始種植夏多內。

　　1970年在羅曼尼康帝酒莊的莊主維德蘭先生的介紹下，賽西認識了美國最大精品酒商「Frederick Wildman and Sons, Ltd」老闆Colonel Frederick Wildman，杜賈克酒莊的酒開始進入了美國市場，從此，Frederick Wildman and Sons, Ltd 也成為了杜賈克酒莊的長期代理，一直至今。

2022年5月5日（台南）
Domaine Dujac 品酒會──酒單：

◇ Dujac Clos La Roche 1978
◇ Dujac Clos Saint-Denis 2004
◇ Dujac Clos La Roche 2006
◇ Dujac Bonnes Mares 2007
◇ Dujac Clos Saint-Denis 2010
◇ Dujac Clos La Roche 2012

作者品評：
整體來說，香氣都不錯，除了1978年以外，都是2000年以前的作品，稍顯年輕，單寧還太重，真的要說我心目中的前三名：

2022年5月5日品酒會

◇ Dujac Clos La Roche 1978
◇ Dujac Clos Saint-Denis 2004
◇ Dujac Bonnes Mares 2007

Dujac Clos La Roche 1978，不愧是Dujac 的代表作，一點老化都沒有，而且非常的健康與美麗。擁有黑皮諾成熟以後的美妙，玫瑰花、黑檀木、薄荷、肉桂、紅茶……等最美好的香氣。

2023年6月16日（深圳）── 酒單：

◇ Roulot Meursault Perrieres 2000
◇ Leflaive Batard Montrachet 2002
◇ Domaine Leroy Vosne Romanee Les Beaux
　Monts 1997
◇ Domaine Leroy Nuits St Georges Aux Allots 1991
◇ Dujac Chambertin 2007
◇ A.Rousseau Chambertin 2004
◇ B.Vogue Musigny 1997
◇ Jayer-Gilles Echezeaux 1983
◇ Clos de Tart 1988

2023年6月16日品酒會

作者品評：

終於成行的深圳、汕頭、順德美酒美食之旅，一群喜歡湊熱鬧的小朋友，跟著黃老師吃吃喝喝，好不快活。

第一天下飛機來不及入住酒店，就直接衝到虎哥開的私廚木南春曉，在那裡我的好朋友許董已經準備好六瓶頂級勃根地紅酒為我們接風，虎哥也準備了一席私房好菜，每個人看到酒後，喜上眉梢，手機先喝，再上桌。

我們從台北帶來的兩瓶白酒首先登場PK，先講答案，大部分的人認為Roulot Meursault Perrieres 2000勝過Leflaive Batard Montrachet 2002

Roulot不愧是Meursault的佼佼者，有些人喜歡他甚於Coche Dury，因為他的純淨空靈，還有礦物和花香、柚香等元素，令人難以忘懷。

Dujac& Rousseau Chambertin

Leflaive的Batard並不是釀得不好，同時也是我非常喜歡的一塊地塊，但Leflaive 總是有提早氧化和過熱的現象，前幾年，Leflaive的總經理已經公開說了，酒莊換了一家瓶塞廠，以後不會有這種現象了。

紅酒首先亮相的是兩款Leroy紅頭，Vosne Romanee Les Beaux Monts 1997& Nuits St Georges Aux Allots 1991，我不得不說，Leroy確實很會釀Vosne Romanee 這個地塊，簡直是出神入化，無論是花香、果香、木香……無愧於她的高漲價格。

緊接著上的是兩款Chambertin，Dujac Chambertin 2007& A.Rousseau Chambertin 2004，兩款世界頂尖的香貝丹對決，巧妙各有不同，Rousseau 是被公認的香貝丹之王，而且2000年以後，沒有辦法找到比2004更適合飲了，表現也不讓人失望，酸度平衡，優雅而細緻，香氣十足，層層堆疊，最後的餘韻也很舒服。

Dujac Chambertin香氣太香太特殊了，每個人都讚嘆不已，肉桂、黑檀、陳皮、話梅……這種香氣，我只在La Tâche經歷過。

最後三瓶是Vogue Musigny 1997、Jayer-Gilles Echezeaux 1983、Clos de Tart 1988，簡單敘述，Jayer-Gilles Echezeaux還是厲害，但新年份不行，一定要陳年15～20年以上，陳年後的桂皮香、杉木香、梅子類的果香，生津止渴，喝了還想再喝。Vogue 和Tart感覺保存不佳，喝起來有些許的紹興味，但仍然有他自己該有的層次感。

至於當晚的菜，看菜單就知道了，每個人酒足飯飽，而且是帶著滿足和幸福回酒店，雖然喝了這麼多酒，精神還很好，好酒好菜，果然像興奮劑一樣。

活在當下，對酒當歌。

1989年，杜賈克酒莊也想購買 Domaine Philippe Rémy（飛利浦瑞米酒莊），幾乎要成交之前，但是當時樂花拉魯也看重這些葡萄園，其中包括 Chambertin（香貝丹）、Latrichieres-Chambertin（拉切契爾香貝丹）、荷西園。樂花酒莊最後以一千九百萬法郎（約合一億台幣，在那個年代，簡直就是一個天文數字）的超高出價購買了這個擁有2.5公頃葡萄園的酒莊。以現在的眼光來看，不得不佩服拉魯女士的決心與毅力，難怪樂花的酒能成為世界上最貴最好的酒。

Dujac（土地面積）
• Bonnes Mares（0.58h）
• Chambertin（0.29h）
• Charmes-Chambertin（0.70h）
• Clos de la Roche（1.95h）
• Clos St-Denis（1.29h）
• Echezeaux（0.69h）
• Romanee-St-Vivant（0.16h）
• Chambolle-Musigny Les Gruenchers（0.32h）
• Gevrey-Chambertin Les Combottes（1.15h）
• Morey-St-Denis Rouge（0.79h）
• Morey-St-Denis Les Monts Luisant（Blanc）（0.60h）
• Vosne-Romanee Les Beaux Monts（0.73h）
• Vosne- Romanee Aux Malconsorts（1.57h）
• Chambolle-Musigny（0.64h）
• Morey-St-Denis Blanc（0.65h）
• Morey-St-Denis Rouge（2.92h）
• Bourgogne Blanc（0.19h）

Domaine Dujac（價格）
• Bonnes Mares 市場價格：50,000元台幣
• Chambertin 市場價格：130,000元台幣
• Charmes-Chambertin 市場價格：25,000元台幣
• Clos de la Roche 市場價格：40,000元台幣
• Clos St-Denis 市場價格：40,000元台幣
• Echezeaux 市場價格：35,000元台幣
• Romanee-St-Vivant 市場價格：130,000元台幣
• Gevrey-Chambertin Les Combottes 市場價格：18,000元台幣
• Vosne-Romanee Les Beaux Monts 市場價格：20,000元台幣
• Vosne- Romanee Aux Malconsorts 市場價格：25,000元台幣
• Puligny-Montrachet 1er Folatières 市場價格：8,000元台幣
• Morey-St-Denis Blanc 市場價格：4,000元台幣

左：Dujac 三個特級園Bonnes Mares& Clos de la Roche& Charmes-Chambertin。
中：難得一見的Clos de la Roche 1978&1985。
右：一年只有600瓶的St,Vivant 2008。

特別推薦

杜賈克酒莊荷西園特級園紅酒

Domaine Dujac Clos de la Roche 1978

ABOUT
適飲期：現在～2040
台灣市場價：150,000 元
品種：100% 黑皮諾（Pinot Noir）
桶陳：18 個月
年產量：約 6,000 瓶

Dujac Clos La Roche 1978，不愧是Dujac 的代表作，一點老化都沒有，而且非常的健康與美麗。擁有黑皮諾成熟以後的美妙，玫瑰花、黑檀木、薄荷、肉桂、紅茶……等最美好的香氣。這是一款絕世佳釀，足稱全世界最好的一款Dujac Clos La Roche，如果您曾經品嚐過，一定會深深的動情，為她的撫媚香氣著迷，一輩子難忘。

DaTa

地址｜ 7 Rue de la Bussière, 21220 Morey-Saint-Denis
電話｜ +33 3 80 34 01 00

杜賈克酒莊荷西園特級園紅酒

Domaine Dujac Clos de la Roche 1978

A B O U T
適飲期：現在～2040
台灣市場價：150,000 元
品種：100% 黑皮諾（Pinot Noir）
桶陳：18 個月
年產量：約 6,000 瓶

品酒筆記

Dujac Clos La Roche 1978，不愧是Dujac 的代表作，一點老化都沒有，而且非常的健康與美麗。擁有黑皮諾成熟以後的美妙，玫瑰花、黑檀木、薄荷、肉桂、紅茶⋯⋯等最美好的香氣。這是一款絕世佳釀，足稱全世界最好的一款Dujac Clos La Roche，如果您曾經品嚐過，一定會深深的動情，為她的撫媚香氣著迷，一輩子難忘。

建議搭配

燒雞、脆皮乳鴿、北京烤鴨、叉燒。

★ 推薦菜單　昆侖鮑甫

昆侖鮑甫是一道失傳的宮廷粵菜，也是滿漢全席最貴的一道御菜。為了複刻、傳承這道名菜，讓更多的客人可以品嚐到。深圳木南春曉精細潮粵菜的創始人虎哥對食材加以改良，採用300斤以上的野生乾龍躉魚皮，配上鮮香入味的鮮鮑或者乾鮑，經過泡發烹製的魚皮，浸滿濃香的鮑汁，口感軟糯鮮香入喉潤滑。這道皇宮菜必須配上絕佳的偉大年份荷西園紅酒，才能顯現出老年份杜賈克荷西園的珍貴，酒香、鮑嫩、魚皮綿糯，仿佛是人間天堂，忘情於我。

木南春曉創始店
地址｜深圳市南山區僑城一號
廣場主樓三樓

17. Domaine
Prieuré Roch

皮耶侯奇酒莊

　　酒標的設計：左側直立的綠色菜刀象徵葡萄的樹木，下面畫有三個紅點則是葡萄的果實，右上方黃色的橢圓形是天神，右下方的黃色橢圓形則是人類，完全表達出莊主致力於尊重自然（神）及天人合一的信念與執著。

　　俗稱「菜刀酒」的皮耶侯奇酒莊（Domaine Prieuré Roch），在台灣已經有相當多的支持者，市上能收到品項也十分整齊，而酒友們對於莊主Henry Frédéric Roch更是知之甚詳，多半都知道他是DRC的共同管理者，老媽波琳侯奇（Pauline Roch）又是樂花鐵娘子拉魯的姊姊，光這個出身就已足夠讓酒友追逐了，更何況他的酒的確好喝，當然又比DRC或Leroy便宜許多。

　　實際上，亨利皮耶侯奇的本意並不在DRC。因為最初拉魯女士離開DRC的時候，最初設定的接班人是亨利皮耶侯奇的哥哥查理斯侯奇（Charles Roch）。1990年DRC酒標上的莊主簽名即是Charles Roch與Aubert de Villaine，然而這也是查理斯唯一的一個年份，他不幸於1991年過世。

Prieuré Roch莊主& DRC莊主

　　不過這裡，提供一個比較世俗的觀點供參考：皮耶侯奇酒莊的出現，其實是與一項葡萄園交易有關。1988年，DRC自1966年起租用的一塊聖維望葡萄園剛好要出售，DRC動用了優先權去買那塊地，但是手上銀彈不夠，於是賣了一些大小艾瑟索（但仍有長租權），以及沃恩羅曼尼周邊的一些地塊。亨利皮耶侯奇就撿了一些沃恩羅曼尼內的葡萄園（所以巷內酒友都知道要喝它的沃恩羅曼尼村莊級葡萄園），加上與人契作，成立了皮耶侯奇酒莊。這酒莊當時連個像樣的建物都沒有，他先在夜聖喬治的車庫內打下基礎，又怕這個Roch姓太過響亮，叫Domaine Roch有點招搖。東看西看，看到波爾多級數酒莊Château Prieuré-Lychine，Lychine也是喊水會凍的大姓，加了一個Prieuré（修道院）就低調多了，於是也跟著弄了一個Domaine Prieuré Roch，不然好像是Roch家族的代表酒莊一樣。這酒莊雖然低調，但是在DRC釀酒師伯納諾列特（Bernard Noblet）的奠基下，實力日增；1991年起，名人Philippe Pacalet（PP）擔任釀酒師，更是投入10年光陰讓它茁壯，酒莊也移往Prémeaux加強了設備，算是有了更穩固的根據地。最後在2000年，Henry Frédéric Roch出馬操刀，走的當然是自然風，這已經是距酒莊成立12年的事了－這好像不太夢幻，也不太傳奇，是不是？但它的釀酒師之強，又極度尊重自然，成績説明一切。台灣酒友的眼光也確實非凡。

　　就技術而言，有機工法、不去梗，可説是此莊重心。許多人喜歡把「菜刀酒」跟上述勃根地兩大名莊連結，説是它的釀酒精神集兩家之長：又是上天、又是土

地，加上亨利皮耶侯奇本人，剛好就是完美的漫畫天、地、人結合。

　　皮耶侯奇的葡萄園全部採取有機種植法，目的只有一個，就是得到最佳品質的葡萄。同時，他竭盡所能的控制葡萄果實的產量，將營養供給給少量的葡萄，從而進一步的提升葡萄果實的品質。1991年，酒莊葡萄藤的平均產量甚至下降到18百公升每公頃（只有2,400瓶），勃根地AOC法定的特級園平均每公頃產量為45百公升（6,000瓶）。

　　皮耶侯奇酒莊從1988年開始時的3公頃土地，如今在勃根地的核心金丘已擁有12.5公頃的葡萄園。🍾

皮耶侯奇酒莊主要葡萄園：

夜聖喬治一級園，科維園
Nuits-Saint-Georges Premier Cru Clos des Corvées

（有時候會同年出現4個酒標）

1. Clos des Corvées

出自 Clos des Corvées 獨占葡萄園第一個年份2002開始使用millerandés。收穫的都是「millerandés」（花沒有授粉，而出現的小顆粒以及無籽的果實。完全成熟但尺寸較小的果實，提供非常濃縮的果汁和風味）。

產量：根據每個年份採摘「millerandés」葡萄的數量而變化。

價格：約一瓶35,000元台幣

Le Clos des Corvées 1999

2. Nuits 1er Cru Vieilles Vignes

出自 Clos des Corvées 獨占葡萄園的80～90年老藤

價格：約一瓶25,000元台幣

3. Nuits 1er Cru

出自 Clos des Corvées 獨占葡萄園的50～60年老藤

價格：約一瓶21,000元台幣

Nuits 1er Cru 2011

4. Nuits "1"

出自 Clos des Corvées 獨占葡萄園的年輕葡萄藤。2016年，Domaine Prieure Roch 在這塊獨占葡萄園中只出了這一款夜聖喬治科維老藤一級園（Nuits-Saint-Georges Premier Cru Clos des Corvées Vieilles Vignes 2016）

價格：約一瓶10,000元台幣

Nuits St Georges 1er Cru

位於Clos des Corvees的北部；35年+的葡萄藤

產量：10,000瓶

價格：約一瓶25,000元台幣

夜聖喬治一級園，阿格利
Nuits-Saint-Georges 1er Cru, Clos de Argillieres

產量：2,000瓶

價格：約一瓶30,000元台幣

克羅斯
Vosne-Romanee Les Clous

產量：2,400瓶

價格：約一瓶30,000元台幣

瑪莉爾
Vosne-Romanee Hautes-Maizieres

產量：1,800瓶

價格：約一瓶31,000元台幣

蘇綉園
Vosne-Romanee 1er Cru Les Suchots

產量：介於4,000～5,000瓶之間

價格：約一瓶45,000元台幣

伏舊園
Clos de Vougeot

產量：2,400～3,000瓶

價格：約一瓶40,000元台幣

上：Vosne-Romanee Les Hautes-Maizieres 2006。
下：**大瓶裝**Vosne-Romanee Les Hautes-Maizieres 1996

上：Clos de Vougeot 2015。
下：Clos de Vougeot 1996。

香貝丹貝日園
Chambertin Clos de Beze

　產量：3,000瓶

　價格：約一瓶70,000元台幣

哲維香貝丹一級園老藤
Gevrey-Chambertin Premier Cru Vieilles Vignes

　價格：約一瓶15,000元台幣

Chambertin Clos de Beze 1998

特別
推薦

瓜露特園
Vosne-Romanee Clos Goillotte

菜刀莊最早的基石──瓜露特獨占園曾經是一塊被「隱藏」的瑰寶。

在過去數百年間一度消失在該村葡萄園名單中，在18世紀曾是赫赫有名的康帝王子建立的 La Goillotte城堡的一部分，用於釀造其家族特供葡萄酒（被認為是最早的「羅曼尼‧康帝葡萄酒」）。瓜露特園位於Vosne-Romanee村的正中央位置，離La Tâche僅一步之遙。葡萄藤種植於1964年和1965年間，面積僅為0.55公頃，四周則由石牆圍住。儘管有資料記載此園，但是這個葡萄園卻在過去的數百年裡消失在勃根地村級Vosne-Romanee之中。1988年，皮耶侯奇有史以來第一次使用了瓜露特園（Clos Goillotte）的名字，並沿用至今。除了香貝丹貝日園，皮耶侯奇最得意的酒就是這款瓜露特，村級葡萄園的價格竟然僅次於特級園香貝丹貝日園。 產量：2100〜2400瓶 。

價格：約一瓶60,000元台幣

彩蛋：
酒標上印有「PURE」字樣，代表葡萄酒沒有加硫，且直接從酒桶手工裝瓶，沒有接觸氧氣，以保存其清新的風味。

DaTa

地址｜6 rd 974（RN74）21700 Prémeaux-Prissey
電話｜+33（0）3 80 62 00 00

Recommendation
Wine

皮耶侯奇香貝丹貝日園

Domaine Prieuré Roch Chambertin Clos de Beze 1996

ABOUT
適飲期：現在～2050
台灣市場價：80,000 元
品種：100% 黑皮諾（Pinot Noir）
桶陳：18 個月
年產量：約 3,000 瓶

品酒筆記

菜刀貝日園（Clos de Beze）在香氣上足與香貝丹（Chambertin）相媲美，兩者的芳香都像萬花筒般，散發出深層果香和土壤氣息，且幽香四溢。說不上非常細緻，但絕對勁道十足，結構渾厚，力度不減，單寧扎實、熟透而平衡。和香貝丹一樣同具潛質，一定可以躍登頂級佳釀，與世界級的 Leroy、Armand Rousseau、Dugat Py 並駕齊驅，菜刀的 1996年份 Clos de Beze 有可能是貝日園之最，可惜數量太少了，喝一瓶少一瓶。

建議搭配

白斬雞、上海醬鴨、燒鵝、白酌羊肉。

★ 推薦菜單　布袋金雞

這道菜由我的好友也是台菜大師王永宗師傅親自操刀，當時剛好正在舉辦復刻失傳菜饗宴，王大師遵循傳統古法精心調理，雞身內填入蛋黃、香菇、芋頭、絞肉、鳳眼果，先炸後燜，精華盡現。利用幾款不同的簡單食材，就能展現出台菜的美妙，確實非常的精巧，嚐起來有多重複雜的口感，鮮美香甜、嫩細綿滑，不油不膩，鹹淡適中，每位賓客讚不絕口，可惜阿宗師已經從蓬萊邨掛冠而去，要嚐到他做的正宗台菜，不知道是何年何月了？這道菜配上這一支世界最好年份的香貝丹貝日園紅酒，爽口宜人、果香肉香充沛，有如涓涓流水，複雜的層次不斷的出現，台菜配香貝丹紅酒，誰說不是絕配？

福華飯店蓬萊邨
地址｜臺北市大安區仁愛路三段 160 號 B1

18. *Domaine des Comtes Lafon*

拉馮公爵酒莊

　　拉馮公爵酒莊是國內酒友耳熟能詳的布根地品牌，忠實愛好者眾。它之所以獲得酒友長年信任，水準精采、實力自不在話下。專業評論在談布根地白酒時，拉馮公爵酒莊的白酒是與超級名莊雙雞齊名。此莊雖然奠基莫索村（Meursault），但它也有少量且極難取得的蒙哈謝特級園。

　　拉馮公爵酒莊的歷史可上溯自1867年，喬列拉馮（Jules Lafon）娶了莫索村酒商世家的女兒後，開啟了這間白酒名莊的盛世。在他手上，拉馮公爵酒莊除了莫索村的產業，還有Monthelie、Volnay、Santenots-du-Milieu等地的好葡萄園，更拿下蒙哈謝特級園等名園，品項實力堅強。

　　拉馮公爵酒莊曾面臨後代子孫對酒莊有不同意見的時代，一度傳出要賣。但第三代傳人瑞內拉馮（Rene Lafon）在1956年，終於有足夠資金將分散的所有權從家族手中拿回，自此酒莊發展順遂。90年代初酒莊走向有機，後來甚至邁向自然動力。

A ─ A. 酒莊
B ─ B. 莊主

現在，酒莊交棒給科班出生的瑞內次子多明尼克（Dominique），在Maconnais也開展了新的物業，既是布根地的頂尖酒莊，也同時有著向外發展的企圖心，版圖甚至遠跨美國奧勒岡州。

拉馮公爵酒莊位在莫索村，在沒有特級園的莫索村，最知名的一級園PGC（Perrières、Genevrières、Charmes）它都有品項。酒莊本身，主角之一巴瑞石牆（Clos de la Barre）地塊位在整個產區中心，它是一塊2.1公頃的獨占地塊，也是拉馮公爵酒莊的大本營，表層黏土、下面是石灰石，酒質豐富而多礦物感，明顯的柑橘屬香氣，結尾酸度佳，建議瓶陳5年以上再開瓶。

迪希爾（Désirée）位在Les Petures地塊內，僅有0.43公頃，產出極少量的白酒。因為Les Petures在沃內（Volnay）與莫索村交界處，偏紅的淺黏土多產紅酒，如果生產紅酒就會掛沃內聖特諾斯（Volnay Santenots），但出少量的白酒

時，就會掛莫索，此係收藏家品項！因為必須先了解這些細節，才會對這小小的地塊有興趣。它有著異國的桃香，橘子口味，一點蜂蠟，迷人而有韻味，算是拉馮公爵酒莊迷的必喝品項。

作為勃根地白葡萄酒中的樣板，拉馮公爵酒莊由多明尼克・拉馮（Dominique Lafon）和他的弟弟布魯諾（Bruno）共同執掌。多明尼克不僅是勃根地葡萄酒的全球代表，還是一位卓越的葡萄園專家和釀酒師。數款極致精細、優雅、生命力持久的勃根地白葡萄酒從這塊34英畝大的葡萄園中走出去，使那座如城堡一樣美麗的建築熠熠生輝。拉馮公爵酒莊的酒窖是整個勃根地產區最幽深、溫度也是最低的。並且由於這個原因，拉馮公爵酒莊葡萄酒的後期時間總是會延長，其中最典型的是，葡萄酒需要在背風處進行將近2年的存放，這樣就能夠直接裝瓶而不必進行任何過濾。然而，他堅信自己從拉馮公爵酒莊歷代的莊園主身上繼承來的釀酒哲學中最重要的一點就是「什麼都不做的勇氣」。

1935年，喬列拉馮獲得了所有釀酒者都夢寐以求的葡萄園蒙哈謝，地塊則位於當時的席納德伯爵（Baron Thenard，擁有蒙哈謝最大地塊）和羅曼尼康帝（Domaine de la Romanée-Conti）兩家生產商之間。

1988年，多明尼克與香波慕斯尼村膜拜級酒莊胡米耶酒莊（Domaine Georges Roumier）莊主克里斯多佛・胡米耶（Christophe Roumier）的姊姊結婚，並育有一兒一女。

多明尼克對於新桶的使用極為小心，他的莫索產區村級葡萄酒不使用新橡木桶，僅僅是在一級園和特級園陳釀過的老桶中發展。他的一級園大約使用25%的新橡木桶，而特級園大蒙哈謝則是100%新橡木桶。僅使用天然酵母，酒窖溫度較低因而發酵過程緩慢進行。

Comtes Lafon 莫索村級

Meursault Clos de la Barre（價格約10,000元台幣）
Meursault Desiree（價格約10,000元台幣）

Comtes Lafon 在莫索村的四個一級園

Meursault La Goutte d'Or（價格約15,000元台幣）
Meursault Les Charmes（價格約15,000元台幣）
Meursault Les Genevrieres（價格約20,000元台幣）
Meursault Perrieres（價格約30,000元台幣）

Comtes Lafon只有一個特級園

Montrachet（價格約120,000元台幣）

上左：Comtes Lafon Meursault La
Goutte d'Or 2004
上右：Comtes Lafon Meursault Les
Charmes 2004
中左：Comtes Lafon Meursault
Perrieres 1999

下左：一年僅僅1000瓶的Comtes
Lafon Montrachet 2014
下右：Comtes Lafon Montrachet 1995

◇ 1977 Drappier Carte d'Or Brut Disgorged @July 1998
◇ 2014 des Comtes Lafon Montrachet
◇ 2009 Coche Dury Meursault Perrieres
◇ 1998 Meo Camuzet Vosne-Romanée 1er Cru Cros Parantoux
◇ 1997 Emmanuel Rouget Vosne-Romanée 1er Cru Cros Parantoux
◇ 2006 Emmanuel Rouget Vosne-Romanée 1er Cru Cros Parantoux
◇ 2006 Dujac Chambertin
◇ 1994 d'Auvenay Bonnes Mares
◇ 1984 de la Romanée-Conti la Tâche

2022年4月6日品酒會

特別
推薦

拉馮公爵石頭園莫索白酒

Domaine des Comtes Lafon Meursault Perrieres 1995

ABOUT

適飲期：現在～2050
台灣市場價：30,000 元
品種：100% 夏多內（Chardonnay）
桶陳：18 個月
年產量：約 1,000 瓶

這款美到令人窒息的石頭園莫索白酒，具有極為細緻、優雅的石頭、泥土和礦物質芬芳。當拉芳先生品嚐這款酒時，他微笑地說道：「是的，它的確非常經典，完全可以與夏爾姆莫索酒相媲美了。」這款美酒諧調、生氣勃勃、極富骨感、質地柔滑、口感豐富，酒體適中至飽滿，並且極為深厚。它那石頭與礦物質混合的酒香能浸染所有味蕾，且久久消散不去。

DaTa

地址｜ Clos de la Barre, 21190 Meursault, France
電話｜ +33 03 80 21 22 17
傳真｜ +33 03 80 21 61 64
網站｜ comtes.lafon@wandoo.fr
備註｜ 謝絕參觀

Recommendation
Wine

拉馮公爵酒莊蒙哈謝白酒
Domaine des Comtes Lafon Montrachet 2009

ABOUT
適飲期：現在～2060
台灣市場價：130,000 元
品種：100% 夏多內（Chardonnay）
桶陳：18 個月
年產量：約 2,400 瓶

品酒筆記
令人念念不忘的拉馮公爵蒙哈謝葡萄酒2009簡直是一個奇蹟！礦物質、硝石、煙燻和烘烤堅果的香味動人心魄，它奇妙、醇厚、精粹度高，優雅美味。柔滑的液態礦物質、紅莓、茴香、榛子和野薑花的混合風味層層顯現，這款酒豪邁、豐滿、醇厚且具滲透性。2009年份酒最神奇之處在於，當品嚐者認為這款極具爆發性的葡萄酒已經展現出了最為狂野的一面時，它還能夠繼續攀升到一個新的境界。此外，這款酒還有十分迷人的悠長餘韻，簡直是人間極品！最佳飲用期：可到2060年。

建議搭配
北京烤鴨、燒鴨、煎松阪豬肉、南京板鴨。

★ 推薦菜單　古法肉絲富貴魚
這道遵循傳統古法精心調理，口感綿密、鮮味十足！利用肉絲炒韭菜黃鋪在清蒸好的富貴魚上，確實非常的精巧，嚐起來有多重複雜的口感，鮮嫩香甜。配上這一支世界上最好的白酒，這道菜更香脆爽口，清爽宜人。白酒中的礦物清涼，夏日水果在口中盪漾，鮮魚和肉絲的鮮嫩緊追在後，每喝一口都是幸福。

福容大飯店田園餐廳
地址｜臺北市建國南路一段
266 號

19. Domaine Comte
Georges de
Vogüé

臥駒公爵酒莊

　　在葡萄酒的世界中，勃根地的香波慕西尼（Chambolle Musigny）可說是酒迷應許之地。它的細緻優雅，永遠超越腦海對於葡萄酒的想像，尤其居領頭羊的特級園慕西尼與一級園愛侶園，質精量少、物美價高，僅愛侶園就足以榮登《神之雫》第一使徒，遑論慕西尼。酒友想要踏入這塊神的領域，就算有口袋深度，其實選項也很有限。

　　喝Chambolle Musigny，臥駒公爵園（Comte Georges de Vogüé）是必修之路，這間相傳18代的家族酒莊，公認是Chambolle Musigny的指標，無論你參考哪一本葡萄酒書，結果都一樣，派克寫的《世界上最偉大的葡萄酒莊園》，或陳新民教授所著《稀世珍釀：世界百大葡萄酒》。此酒莊向來細緻中有厚實，以礦物感著稱，它的每個品項只要出場，均可讓全場酒友眼睛為之一亮。眾所皆知，Chambolle Musigny以慕西尼特級園為眾星之冠，而Vogüé在10.85公頃的慕西尼特級園中，即占有最大的7.12公頃，遠勝於其它擁有者的總和。同時，Vogüé更是獨占所謂的小Musigny地塊，這一部分即達4.2公頃。

　　在特級園Musigny內還有兩個異常珍貴的地塊，分別位於Les Petits Musigny的西北邊和Les Musigny的西南邊，合起來一共0.66公頃，這裡種植著整個香波慕斯

A | B
 | C

A. 愛侶園PK。B. Domaine Comte Georges de Vogüé Bonnes Mares 2004。
C. 釀酒師François Millet。

尼村唯一的白葡萄夏多內（chardonnay），年產量不足2000瓶。1997年，這個地塊增加了0.2公頃，面積變成0.65公頃。近幾年由於葡萄藤年齡較輕，對品質極為苛刻的de Vogue將此地塊降級以Bourgogne Blanc出售。實際上，1993年份之後就再也沒有特級（Musigny Blanc），所以1994～2014都以村級（Bourgogne Blanc）標籤上市，一直到2015年才又開始恢復以Musigny Blanc作為標籤。

臥駒家族從1450年起一直居住在當地，1766年因婚姻關係取得了Musigny。這塊地在法國大革命中逃過一劫，是極少數沒有被沒收、並且現在以其名為園名的酒園。喬治公爵（1898－1987）有很長一段時間嚴格要求品質；他逝世後，女兒伊莉莎白（Elisabeth de Ladoucette）為繼承人。

Vogüé在1972年以前有一段輝煌的歷史，但在1972年之後便盛極而衰。直至1985年一個新的釀酒隊伍重新投入為止，十五年間只有一個年份（1978年）的木西尼獲得掌聲。提到樹齡，Vogüé的Musigny一向標榜老藤，酒標上會加注Cuvee Vieilles Vignes（VV）字樣，Vogüé的Musigny VV 1985年以後在釀酒師佛朗索瓦·米勒（François Millet）調校下，可說是Musigny迷的經典品項，尤其老年份的老藤款，二手市場只漲不跌。畢竟適飲年份的老藤Musigny，許多不缺子彈的酒迷，根本不問酒價就全收，這通常在拍賣會都可登上目錄了。值得注意的是Vogüé根本也沒有「非老藤款」的Musigny，酒莊如果認為樹齡不足，就以一級園（Chambolle Musigny 1er）出售，所以Vogüé的Chambolle Musigny 1er，也是好貨之一。

最後，Vogüé的品項中，當然不要忘了Chambolle Musigny的「頂」一級園（愛侶園），Vogüé在愛侶園中雖然持有比例不若Musigny，但也有超過半公頃，

已達愛侶園一成。在秀氣的Musigny中略顯稜角的Vogüé，其釀酒風格在更為陰柔的愛侶園，反而可以獲得更臻完美的均衡。

喝名家的慕西尼或愛侶園，已經不是性價比的問題，而是個人與葡萄酒的深層對話，這些酒一向量少，老年份更難找，酒友們請把握每一瓶老年份又是好年份的臥駒公爵園、慕西尼和愛侶園，1988、1990、1991、1995、1996 1999、2001、2002、2003、2005、2006、2008、2009和2010年。

不同年份
Domaine Comte Georges de Vogüé Bourgogne Blanc

特別
推薦

> **土地面積**
>
> - Musigny（6.46）
> - Bonnes Mares（2.66）
> - Chambolle-Musigny Les Amoureuses（0.56）
> - Chambolle-Musigny Les Baudes（0.13）
> - Chambolle-Musigny Les Fuees（0.14）
> - Chambolle-Musigny（1.8）
> - Bourgogne Blanc（0.65）

臥駒公爵愛侶園

Domaine Comte Georges de Vogüé Chambolle-Musigny Les Amoureuses 1999

ABOUT
適飲期：現在～2045
台灣市場價：50,000 元
品種：100% 黑皮諾（Pinot Noir）
橡木桶：60% 新法國桶
桶陳：12 個月
年產量：2,000 瓶

DaTa

地址｜ Rue Ste.-Barbe, 21220 Chambolle-Musigny, France
電話｜ +33 03 80 62 86 25
傳真｜ +33 03 80 62 82 38
備註｜ 參觀前必須預約，週一至週五上午 9：00 ～ 12：00，下午 2：00 ～ 6：00

臥駒公爵慕西尼

Domaine Comte Georges de Vogüé Musigny 1985

ABOUT
適飲期：現在～2035
台灣市場價：60,000 元
品種：100% 黑皮諾（Pinot Noir）
橡木桶：60% 新法國桶
桶陳：12 個月
年產量：20,000 瓶

品酒筆記

1985年的Vogüé Musigny擁有現代與古典風格，花香和草藥香，奇妙而複雜的香氣，深沉的黑色水果，黑莓、黑櫻桃、藍莓、黑加侖、土壤，香料，黑巧克力的香味，巨大而精深，細緻和豐富。令人驚嘆的果香，絕對不能錯過的一款酒，我個人只喝過一次，記憶深刻，只要醒酒3～4小時，一定讓你滿意。

建議搭配

北京烤鴨、阿雪珍甕雞、鹽水雞、港式烤乳鴿。

★ 推 薦 菜 單　馮記招牌腐乳肉

腐乳肉是典型上海功夫菜，火候、選肉全靠老師傅功力，連湯頭也是不可少的關鍵。主要的食材是上選的五花肉和豆腐乳。五花肉又稱「三層肉」，位於豬的腹部，豬腹部脂肪組織很多，其中又夾帶著肌肉組織，肥瘦間隔，故稱「五花肉」，這部分的瘦肉也最嫩且最多汁。上選的五花肉，以靠近前腿的腹前部分層比例最為完美，脂肪與瘦肉交織，色澤為粉紅。俗云「杭州東坡肉，上海腐乳肉」，兩者雖然異曲同工，食材皆為五花肉，但是腐乳肉用的是上海式口味的紅糟腐乳。1985年的Vogüé Musigny非常強壯，碰到馮記招牌腐乳肉的豐腴更是絕配，酒的果香和腐乳肉肥瘦交織的甜鹹合宜，真是妙不可言！

馮記上海小館私廚
地址｜台北市信義路三段 166
　　　巷 6 弄 5 號

20. Domaine
Etienne Sauzet

蘇榭酒莊

　　葡萄酒的世界從沒有定論，但是當談到白酒聖堂，勃根地的普里尼蒙哈謝（Puligny-Montrachet）當之無愧。這裡的夏多內緊緻精巧、餘韻綿長，豐潤中卻又有帶著一種空靈氣質，論實力與酒價，自村莊級至特級園，皆是舉世標竿。

　　普里尼蒙哈謝的眾多生產者中，蘇榭酒莊（Etienne Sauzet）可謂三大名家之一，和雙雞、哈蒙內等酒莊並稱普里尼蒙哈謝產區的三大名莊。它1903年由老莊主艾提恩蘇榭（Etienne Sauzet）設立，1975年逝世後，女兒Jeanine（珍妮）與女婿傑瑞布德（Gérard Boudot）接手，特別是後者的運籌帷幄，讓此莊在80年代即已成為白酒名家。無論自有葡萄園或買來的葡萄，整體風格而言，均衡細膩、通透優雅，自中段後還有一種勁道，讓酒的清秀骨架，不顯單薄。

　　90年代此莊遇上分家問題，蘇榭酒莊的產業由2個兒子與1個女兒均分，扛起家業的主要是女兒珍妮與女婿傑瑞布德，一番波折、或買或租，總算是將酒莊名聲與大部分葡萄園都留下來。接下來20年間，酒莊慢慢購入其它葡萄園與葡萄，仍

A.酒莊。B.莊主。C.酒莊代表作Bienvenues-Batard-Montrachet 新舊酒標。

舊維持一個酒莊／酒商酒皆釀製的精英身段，傑瑞布德功不可沒。而他的女兒艾蜜莉（Emilie）與夫婿伯納瑞佛特（Benoît Riffault）（來自Sancerre釀酒世家）如今也接起重擔，白酒方面的工夫絲毫沒有欠缺，甚至青出於藍。

　　此莊的品項，特級園早已是拍賣會等級名作，賞析者眾，蒙哈謝與騎士蒙哈謝都是買來的葡萄，前者極難入手，此兩款酒的實力並不會因為外購葡萄而有所減損。至於比文紐巴塔蒙哈謝（Bienvenues Batard Montrachet）與巴塔蒙哈謝（Batard Montrachet）則是自家葡萄，葡萄園靠著是少女園（Pucelles）那一側，風格細緻、令人心儀，價格不低，但性價比更高，行家鎖定的收藏品項！

一級園方面，追求架構與酒質的酒友可選康貝特（Les Combettes），它極為均衡，甚至可當特級園的一級園；愛花香者可選佛拉提爾（Les Folatières），畢竟位於中上坡處，資深酒友把玩品評的首選，香氣令人愛不釋手。至於村莊級的普里尼蒙哈謝，一向掃貨者多，一瓶難求；其實它的大區（Bourgogne）就可直打許多布根地村莊級，甚至一級園，價格卻又親民而易入手。

酒莊過去有其一套獨特的釀酒方式，目前以自然動力法、整串發酵為主。但以往的作品，並不刻意強調有機或者自然，現在喝來仍是極為精采。整體而言，這是白酒賞析必練的一家堅強酒莊。

蘇榭酒莊在1924年取得了一些葡萄園，而在1950年代，他再次入手許多一級園和特級園，酒莊的面積也來到7.5公頃。1989年，艾提恩的女兒為了避免稅收將家族的酒園分給了她的三個子女，但是並沒有效仿其他勃根地酒莊建立公司以確保酒園的完整性。艾提恩的女婿便是尚‧伯樂（Jean Boillot），同樣是一位出名的白酒生產商。不久之後，老大尚‧馬克‧伯樂（Jean-Marc Boillot）決定單飛，隨後亨利‧伯樂（Henri Boillot）也建立了自己的酒莊亨利伯樂酒莊（Domaine Henri Boillot）。不過，亨利伯樂同意將他的份額回租給蘇榭酒莊，長達20年的時間。

分家之後，珍妮和傑瑞布德繼承蘇榭酒莊只剩下原先不到三分一，不過他們應該慶幸兩個特級園因為面積實在太小而得以完整保留。近年來，蘇榭酒莊的酒商分支還出品大蒙哈謝，購買來自席納德伯爵酒莊（Domaine Baron Thenard）已經發酵好的酒液，然後在蘇榭酒莊陳釀之後裝瓶。蘇榭酒莊採用購買葡萄釀製而成的葡萄酒僅以Etienne Sauzet標註，而自有土地生產釀製而成的葡萄酒則以Domaine Etienne Sauzet標誌，以示區分。

蘇謝酒莊葡萄酒散發著貴族氣息和優雅的氣質。傑瑞的其中一個祕訣是，將新橡木桶使用得恰到好處，他表示，使用新橡木桶，並非要將新橡木桶的特性加諸在葡萄酒上，而是讓新橡木桶協助葡萄酒更加展現自己的天然香氣。傑瑞偏好使用Vosges、Allier和Tronçais，而自從2000年份開始，他已減少新橡木桶的比例，特級園最多使用40%新橡木桶，一級園是30%，村級是20%。他表示：「永遠不會超過、但常會低於這比例，一定不能超過這比例，才能讓葡萄酒保有一致性，這就是我們的釀酒方式。

2020年8月29日（台南）
Montrachet 品酒會——酒單：

◇ 1997 Joseph Drouhin Montrachet Marquis de Laguiche BH 93
◇ 1998 Etienne Sauzet Montrachet RP 94
◇ 1998 Bouchard Père & Fils Montrachet RP 93
◇ 1998 Ramonet Montrachet BH 94
◇ 2006 Bouchard Père & Fils Montrachet（Magnum）BH 97、RP 96
◇ 2007 Remoissenet Père & Fils Montrachet RP 92
◇ 2011 Albert Bichot Montrachet
◇ 2011 Vincent Girardin Montrachet
◇ 2011 Jacques Prieur Montrachet BH 92～94

票選第一名仍然是Ramonet Montrachet 1998

2020年8月29日Montrachet品酒會酒款

蘇謝酒莊有6座一級園擁有土地：

◇ Puligny-Montrachet Champs-Canet
　（國際價格約8,000元台幣）
◇ Puligny-Montrachet Les Combettes
　（國際價格約7,000元台幣）
◇ Puligny-Montrachet Les Folatieres
　（國際價格約8,000元台幣）
◇ Puligny-Montrachet La Garenne
　（國際價格約5,000元台幣）
◇ Puligny-Montrachet La Perrieres
　（國際價格約7,000元台幣）
◇ Puligny-Montrachet Les Referts
　（國際價格約8,000元台幣）

兩個特級園：

◇ Bienvenues-Bâtard-Montrachet
　（國際價格約25,000元台幣）
◇ Bâtard-Montrachet
　（國際價格約25,000元台幣）

蠟封Batard-Montrachet 2015

兩個特級園（買來葡萄自己釀）：
◇ Chevalier-Montrachet
　（國際價格約30,000元台幣）
◇ Montrachet
　（國際價格約40,000元台幣）

酒莊在2009年購入Hameau de Blagny
的一級園後，也象徵跨入新的世代，未來一
片光明。兩個特級園巴塔蒙哈謝和比文紐巴
塔蒙哈謝自然是蘇謝酒莊皇冠上的珠寶，分
別是0.14和0.12公頃，產量十分稀少，尤其
是比文紐巴塔蒙哈謝地塊的葡萄藤種植於
1938年，具有極佳的集中度和複雜度。

Chevalier-Montrachet 1997

土地面積

- Batard-Montrachet（0.14h）
- Bienvenues-Batard-Montrachet（0.12h）
- Puligny-Montrachet Champs-Canet（1.00h）
- Puligny-Montrachet Les Combettes（0.96h）
- Puligny-Montrachet Les Folatieres（0.27h）
- Puligny-Montrachet La Garenne（0.99h）
- Puligny-Montrachet La Perrieres（0.48h）
- Puligny-Montrachet Les Referts（0.70h）
- Chassagne-Montrachet（0.48h）
- Puligny-Montrachet（3.34h）
- Bourgogne Blanc（0.76h）

Montrachet 1998

DaTa

地址｜ 11 Rue de Poiseul, 21190 Puligny-Montrachet
電話｜ +33 3 80 21 32 10

Recommendation
Wine

蘇樹酒莊蒙哈謝白酒

Etienne Sauzet Montrachet 2005

ABOUT
適飲期：現在～2045
台灣市場價：50,000 元
品種：100% 夏多內（Chardonnay）
桶陳：18 個月
年產量：約 2,400 瓶

🍷 品 酒 筆 記

這是一款脆爽、優雅、力道強勁，口感細緻、尾韻悠長的美
酒。不斷的散發奶油爆米花、柑橘、水梨、蘋果、水仙、椰
子……，太多了。蘇樹酒莊蒙哈謝特級園白酒，稱得上是世界
級的頂級美酒，無論是層次、變化、結構、尾韻的長度，讓人
感嘆莊主傑瑞的釀酒功力，竟然如此神奇。

🍴 建 議 搭 配

乾煎白鯧、清蒸大黃魚、清蒸大閘蟹。

★ 推 薦 菜 單 清蒸黃油蟹

這道清蒸黃油蟹是用新鮮的黃油蟹蒸煮，當天一大早我陪著餐廳
總經理也是人稱虎哥的許先生，一起開著車直奔珠海的養殖場，
當場捕抓，直接取回深圳、當晚蒸煮上桌。清蒸黃油蟹上桌，立馬
得到眾人的喝采，香氣四溢，口感滑細，肉質鮮美，蟹膏潤絲，實
在太美了。配上這一款世界上最好的白酒，香脆嫩靡，綿細爽口。
白酒中的礦物清涼，和多重水果香氣，與這到黃油蟹互相碰撞，有
如倘佯在無邊無際的大海中。

東海新生活精細潮菜餐廳
地址｜深圳市福田區彩田路中
深花園裙樓 3 樓

21. *Domaine Hudelot-Noëllat*

修德羅諾拉酒莊

　　成立於1960年左右的修德羅諾拉（Hudelot-Noëllat）緣於一場聯姻，以伏舊（Vougeot）為根據地的阿蘭修德羅（Alain Hudelot）娶了查理斯諾拉（Charles Noellat）的孫女為妻，老婆帶來了數塊沃恩羅曼尼葡萄園當嫁妝，基本上此莊已有了伏舊園與沃恩羅曼尼當起手式，接下來就是一路成長的故事。

　　此莊風格屬於輕巧細緻，比起那些在2000年左右流行的大酒，以前的修德羅諾拉就分數而言不高，價格自然也很拘謹。直至2000年後，從酒評到消費者，市場慢慢向優雅風格傾斜，尤其2009年的一場品飲會，修德羅諾拉酒莊的聖維望竟然擊敗Leory同年份的聖維望，此莊長年的努力終於浮上檯面，搖身一變成為性價比相當高的精銳酒莊之一。

　　自阿蘭修德羅開始到第3代外孫查理斯肯內特（Charles van Canneyt）接掌，然後是2005年文生慕尼爾（Vincent Munier）以總管身分協助。綜合來說，此莊風格穩定，萃取節制而果味通透、表現清新。典型的全去梗與發酵前略長的低溫浸泡風格，成果也非常適合近10年來市場稱霸的主流酒風。

A
B

A. 酒莊
B. 作者和莊主Charles van Canneyt合影。

　　目前酒莊已有7.5公頃的葡萄園，除了起于的伏舊園與沃恩羅曼尼，也開始有了香波慕西尼（Chambolle-Musigny）品項，而它村莊級酒款在布根地一片漲聲中，始終都在大部分酒友荷包守備範圍內。

　　若說此莊精華，一級園的馬康索（Malconsorts），加上特級園伏舊園、聖維望和李奇堡自是毫無爭議。值得一提的是它的馬康索只有0.14公頃，每年再怎麼弄就是幾百瓶而已，絕對有特級園身價。

　　常為酒友忽視的是它的伏舊園，因為此區是有名的龍蛇雜處，同時名聲與沃恩羅曼尼相比更是一翻兩瞪眼。追修德羅諾拉酒莊的酒友很多，但不要忘了此莊大本營其實在伏舊園，它的伏舊園可說是該區封頂的代表作。

　　一般而言，酒莊在根據地附近葡萄園所出的品項，表現都是資優生等級，畢

竟不論是對土地的經驗，或是就近照顧的時間，都有很好理由相信那是酒莊精華所在。當然，如果有能力與機緣將它的李奇堡與聖維望並肩收走，兩款酒同場競技，那真的是人生一大享受。

修德羅諾拉沃恩羅曼尼的蘇綉園來自珍貴、高齡90歲的老葡萄藤，口感肥厚又富有深度及集中度，有絲質般的水果香氣，這款酒適合陳年以上再品飲，每瓶價格都在15,000元台幣以上。沃恩羅曼尼的馬康索園每年僅僅生產900瓶，這款酒同樣也口感豐富、有出色的力道和尾韻，每瓶價格都在20,000元台幣以上。修德羅諾拉酒莊過去在伏舊園擁有三個地塊（與Domaine Leroy、Meo-Camuzet為鄰），是該區品質數一數二的地塊，但阿蘭後來覺得，其中一個地塊過濕，因此將其出售，他在當地所擁有的土地也因此從1.08公頃減為0.69公頃，但整體品質因此大大提升，每瓶價格都在12,000元台幣以上。李奇堡和聖維望既展現了阿蘭的釀酒成就，也遵循了修德羅的傳統。聖維望內高齡90歲的老葡萄藤（1920年代種植，與DRC的RSV為鄰），為其葡萄酒帶來額外的面向及深度。非常細緻、優雅，同時展現出嚴謹的強勁力道，每瓶價格都在50,000元台幣以上。而李奇堡的口感更強勁、層次更多、尾韻也更悠長，每瓶價格都在65,000元台幣以上。

2016年查理斯肯內特和路易佳鐸（Louis Jadot）酒莊前任莊主、現任主席Pierre Henry Gagey的女兒Anne-Sophie Gagey喜結連理。和他祖父不同的是，查理斯肯內特在未來會得到數量可觀的葡萄園。2017年開始，Domaine Hudelot-Noëllat新填入一塊伯恩丘的莫索村級園伊可列斯園（Clos des Ecoles），是酒莊出產的唯一一款白葡萄酒，產量非常少，此前種植和管理這塊葡萄園的正是鼎鼎大名的寇許杜里（Coche-Dury）酒莊。

查理斯肯內特是目前勃根地公認才華橫溢並且志向遠大的中青年一代酒農中的佼佼者，同時也是第一線名家修德羅諾拉酒莊新一代掌舵人。自從2008年他從外公手中接過掌門大任，酒莊近年在品質上有了非常令人驚喜的提升，迅速得到了評論家和業界的認可。

隨著勃根地的土地跟著酒價水漲船高，買地絕非易事，因此勃根地不少名家開始採用「微型精品酒商」（Micro-Négociant）來成長，比如卡木塞和佛爺等名家都是如此。在伯恩丘知名餐廳Bistro de l'Hôtel大廚Johan Björklund的協助下，查理斯肯內特在2012年也開啟了自己的微型精品酒商事業，並在2013年進一步擴大產量。名莊出身，自身又是才華橫溢的釀酒師，查理斯肯內特與許多金丘區的名莊家族有著很好的關係，有機會租到很多偉大風土的地塊，如香貝丹、貝日園、高登查里曼、騎士蒙哈謝等特級園，與其他知名一級園。

2022年9月7日（上海）
Romanee St Vivant 品酒會──酒單：

- Leroy d'Auvenay Criots Batard Montrachet 2005
- Leroy Romanee St Vivant 1989
- DRC Romanee St Vivant 1995
- LeroyRomanee St Vivant 1995
- Sylvain Cathiard Romanee St Vivant 2004
- Robert Arnoux Romanee St Vivant 2006
- l'Arlot Romanee St Vivant 2017
- Hudelot-Noëllat Romanee St Vivant 2009
- Lucien Le MoineRomanee St Vivant 2007

前三名（白酒最優，但不列入）

- Leroy 1995
- DRC 1995
- SC 2004

2022年4月6日品酒會

2023年3月27日（深圳）── 酒單：

- Bollinger La Grands Annee 2007
- Laurent-Perrier Grand Siecle
- Domaine Leflaive Chevalier Montrachet 2006
- Domaine Leflaive Batard Montrachet 2009
- Haut Brion Blanc 2001
- Lynch Bages 1982
- Clos des Lambray 1994
- Armand Rousseau Charmes-Chambertin 2007
- Domaine Hudelot-Noëllat Richebourg 2004

2023年3月27日品酒會

票選第一名為Domaine Alain Hudelot-Noëllat Richebourg 2004

2023年7月27日（上海）── 酒單：

- Jacques Selosse Rose
- Falveley Corton Charlemagne 1992
- Pierre Girardin Corton Charlemagne 2020
- Domaine Leflaive Chevalier Montrachet 2015
- Emmanuel Rouget Nuits-St-Georges 1995
- Emmanuel Rouget Echezeaux 1999
- Ch.Margaux 1983
- Domaine Hudelot-Noëllat Richebourg 2005
- Roumier Ruchottes-Chambertin 2007

2023年7月27日品酒會

特別
推薦

修德羅諾拉聖維望特級園紅酒

Domaine Hudelot-Noëllat Romanée-St-Vivant 2009

ABOUT

適飲期：現在～2065
台灣市場價：50,000 元
品種：100% 黑皮諾（Pinot Noir）
桶陳：18 個月
年產量：約 3,000 瓶

DaTa

地址｜ 5 Anc. Rte RN 74, 21220 Chambolle-
　　　 Musigny
電話｜ +33 3 80 62 85 17

Recommendation
Wine

修德羅諾拉李奇堡特級園紅酒

Domaine Hudelot-Noëllat Richebourg 2005

ABOUT

適飲期：現在～2060
台灣市場價：65,000元
品種：100% 黑皮諾（Pinot Noir）
桶陳：18個月
年產量：約 2,400 瓶

🍷 品酒筆記

修德羅諾拉李奇堡特級園紅酒是一個結構大而香氣內斂的酒款。那是多麼豐富的水果啊！這真是太壯觀了。擁有神祕貴族氣息，明顯的酸櫻桃味搭上綿長的柑橘和土壤的風味。有點礦石味，好喝的，有皮革的風味，接著又有菸草味。這支酒可能稱的上完美再完美、細膩的單寧和酸度結構。非常活潑，這是一款我喝過最平衡精緻的李奇堡，比之前喝過的同款李奇堡2004還來得更精采與驚艷。

🍴 建議搭配

叉燒、台式雞捲、燒鵝、紅燒牛腩。

★ 推薦菜單　順德均安燒豬

均安燒豬將傳統燒乳豬的製作過程不斷改良，講求手法和火候，以荔枝木作為柴火，全豬燒製，皮脆肉滑，肥而不膩。其燒豬始於中原盛於粵，而俗話說「食在廣州，廚出鳳城」，鳳城指的是順德，順德是美食的天堂，而在順德燒豬做得最好的就數均安。

燒豬採用的豬，是剛好長成的豬隻。一般的製法是把豬宰殺後從腹部剖開，用特製燒烤叉撐開，然後澆土熱水令豬皮收縮。燒烤時可以是逐隻放在火上烤，亦可掛入烤爐烤成。燒烤時要在豬皮上刺上小洞，讓皮下的油流出，其間在豬皮上塗上油，令豬皮充滿氣泡，金黃酥脆。

2023年6月我帶著一團廣東美食之旅來到了順德，順德好友胡先生特別訂在豬肉婆餐廳這裡，當我們到達餐廳時，餐廳的師傅推出

順德鳳城酒家豬肉婆餐廳（代切）
地址｜順德大良街道南區濱河路 1 號

一隻均安燒豬，大家都鼓掌叫好、嘖嘖稱奇！餐廳師傅剖開這隻燒豬，分解每一塊肋排，分給大家，我們每人一手拿著一塊燒豬肋排、一手拿著一杯紅酒，非常快活！

這道燒豬皮脆肉嫩、彈牙爽口，和這款2005好年份的修德羅諾拉李奇堡相得益彰！李奇堡的香料、花香、煙燻味道剛好可以融入這道燒豬的脆嫩、多汁的肉質。此時此刻真是人生最美好的年代，盛世太平。

22. *Domaine Denis Mortet*

丹尼斯莫特酒莊

丹尼斯莫特酒莊（Domaine Denis Mortet）絕對可說是勃根地名莊，但是開創人物Denis Mortet在2006年舉槍自盡，讓此莊近20餘年的威名，提及時總是添了幾許惆悵。兒子阿諾莫特（Arnaud Mortet）早已接手重任，協同母親一同經營，如今也在酒評與酒迷中獲得肯定，算是子繼父業、克紹其裘。

丹尼斯莫特是在1991年繼承父親查理斯莫特（Charles Mortet）的釀酒事業成立了丹丹尼斯莫特酒莊，大本營在哲維香貝丹。當時它已有哲維香貝丹、香波慕西尼與伏舊園，總約4.5公頃的葡萄園，一個好的開始；後來加進哲維香貝丹一級名園拉維聖傑克一級園（Lavaux Saint-Jacque），並在1999年入手香貝丹特級園，這兩塊葡萄園如今可說是酒莊旗艦，當然總共11.2公頃的葡萄園，亦是粒粒珍珠。

當時酒莊的美國進口商還將丹尼斯莫特酒莊介紹給了其同時代理的賈爺和樂花。在參觀完這兩位偉大酒農的酒窖後，丹尼斯莫特受到了很深的觸動，他驚歎於賈爺和樂花對風土極致的表達，這也激勵著他日後不斷試圖超越自我。丹尼斯莫特成為了賈爺的忠實信徒。他按照賈爺的原則進行釀造：在葡萄園中堅持嚴格限產，對待

年輕時的Arnaud Morte和母親Laurence。

所有葡萄藤無論級別全部一視同仁，付出同樣的勞動；酒窖中完全去梗發酵，陳釀過程中使用100%新桶。丹尼斯莫特酒莊當時釀出的葡萄酒以顏色濃郁、成熟飽滿且集中度高而著稱。當時很多美國媒體都給出了丹尼斯莫特酒莊的葡萄酒極高的分數，他的酒也在美國市場迅速取得「膜拜酒」的地位，一瓶難求。

在2004年 丹尼斯神來之筆的使用Au Velle、En Motrot、Combe du Dessus、En Deree 及 En Champs 等五個靠近 Les Champeaux 一級園下坡的村莊級葡萄園予以混釀，柔和了5個葡萄園的優缺點，釀出令人激賞的 Gevery-Chambertin「Mes Cinq Terroirs」（意思是：我的五種風土），此款酒在生產2004、2005兩個年份後因丹尼斯的離去而停止生產，並不正式列入酒莊生產的酒款中，是一隱藏版的美酒。

丹尼斯莫特酒莊這款特別的混調酒款Gevrey Chambertin「Mes Cinq Terroirs」，原本在丹尼斯過世後絕跡，但2013年起Arnaud Mortet復刻此酒並調整為更緊緻的型態，目前以其合理價格與無比盛名，廣獲酒迷好評。丹尼斯莫特酒莊追求的目標是濃郁的果味中有細緻的丹寧，但那將很難取得平衡度真的需要高

超的工藝。從近幾年阿諾莫特逐漸進步的表現來看，他的酒似乎和Claude Dugat（曾接受過勃根地酒神亨利·賈爺的指導）的酒有些神似，「Mes Cinq Terroirs」這款酒產量很稀少市面上很難買到，以後不用再懷疑阿諾莫特的釀酒功力。

在丹尼斯莫特酒莊，採摘葡萄是份得非常小心謹慎的工作，阿諾莫特近期也引進了兩台挑選台。精心挑選的葡萄都經過100%去梗，個別葡萄在被放入帶有溫度控制的水泥槽前，都被盡力維持完好無損。酒莊採用十分正統的釀酒方式，也就是所謂的「莫特」配方，儘管配方會依照收成和葡萄酒的情況而有些調整，整體來說，都會先經過五天的發酵前的浸漬，接著是在最高32～34°C環境下的長期發酵，而整個浸漬過程會介於20～25天。相較於過去，酒莊實施較少的翻渣和萃取。丹尼斯曾嘗試在1990年代採用高強度的萃取及過桶，而自從2000年開始，丹尼斯莫特酒莊便改採較柔性的釀造法，Arnaud也決定追隨父親的腳步。丹尼斯莫特酒莊目前的集中口感來自更完善的葡萄園管理及自然降低產量，而非來自經過加壓的發酵過程。橡木桶使用；地區級和村莊級葡萄酒所採用的新橡木桶比例已減少至50～60%，僅有一級園和特級園採用100%的新橡木桶。

酒莊擁有5.5公頃、共25個地塊的Gevrey-Chambertin，表現最好的兩支村莊級葡萄酒是Gevrey-Chambertin Vieilles Vignes和Gevrey-Chambertin En Champs。Vieilles Vignes Cuvée來自樹齡70～80年的老葡萄藤，這支酒口感豐富、集中，充滿果香味以及肉質的口感。Gevrey-Chambertin En Champs這支酒的口感又更加集中，帶有新鮮的香氣、尾韻綿長。在丹尼斯莫特酒莊的四個一級園中，Gevrey-Chambertin 1er Cru來自Bel-Air、Champonnet、Petite Chapelle和Cherbaudes四個地塊的混釀。儘管這支酒的品質已非常好，Champeaux和Lavaux St-Jacques的等級則又更高。另外兩個特級園分別是Clos Vougeot和Chambertin。

目前價格Domaine Denis Mortet Gevrey Chambertin「Mes Cinq Terroirs」大約是新台幣5,000元左右、Clos Vougeot約20,000元以上、Lavaux St-Jacques約15,000元、稀有的Chambertin 特級園則要90,000元起跳，比較好的年份行情在130,000元台幣以上。

2014年開始，阿諾莫特開始逐漸擴展自己的葡萄酒版圖。他先後通過租借葡萄園的方式為丹尼斯莫特酒莊添置了艾瑟索和柏瑪，隨後又加入本人名字阿諾莫特命名的香姆香貝丹、瑪哲爾香貝丹（Mazoyeres-Chambertin）等幾款葡萄酒。2017年，酒莊的新酒窖也竣工完成了！現在，這兩家的釀酒師都是阿諾莫特本人，只是 Domaine Arnaud Mortet 的酒款以Arnaud Mortet 標注，並不能冠以「Domaine」，但應該注意到的是，Arnaud實際上通過合同及耕種協議直接管理著葡萄園。釀酒師也對這一點在酒標上進行了標注。

作者曾經幾次喝到丹尼斯莫特酒莊的香貝丹特級園，每次都驚艷無比。2019年喝到Chambertin 2000，玫瑰花香和紫羅蘭，有如香水般的鮮豔華麗，野莓、櫻桃新鮮水果，些許的皮革和香料，餘韻細長優雅，無法忘懷！2023年在上海與幾位年輕的葡萄酒愛好者同飲Chambertin 1996&1999，席間也還幾瓶不同年份的A.Rousseau Chambertin和Dugat Py Chambertin，Denis Mortet Chambertin的表現毫不遜色，而且還駕凌了Rousseau Chambertin，勇奪第一名。

2019年3月19日（台南）
德國熱克教授 品酒會——酒單：

◇ Champagne Thienot（Magnum）
◇ Krug Vintage 1988
◇ Paul Pernot et ses fil Bienvenue Batard-Montrachet 1996（Magnum）
◇ Philippe Colin Chevalier-Montrachet 2015（2瓶）
◇ Prieure Roch Clos de Beze 2007
◇ Denis Mortet Chambertin 2000
◇ Domaine Comte Liger-Belair Vosne-Romanée 1er Cru les Colombiere 2003
◇ DRC Echezeaux 1996
◇ Mongeard-Mugneret Richebourg 2008
◇ DRC Romanée-St. Vivant Grand Cru 2006
◇ La Romanée Grand Cru, 1999
◇ Penfolds, Grange, 1995
◇ Dominus Estate1990
◇ Pousse d'Or Volnay 1er Cru en Cailleret 2015

2019年3月19日品酒會

2023年3月24日（上海）
作者主辦香貝丹品酒會——酒單：

◇ Bollinger RD 2002
◇ Michel Colin-Deleger Chevalier-Montrachet 1999
◇ Arnaud Enta Meursault "Clos Des Ambres" 2007
◇ Domaine d'Auvenay Meursault Les Narvaux 1995
◇ Armand Rousseau Chambertin 1990
◇ Armand Rousseau Chambertin 1992
◇ Armand Rousseau Chambertin 2011
◇ Armand Rousseau Chambertin 2017
◇ Armand Rousseau Chambertin Clos de Beze 2017
◇ Dugat Py Chambertin 2008
◇ Denis Mortet Chambertin 1996
◇ Denis Mortet Chambertin 1999
◇ Perrot-Minot Chambertin 2014

得票結果：
1. Denis Mortet Chambertin 1999
2. Armand Rousseau Chambertin 1992
3. Dugat Py Chambertin 2008

Domaine Denis Mortet
Chambertin 1996

Domaine Denis Mortet（土地面積）

- Chambertin（0.15h）
- Clos Vougeot（0.31h）
- Chambolle-Musigny Aux Beaux Bruns（0.22h）
- Gevrey-Chambertin Les Champeaux（0.41h）
- Gevrey-Chambertin Lavaux St-Jacques（1.16h）
- Gevrey-Chambertin Chebaudes/Petit Chapelle/Champonnet/ Bel Air（0.50h）
- Gevrey-Chambertin En Motrot/Au Velle（2.50h）
- Gevrey-Chambertin En Champs（0.86h）
- Gevrey-Chambertin Combe du Dessus/En Deree（1.84h）
- Fixin Champs Pennbaut（0.32h）
- Marsannay Les Longeroies（1.00h）
- Bourgogne Blanc（0.60h）
- Bourgogne Rouge Cuvee de Noble Souche（1.00h）

特別
推薦

丹尼斯莫特哲維香貝丹
拉瓦聖傑克一級園紅酒

Domaine Denis Mortet Gevrey-Chambertin Lavaux St-Jacques 1996

ABOUT
適飲期：現在～2040
台灣市場價：20,000 元
品種：100% 黑皮諾（Pinot Noir）
桶陳：18 個月
產量：4,000 瓶

DaTa

地址｜ 5 Rue de Lavaux, 21220 Gevrey-Chambertin
電話｜ +33 3 80 34 10 05

Recommendation
Wine

丹尼斯莫特香貝丹特級園紅酒
Domaine Denis Mortet Chambertin 1999

ABOUT
適飲期：現在～2050
台灣市場價：130,000 元
品種：100% 黑皮諾（Pinot Noir）
桶陳：18 個月
產量：500 瓶

品 酒 筆 記
1999年果然是勃根地偉大的年份：Domaine Denis
Mortet Chambertin 1999是一款極致芬芳馥郁的頂級黑
皮諾，這種香氣是茂盛而令人印象深刻，細膩而精美的；樹莓
果味撲面而來，夾雜著樹葉的氣息，兼具印度香料的幽香。入
口後不斷變化，這是一個份典型的年份，清新的風格開始轉
為豐滿的果味，草莓、李子和蘋果，最後以火焰般的口感收
尾；單寧充足，但經過了細細打磨。

建 議 搭 配
滷水拼盤、南京鹹水鴨、脆皮乳鴿。

★ 推 薦 菜 單　炭烤雞包干巴菌炒魚翅

這是一道純粹的手工菜，將干巴菌和魚翅絲塞進雞翅的小腿內，
先蒸再炸，所有的料一定要塞緊，否則功虧一簣，前功盡棄。這道
菜才可以吃出不同的層次感，有魚翅的純淨、干巴菌的鮮美、雞翅
的脆香，是一道不可多得的創意料理。搭配最好年份的香貝丹特
級園Denis Mortet Chambertin 1999，醇厚而細膩的口感，玫
瑰花和草莓的香氣，散發出迷人的風味，有如帥哥美女碰撞，簡直
是天生一對。

甬府・北外灘
地址｜上海市虹口區東大名路
　　　1089 號來福士廣場東塔
　　　56 樓

23. *Domaine Fourrier*

佛爺酒莊

　　在勃根地哲維香貝丹的名家中，尚‧馬瑞‧佛爺（Jean-Marie Fourrier）可說是兼具先天與後天雙重優勢。他在1994年即以23歲之姿接掌家中酒莊物業，之前更早自1988年即受酒神賈爺指導，亦待在Domaine Drouhin位於美國奧勒岡州的酒莊磨練。而Jean-Marie Fourrier也沒有辜負如此耀眼的起手式，身為第四代的他，讓佛爺酒莊在近20年走進頂級酒莊之列，甚至在去年入主澳洲黑皮諾名莊Bass Phillip，畢竟莊主Phillip Jones與他深受賈爺影響外，早在十多年前即已結緣。

　　佛爺酒莊（Domaine Fourrier）約有不到9公頃葡萄園，多半在哲維香貝丹，許多都是60年以上的老藤，也特意加註於酒標之上。皇冠上的珍珠是特級園葛利赫特香貝丹（Griotte-Chambertin），還有「準」特級園的聖傑克園（Clos Saint Jacques），此外在莫赫聖丹尼（Morey-Saint-Denis）與伏舊亦有品項，掛著Jean-Marie Fourrier之名的酒莊酒，則是以特級園香貝丹領軍，實力也是極為可觀，畢竟名家作品，出手自是保證。

A
B | C

A. 莊主Jean-Marie Fourrier。B. Clos Saint-Jacques 1er Cru1990&2009。
C. Jean Marie Fourrier Chambertin 2014&2015。

　　哲維香貝丹在勃根地諸名村之中，酒質相對強勢。但佛爺酒莊的風格，卻是讓酒在果香中透出層次，潔淨中卻是無限豐富。他工法偏自然派，對葡萄園採不干涉主義，畢竟老藤本身就是低收成。受Henri Jayer影響，不意外地走去梗路線，可是新桶比例低（約僅20%），不能歸屬於任何既成思維。酒莊所有的葡萄園都經過犁田，並在採用合理減藥農法的前提下，對葡萄園進行最低程度的干預。他們擁有哲維香貝丹歷史最悠久的其中幾個葡萄園，只有在個別的葡萄藤死亡後，才會在老死的葡萄藤空缺上補種新株。Jean-Marie以混合選擇法補種新株。每個夏天，他都會依照葡萄藤的健康狀況、種類、葡萄串的大小，來選擇葡萄藤。從這些挑選出來的葡萄藤剪下的枝條會由一位苗圃工人進行繁殖。

Jean-Marie Fourrier Charmes Chambertin & Echezeaux 2018

佛爺酒莊甚至在2016就開始運用陶甕搭配橡木桶，富想像力且願意嘗試；二氧化硫用量極少，最終在純淨的果香中，有著通透的酒質與迷人的酒香，在哲維香貝丹的豐盈中，細微的礦物感貫穿其間，單寧節制。最重要的是，他的酒有一種能量，那種多汁而富生命力的感覺，會讓飲者更加思索均衡的真諦。

Domaine Fourrier 是勃根地使用二氧化硫最少的酒莊之一，也是最早實驗二氧化碳對葡萄酒保存有幫助的酒莊，因此，莊主 Jean-Marie Fourrier 建議購買新年份葡萄酒的顧客一定要醒酒，給予二氧化碳足夠的時間散逸掉。

從2005年起，酒莊所有的酒瓶皆以蠟封口。Fourrier認為這對預防瓶中之酒過早氧化起重要作用。最具酒莊代表的 是葛利赫特香貝丹特級園，市場行情都在60,000台幣起跳，比較好的年份都要90,000～100,000之間。每年都出現在勃根地最權威的艾倫Burghound.com「年度不可錯過之酒」的名單中，AM評分都在95以上。另外，超一級園聖傑克一級園（Gevrey-Chambertn 1er Clos Saint Jacques），與香波慕斯尼的愛侶園爭奪勃根地最佳一級園，也是媲美特級園的一級園。市場行情都在40,000台幣起跳，比較好的年份如1990都要60,000元以上。

2023年4月18日（南通）品酒會——酒單：

◇ Robert Moncuit Les Grands Blancs Champagne
◇ Mac Colin Chevalier Montrachet 2000
◇ Sine Qua Non White 2005
◇ Armand Rousseau Chambertin Clos de Beze 1997
◇ Robert Groffier Chambertin Clos de Beze 1998
◇ Domaine Fourrier Griotte-Chambertin 1999
◇ DJP Musigny 1999
◇ Hubert Lignier Charmes Chambertin 2003
◇ Domaine Dujac Chambertin 2006

票選第一名為Domaine Fourrier Griotte-Chambertin 1999

左：2023年4月18日南通品酒會酒款。右：Griotte-Chambertin 1999。

Domaine Fourrier（土地面積）

- Griotte-Chambertin（0.26h）
- Gevrey-Chambertin Clos Saint-Jacquesy（0.89h）
- Gevrey-Chambertin Champeaux（0.21h）
- Gevrey-Chambertin Cherbaudes（0.67h）
- Gevrey-Chambertin Combe Aux Moines（0.87h）
- Gevrey-Chambertin Goulots（0.34h）
- Chambolle-Musigny Les Greunchers（0.29h）
- Vougeot Les Petits Vougeots（0.34h）
- Morey-Saint-Denis Clos Sorbes（0.1h）
- Gevrey-Chambertin Aux Echezeaux（0.47h）
- Gevrey-Chambertin（3.3h）
- Chambolle-Musigny（0.39h）

彩蛋：

2010年開始，Domaine Fourrier開始出產一款1910年種植的百年老藤釀造的Clos Saint Jacques，並命名為Cuvee Centenaire，每年只有兩桶產量（600瓶）。
2013年開始，Jean-Marie Fourrier開始推出幾款酒商酒，Jean-Marie Fourrier像照料自家的葡萄園一樣管理這些葡萄，並按照同樣的方式和原則對它們進行釀造。

Jean-Marie Fourrie釀造酒款如下：

- Bourgogne
- Vosne-Romanée Aux Réas
- Chambolle-Musigny Aux Echanges
- Chambolle-Musigny Les Amoureuses 1er Cru
- Bonnes Mares Grand Cru
- Echezeaux Grand Cru
- Charmes-Chambertin Grand Cru
- Latricières-Chambertin Grand Cru
- Chambertin Grand Cru

愛侶園 Jean-Marie Fourrier
首釀年份

Chambolle-Musigny Les Amoureuses 1er Cru 2013

ABOUT

適飲期：現在～2050
台灣市場價：25,000 元
品種：100% 黑皮諾（Pinot Noir）
桶陳：18 個月

聖傑克一級園

Domaine Fourrier Gevrey-Chambertin
Clos Saint-Jacques 1er Cru 1990

ABOUT

適飲期：現在～2040
台灣市場價：50,000 元
品種：100% 黑皮諾（Pinot Noir）
桶陳：18 個月
產量：2,400 瓶

地址｜7 Rte de Dijon, 21220 Gevrey-Chambertin
電話｜+33 3 80 34 33 99

DaTa

Recommendation
Wine

葛利赫特香貝丹特級園

Domaine Fourrier Griotte-Chambertin 2011

ABOUT
適飲期：現在～2040
台灣市場價：60,000 元
品種：100% 黑皮諾（Pinot Noir）
桶陳：18 個月
產量：900 瓶

🍷 品 酒 筆 記
這支酒的表現恰到好處。最開始時，她還有點閉塞，可能是
未醒透，微微帶出輕柔的薄荷和肉桂的氣味。嚐在口中，有
很豐富的櫻桃、柑橘、草莓、和一些皮革味，玫瑰花香也漸漸
綻放，這支12年的Griotte-Chambertin在結構變化與平衡
中，得到了完美和諧的結尾。

🍴 建 議 搭 配
滷牛肉、羊排、烤牛排。

★ 推 薦 菜 單　台式竹筍滷肉

帶有幾許特殊的蔭油香，微鹹但鮮美，Q彈軟嫩，咀嚼立化，舌底
生津，美味可口，真可謂為尤物。這道菜不光滋味鮮美，還有五花
肉的膠質，這款酒入口有細緻的丹寧、豐富的果香、酒體濃郁，適
合搭配濃重醬汁的台式滷肉。柔順的酒質與五花肥瘦相間的膠質
合為一體，特有的果香也與竹筍的鮮美很協調，突出了蔭油中的
香，更妙的是，黑豬肉的彈性肉質，反而是軟糯彈牙、口齒生香，餘
味裊繞不已。

田山餐館
地址｜高雄市新興區洛陽街
67 號

24. Domaine Roulot

胡洛酒莊

Allen Meadows說：「有喝過Roulot白酒的人，是非常幸福的事。」

就歷史而言，酒莊在上個世紀30年代後並沒有太大發展，直至60年代才陸續購入Les Luchets等地塊，也涉足知名的石頭園（Les Perrieres）一級園。老莊主手上約14.5公頃，但是對地塊的掌握，卻是在尚‧馬克‧胡洛（Jean-Marc Roulot）手上完成。以布切爾斯（Clos des Boucheres）這個地塊是酒莊獨有，標高約在240～280公尺之間，屬酒莊的主力品項，葡萄藤至少有50年，年產量僅僅1000瓶左右，可說是入手胡洛酒莊的好指標。酒莊手上還有一些名園品項，不過是以微型酒商的方式購入，像騎士蒙哈謝特級園僅1,000瓶、高登查里曼特級園僅900瓶，這些酒都十分稀少，主要是他的釀功了得，因此愛好者眾！

胡洛酒莊在2000年走向有機，2004年試行自然動力法，2012年完全遵行。他在採收時不會等至果實全然熟透，希望留下的是精采的酸度與明亮感。釀造時，白酒破皮輕壓榨而長浸泡，少攪桶，桶中培養12個月後移回不鏽鋼大槽算是特別的

A
B | C

A . 酒莊葡萄園。B . 難得一見Jean-Marc Roulot Chevalier-Montrachet 2015 Magnum。C . 莊主Jean-Marc Roulot。

作法，結果是拒絕豐厚飽滿，走向細瘦與酸度，張力十足，並不適合即飲，但卻是老酒友們的最愛，只要耐心等它陳年，那滋味純粹而絕妙。

胡洛酒莊是富經驗品飲者知道要用耐心付出的酒款！它從來不以直接的味蕾反應取勝，卻是在多年後，以秀麗而特出的風格擄獲你的心，入喉有如一條細長而不間斷的銀瀑，名作之稱，其來有自。

胡洛酒莊現任莊主尚·馬克·胡洛出生在勃根地的酒農世家，而尚·馬克·胡洛母親的姓氏則為寇許（Coche）。尚·馬克·胡洛的父親蓋·胡洛（Guy Roulot）當年率先嘗試將酒莊擁有的莫索村級地塊分別進行單獨裝瓶，胡洛酒莊也因此成為勃根地一顆耀眼的明星。1982年，剛剛進入知天命之年的蓋·胡洛卻

因病去世，彼時年僅26歲的尚‧馬克‧胡洛仍在巴黎追逐自己的夢想：成為一名喜劇演員。直到1989年尚‧馬克‧胡洛才正式決定回到勃根地接管酒莊，他在回憶這段經歷時曾坦言：相比20多歲的自己，32歲的他才剛剛知曉自己想要的風格。而尚‧馬克‧胡洛也成為莫索的一股清流：他延續了父親對莫索不同地塊分別單獨裝瓶的做法，並進一步對莫索的不同風土進行演繹，他手中的各個莫索不再是豐滿圓潤的風格，而是變得更加細緻和精準，充分反映各塊風土的特點。

　　1989年，尚‧馬克‧胡洛做了人生中一個重要的決定，他決定放棄自己從事的演藝事業，從巴黎回到故鄉勃根地成為一名酒農。現在看來這是一個非常正確的決定，至少對酒莊而言，他把胡洛酒莊帶入了頂級酒莊的行列。尚‧馬克‧胡洛也是為數不多能夠讓酒莊葡萄酒的風格成功轉型的酒農：胡洛酒莊的葡萄酒從他接手之前濃墨重彩的風格轉變為今天純淨瀟灑的風格，但同時也保留了偉大勃根地白酒應該的具備陳年潛力、複雜度以及不同風土之間的精妙差異。

　　胡洛酒莊釀酒方式是：所有的葡萄壓榨時間約在1小時至1.5小時之間，這比勃根地地區其他酒莊的壓榨時間要短30分鐘左右。尚‧馬克認為過分榨汁會導致葡萄皮和葡萄籽中的單寧破壞，從而影響酒質。這主要是因為在的莫索一級園石頭園發酵特別慢而導致不能正常裝瓶。過了一段時間之後，尚‧馬克發現酒的酸度及質地竟得到了大幅提升。從此以後，他開始在裝瓶之前陳釀16～18個月，從而獲得更高的品質。經過長期摸索，他先是在桶中陳釀12個月，之後在含有沉澱物的不銹鋼槽中再發展4～6個月。形形色色的莫索白酒，公認名家的就是那幾間！不論你持的觀點是什麼，胡洛酒莊總是其中之一，而且是以礦石感與精采的酸度著稱，多年不變。🍾

胡洛酒莊最重要的葡萄園有五個：

1. Meursault Les Tessons, Clos de Mon Plaisir

飽滿，輕盈，以及榛果和蜂蜜的味道，典型的莫索風格。價格在20,000元台幣起跳。

2. Meursault Porusot Premier Cru

2003年收購，男性化，強壯的骨架，非常立體，擁有極好的複雜度和集中度，陳年潛力極好。價格在20,000元台幣起跳。

3. Meursault Clos des Boucheres Monopole Premier Cru

最柔軟和圓潤，通常採收是最早的，莊主擔心過於成熟會導致酸度降低。價格在23,000元台幣起跳。

4. Meursault Charmes Premier Cru

飽滿但同時非常純淨，伴隨著菩提花的氣息以及滿滿的能量感。價格在30,000元台幣起跳。

5. Les Perrières Premier Cru

年產僅僅1200瓶，有非常美妙的香氣，入口後會感覺到石頭一般的礦物感，重量感則呈現在口腔的後段。價格在60,000元台幣左右。

2019年7月3日（上海）
Meursault 品酒會——酒單：

◇ Domaine Roulot Meursault Perrieres 2000
◇ Domaine Coche-Dury Meursault 1996
◇ Domaine Arnaud Ente Meursault 2011
◇ Domaine Arnaud Ente Meursault 1er Cru La Goutte D'OR 2004
◇ Domaine Comtes Lafon Meursault Charmes 2001
◇ Domaine des Lambrays Clos des Lambrays 1985

彩蛋：

尚‧馬克‧胡洛決定從2008年開始釀製一些勃根地的渣釀白蘭地（marcs de Bourgogne）。我們的梨子和覆盆子來自伯恩海岸（the Côte de Beaune）。我們從隆河河畔的夏爻酒莊（Jean-Louis Chave）那裡獲得杏桃（apricots）——非常成功。蒸餾就像一門釀酒的學派，因為它需要很多的精確性。

尚‧馬克曾說：1973年份Francois Jobard Meursault Genevrières這款酒改變了我與葡萄酒的關係。在我回到莫索村的時候，品嚐了這款酒。我認為我必須模仿我的父親，但我品嚐了這款酒，然後我知道我可以通過葡萄酒來表達自己。

2014年開始，尚‧馬克‧胡洛開始出品幾款酒商酒，作為對酒莊所擁有地塊的補充。這些「新成員」和酒莊已經擁有的風土並不衝突。尚‧馬克‧胡洛會決定這些葡萄的採收日期，並會完全按照對待酒莊自有葡萄的方式對這些酒進行釀造和陳年。這些酒款包括：Meursault 1er Cru Genevrieres、Puligny-Montrachet 1er Cru Les Cailleret、Corton Charlemagne Grand Cru（大約900瓶）、Chevalier-Montrachet Grand Cru（大約1,000瓶）。

作者收藏兩瓶Domaine Roulot Meursault Les Perrieres 2000

Domaine Roulot 渣釀白蘭地

Domaine Roulot（土地面積）

- Meursault Les Boucheres (0.16h)
- Meursault Les Charmes (0.28h)
- Meursault Les Perrieres (0.26h)
- Meursault Le Porusot (0.25h)
- Meursault Les Champs Fulliots (0.19h)
- Meursault Les Tessons, Clos de Mon Plaisir (0.85h)

- Meursault Les Luchets (1.03h)
- Meursault Les Meix Chavaux (0.95h)
- Meursault Les Narvaux (0.26h)
- Auxey-Duresses Rouge (0.73h)
- Monthelie Rouge (0.36h)
- Meursault Les Tillets (0.49h)
- Meursault Les Vireuls (0.67h)
- Bourgogne Aligote (0.77h)
- Bourgogne Blanc (2.64h)

特別
推薦

胡洛騎士蒙哈謝特級園白酒

Jean-Marc Roulot Chevalier-Montrachet 2015

ABOUT
適飲期：現在～2055
台灣市場價：60,000 元
品種：100% 夏多內（Chardonnay）
桶陳：18 個月
年產量：約 1,000 瓶

地址｜ Rue Charles Giraud, 21190 Meursault
電話｜ +33 3 80 21 21 65

DaTa

胡洛酒莊莫索石頭園白酒

Domaine Roulot Meursault Les Perrieres 2000

ABOUT
適飲期：現在～2040
台灣市場價：60,000 元
品種：100% 夏多內（Chardonnay）
桶陳：18 個月
年產量：約 1,200 瓶

品 酒 筆 記

2000年胡洛酒莊莫索石頭園白酒，緩慢地釋放出蘋果乾、百花香、酸橙派和杏片的香氣，並帶有蜂蜜、烤麵包和濕石頭的味道。酒體中等，香氣宜人，猛烈的爆發出多層次的味道，從濃郁的柑橘味到整塊蜂蜜的味道，再到落葉的泥土味，與多汁的酸度和絲滑的質感完美地結合在一起，餘味悠長，充滿風味。

建 議 搭 配

清蒸魚、乾煎白帶魚、清燙花枝、清蒸蟹、烤響螺。

★ **推 薦 菜 單　檸檬焗老鵝掌**

蒸過的鵝掌再入砂鍋熱焗，鵝掌徹底釋出膠原蛋白，皮肉嫩彈，連骨都變得柔軟，富含膠質，滑滑爽爽，檸檬的微酸和芹菜的清甜，引燃出美妙難忘的煙火。搭配帶有酸度的天下第一園的莫索一級園，礦石味的清涼、蜂蜜的甜美，與鵝掌的彈性膠質，互相融合，完美無瑕。

「吳」現代潮菜私廚
地址｜廣東省汕頭市龍湖區天
　　　瀾國際大廈西塔四樓

25. Domaine
Arnaud Ente

阿諾安特酒莊

人臉為酒農,弓箭代表精準。酒莊徽標代表ente的酒能夠精準詮釋風土特色。

莫索村的四大名家,阿諾安特酒莊曾在寇許‧杜里(Coche Dury)酒莊短暫工作過;而拉馮公爵酒莊(Dominique Lafon)和尚‧馬克‧胡洛是好朋友,且擁有共同的地塊,最終釀出的葡萄酒有時是反映同一風土主題,各自精采卻又各自不同。這就是勃根地葡萄酒的魅力所在。

莫索村並稱三王的寇許杜里、拉馮公爵酒莊、胡洛,酒界早有共識,但哪間酒莊最接近三王?甚至還有超越的實力?答案也許眾說紛云,不過阿諾安特酒莊一定是最常聽到的聲音之一,甚至不只是實力,它連價格與名聲也都是三王等級。當阿諾安特是莫索第四位天王吧,相信也沒人反對,至少阿諾安特曾在寇許杜里酒莊工作過,也有人說他亦曾在拉馮公爵酒莊服務。

阿諾安特大概是在1992年自立門戶,風格純淨但略走濃郁,大紅特紅是因為貝丹、德梭(Bettane & Desseauve)兩位法國知名酒評力推,讓他在2012年拿下「法國葡萄酒年度人物」。當年貝丹、德梭是看上他的阿里歌蝶(Bourgogne Aligoté),不過呢?事實證明他手上白酒款款好喝,而他在大紅大紫之前的20年,是以微型酒莊的姿態進出市場,手上自有葡萄園的面積約4.8公頃。

```
      A
  B | C | D
```

A.最具酒莊代表性的Bourgogne Aligote&Bourgogne Chardonnay。B.年產量只有一千多瓶的Domaine Arnaud Ente Meursault Clos des Ambres 2016。C.難得一見的大瓶裝Domaine Arnaud Ente Meursault Les Petits Charrons 2005。D.酒莊莊主。

　　20年不是一段短時間,他一步一腳印,用成績讓酒評肯定。自嚴控單位面積產量開始,他精準的釀酒手法,特別是長時間的緩慢發酵,讓他在2000年後慢慢出頭,莫索村一級園當然是核心品項,但他不澄清、不過濾的手法,加上純淨後的層次與口感,讓他與「三王」並駕齊驅,即使是村酒、大區,一樣愛好者眾。

　　酒莊最重要的葡萄園是Meursault「拉謬」(En L'Ormeau),阿諾安特 於2002年後,在這個區塊依葡萄樹齡分別生產莫索、琥珀園(Clos des Ambres)以及生命之源(Sève du Clos),中間品項約略是50年的葡萄樹,生命之源則是地塊內的百年老藤,極為難尋。

　　值得一提的是,此人大區酒款極為精采,阿里歌蝶是他的成名作,真正的侍酒師酒款。他還有一些紅酒,像是沃內一級園(Volnay, Les Santenots de Milieu),大本營

左：Domaine Arnaud Ente
Meursault Les Petits Charrons
2012。
右：舊標的2007琥珀園

在莫索村會有這款「邊緣」紅酒不意外，喜愛鬥酒的朋友常會以此酒出奇制勝。

貝丹表示這是對阿諾安特近年來取得的巨大進步的肯定，無論是在種植還是釀造都達到了大師級的水準，由他釀造的白酒擁有完美的平衡度，是整個夏多內世界裡最成功的酒之一。阿諾安特無疑是不可多得的天才釀酒師。

阿諾安特的祖上來自法國北部，阿諾的父親與普利尼村酒農卡蜜里·大衛（Camille David）的女兒結婚並在此落地生根。阿諾安特出生於1966年，他的弟弟伯納安特（Benoit Ente）繼承了卡蜜里·大衛位於普里尼蒙哈謝產區的田產。據聞，阿諾安特曾先後在莫索村的頂尖酒莊，拉馮公爵酒莊與寇許杜里工作過，怪不得葡萄酒大師Jasper Morris曾言阿諾安特的風格恰恰介於拉馮公爵酒莊和寇許杜里之間，融合了兩家所長。1991年，阿諾安特與Marie-Odile Thévenot結婚。次年，他離開寇許杜里酒莊並從岳父Phillipe Thévenot租借了幾公頃的酒園，自立門戶創建阿諾安特酒莊。

阿諾安特的白酒陣營從兩款大區白酒開始，分別是阿里歌蝶和大區夏多內白酒。多位酒評家都表示阿諾安特的兩款大區白是金丘最佳之一。阿里歌蝶的葡萄藤種植於1938年，三分之一公頃的地塊年平均產量僅千餘瓶，比如2013年僅僅產出1708瓶，法國的貝丹德梭甚至誇張的將阿諾安特阿里歌蝶白酒譽為具有特級園素質的佳釀。另外一款由夏多內釀造的大區白酒同樣具有極佳的口碑，由位於莫索村和普利尼村的兩個地塊混釀而成，合計0.52公頃。阿諾安特大區白酒幾乎年年都是BH的年度性價比之選（Outstanding Top Value），Allen Meadows如此評價2010年份：「這是卓越的大區白酒，一流的餐酒之選」。值得一提的是，這兩款大區白皆是在650升的大桶（demi-muids）中陳釀。

生命之源（Meursault La Sève du Clos）自2001年問世以來，品質逐年遞增。它的聲譽甚至超越酒莊的老大滴金園（La Goutte d'Or），BH分數也是前者普遍更高，成為阿諾安特酒莊的旗幟。Allen Meadows對這款酒更是不吝溢美之詞，BH的分數都在92以上，幾乎年年入選BH年度最佳酒單。

Domaine Arnaud Ente 重要葡萄園：

- Bourgogne Aligote（價格12,000元台幣）

- Bourgogne Chardonnay（價格12,000元台幣）

- Meursault（價格25,000元台幣）

- Meursault Les Petits Charrons（價格4,000元台幣）

- Meursault Clos des Ambres（價格45,000元台幣）

- Meursault Sève du Clos（價格60,000元台幣）

- Meursault 1er Cru La Goutte d'Or（價格55,000元台幣）

- Champ Gain, Puligny-Montrachet Premier Cru（價格50,000元台幣）

2019年7月3日（上海）
Meursault 品酒會──酒單：

◇ Domaine Roulot Meursault Perrieres 2000
◇ Domaine Coche-Dury Meursault 1996
◇ Domaine Arnaud Ente Meursault 2011
◇ Domaine Arnaud Ente Meursault 1er Cru La Goutte D'OR 2004
◇ Domaine Comtes Lafon Meursault Charmes 2001
◇ Domaine des Lambrays Clos des Lambrays 1985

Meursault品酒會

阿諾安特酒莊莫索生命之源

Domaine Arnaud Ente Meursault Sève du Clos 2004

ABOUT

適飲期：現在～2040
台灣市場價：60,000 元
品種：100% 夏多內（Chardonnay）
桶陳：18 個月
年產量：1,000 ～ 2,000 瓶

阿諾安特酒莊莫索金滴園

Domaine Arnaud Ente Meursault 1er Cru La
Goutte d'O 2004

ABOUT

適飲期：現在～2040
台灣市場價：55,000 元
品種：100% 夏多內（Chardonnay）
桶陳：18 個月
年產量：1,000 ～ 2,000 瓶

地址｜ 12 Rue de Mazeray, 21190 Meursault
電話｜ +33 3 80 21 66 12

DaTa

Recommendation
Wine

阿諾安特酒莊莫索琥珀園

Domaine Arnaud Ente Meursault Clos des Ambres 2004

ABOUT
適飲期：現在～2035
台灣市場價：45,000 元
品種：100% 夏多內（Chardonnay）
桶陳：18 個月
年產量：1565 瓶

🍷 品 酒 筆 記

2004年份的 Meursault Clos des Ambres 有著迷人的白
玫瑰花香，柑橘的果香，淡雅的花蜜香，還有些許奶油和礦
物，開瓶時像極了Montrachet。絕佳的細緻口感，多層次的
酸度中呈現出細膩的、綿長的、令人無法抗拒的完美演出。

🍴 建 議 搭 配

酸湯魚、清燙河蝦、潮汕蠔烙、龍蝦刺身。

★ 推 薦 菜 單　酸湯堂酌野生石斑魚

這家汕頭「吳」現代潮菜私廚確實非常突出，非常用心也很有野
心，難怪短短幾年，就拿下米其林和黑珍珠。做的菜也有別於傳統
潮汕菜，既新潮又不失風格，重點還是好吃。這道酸湯堂酌野生石
斑魚，選用的是野生石斑，新鮮又甜美，絲毫沒有土味。先用熬煮
幾小時的高湯，然後再下也生魚片川燙，放入特製的酸湯，魚片鮮
美而甘甜，Q嫩彈牙，口感滑爽，美的不得了。搭配這款高雅的琥
珀園莫索白酒（Domaine Arnaud Ente Meursault Clos des
Ambres 2004），美妙極了！琥珀園莫索白酒的酸甜細緻，帶有
礦石味的清涼，和這道野生石斑魚互相交織，相輔相成，搭配的天
衣無縫，令人忍不住，一口一口地喝下去。

「吳」現代潮菜私廚
地址｜廣東省汕頭市龍湖區天
瀾國際大廈西塔四樓

26. *Pierre-Yves*
Colin-Morey

柯林莫瑞

　　勃根地愛好者在滿天繁星中，總有一些公認的口碑品項。談到白酒，Pierre-Yves Colin-Morey（簡稱PYCM）應是誰也不能拒絕的優質選擇。皮耶‧亞維‧柯林（Pierre-Yves Colin）身為聖烏班（Saint Aubin）名家馬克柯林（Marc Colin）的長子，他自1994年起即在家裡幫忙。

　　2001年，Pierre-Yves Colin娶了卡洛琳‧莫瑞（Caroline Morey），夏山蒙哈謝（Chassagne-Montrachet）名門Jean-Marc Morey的大女兒後，兩人開始建立自己的微型酒商事業。這兩大家族本來就是白酒的第一把好手，互相結合後更是如虎添翼，最後Pierre-Yves Colin在2005年時，拿了家中6公頃持分土地開始自立門戶，PYCM也成為酒莊全名。

　　皮耶‧亞維‧柯林走上自己的路之後，釀酒技術益形精緻。他為避免白酒早熟出現的氧化問題，並沒有攪桶，也不增溫促成乳酸發酵，甚至在蠟封瓶口時，也未對瓶塞作早熟處理。相對來說，因為十分注意氧化問題，所以他的酒有時會比較還原，帶點燧石味也蠻常見。

　　PYCM有著層次豐富的果味感，明顯的礦物感與酸度給了它很好的平衡。值得一提的是，由於皮耶‧亞維‧柯林是從微型酒商出發，因此酒莊雖然有家族與妻

A．酒窖。B．Meursault 2019。C．Corton Charlemagne 2009。D．莊主。

A

B | C | D

子攜來的不少葡萄園，但他對買來的葡萄與自有葡萄均一視同仁，裝瓶標記也相同，也就是說沒有什麼酒莊酒。一般都知道他出自聖烏班，老婆來自夏山蒙哈謝，所以這兩個地方的品項，大半都是自有葡萄園。

　　至於他的騎士蒙哈謝、高登查里曼、莫索雖是買葡萄回來釀，但勃根地白酒愛好者一看到這品項，實在很難很難拒絕，特別是PYCM是如此耀眼的白酒明星，收藏絕對有增值空間。

　　如果有這麼一個題目－誰家的夏山蒙哈謝釀得像麗絲玲？很可能的答案就是近年來如日中天的名莊PYCM，這家微型精品酒莊。PYCM的品項洋洋灑灑，從大區白酒到頂尖的蒙哈謝都十分精采，特別是一系列的蒙哈謝（Montrachet、Chevalier、Bartard、Bienvenues、Criots-Batard）酒友愛不釋手。其中面積小，且市面不多見的特級園格里歐巴塔蒙哈謝（Criots-Batard Montrachet）（1.57 ha）玩家更是珍藏，畢竟它是唯一全境都在夏山蒙哈謝，又是伯恩丘最小的特級園，最小自是最難見到。

　　酒莊在聖烏班與莫索也有很好的品項，真正熱愛白酒的人不怕沒有東西可挑。它們在莫索一級園之巔，公認有特級園實力的PGC（Perrières、Genevrières、

Charmes）都有一些內行人追逐作品。這些酒風格優雅，帶礦石味而酸度清爽，果香準確迷人，飲來有層次且尾韻優長。技法上是整串葡萄榨汁並多數只用30%新桶，而且會調整比例與烘烤程度，釀酒師的心思展現無遺。

PYCM在2013年曾獲得《華爾街日報》稱為「The New Master of Affordable White Burgundies」（負擔得起的布根地白酒新宗師），但這稱號距離現在已有多年時間，如今勃根地的酒價早已一飛沖天，現在沒有什麼好價錢，唯一可能只有當時入手的酒商釋出，當然這種一次性買賣要看緣分。有人説此莊可與傳統白酒名莊寇許‧杜里、樂飛並駕齊驅，其實就風格而言差異很大，但就實力則毫無疑問，不然為何有人稱讚它家的夏山蒙哈謝可以釀得像麗絲玲？

他的第一支獨立釀造的年份是在2006年，來自鄰近夏山蒙哈謝中心的教堂的酒窖。最初的幾年所產的葡萄酒帶有自己的性格、富含濃郁度，這與他在聖烏班所釀造的風格不太一樣，在桶中時，葡萄酒的味道比較內斂，香味及果香味較少，但收尾時具有出色的深度和持久性。

PYCM的白酒如日中天，早已經是玩家們的收藏品，如果有見到Montrachet系列品項，不用懷疑，收就對了，否則等到哪天你想喝一瓶PYCM的白酒，真的就不是錢的問題了。

PYCM價格

- Montrachet（國際行情110,000台幣）
- Chevalier Montrachet（國際行情60,000台幣）
- Bartard Montrachet（國際行情50,000台幣）
- Bienvenues Bartard Montrachet（國際行情57,000台幣）
- Criots-Batard Montrachet（國際行情55,000）
- Corton Charlemagne（國際行情30,000台幣）
- Meursault Perrières（國際行情28,000台幣）
- Meursault Genevrières（國際行情19,000台幣）
- Meursault Charmes（國際行情15,000台幣）

地址｜9 rue Aligoté, 21190 Chassagne-Montrachet,
電話｜+33 3 80 21 90 10

DaTa

Recommendation
Wine

柯林莫瑞騎士蒙哈謝白酒

Pierre-Yves Colin-Morey Chevalier Montrachet 2004

ABOUT

適飲期：現在～2045
台灣市場價：70,000 台幣
品種：夏多內（Chardonnay）
橡木桶：法國橡木桶
桶陳：18 個月以上
瓶陳：6 個月
年產量：2,000 瓶

🍷 品酒筆記

2004年的騎士蒙哈謝白酒（Pierre-Yves Colin-Morey Chevalier Montrachet）是我喝過最好的騎士蒙哈謝白酒之一，散發著非常漂亮的橙花和茉莉花香、檸檬和葡萄柚、紅心芭樂，再加上奶油吐司和白脫糖。酒體濃厚，奶油爆米花，偶爾迸出一些礦石與硝石味，層次分明，充滿活力，勁道十足，餘韻悠長，實在是一款令人難忘的騎士蒙哈謝。

🍴 建議搭配

烤香魚、炒海瓜子、清蒸黃魚、桂花處女蟳。

★ 推薦菜單　大閘蟹

陽澄湖大閘蟹，本身就是一道中國最佳美味的食材，無論是蟹羹、蟹肉包、蟹餃、清蒸、甚至是蟹泥三明治……都是令人垂涎三尺。個人最喜歡在秋高氣爽中秋過後，走一趟蘇杭去嚐大閘蟹，這時候蟹最肥美。

作者曾經多次到杭州西湖邊的各著名餐廳，品嚐無數次的大閘蟹，五兩多的蟹一吃就是兩對起跳，六七兩的肥蟹更是不在話下。大閘蟹之迷人就是吃膏吃黃，既香且糜，既嫩且鮮，十指其下，食指大動，每每欲罷不能，一隻接一隻，今夕是何年？今日這款騎士蒙哈謝白酒搭配陽澄湖大閘蟹，何其妙哉？白酒中奶油香、礦石味、檸檬與葡萄柚，蟹肉蟹膏結合，唇齒留香，餘味繞樑，一邊欣賞西湖夜景、一邊品著美酒，抬頭一望，這月光如此之美，莫非是中秋佳節？

杭州西湖船上
地址｜杭州西湖包船

27. *Louis Latour*

路易拉圖酒莊

　　作為勃根地超重量級酒商,喝勃根地的朋友想要避開路易拉圖(Louis Latour)都難。這家植基於高登(Corton)山丘旁的酒莊,自1797年即開始提供穩定且出色的勃根地美酒。它始終在家族手中,目前接續了12個世代,總計有著48公頃葡萄園,還有許多長期合作的酒農。紅酒部分由特級園香貝丹與聖維望領軍,白酒部分則是高登查里曼與騎士蒙哈謝帶頭。

　　以路易拉圖的規模而言,它可以洋洋灑灑寫個幾十頁酒款介紹,但在路易拉圖正式的文字中,開場白中除了清楚講述酒莊的「皇冠」品項,另一些文字則是用來說明酒莊大本營──高登格蘭榭堡(Corton Grancey)。換句話說,如果想欣賞Louis Latour卻不知如何入手,酒莊在網站開宗明義畫上重點的品項,千萬不能錯過。

　　路易拉圖皇冠上的鑽石盡在其中,騎士蒙哈謝(Louis Latour Chevalier Montrachet Les Demoiselles 2009)、小姐園(Les Demoiselles)是位於騎士蒙哈謝最北,因曾是Voillot姊妹產業而聞名,勃根地僅兩家酒商擁有這小小地塊,細瘦均稱的型態是白酒玩家最愛之一。

　　至於比文女巴塔蒙哈謝(Louis Latour Bienvenues Batard Montrachet 1999,BBM),經過20多年的陳年,已發展出成熟的蜜桃、柑橘、楊桃、蜂蜜等韻味,這是酒莊另一款好物,掛了雙B代表它在巴塔蒙哈謝東北角。當地最主要的酒莊是樂飛與

A . 葡萄園。B . 1969年招待尼克森總統酒單。C . 百年以上酒窖。
D . 總裁Christophe Deola 品酒解說。E . 酒莊招牌。

哈蒙內,兩者的價格毫無疑問地是飛天級。

　　高登查里曼是路易拉圖的常勝軍,這也是酒莊行走汀湖的知名酒款,實力向來穩定、愛好者眾,畢竟不是人人天天喝寇許‧杜里。它與紅酒的高登格蘭榭堡都是路易拉圖的品牌代表。2019年上海進口博覽會,法國領事館用兩款紅酒來招待習近平:夜丘代表是康帝、伯恩丘代表就是高登格蘭榭堡,可見此酒地位。

　　高登(Corton Grand Cru)算是酒莊火力展示,勃根地酒莊或酒商,通常對自家根據地周圍的葡萄園掌握程度最高,不管是品質或數量,也因此路易拉圖的高登紅(Corton)雖說是特級園入門,優異的性價比讓它在同類品項中有著極成功的表現。

　　拉圖家族自17世紀以來便開始擁有與增加自有葡萄園,如今在布根地已有50公頃的葡萄園,範圍。從北部的香貝丹延伸到南邊的騎士蒙哈謝,其中有30公頃的特級葡萄園,包括0.8公頃的香貝丹、1公頃的羅曼尼-聖維望、17公頃的高登以及近9公頃的高登查理曼,並是在金丘(Cote d'Or)擁有最大比例的特級葡萄園的酒商。

　　路易拉圖所有的自有葡萄園裡所生產的葡萄,皆在阿羅斯-高登(Aloxe-Corton)

的高登格蘭樹堡裡的酒窖釀製與陳年。這是法國第一個依功能性建造的酒窖，仍維持傳統的運作方式，為固守傳統，至今路易拉圖所有自有葡萄園的酒全部使用人工踩皮，另一特色是紅酒較少使用新橡木桶陳年，而新橡木桶則用於白酒，一兩年後再使用於紅酒，與某些布根地酒廠方式相反。種種堅持，使路易拉圖白酒富有濃郁的果味與香草、榛果等香氣，紅酒則口感圓潤豐富。

路易拉圖自第三代掌門人起，便是許多王公貴族的最愛，在世界各大高級飯店與餐廳，如巴黎蒙地卡羅（Monte Carlo's）飯店、日內瓦Le Beau-Rivage、巴黎麗池飯店（The Paris Ritz）的酒單上都看得到路易拉圖，更榮選為2008年G8高峰會指定用酒，是您不容錯過的布根地名廠。

2023年5月30日作者曾帶一團義法酒莊之旅來到路易拉圖酒莊拜訪，受到總裁克里斯多佛·迪歐拉（Christophe Deola）先生的親自接待。一開始就先讓我們品飲七款美酒，其中包含2020年的高登查理曼特級園白和高登格蘭樹堡紅酒，而且由迪歐拉總裁親自講解。試完酒後由酒莊的行銷經理帶我們參觀百年以上的酒窖，整團的團員看完以後，驚呼連連，這座百年酒窖簡直就是個寶庫，藏著一百多年的酒，其中包含1870年的高登紅酒（Corton），行銷經理還特別告訴說，上個月她們才喝過從酒窖取出來的1945年的騎士蒙哈謝小姐園（Chevalier Montrachet Les Demoiselles），真是令人羨慕。參觀完酒窖，時間已是中午，路易拉圖酒莊早已安排我們在他們私人的VIP招待所用餐，受到這樣貴賓級的款待，團員們都非常的開心。酒莊的用心與貼心，讓我們賓至如歸，尤其掛在牆壁上的招待名單與酒單，更讓我們驚訝不已，赫然看見有英國女王和美國尼克森總統，原來這個餐廳曾經招待過世界各國元首，我們實在是備感榮幸。

疫情期間作者曾主辦視訊路易拉圖品酒會——酒單：

◇ Louis Latour Corton Charlemagne 2017
◇ Louis Latour Bienvenues Batard Montrachet 1999
◇ Louis Latour Chevalier Montrachet Les Demoiselles 2009
◇ Louis Latour Montrachet 2013
◇ Louis Latour Château Corton Grance Grand Cru 2013
◇ Louis Latour Chambertin "Cuvee Heritiers Latour "Grand Cru 2013

品酒會酒款

地址｜18 Rue des Tonneliers, 21200 Beaune
電話｜+33 3 80 24 81 00
備註｜必須預約

DaTa

路易拉圖騎士蒙哈謝小姐園

Louis Latour Chevalier Montrachet Les Demoiselles 2009

ABOUT
適飲期：現在～2040
台灣市場價：16,000 台幣
品種：夏多內（Chardonnay）
橡木桶：法國橡木桶
桶陳：18 個月以上
瓶陳：6 個月
年產量：6,000 瓶

品酒筆記

2009年路易拉圖騎士蒙哈謝小姐園表現非常出色，從杯中飄出油蠟檸檬皮、白花、橙皮和優雅的新橡木香氣。口感上，這款酒酒體飽滿，結構豐富，層次豐富，具有令人期待的深度和濃度，並非常平衡。如果這些高尚品質都能一一展現，那麼它將是一款值得期待的白酒。易拉圖騎士蒙哈謝小姐園白酒，仍然是代表酒莊的旗艦酒款，在勃根地只有兩家擁有，別無分號。

建議搭配

烤花枝、清燙軟絲、油爆蝦、鮪魚生魚片。

★ 推薦菜單　熟嗆小海鮮

這道小海鮮拼盤，確實豐富又有趣。盤中放著色彩繽紛的海鮮，班節蝦、小魷魚、鮑魚、淡菜，以涼菜的方式呈現，色香味俱全。
上海路哥在菁禧會已經辦了不少場的品酒會，最主要原因是有侍酒師大師呂楊訓練的團隊侍酒服務，杯子夠、侍酒師夠水平、菜品也出色、環境也好，這就是喝好酒的好地方。這道熟嗆小海鮮也沒有常出現，我個人很愛這樣的下酒菜，雖不是什麼大菜，但新鮮美味，色彩豐富，看了就很想來一杯白酒嚐嚐。

菁禧薈潮菜
地址｜上海市靜安區南京西路
1225 號錦昌文華廣場四樓

28. Domaine
Rene Engel
（已改為 Domaine d'Eugenie)

雷內安傑酒莊

　　1981年，26歲的飛利浦安傑（Philippe Engel）從英年早逝的父親皮耶安傑（Pierre Engel）手中接過酒莊，並受到祖父雷內安傑（Rene Engel）的指導。雷內安傑是勃根地的傳奇人物，他年輕時曾在勃根地大學任教，正是在他的幫助和鼓勵下，年輕的亨利·賈爺才獲得在勃根地大學學習釀酒的機會，最終成就了勃根地的一代酒神。飛利浦安傑非常幸運，他在接手酒莊伊始就得到晚年的祖父雷內安傑的幫助，此外他和賈爺一直保持著非常好的關係，正是由於這些原因，雷內安傑酒莊（Domaine Rene Engel，簡稱RE）在上世紀90年代初期的作品就達到了一個巔峰。 在酒窖裡，飛利浦安傑堅持最少量原則，他傾向於讓葡萄果實表達自然的果香，而非過度萃取；在使用橡木桶方面極為謹小慎微，即便特級園也很少超過50%新橡木桶。RE的葡萄酒在年輕的時候表現得很容易接近，但令人感到不可思議的是，它們具有非常好的陳年潛力。酒莊的兩個巔峰年份是1992年和1993年，這段時期飛利浦安傑擁有最佳的身體和精神狀態。

　　雷內安傑出生於1894年，14歲就前往伯恩就讀種植學，之後便在家族的酒莊

```
        A       A. 作者收藏的RE老年份。B. 第一個裝瓶的年份Grands Echezeaux 1988。
  B  C  D  E    C. Grands Echezeaux 2003。D. Echezeaux 1998。E. Domaine d'Eugenie
                Echezeaux 2011。
```

工作。雷內安傑母親的第二任丈夫是來自勃根地最大的酒商之一Faiveley（飛復萊），飛復萊家族在Vosne村也擁有不少「良田」，雷內安傑因此得到了不少Vosne-Romanee（沃恩羅曼尼）的葡萄園。酒莊最鼎盛時期，擁有近15公頃的葡萄園。

　　RE酒莊是金丘地區最兢兢業業的生產商之一，費盡心思只為生產品質更佳的葡萄酒。要知道在那個時候，並沒有太多的科學儀器及研究專注於葡萄的種植和釀酒，更多的是傳承下來的經驗。1934年，雷內安傑和他的朋友Camille Rodier和Jacques Prieur創建了如今極具影響力的品酒騎士會（Confrerie des Chevaliers du Tastevin），總部位於伏舊城堡（Château du Clos de Vougeot）。

　　1949年雷內安傑準備讓他的兒子皮耶接管酒莊。皮耶在釀酒理念和管理方法上與他「半退休」的父親有較大的衝突。1970年，皮耶生病，酒莊幾乎處於無人管

理的狀況。更不幸的是，皮耶英年早逝，比他的父親還早去世5年。他留下了兩個兒子和兩個女兒，但卻只有1人有興趣繼承家族的酒莊事業，他就是出生於1955年的飛利浦。

飛利浦在他的父親去世之後就前往伯恩著名的葡萄酒學校Lycee Viticole學習釀酒知識，在26歲的時候開始正式承擔起酒莊的經營和管理重任。最初，酒莊的葡萄酒都是以桶裝銷售給酒商，比如皮耶去世的時候，所有的葡萄酒都銷售給酒商Moillard。直到1988年，酒莊才開始獨立裝瓶，所以RE酒莊第一個年份是1988。

飛利浦足足花了十年以上的時間，逐漸將RE酒莊提升到沃恩羅曼尼村一線生產商的行列。2006年，也就是飛利浦去世之後的第二年，由於家族下一代無人繼承酒莊，波爾多拉圖莊的擁有者億萬富翁佛朗索瓦‧皮納特（Francois Pinault）以1,300萬歐元（相當於四億五千五百萬元新台幣）的價格買下了RE，並以其曾祖母的名字重新命名酒莊，從此RE退出歷史的舞台，尤金妮酒莊（Domaine d'Eugenie）誕生。

皮納特大手筆購入勃根地最精華村的名莊，著實在當地的小酒農圈子裡面引來不小的震動。不僅如此，皮納特更帶來了拉圖酒莊(Ch.Latour)的釀酒團隊，來自拉圖酒莊的釀酒總監佛萊德里克‧安吉瑞爾（Frederic Engerer）負責新酒莊的管理。

2009年尤金妮酒莊開始在兩個地塊嘗試生物動力法，並決定將在未來的幾年裡全面推行。所有的葡萄採收之後先在葡萄園中分揀，之後在酒窖進行二次篩選，目的是為了將所有不成熟及品質不佳的葡萄排除在外。所有的葡萄都去梗，但是近年來尤金妮酒莊開始嘗試部分保留梗，為了加強酒體的架構和單寧。█

RE酒莊原擁有約6公頃葡萄園，出產的五款葡萄酒分別為：

- Vosne-Romanée（2.5公頃）
- Vosne-Romanée 1er cru Les Brûlées（1.05 公頃）（老藤，最年輕藤1956年種植）
- Echézeaux Grand Cru（0.55 公頃）
- Clos de Vougeot Grand Cru（1.37公頃）
- Grands Echézeaux（0.5公頃）

特級園Echezeaux的葡萄藤種植於1929年，80多年的超級老藤賦予了其飽滿的酒體，Grands Echezeaux則更為優雅。酒莊在Echezeaux的地塊位於犄角園附近，靠近特級園Musigny的南邊，香味綻放，充滿黑果的味道，富有架構且餘味悠長。Grands Echezeaux的地塊則是靠近Clos de Vougeot伏舊園的東南邊，極為優雅、質地細膩順滑，這個地塊的葡萄藤絕大部分種植於1984年，因此隨著時間的推移，這個地塊的品質將逐年上升。

尤金妮酒莊最佳的作品來自特級園伏舊Clos de Vougeot，約1.37公頃，大部分

的葡萄藤種植於1949年。盡管伏舊面積很大，且評價褒貶不一，但是伏舊園內靠近城堡部分的葡萄園是公認的優秀風土，被Clive Coates評定為三星園。尤金妮酒莊位於伏舊園的地塊即伏舊城堡附近，由此釀製而成葡萄酒擁有Echezeaux的架構和Grands Echezeaux的優雅，可以說是這個特級園的最佳代表。

RE酒莊價格：

- Vosne-Romanée 1er cru Les Brûlées 國際行情30,000台幣

- Echézeaux Grand Cru 國際行情50,000台幣

- Clos de Vougeot Grand Cru國際行情50,000台幣

- Grands Echézeaux Grand Cru國際行情60,000台幣

作者近幾次喝過RE的酒

2018年9月12日（上海7號私廚）品酒會——酒單：

◇ Salon Blanc de Blancs 1997
◇ Bollinger V.V. Francaises 2000
◇ Dom Pérignon Oenothèque 1996
◇ Jacques Prieur Montrachet 2003
◇ d'Auvenay Puligny Montrachet Folatières 1998
◇ Rene Engle Clos de Vougeot 1993
◇ Leroy Latricieres Chambertin 1992
◇ Emmanuel Rouget Vosne Romanée Cros Parantoux 2003
◇ Meo-Camuzet Vosne Romanée Cros Parantoux 2007
◇ DRC Grands Echézeaux 1999
◇ Screaming Eagle 2008

2018年9月12日品酒會酒款

2020年12月5日（台南皇冠假日酒店）品酒會——酒單：

◇ Leroy Meursault Perrieres 2005
◇ Rene Engle Echezeaux 1998
◇ Emmanuel Rouget Echezeaux 1997
◇ Jacques Prieur Musigny 1993
◇ Claude Dugat Criotte-Chambertin 1995
◇ Armand Rousseau Clos de la Roche 1999

2020年12月5日品酒會酒款

2023年3月21日（台北成海壽司）品酒會——酒單：

◇ Dom Perignon 2012
◇ Leroy Corton Charlemagne 2008
◇ Dujac Chambertin 2006
◇ Tortochot Chambertin 1990
◇ Rene Engle Grands Echezeaux 1988
◇ Ch.Mouton 1996
◇ Vega Sicilia Unico 1986
◇ Ch.Angelus 2006

2023年6月29日（上海南麓薈館）品酒會——酒款：

◇ Joseph Drouhin Montrachet 1993
◇ Rene Engle Grands Echezeaux 2003
◇ Emmanuel Rouget Echezeaux 1998
◇ Jean Grivot Richebourg 2003

2023年3月21日品酒會酒款

2023年6月29日品酒會酒款

DaTa

地址｜ 14 Rue de la Goillotte, 21700 Vosne-
　　　Romanée
電話｜ +33 3 80 61 10 54

Recommendation
Wine

雷內安傑伏舊園

Rene Engle Clos de Vougeot 1993

ABOUT
適飲期：現在～2035
台灣市場價：80,000 元
品種：黑皮諾（Pinot Noir）
橡木桶：法國橡木桶
桶陳：12 個月以上
瓶陳：12 個月
年產量：5,000 瓶

🍷 品 酒 筆 記
淺紅的淡雅酒色中帶著濃郁的櫻桃、菸絲、肉桂、丁香、薄荷及煙燻的味道，酒體宏偉、絲滑圓潤，礦物中帶著些許硝石味，變化綿綿不斷、層層疊疊、高潮迭起。此酒經多年久陳後，現已顯得相當醇厚細膩，其複雜度，更像是我喝的紅頭 Leroy Clos de Vougeot 那般迷人！

🍴 建 議 搭 配
北京烤鴨、油雞、燒鵝、乳鴿。

★ 推 薦 菜 單 蔥燒杜望佛跳牆 ————

蔥燒杜望佛跳牆的食材，第一個就是溪鰻，溪裡面的鰻魚，有流水差，所以鰻魚都在活動，它的肉質比較好。溪裡的水比較清，比較乾淨，因此溪鰻的肉質比較好、比較清爽。加上溪裡鰻魚本身的魚味比較清淡，所以要用蔥燒的方法去突出其醬香味、濃稠味，鰻魚肉質就會很細膩又肥美。然後加上我們用北方的一個蔥燒遼參製作，結合蔥香味蔥燒味燒出來，海參選用的是日本海參，日本海參和溪鰻加在一起，這兩道菜的結合，就是最完美的組合，有如福州佛跳牆般的精采。

海參與鰻魚的蔥燒結合做法，凸顯了高級食材的重要性與創意。兩者都是細緻而糯密的肉質，搭配這款RE老年份伏舊園紅酒，紅酒中的新鮮水果、香料、薄荷、菸絲，正好與蔥燒的濃醬味結合，散發出難以形容的美味，互不侵犯，反而將紅酒提升至最高層次的境界。

新榮記餐廳（寧波店）
地址｜浙江省寧波市福明街道松
　　　下街 223 號寧波國華金融
　　　大廈 2 層 2-5

29. Pétrus

柏圖斯酒莊

　　提起波爾多的酒，柏圖斯酒莊（Pétrus）絕對是大家公認最好的酒，這一點從來沒有人可以否認。柏圖斯酒莊是怎樣的一個酒莊？大家都非常的好奇，很多人或許聽過他的大名，但從未嚐過他的酒，或許是因為產量太少了，或許是價格太高了。「Pétrus」甚至沒有一座高聳偉大的城堡，酒莊的名字也沒有冠以城堡（Château），可見當時只是個無名小卒，如今卻一躍成為波爾多九大酒莊之首，這樣一段傳奇故事值得我們來說說。

　　「Pétrus」在拉丁文中的意思便是「彼得」，聖彼得手中的鑰匙彷彿為葡萄酒愛好者們打開了通往美酒天堂的大門。酒莊當初為何取名「Pétrus」？至今仍然沒有正確答案，這些謎題只好留待後人去揭開。酒莊最先出現於1837年，當時屬於阿納（Arnaud）家族，該家族自18世紀中葉起便擁有了酒莊。所以在最初的一些年份中，酒標上還標注著柏圖斯阿納（Pétrus-Arnaud）的名字。

　　1925年柏圖斯傳到艾德蒙·魯芭夫人（Madame Edmond Loubat），她花了將近20年的時間成為了柏圖斯真正的女主人，她想盡辦法讓柏圖斯在上流社會高度曝光。在伊麗莎白女皇二世的婚禮上，魯芭夫人將柏圖斯放到這場世紀婚宴，讓上流貴族們認識到了柏圖斯的魅力，柏圖斯也成功打開了英國皇室的大門。隨

A
B | C | D

A . 酒莊門口。B . 酒莊外保護神和寫有Pétrus字是遊客駐足的地點。
C . Pétrus &Le Pin品酒會。D . 在酒莊喝的1979 Pétrus大瓶裝。

後，魯芭夫人又不在伊麗莎白二世於白金漢宮的加冕典禮上獻上了一箱柏圖斯作為賀禮。之後，在倫敦所有高級餐廳的酒單上都能見到柏圖斯，讓不少名流貴婦瘋狂追逐。

　　1961年魯芭夫人仙逝後，她把酒莊繼承權分為三份，留給外甥女拉寇斯特（Lacoste）、外甥力格納克（Lignac）和負責酒莊銷售的酒商尚一皮爾·木艾（Jean-Pierre Moueix）。木艾家族在1964年購買了力格納克的股份，成為酒莊的大股東。木艾馬上將柏圖斯推向了美國白宮，酒款深得當時美國總統甘迺迪家族的喜愛，在美國倡導法國時尚的賈桂琳·甘迺迪將柏圖斯引薦進入美國名流圈，柏圖斯酒莊立即成為美國名流社交界追逐的奢侈品。

　　柏圖斯酒莊原來葡萄園的面積僅有16英畝，1969年購買了12英畝柏圖斯酒莊的

葡萄園。

鄰居嘉興酒莊（Gazin）的一部分，使葡萄園的面積進一步擴大。20世紀40年代之前，柏圖斯酒莊一直默默無名，1953年以後買了波美侯（Pomerol）著名的當卓龍堡（Trotanoy）、拉弗勒柏圖斯堡（La Fleur Pétrus）和柏圖斯，直到2002年才全買下全部股權，成為真正的莊主。

柏圖斯酒莊擁有11.5公頃的葡萄園，園內土壤表層是純粘土，下面為一層陶土，更深一層則是含鐵量很高的石灰土，並有良好的排水系統。所種植的葡萄品種以美洛（Merlot）為主，約占95%；剩餘的5%為卡本內弗朗（Cabernet Franc）。由於卡本內弗朗成熟較早，所以除非年份特別好，柏圖斯酒莊一般不用來釀酒。酒莊在葡萄園的更新上採取較傳統的方式，即通過品選，以品質最優的葡萄藤作為「母株」，這和1946年康帝酒莊（Romanée-Conti）剷除老根時的方法是一樣的。葡萄園也採取嚴格的「控果」，每株保留幾個芽眼，每個芽眼僅留下一串葡萄，目標是全熟，但避免超熟，否則即會影響葡萄酒細膩的風味。

在波爾多九大酒莊中，只有柏圖斯一家酒莊不生產副牌酒。柏圖斯酒莊非常重視品質，只選用最好的葡萄，在不好的年份絕對不出品，如1991年就沒有上市。在採摘的時候，柏圖斯酒莊的空中會有一架直升機在葡萄園上方盤旋，來回巡視著整個葡萄園。因為在缺乏風和陽光的時候，直升機螺旋槳產生的風力把葡萄吹乾後才進行採摘。隨後，酒莊主人、釀酒師、採摘葡萄的工人及酒莊員工會一同享用一頓豐盛的午餐，當葡萄上的露水和霧氣統統消散後，採摘的工程就開始了。採收時的景象也頗為壯觀，酒莊會出動200位工人對葡萄進行精挑細選，在日

落之前將所有的葡萄都採摘完畢。柏圖斯盡快迅速完成採收是讓葡萄有新鮮度可以維持酒體的清新，而不希望較晚採收的葡萄釀成酒後酸度過高產生梅子和太多的蜜餞味道。

美國《葡萄酒觀察家》雜誌在1999年選出上個世紀最好的十二款夢幻酒，1961年份的柏圖斯就是其中之一。歐洲高端葡萄酒雜誌《Fine Wine》曾在2007年出版了一部《有史以來最好的1000支葡萄酒》，該書便以1961年份的柏圖斯作為封面。1998年份帕圖斯也是英國《品醇客》雜誌「此生必喝的100支葡萄酒」之一。《品醇客》曾這樣形容：「也許是世界上最有個性的一支葡萄酒，我們可以選擇許許多多年份的柏圖斯（1982、1989、1990），但我們所迷戀的奇蹟，仍然是1998年沉重的，味道是那種永遠不會消失的異國情調深度。」世界最著名的酒評家派克對2000年份的柏圖斯形容更絕：「顏色是近乎於墨黑的深紫色，紫色的邊緣。香氣徐徐飄來，幾分鐘之後開始轟鳴，呈現煙燻香和黑莓、櫻桃、甘草的香氣，還有明顯的松露和樹木的氣息。味覺上使人聯想到年份波特酒，成熟得非常好，架構宏大，酒體豐厚，餘韻持續長達65秒。這是另一款可以列入柏圖斯歷史的絕代佳釀。」對1945年份曾這樣寫到：「此酒入口，就好像在品嚐美洛的精華。」值得一提的是，柏圖斯酒莊莊主木艾先生2008年曾獲得《品醇客》年度貢獻獎，可說是實至名歸。

柏圖斯號稱是波爾多酒王，價錢有多高？2013年11月21日，在Bonhams葡萄酒拍賣公司在香港拍賣會上，兩瓶1961年1.5L裝Pétrus以306,250港幣（相當於1,163,750台幣）的天價成交。在2008年的倫敦拍賣會上，一瓶1945年份的1.5公升裝柏圖斯拍出了20,000歐元（相當於760,000元台幣）。我們再來看看他的分數如何？派克總共打了九次100滿分，分別是：1921、1929、1947、1961、1989、1990、2000、2009和2010。打99分的有：1950、1964、1967、1970。WS的最高分是1989年份和2005年份的100分。1950、1998和2009的99分。真是成績

左：酒莊。
右：作者和Pétrus莊主Moueix合影。

斐然，傲視群雄。柏圖斯每一瓶上市價都要台幣60,000元起跳，依分數而定，1989、1990和2000三個100分年份大概要150,000台幣以上一瓶，不是一般人能買得起。新年份2015&2016價格約180,000一瓶。2020年份約170,000元左右。

另外我們要介紹一家和Pétrus有關的餐廳；餐廳名字就是「Pétrus」。2000年8月，Pétrus餐廳被美國《HOTELS》雜誌評為過去十年全球五間最佳酒店餐廳之一，是亞太區唯一入選的酒店餐廳。香港人帶朋友去「Pétrus」餐廳喝Pétrus那可是最高級的待客之道。Pétrus餐廳是亞洲Pétrus葡萄酒藏量最多的餐廳，將近有40個不同年份的Pétrus都可以在這裡找到，最老的年份是1928年份的1.5公升大瓶裝。酒店地址：香港金鐘道88號太古廣場二座港島香格里拉酒店56樓。

來自英國《每日電訊》的報導，2008年2月，兩個英國人在倫敦一家高級餐廳點了一瓶1961年份的柏圖斯，卻發現酒塞上沒有年份和酒莊標誌，他們很快懷疑這瓶酒是個山寨版。

教你幾招判斷柏圖斯是不是山寨版：

酒 標
柏圖斯酒莊使用UV光防偽技術，通過紫外線能夠辨認出每瓶酒的獨立號碼。1999年之後的柏圖斯酒標上也出現了細微的不同之處，聖彼得頭像拿著通往天堂之門的鑰匙，把酒瓶稍稍移動，在燈光的照射下，聖彼得心口上會出現閃閃發光的梅花圖案。

酒 瓶
柏圖斯酒莊從1997年開始，酒瓶上印有凸出的「Pétrus」字樣。假如你1997年之後買的酒款沒有凸出的「Pétrus」字樣，那麼這酒就是山寨版了。

酒 塞
柏圖斯酒塞的一面印有酒款的當年份，另一面則是印有「Pétrus」的緞帶蓋在兩把鑰匙上。

封 籤
封籤為紅色，鋁片上壓製有「Pétrus」和「POMEROL」的字母，同樣刻有柏圖斯的標誌。印有「Pétrus」的緞帶蓋在兩把鑰匙上。

地址｜ Pétrus, 33500 Pomerol, France
電話｜ +33 05 57 51 78 96
傳真｜ +33 05 57 51 79 79
網站｜ www.moueix.com
備註｜參觀前必須預約，並且只對與本公司有貿易往來的專業人士開放。

柏圖斯酒莊

Pétrus 1989

ABOUT
分數：RP 100、WS 100
適飲期：2015 ～ 2045
台灣市場價：180,000 元
品種：100% 美洛（Merlot）
木桶：100% 法國新橡木桶
桶陳：20 個月
瓶陳：6 個月
年產量：30,000 瓶

品酒筆記

哇哇哇！這支1989年的柏圖斯竟然是少數雙100分的酒款（RP 100，WS 100），難上加難，好上加好。這是值得討論的，1989年和1990年到底哪一個年份好？目前還沒有定論，但是1989年份的柏圖斯得到兩個酒評的100分就是證明。同時他們也是國際買家現在的寵兒，雖然是億萬富翁收藏的美酒，但是只有愛好者才會去喝它，以他現在的價格來說。這支酒仍然是年輕的紅寶石帶紫色的顏色，味道非常濃郁，香氣集中，均衡和諧，單寧細緻。甜美的黑樹莓、熟透黑櫻桃和黑醋栗交織出動人的音符，散發出濃厚的甘草，松露和椰子烤麵包、橡木、煙絲、濃縮咖啡的香味。有如魔術師一般，你想要什麼就能變出什麼，太神奇了！這樣複雜多變、華麗閃亮、豐富醇厚，肥碩濃稠，有如一場拉斯維加斯的大秀，令人目不暇給。太棒了！言語無法形容，天上的蟠桃下凡來。

建議搭配

東坡肉、烤羊排、北京烤鴨、煙燻鵝肉。

★ 推薦菜單　上海生煎包

上海人管生煎叫「生煎饅頭」，在上海已有上百年的歷史。一百多年前，上海的茶館在提供茶水也兼營生煎饅頭。上海生煎包外皮底部煎得金黃色，上面再放點芝麻、香蔥。剛出鍋熱騰騰，輕咬一口滿嘴湯汁，肉餡鮮嫩，芝麻與細蔥香氣四溢。今天這款完美的紅酒本該單喝，不需要任何食物來搭配，不論用哪道菜來搭都無法達到圓滿，反而會破壞這支雙100分的芬芳。會用這道上海點心來襯托，最主要是先填飽肚子，讓肚子不至於胃酸過多影響心情，或者是餓的發昏沒有精神，有點像是西方的麵包先墊墊底，然後再細細品味這款絕世美酒。吃完生煎包，漱口水，就可以開始靜靜的享受這款永不復返的頂級珍釀。

皇朝尊會
地址｜上海市長寧區延安西路
1116 號

30. Le Pin

樂邦酒莊

　　一直被譽為「車庫酒」代表的樂邦（Le Pin），在波爾多眾明星中有著極其特殊的地位。一方面它的分數曾達到無可超越的100滿分，另一方面它的價格也傲笑五大酒莊，甚至整個波爾多。

　　在講究出身，依門戶排字論輩的波爾多，想要有如此地位，樂邦只能說是一個天作之合。這間位在玻美侯的迷你酒莊，說實在僅是一間小屋，名字來自屋前的一排松樹（Pine Tree），比起其它波爾多名莊漫長而輝煌的歷史，它不但連個「城堡」都沒有，第一個年份更是屬於近代的1979年，當時酒評家根本未入眼中，連續幾個年份都乏人問津，評價也乏善可陳。

　　不過右岸名家田鵬（Thienpont）家族在1979年收進此莊後，當時僅有1公頃的樂邦，因為過去不願花錢購買肥料，反而意外促成樂邦的有機葡萄園。當然，此莊90年代氣勢如虹並非因為標榜有機，而是以派克為首的酒評家屢屢給出滿分，以致於年產量僅600～700箱的樂邦價格噴飛，完全脫離既有的波爾多「秩序」。一些在地的經典生產者，從不認為此酒是波爾多的「典型」代表，自位階到價格都不是！

A | A . 樂邦酒莊。B . 作者Le Pin收藏。C . Le Pin 第一個年份1979。
B | C

　　此酒以美洛為主，卡本內弗朗視情況增加，毫無疑問是波爾多右岸風格，玻美侯特徵也盡在其內，但有幸得嚐的酒友，均對它精巧特質讚賞不已，因為就右岸眾多高分名酒而言，樂邦相對細秀，這可是要花上一筆錢才能體認的訊息。

　　做為一個波爾多最貴也最難喝到的酒，當然樂邦也絕非浪得虛名。自1979年首釀年份開始，就是收藏家們每年必收的酒款，年產量只有3,000～6,000瓶，和勃根地酒王康帝DRC一樣少，但喝到的機會可能更少，因為一上市，就已經被英美收藏家攔截至酒窖中躺平，從此不見天日。

　　當然喝酒的人都不是傻瓜，酒貴還得有本事，1995年由德國十位收藏家和一位新加坡醫生收藏家，同時也是我的好友N.K.Yong，對13個年份（1979～1990，加上1992，因為1991 Pétrus 沒生產）的Le Pin 和Pétrus 作盲品對決，結果有9個年份Le Pin 勝出，幾乎是壓倒性的勝利。

2023年1月6日品酒會

2023年1月6日品酒會
Le Pin & Pétrus對決 —— 酒單：

◇ Haut Brion Blanc 2005（WS 100、RP 99）
◇ Le Pin 1979（首釀年份）
◇ Le Pin 1987
◇ Le Pin 1988
◇ Le Pin 1996
◇ Pétrus 1978
◇ Pétrus 1987
◇ Pétrus 1988
◇ Pétrus 1996

作者品評：

生命是活出來的，人生不會重來，錯過就不會再來了，一定要好好珍惜每一次相會。

波爾多倚天劍和屠龍刀同時出現都已經很難了，何況是Pétrus & Le Pin各四個年份同時PK，在全世界也很難看到。

Pétrus 1996和Le Pin 1996表現超水準，絕對是波爾多最佳選手，可媲美Mouton 1945、Haut Brion 1945、Latour 1961、Pétrus 1961、Latour 1982、Mouton 1982。兩款1988也不差，最難得的是波爾多爛年份的1987，還能有精采的演出，不得不相信兩款酒王的陳年實力。第一款Haut Brion 2001白酒，陳年20年以後，無可挑剔的好喝，從頭到尾，聞啊聞，就捨不得喝完。

釋迦牟尼說的一句，無論你遇見誰，他都是你生命當中該出現的人，絕非偶然，他一定會教會你一些什麼？所以我也始終相信，無論我走到哪里，那都是我該去的地方，經歷該經歷的事，遇見該遇見的人。

2022年2月23日（Tutto Bello）
Le Pin 1989&Pétrus 1989 —— 酒單：

◇ Dom 1982
◇ Haut Brion Blanc 2001
◇ Cheval Blanc 1982
◇ Ausone 1982
◇ Le Pin 1989
◇ Pétrus 1989

2022年2月23日品酒會   2022年9月24日品酒會

作者品評：

全程盲飲。

從頭到尾只對一題，怪就怪Cheval Blanc 1982表現太好了，再怪Le Pin喝太少了，還要怪自己學藝不精，技不如人，慚愧！

當晚我的排名Cheval Blanc 1982兩輪都得第一名，第二輪Le Pin 1989就跳出來，整個醒開，魅力無法擋。

當天我請主人下午三點就開始醒酒，因為每一瓶保存都很好，所以從82香檳、Haut Brion白酒2001、到紅酒整體表現都棒極了，很成功的盲飲會。

如果沒有喝過很多次Le Pin，不要告訴我你很了解波爾多，如果沒有喝過很多好的老年份，也請你不要說勃根地一定比波爾多好。

只要相信，就會喝到。

2022年9月24日
紅廚Le Pin 對決Pétrus —— 酒單：

◇ Cristal Rose Champagne 2000（1.5L）（水晶）
◇ Domaine Roulot Meursault Les Meix Chavaux 2016（1.5L）
◇ Domaine Arnaud Ente Meursault 2013
◇ Pétrus 1986
◇ Le Pin 1986
◇ Ausone 1986
◇ Chavel Blanc 1986（1.5L）
◇ Robert Weil Kiedricher Grafenberg TBA 1992（750ml）（作者加碼酒）

作者品評：

品味是可以學習的。我喝故我在，我講故我在，我寫故我在。

疫情改變了對人生的看法，很多珍貴的東西都已經不是錢可以衡量的，就像酒。關於酒，現在的我，有另一種看法，喝好酒、喝貴的酒、不如喝稀有而且喝不到的酒，昨晚和酒友分享多年來的心得。

就如Le Pin，全波爾多最難喝到的一款酒，以均價來說，比Pétrus 還貴，尤其是1982年這樣的世紀年份，行情都在30～40萬之間，這也就是常常有人辦1982年的左岸五大或右岸的四款A級+Pétrus，但總是不見Le Pin 1982，實在是太少又太貴了。

繼上次1982的右岸四大天王對決後，黃老師再邀請北中南酒友來到台北的紅廚義大利餐廳一起品嚐1986年的四大天王，我還特別請餐廳進了一隻風乾金標48個月西班牙伊比利火腿，為大家加菜。

支支精采，都是獨當一面的主角，無論是香檳、白酒、紅酒、甜酒，都是一時之選。

Domaine Roulot 的Meursault 怎麼可以做得那麼好、那麼空靈、那麼仙風道骨、那麼純淨，還好今天喝的是大瓶裝的1.5L，否則怎麼夠？

讓我又重新看到《羅馬假期》裡奧黛麗赫本的純真模樣。

一場盛宴需要天時地利人和。如果還有明天，你將怎樣妝扮你的臉？

特別
推薦

樂邦酒莊

Le Pin 1990

ABOUT
分數：WA 98
適飲期：現在～2060
台灣市場價：160,000 元
品種：95% 的美洛（Merlot）、5% 卡本內蘇維翁
（Cabernet Franc）
木桶：100% 法國新橡木桶
桶陳：18 ～ 24 月
瓶陳：6 個月
年產量：6,000 瓶

地址｜ 11 Rue la Fontaine, 33500 Pomerol
電話｜ +33 (0) 5 5750 2938

DaTa

樂邦酒莊

Le Pin 1982

ABOUT

分數：WA 100
適飲期：現在～2040
台灣市場價：200,000 元
品種：95% 的美洛（Merlot）、5% 卡本內蘇維翁（Cabernet Franc）
木桶：100% 法國新橡木桶
桶陳：18 ～ 24 月
瓶陳：6 個月
年產量：6,000 瓶

🍷 品酒筆記

深邃的紅寶石紫色，交織着礦物、石墨、桑子、黑加侖子、焦糖和煙草的芳香。口感非常輕盈，一層接一層的豐腴果香在口中縈繞。迷人，準確，濃郁，簡直天衣無縫酒一入口優雅而細緻，令人印象深刻。在口中每個角落分布的是；黑莓，烤橡木、黑醋栗，甘草，雪茄盒、煙燻、新鮮皮革，和各式香料，層出不窮的香味一直擴散在整個口腔中，香氣可達60秒以上。上天的傑作，難怪派克給了完美的滿分。

🍴 建議搭配

烤羊排、香酥肥鴨、紅燒獅子頭、乳鴿。

★ 推薦菜單　棗蓉起片蒸水鴨仔

這道順德菜我是第一次嚐到，非常的特殊，大江南北吃過這麼多的鴨肉做法，這次最印象深刻。棗蓉本身稍帶酸甜的柑橘香味，融入原有鴨肉蒸出來的香味，讓鴨肉的香味再往上提升，吃起來肉質滑嫩有嚼勁，還有清淡的棗蓉特有的酸甜柑橘味，吃多也不會油膩，越吃越香。樂邦1982是一款頂尖美酒，絕不輸給82年份幾個滿分的酒莊，如木桐、拉圖、柏圖斯等經典酒款。配上鮮香的鴨肉，樂邦細緻高貴的單寧，馬上顯露無遺，既獨特又迷人。如果您有時間，得慢慢品嚐這款酒的變化層次，最好是四個小時以上。

尚一翅
地址｜廣東省佛山市順德區蘇崗新村六巷 10 號鋪號

31. Château
Lafleur

花堡

　　若從義譯，拉弗爾堡亦可稱為「花堡」。柏美洛區以前有許多地方都以此為名——包括今日的帕圖斯，今竟有十多個古堡冠上「拉弗爾」(La Fleur)之名。甚至在波爾多的聖特美濃區亦有一個頂級的酒園也稱為「拉弗爾堡」(Château La-Fleur-Pétrus)與「拉‧弗爾‧嘉興」(Château La-Fleur-Gazin)，都是彼此不同，也都是極好的酒園。當然，卓然出眾的首推位於帕圖斯北邊二百公尺的花堡(Château Lafleur)。

　　1981年，一位以前在帕圖斯木艾家族擔任釀酒師的巴洛特(Jean-Claude Barrouet)應邀前來整頓，將帕圖斯成功的訣竅移轉到花堡，並且儘量發揮花堡原有的特質，終使花堡如浴火鳳凰般的重生。

　　本園土質甚佳，含黏土極高的土壤中夾雜豐富的磷、鉀，故巴洛特使用極少量的肥料。葡萄是一半的美洛種與一半卡本內‧弗蘭種，平均已有三十七歲，並且控制葡萄成長到比帕圖斯還要晚的熟度時才採收。

　　花堡同時也讓對經銷波爾多酒極有經驗的帕圖斯莊主木艾家族代銷。木艾公司也不負所託，曾將一萬五千瓶的花堡以高價賣到美國，順利打開了美國市場！花堡並不似彼德綠堡那樣的濃稠，味道較清淡，但具有相當程度的集中感，細緻的果香芬芳，至為迷人！尤其價錢僅及彼德綠堡的二分之一而已，所以一炮而紅，

左：Château Lafleur 1996。中：《神之雫》第四使徒Château Lafleur 1994& Le Pin 1994。
右：大瓶裝Château Lafleur 2001

成為愛酒人士的另一個選擇。

花堡最初屬於當地望族凡特莫（Fontemoing）家族，在1872年由亨利·格瑞羅德（Henri Greloud）購得。他也是現任莊主雅克·格維諾迪（Jacques Guinaudea）的高祖父。之後酒莊在家族中幾經輾轉，1888年，亨利·格瑞羅德的兒子查理斯（Charles）繼承了花堡。1915年，酒莊被其表親安德烈·羅賓（Andre Robin）買下。最後在1946年，由羅賓的女兒瑪麗（Marie）與特雷斯（Therese）繼承了花堡。

兩位女莊主十分內向，她們既不願公關，也不願會客，更不喜歡與外國人打交道，因主人的保守與不進取，酒莊在瑪麗與特雷斯經營期間並沒有獲得進一步的發展，曾經輝煌的光芒逐步黯淡下來，直到1981年曾在柏圖斯任職的知名釀酒師讓-克勞德·巴羅埃（Jean-Cloude Barrouet）應邀前來管理酒莊事務，在他的帶領下，酒莊的特質被充分發揮出來，酒莊也由此出現新的生機。

花堡座落在波美侯與聖愛美濃邊界上的圓形小丘上。葡萄園的面積約4.5公頃，海拔高度約40米，土壤結構多樣。表層是厚厚的碎石及黏土和砂質的混合土壤，底層則是波美侯特有的黏土和「鐵土」。「鐵土」是一種特殊的土質，混合著石子和鐵氧化物，非常緊實，含黏土極高的土壤中夾雜豐富的磷、鉀，而這種特有的土質也賦予了葡萄酒獨有的緊實的質感、豐富的層次以及豐滿的酒體。也正因為這種特殊的土質，拉弗爾酒莊能釀造出濃郁而甜美的果香混合清新的花香與松露氣息的迷人葡萄酒。豐滿醇厚，口感富於層次，極具深度。雖與典型的波美侯葡萄酒口味不甚相同，但其魅力可與某些年份的柏圖斯酒相抗衡，陳年後更加優雅，擁有獨特的魅力。

值得一提的是，花堡所種植的葡萄品種是50%美洛和50%卡本內弗朗，酒莊對於卡本內弗朗的高比重選取在波美侯可說獨一無二，只有老色丹（Vieux Château Certan）在某種程度上與之接近。

拜漫畫《神之雫》第四使徒所賜，花堡的價格節節高漲，很大的重點是產量少、品質好、分數高，又榮獲派克九次100分、也是世界百大葡萄酒之一，當然列為羅伯·派克所選世界最偉大的156個酒莊之一。目前新年份價格都在20,000元台幣以上，好年份如2015年的價格都在50,000元以上。2020年份也在50,000元左右。而老年份價格也都在30,000元左右，好一點的年份如1990、2000年，價格都在80,000元以上。最貴的年份當屬1982和1961年，前者大約200,000元，後者行情已經來到500,000元以上。🍾

2023年2月26日（馮記小館）
Leroy +Le Pin+ Château Lafleur品酒會──酒單：

◇ Salon Blanc de Blancs 1997
◇ Kongsgaard Judge 2010
◇ Kistler Cathleen 2007
◇ Sine Qua Non Blanc 2004
◇ Leroy Chapelle Chambertin 1964
◇ Leroy Clos de la Roche 1989
◇ Le Pin 1994
◇ Ch.Lafleur 1994

第一名	第二名	第三名
Leroy Clos de la Roche 1989	Le Pin 1994	Ch.Lafleur 1994

作者品評：

「我就是想找一個沒人認識的地方，認認真真的當個廢人。」這句台詞太棒了！人生沒有什麼過不去的，過不去也會過去，喝杯酒吧！

特別
推薦

花堡

Château Lafleur 1990

ABOUT
分數：WA 100
適飲期：現在～2070
台灣市場價：80,000 元
品種：95% 的美洛（Merlot）、5% 卡本內蘇維翁（Cabernet Franc）
木桶：100% 法國新橡木桶
桶陳：18 ～ 24 月
瓶陳：6 個月
年產量：6,000 瓶

地址｜ Château Lafleur,33550 Pomerol
電話｜ +33 05 57 84 44 03

DaTa

Recommendation
Wine

花堡

Château Lafleur 1982

ABOUT

分數：WA 100
適飲期：現在～2050
台灣市場價：200,000 元
品種：55% 的美洛（Merlot）、45% 卡本內蘇維翁（Cabernet Franc）
木桶：100% 法國新橡木桶
桶陳：18～24 月
瓶陳：6 個月
年產量：12,000 瓶

🍷 品 酒 筆 記

氣味優雅細膩，一開始比較含蓄，隨後便盛開，富含礦物質氣味的黑色水果、藍莓、礦石以及紫羅蘭。口感平衡，完美的酸度以及單寧，一切都恰到好處。黑莓和櫻桃的味道就在舌尖，還有一絲香料的氣息表達出了完美的結束。這款花堡1982將永遠深入人心，成為花堡歷年來的代表作，再過20年也許還是那麼迷人。

🍴 建 議 搭 配

烤羊排、香酥肥鴨、紅燒獅子頭、乳鴿。

★ 推 薦 菜 單　招牌燒味拼盤 ————————

在北京華爾道夫酒店裡的紫米其林一星，紫金閣粵菜餐廳，由粵菜大師王春增主事。我在2023年春天，嚐了一次他做的菜，非常喜歡，不油不膩，恰到好處。這道簡單的燒腩和叉燒可以做到如此精緻與好吃，這在北方實屬難得。我個人認為應該是用黑毛豬為食材，才可以做到如此爽脆，嫩彈滑口，不知不覺，我一個人就將一盤燒肉給吃完了，可見其美味，令人無法控制。花堡1982在當今的拍賣市場上，一直是熱門的尤物，無論年份、品質、知名度，都是愛酒人士所追求的一款珍釀，配上爽脆嫩滑的叉燒，花堡綿密的單寧和細緻的口感，騰雲駕霧，直上雲霄。什麼都好，就是數量太少，想嚐到一口都難，人生苦短，把握當下。

紫金閣
地址｜北京市東城區南池子大街

法國酒莊之旅▋▋
波爾多篇

32. *Château*
Ausone

歐頌酒莊

　　歐頌酒莊在1954年的聖愛美濃（Saint-Emilion）產區分級時就已經被評為最高級的A等（Premiers Grands Crus Classes A）和白馬酒莊（Cheval Blanc）並列為本區最高等級。以下再區分為最高等級B級（Premiers Grands Crus Classes B）、頂級（Grands Crus Classes）、優級（Grands Crus），最後是一般級的聖愛美濃（Saint-Emilion）。在2012年此區重新分級時，歐頌酒莊還是最高級的A等四個酒莊之一。或許不少人對這個位於波爾多右岸聖愛美濃（Saint-Emilion）產區的酒莊還有些陌生，但它其實與白馬堡齊名，位列波爾多九大名莊之一。在九大名莊中歐頌堡的產量是最小的，占地面積僅僅為7公頃，一軍酒的產量只有20,000瓶左右，二軍酒更少到7,000瓶而已。在較好的年份裡它的價格甚至會超越波爾多左岸的五大酒莊。歐頌酒莊微小的產量使得它的葡萄酒幾乎沒有在市場流通，甚至比著名的波美侯產區的柏圖斯酒莊葡萄酒更加罕見，不過價格的差異也很大。

　　歐頌堡被稱為「詩人之酒」，因為酒莊以詩人之名來命名，讓它多了一層神祕

A. 酒窖門口。B. 酒莊葡萄園。C. 剪葡萄。D. 石灰岩洞的酒窖。

A
B | C | D

的色彩。傳說在羅馬時期，有一位著名的羅馬詩人奧索尼斯（Ausonius），他將葡萄酒融入其詩篇中。後來他受封於波爾多，開始將種植葡萄付諸實踐，他在波爾多聖愛美濃擁有100公頃的葡萄園。據稱歐頌堡現在的土地就是當時羅馬詩人的故居，傳說究竟是否屬實，恐怕我們也無從考證了。

　18世紀初，歐頌酒莊為從事木桶生意的卡特納（Catenat）家族所有。19世紀前半葉，酒莊轉給了其親戚拉法格（Lafargue）家族，到 1891年，酒莊又由前任莊主的親戚夏隆（Challon）家族繼承，之後作為嫁妝轉入杜寶‧夏隆（Dubois-Challon）家族，成為杜寶‧夏隆家族的產業。之後，杜寶‧夏隆多了一位女婿維迪爾（Vauthier），酒莊由此為兩個家族所有，股權各占一半。一直到1974年，歐頌酒莊莊主杜寶‧夏隆去世，酒莊股權分別由杜寶‧夏隆夫人海雅（Helyett）及維迪爾兄妹各占50%。海雅接手酒莊後，開始著手全面整頓酒莊。1976年

海雅夫人大膽聘用剛從釀酒學畢業，年僅20歲並無工作經驗的帕斯卡·德貝克（Pascal Decbeck）為酒莊的釀酒師。因此事維迪爾兄妹與海雅夫人爭吵不休，雙方之間產生重大隔閡，甚至再也不相往來。年輕的釀酒師帕斯卡到任後不負夫人所托，勵精圖治，改革創新，終於保住了歐頌酒莊與白馬酒莊齊名聖愛美濃區第一的地位。幾年來，為爭取酒莊的經營權，兩家對簿公堂。直到1996年 1月，法院才確定經營權由維迪爾兄妹擁有。

輸了官司後，78歲的海雅不願與維迪爾兄妹共事，便放出讓售一半股份的風聲。1993年，買下拉圖酒莊的弗朗索瓦·皮納特（Francois Pinault）早對歐頌酒莊垂涎已久，立刻開出1,030萬美元高價購買海雅的股份，遠高於法院定價。同時，皮納特也以同樣的價錢要求維迪爾兄妹讓售酒莊的另一半股份。然而維迪爾兄妹始終捨不得離開酒莊，而且依法國法律，共有人可以在1個月內擁有承購共同股份的優先權。於是維迪爾兄妹四處借貸於1997年收購了海雅50%股份，成為目前歐頌酒莊的全權擁有人。兄長阿蘭·維迪爾（Alain Vauthier）親自負責所有日常管理及釀酒事務，並自1995年起聘請著名的釀酒大師侯蘭（M.Rolland）擔任顧問。

歐頌酒莊僅有7公頃葡萄園，種植葡萄的比例為50%美洛、50%卡本內弗朗，葡萄樹齡超過50年。葡萄園坡度極陡，表層土壤的平均厚度僅30至40釐米，因此樹根可輕易穿過土壤，透穿至下層的石灰岩、礫層土與沖積沙中。這些滲透性和排水性都非常良好的石灰岩土壤能夠很好的強化葡萄藤，為葡萄帶入多種礦物質，這也是造就歐頌成為頂級酒的重要因素之一。

歐頌酒莊的設備堪稱袖珍，酒莊的初榨汁會在全新的橡木桶內陳釀16～20個月之久。之後，釀好的酒會被封存在歐頌酒莊的天然地窖裡繼續陳年，這一過程最多可達24個月。這些地窖就建在葡萄園下方的石灰岩裡，四季恆溫，這個陳年過程能讓酒的口感層次更加豐富，所以被公認為是最關鍵的釀酒步驟。

在20世紀50～70年代，歐頌酒莊一度表現平平，葡萄揀選隨便，陳釀用的橡木桶新桶的比例太低，使得所釀葡萄酒酒體薄弱，香味不足，盡失一級名莊風範。60至70年代，歐頌酒莊還不能和波爾多左岸五個一級酒莊還有同級的白馬堡相提並論，價格大致差了30%～50%。但到了80年代，兩者價格已經持平。90 年代開始，歐頌酒莊的價格已經超過五大酒莊等，在九大莊中僅次於柏圖斯。但歐頌堡

有個最大的問題，喝的人較少。我常常問我的收藏家朋友和還有一起喝酒的酒友，最近三年，你有沒有喝過歐頌堡？答案非常令人驚訝，他們喝過歐頌堡的數量及頻率遠遠小於九大酒莊的八個酒莊。這樣的結果和我想像的一樣，原因是它的產量太少，價格並不便宜，在九大酒莊中排名第二，僅次於柏圖斯。

莊主Alain Vauthier。

英國《品醇客》雜誌曾提出過這樣一個有趣的問題：在你臨死之前，最想品嚐哪一款葡萄酒？最後他們評選出了100款佳釀，其中不乏大名鼎鼎的名莊酒，而作為波爾多九大酒莊之一的歐頌酒莊自然也榜上有名，1952年的歐頌被稱為上世紀最完美的100支酒之一。著名酒評人羅伯·派克稱歐頌堡葡萄酒適飲期可以達到50至100年，他曾這樣說道：「如果耐心不是你的美德，那麼買一瓶歐頌堡葡萄酒就沒有什麼意義了。」歐頌堡最大的特點就是耐藏，在時光的流逝中，它不但沒有年華老去，反而像獲得新生般展現出渾厚的酒體，帶著咖啡和橡木桶的香氣，酒體頗有層次感，散發著濃郁的花香、石頭、蔓越莓、黑莓、藍莓及其他一些複雜的香氣。

我們再來看看歐頌堡這幾年的分數；派克的分數最高是2003和2005兩個年份的100分。2000、2009和2010的98+高分，

釀酒師Pauline Vauthier。

2001、2006和2008的98高分，2011的95+分，1999的95高分。可以看出來95分以上的年份都集中在1996年以後，也就是明星釀酒師侯蘭先生到酒莊當顧問以後所釀出的年分。《葡萄酒觀察家》雜誌最高分數是2005年份的100分。2000年份的97高分，2003和1995兩個年份的96分，1924、1998、2001和2004四個年份的95分。目前歐頌堡（2011）一瓶上市價大約是台幣28,000起跳，分數較高的年份如2009和2010兩個年份大約一瓶52,000台幣。2015&2016價格也都在30,000元起跳。2020年份的酒大約25,000元左右。🍾

酒言酒語訪談錄

以下是 2014 年作者和歐頌莊主女兒兼釀酒師寶琳（Pauline Vauthier）的訪談：

作者與釀酒師Pauline Vauthier。

<u>H→作者</u> ／ P→Pauline Vauthier

H： 請教您對2012的分級制度有何看法？您曾經強烈提出質疑。

P： 分級一團亂，10年一次，請比較好的律師就可以進去好的級數，很不屑。Ausone酒標上以後就不會有Premier Cru。就如同之前他所發表過的："I don't even use the "Premier Grand Cru Classé A" title on our marketing material anymore."「我們將不會以『一級特級莊園A級』的排名作為行銷特色。

H： 有可能生產白酒嗎？

P： 有什麼不可以，白馬也在2012年種了白葡萄，分級是波爾多AOC，不會是聖愛美濃的級數。

H： 一軍和二軍酒有何不同？

P： 一、二軍最後會靠試酒來決定，Ausone二軍 CF比較重，樹齡比較年輕。

H： 和另一個以前同屬A級的白馬莊有何不一樣？

P： 和白馬一樣品種比例，土壤不一樣，風格就不同。

H： 2005年到現在有何改變？

P： 母親接手就革命性的改變，酒窖改變，桶子一直沒有大改變。

H： 2000年以後到現在，以RP的分數來說都很好，為何？

P： 品種的改變，所以高分，葡萄園產量降低，有機種植。

H： Ausone現在是聖愛美濃最好最貴的酒，將來有可能再增加產量？

P： 產量少無法改變葡萄園的事實，畢竟只有小塊葡萄園。

H： 希望明年能帶上我的新書去拜訪

P： 歡迎您到酒莊，一定請您喝酒。

DaTa

地址｜ Château Ausone, 33330 St.-Emilion, France
電話｜＋ 33 05 57 24 68 88
傳真｜＋ 33 05 57 74 47 39
網站｜ www. château-ausone.com
備註｜ 只歡迎葡萄酒專業人士

Recommendation
Wine

歐頌酒莊

Château Ausone 2003

ABOUT
分數：RP 100、WS 96
適飲期：2014 ～ 2075
台灣市場價：58,000 元
品種：50% 美洛（Merlot）、50% 卡本內弗朗（Cabernet Franc）
木桶：100% 法國新橡木桶
桶陳：24 個月
瓶陳：6 個月
年產量：20,000 瓶

🍷 品 酒 筆 記

2003年的歐頌派克給了100滿分，我認為這並不是一個很合理的分數，但是這款酒可以說是我喝過最好的歐頌堡之一，令人印象深刻。酒色呈現非常濃的墨紫色，有紫羅蘭鮮花香、黑松露、黑鉛筆芯、黑莓、藍莓、黑李、草莓等豐富的水果，純淨迷人的香水味，香氣集中，如天鵝絨般滑細的單寧，如此的平衡而完美。再經過三五年後絕對可以稱霸於全世界。

🍴 建 議 搭 配

東坡肉、烤羊排、北京烤鴨、煙燻鵝肉。

★ 推 薦 菜 單　海參燴鵝掌

海參又名海鼠，在地球上生存了幾億年了。自古便是一種珍貴的藥材，中國有關吃海參的紀錄應該是三國時代。中國人稱之為四大珍貴食材：「鮑、參、翅、肚」也。這種食材味道單吃無味，必須加以濃汁佐之，剛好與軟嫩的鵝掌一起勾芡，成為中國菜最美味的料理。這支聖愛美濃最好的酒，口感具有強烈的檜木香味道，果香味豐富，適合搭配濃稠醬汁的菜系，細緻的單寧與海參相吻合，葡萄酒中的花香也和鵝掌的膠質相當和諧。兩者互不干擾，又可以互相融入，好酒本就應該配好菜！

新醉紅樓
地址｜台北市天水路 14 號 2 樓

33. *Château*
Cheval Blanc

白馬酒莊

　　白馬酒莊（Château Cheval Blanc）正好位於波美侯產區（Pomerol）和聖愛美濃（Saint-Emilion）葛拉芙產區（Graves）的交界處。波美侯區內兩個酒莊樂王吉酒莊（l'Evangile）和康賽揚酒莊（La Conseillante）與白馬酒莊之間只有一條小路隔開。所以長久以來，白馬酒莊一直有著雙重性格的葡萄酒，既像波美侯酒又像聖愛美濃酒。白馬酒莊從1954年開始在聖愛美濃分級中評為高級的A等（Premiers Grands Crus Classes A），和歐頌酒莊（Château Ausone）並列為本區最高等級。

　　說起白馬的命名有諸多說法，其中的一種說法是：以前酒莊的園地有一間別緻的客棧，國王亨利四世常騎白色的愛駒路過此地休息，因此客棧就取名「白馬客棧」，後來改為酒莊後也順稱白馬堡。另外一個說法是白馬酒莊如今的土地以前曾是飛傑克酒莊（Château Figeac）的一部分，當時此地並未大面積種植葡萄，而是用作飛傑克酒莊養馬的地方，後來這塊地被出售，開始大面積種植葡萄，逐

A
B | C

A . 酒莊。B . 新的酒窖設備。C . 白馬酒莊總經理Pierre Lurton。

漸形成酒莊，正式取名白馬酒莊。雖然這兩種說法現已無從考證，但白馬與酒莊從此有著密不可分的關係。

18世紀時，白馬酒莊所處的大塊土地就已經建有葡萄園。1832年，菲麗特‧卡萊-塔傑特伯爵夫人（Felicite de Carle-Trajet）將飛傑克酒莊的15公頃葡萄園賣給了葡萄園大地主杜卡斯（Ducasse）先生，這是白馬酒莊最初的組成部分。1837年，杜卡斯先生又購得16公頃葡萄園。1852年，海麗特‧杜卡斯小姐（Henriette Ducasse）與福卡‧陸沙克（Fourcaud Laussac）結為連理，其中5公頃的葡萄園作為嫁妝轉到了福卡（Fourcaud）家族，從此，白馬酒莊在福卡家族中世代相傳直至今天。1853年，酒莊正式命名為白馬酒莊（Château Cheval Blanc），此時酒莊並不是很出名。在1862年倫敦葡萄酒大賽和1878巴黎葡萄酒大賽中，白馬

難得一見不同容量的白馬堡

酒莊獲得了金獎，酒莊隨之名聲大噪，現今酒標上左右兩個圓圖就是當年所獲的獎牌。福卡還對白馬酒莊進行了擴張，到1871年，酒莊面積已達41公頃，形成了今天的規模。

1893年福卡去世後，其子亞伯（Albert）接手酒莊。白馬酒莊最輝煌的19世紀末年份酒以及20世紀初年份酒，尤其是1899年和1900年的優質酒以及1921年和1947年的超級酒，就是在亞伯掌權時期誕生的。1970年至1989年期間，酒莊的董事長轉為福卡德家族的女婿賈奎斯·侯布拉（Jacques Hebrard）。1998年，伯納·阿諾（Bernard Arnault）（LVMH集團的股東）和亞伯·弗瑞爾男爵（Baron Albert Frere）一起收購了白馬酒莊的股份，成為酒莊的老闆，保留了酒莊原來的工作團隊。1991年時，34歲的皮爾·路登（Pierre Lurton）成為白馬酒莊的總經理，這對於自1832年以來從未雇用外人管理莊園的白馬莊來說實屬罕見。此外，皮爾·路登也是波爾多歷史上第一位同時管理兩大頂級名莊——白馬酒莊和狄康酒莊（Château d'Yquem）的人。

Château Cheval Blanc &1995&1996 一起PK。　　作者喝過的世紀年份Château Cheval Blanc
1945。

　　白馬酒莊占地38公頃，其葡萄園的土壤比較多樣，有碎石、砂石和粘土，下層土為堅硬的沉積岩。主要品種為57%的卡本內弗朗（Cabernet Franc）、39%美洛（Merlot）、1%的馬爾貝克（Malbec）及3%的卡本內蘇維翁（Cabernet Sauvignon）。平均樹齡45年以上，種植密度為每公頃6,000株。白馬酒莊一軍酒每年約生產100,000瓶，100%全新橡木桶中陳釀18至24個月。副牌酒小白馬（Le Petit Cheval）每年約生產40,000瓶。1991年，路登加入了白馬酒莊，那年對他而言是個嚴峻的考驗，由於遭受霜凍，葡萄損失嚴重，因此，他們決定在1991年不出產一軍酒，僅僅出產了小白馬（Le Petit Cheval）。

　　在《葡萄酒觀察家》雜誌評選出的上個世紀12款最佳葡萄酒的榜單上包括了：1900年份瑪歌堡（Château Margaux）、1945年份木桐堡（Château Mouton Rothschild）、1961年份的柏圖斯（Pétrus）、1947年份的白馬堡等。英國《品醇客》雜誌也選出1947年份的白馬堡為此生必喝的100款酒之一。在巴黎佳士得拍賣會上，一箱12瓶裝的1947年Château Cheval Blanc以131,600歐元（5,264,000

台幣）的高價成交，相當於一瓶台幣439,000，這應該只有億萬富豪才能喝得起吧？派克給白馬酒莊的分數也都不錯，1947和2010都給了100分，2000和2009兩個年份一起獲得99高分，1990的98高分。WS則對白馬1998、2009和2010給予了98高分的肯定，1948、1949和2005三個年份獲得了97高分。白馬新年份在台灣上市價大約是20,000台幣一瓶，遇到特別好的年份如2009或2010，價格在40,000台幣一瓶。2015&2016年價格約30,000一瓶。2020年份約20,000元左右。

　　白馬酒莊在幾部電影也曾現身；2007年上映的迪士尼動畫片《料理鼠王》（Ratatouille），那位刻薄的美食家安東伊戈（Anton Ego）在餐廳點菜時，要求提供一道新鮮又道地的菜，並讓領班推薦一款葡萄酒。老實的領班不知如何是好？安東伊戈便說：「好吧，既然你們一點兒創意都沒有，那就妥協一下，你們準備食物，我來提供創意，配上一瓶1947年的白馬堡剛剛好。」是什麼樣的創意料理需要配上一款要價一二十萬的酒？這未免也太豪邁了！另一部獲得奧斯卡「最佳改編劇本獎」，2004年上映的美國暢銷片：《尋找新方向》（Sideways）中邁爾斯（Miles）最得意的收藏，就是一瓶1961年白馬堡。在影片中，瑪雅（Maya）曾提醒邁爾斯，再不喝可能就過適飲期了，還在等什麼？邁爾斯回答說：「哦，我不知道。也許在等一個好的時機和一個對的人吧？」原本應該是在結婚10週年的紀念日，但是，當試圖復婚的邁爾斯後來見到前妻維多利亞，得知她已經再婚並且懷孕，無比沮喪的他便立即驅車回家找出那瓶白馬，帶到一家速食店倒進紙杯搭配漢堡就這樣喝掉了，看來真的極為諷刺。2004年香港上映的喜劇片《龍鳳鬥》中有一段精采的對話，劉德華和鄭秀文到酒窖裡偷到了一瓶世紀佳釀，那就是1961年份的白馬堡。就連神偷也知道要偷最好的白馬酒，而且是最好的年份。🍾

DaTa

地址｜Château Cheval Blanc, 33330 St.-Emilion, France
電話｜+33 05 57 55 55 55
傳真｜+33 05 57 55 55 50
網站｜www. Château-chevalblanc.com
備註｜參觀前必須預約

白馬酒莊

Château Cheval Blanc 2000

ABOUT

分數：RP 99、WS 93
適飲期：2010 ～ 2040
台灣市場價：40,000 元
品種：53% 美洛（Merlot）、47% 卡本內弗朗（Cabernet Franc）
木桶：100% 法國新橡木桶
桶陳：24 個月
瓶陳：6 個月
年產量：120,000 瓶

🍷 品 酒 筆 記

2000年的白馬酒色呈深紫色，紫羅蘭花香帶領著黑莓、藍莓、松露、甘草、薄荷、黑醋栗、櫻桃、特殊香料、新鮮皮革、摩卡咖啡和菸草等複雜多變的香氣。單寧細緻柔滑，醇厚甜美，華麗而濃郁，餘韻長達一分鐘以上。這支酒幾乎涵蓋所有好酒的特質，世界上的好酒都難以抗衡，是我至今喝過最好的白馬堡，可能以後還會勝過於傳奇的1947年份白馬堡，難怪派克打了三次的100分和一次的99分，令人難以想像的一款經典作品。

🍴 建 議 搭 配

排骨酥、手抓羊肉、生牛肉、伊比利火腿。

★ 推 薦 菜 單 炭火黑肥叉 ────────

這道炭火黑肥叉，雖然不是招牌菜之一，但比許多名店的廣式叉燒更好吃，是目前我吃過最好的叉燒，還有一家是台北米其林三星的頤宮。新榮記主廚馬師傅說這是採用金華兩頭黑的黑豬肉，用整塊梅花肉醃製，慢火再將肉細烤，就可以上桌。肉質肥厚細嫩，Q彈多汁，咬在嘴裡軟嫩適中，非常美味。這支波爾多本世紀最好的酒之一，具有紅黑色漿果香，甜美多汁，適合搭配濃稠多汁的叉燒，兩者可以很快就擦出火花，完全水乳交融，美味到極致。其實這支美酒已經好到令人無法置信，能喝到也算是一種緣分與福氣，「借問酒家何處有？牧童遙指白馬堡。」

新榮記（寧波）
地址｜福明街道松下街 223 號
寧波國華金融大廈 2 層

34. Château Angelus

金鐘酒莊

　　對於愛酒的朋友來說，隨時隨地出現的酒瓶酒標都有著奇異的魔力。2006年上映的《007首部曲：皇家夜總會》（Casino Royale）中，007男主角丹尼爾·克雷格（Daniel Wroughton Craig）和龐德女郎伊娃·葛琳（Eva Green）在蒙地卡羅前往皇家賭場的列車上一起用餐，點的酒就是1982年份金鐘堡（Château Angelus 1982），當時金鐘酒標以特寫的方式出現在銀幕上。金鐘酒莊靠近著名的聖愛美濃鐘樓，位於聞名的斜坡（pied de cote）之上，他是寶德拉佛斯特（Boüard de Laforest）家族七代人一起努力的成果。該酒莊的名字源自於一小塊種有葡萄樹的土地，在那裡可以同時聽到三所當地教堂發出的金鐘聲——馬澤拉特小禮堂（the Chapel of Mazerat）、聖馬丁馬澤拉特教堂（the Church of St.-Martin of Mazerat）和聖愛美濃教堂（the Church of St.-Emilion）。金鐘酒莊即以沐浴在教堂祝福鐘聲下的葡萄精釀而成，這份浪漫使它成為求婚時常用的頂級酒。

　　金鐘酒莊的酒標十分漂亮，底色為金黃色，中間有一個大鐘。「angelus」在法語中就有「鐘聲」的意思。在1990年之前，名字在Angelus之前還多了一個「L」，就是L'Angelus。現任的莊主于伯特（Hubert de Bouard de Laforest）覺得在當今電腦時代，這個名字會使得酒莊在價目表中的排列靠後，因此決定將

A
B | C | D

A.葡萄園全景。B.酒莊。C.發酵槽。D.作者與莊主Hubert de Bouard de Laforest在香港酒展合影。

酒莊更名為Château Angelus，這樣對於酒莊的宣傳和推廣都很有助益。

　　金鐘酒莊位在聖愛美濃的一處向南坡，葡萄園優良。但1985年之前管理並不佳，隨後在家族第三代于伯特主導下，引進了新的釀酒技術與設備，主要是土壤與葡萄藤的科學分析，還有微氧化與發酵前冷浸泡；當然溫控發酵與不鏽鋼發酵槽也不可少。這間酒莊引領了聖愛美濃區的釀酒技術革命，自1996年起酒質豐厚，風味奢華，充滿著成熟與濃郁的果香。有趣的是自2003和2004年後，風格又有些許內斂，深度更較以往豐富。在1996年的列級酒莊評級中，金鐘酒莊也從特等酒莊（Grand Cru）升至一級特等酒莊B級（Premier Grand Cru B），可謂表現出色，並成為聖埃美隆產區當之無愧的明星酒莊。在2012年9月6日聖愛美濃列級酒莊的最新分級名單揭曉，新的分級版本中有18家一級特等酒莊，64家特等酒莊，總數82家。金鐘酒莊由原來的聖愛美濃列級一級特等酒莊B級（Premiers Grands Crus Classes B）升級為聖埃美隆列級一級特等酒莊A級（Premiers Grands Crus Classes A）。和歐頌、白馬、帕維平起平坐，並列為聖愛美濃最高等級的四個酒莊。在聖愛美濃產區的諸多酒莊中，雖不及「一級特等酒莊A級」歐頌（Ausone）與白馬（Cheval Blanc），但也傲視群雄了，正如派克曾經說過，金鐘堡是聖愛美濃產區的最佳三或四款酒之一。

葡萄園。

在酒莊喝的三款酒。

　　于伯特對中國市場很看好，從1987年第一次到中國旅行時就決定選擇適合的合作夥伴來中國發展。直到2003年，第三次來華旅行之後才找到合作機會。2004金鐘莊在國內年銷售額僅有5箱，5年後的今天發展到幾乎和日本同等數量，他說，中國還有很大的發展潛力。金鐘莊主于伯特的亞洲營銷戰略，也給金鐘酒莊帶來更廣的市場和更多的價格空間。他很早就在日本、中國台灣為金鐘打下基礎，2007年他親自到台灣主持品酒會，同時，他也是很早把目光轉向中國內地市場的法國酒莊，如今開枝散葉，終於嚐到美麗的果實。

　　美國權威的酒評家沙克林（James Suckling）曾讚頌此酒莊的酒為聖埃美隆產區排名第一的葡萄酒。還有人評價說，該酒莊的酒具有挑戰波爾多九大莊的實力。我們再來看看派克給的分數：90年代之前只有1989年份獲得較好的96分，以後有1990年份的98高分和1995年份的95分。2000年以後表現亮麗，有2000年份的97分，2003年份的99高分，2004年份的95分，2005年份的98高分，2006年份的95分，2009年份的99高分和2010年份的98高分，越來越精采，難怪會晉升為A級酒莊。目前金鐘堡的價格也是隨著升級而成正比，價格都在台幣10,000元起跳，2009和2010兩個雙胞胎好年份價格大約在台幣12,000～13,000之間。2015&2016價格約15,000一瓶。2020年份約12,000元左右。

　　作者曾在2012年的五月份香港酒展遇到金鐘莊主于伯特，同年9月金鐘就晉升為A級酒莊。于伯特先生個人魅力和親和力非常強，為人也很客氣，有如一位法國紳士，而且能言善道，是我見過最會闡揚自己酒莊的莊主，除了Gaja酒莊的Angelo Gaja先生之外。而他自己形容說：「他不僅是一位莊主，同時也是一位釀酒師。」言下之意，他比較喜歡的工作是釀酒，事實上，他也真的是如此，三十年前就是和父親在釀酒上有不同的爭論，才會接管今天的金鐘酒莊，酒莊能晉升為A級酒莊，于伯特先生實在功不可沒。🍾

DaTa

地址｜Château Angelus,33330 St.-Emilion,France
電話｜+33 05 57 24 71 39
傳真｜+33 05 57 24 68 56
網站｜www.Château-angelus.com
備註｜參觀前必須預約

金鐘酒莊

Château Angelus 2004

ABOUT
分數：RP 95、WS 91
適飲期：2009 ～ 2022
台灣市場價：9,000 元
品種：62% 美洛（Merlot）、38% 卡本內弗朗（Cabernet Franc）
木桶：100% 法國新橡木桶
桶陳：24 個月
瓶陳：6 個月
年產量：75,000 瓶

🍷 品酒筆記

金鐘酒莊酒色呈現深紫紅色，濃郁純正，具有迷人的天鵝絨般單寧，平衡、美味而時尚。香味集中，圓潤華麗，倒入杯中醒過30分鐘後，隨即散發出鮮花香氣、交替出藍色和黑色水果味，並伴有黑莓、藍莓、香草和礦物氣味的活力，混合著深咖啡豆，甘草，煙燻木桶香，這絕對是金鐘酒莊一個傑出的年份。應該會是一個非常長壽的好酒，2004年的金鐘酒莊是該年份的最強的一個波爾多酒莊，將來可以和拉圖酒莊相抗衡的一款酒，太精采了。雖然他不是我喝過最好的金鐘堡，但是釀得太精采了，我非常佩服莊主于伯特先生。

🍴 建議搭配

排骨酥、手抓羊肉、生牛肉、伊比利火腿。

★ 推薦菜單　麻油沙公麵線 ────────────

這是選用冷壓黑麻油烹調，所以吃完之後都不會覺得燥熱。再加上廚師加了一些蛤蠣入湯，更顯湯頭的鮮美感。麵線非常有彈性，沙公蟹肉Q彈軟嫩，陣陣的麻油香撲鼻而來，令人無法拒絕。湯汁鹹度恰到好處，沒有添加人工香料，這道菜是喆園最具特色的招牌菜。為了搭配這道台灣特有的麻油海鮮類麵線，本應該找一支白酒來搭配，但是又怕酒體不夠厚重，反而被麻油香給蓋過，所以特地挑選了這款右岸最渾厚濃郁的金鐘堡。這支酒含有大量的果香和橡木味的單寧，可以平衡濃稠的麻油香，細緻的沙公蟹肉和紅酒中的香料味如此的天造地設，這樣大膽的搭配，有如胭脂馬遇到關老爺，這樣意想不到效果，實在是太美妙了！

喆園餐廳
地址｜台北市建國北路一段 80 號

35. *Château Lafite*
   Rothschild

拉菲酒莊

　　在1985年倫敦佳士得拍賣會上，一瓶1787年的拉菲紅酒以10.5萬英鎊的高價拍賣，創下並保持了迄今為止最昂貴葡萄酒的世界紀錄。這瓶酒是1787年的拉菲，瓶身上刻有《獨立宣言》起草人、美國第三任總統湯瑪斯・傑弗遜的名字縮寫「Th. J」（Thomas Jefferson）。在歷經漫長歲月洗禮後酒瓶裡還盛著滿滿的酒，酒瓶的造型也非常獨特。關於這瓶酒是如何被發現的傳言，更是增添了其傳奇色彩。據知情人透露的説法是，一群工人在裝修時，無意在一位65歲老人的住所磚牆後面發現了幾瓶湯瑪斯・傑弗遜擔任駐法國公使期間遺忘在巴黎的葡萄酒。2010年10月蘇富比拍賣行在香港文華東方酒店舉辦的名酒拍賣會上，三瓶1869年份拉菲酒各以232,692美元的「天價」成交，極有可能是「史上最貴的葡萄酒」。而這瓶葡萄酒的預估價僅8,000美元。1869年份拉菲是根瘤芽病爆發前的稀

A.酒莊花園。B.酒莊景色。C.酒莊。D.酒窖橡木桶。E.酒莊還點著蠟燭。

有年份酒，儲藏品質間接受到酒莊保證。在1717年的倫敦，一些拉菲酒曾作為一艘英籍海盜船的戰利品的一部分被進行高價拍賣。之後，由於路易十五國王對拉菲酒的無限讚賞而被當時的人們稱其為「國王用酒」。一瓶1878年份的拉菲酒在因儲存不當酒塞不慎落入酒液中以前，曾以16萬美元被高價拍賣，這個價格堪稱世界範圍內酒類拍賣場中的頂尖價格。如同這些世界記錄一樣，自16世紀開始，拉菲古堡就不斷書寫著關於葡萄酒行業的神話。

　　拉菲酒莊（Château Lafite Rothschild）位於法國波爾多上梅多克（Haut-Medoc）波雅克（Pauillac）葡萄酒產區，是法國波爾多五大名莊之一。在1855年時，拉菲酒被列在一級酒莊名單的首位，排在拉圖酒莊、瑪歌酒莊和歐布里昂酒莊之前。在將近一個世紀的時間裡，1868年份的拉菲曾是當時售價最高的預購

酒。如今，拉菲酒莊的酒由於中國大陸的追捧，仍然是五大中價錢最高的酒。

　　拉菲這個名字源自於加斯科尼（Gascony）語「la hite」，意思是「小丘」。拉菲第一次被提及的時間可以追溯到13世紀，但是這家莊園直到17世紀才開始作為一個釀酒莊園贏得聲譽。17世紀70年代和80年代初期時，拉菲葡萄園的種植應該歸功於雅克·西谷（Jacques de Ségur），西谷當時在酒界叱吒風雲，他同時擁有頂級的歷史名莊拉圖酒莊（Château Latour）和卡龍西谷酒莊（Château Calon-Segur）。

　　尼古拉斯·亞歷山大·西谷侯爵（Marquis Nicolas Alexandre de Ségur）提高了釀酒技術，而且最重要的是，他提高了葡萄酒在國外市場和凡爾賽王宮的聲望。在一位富有才幹的大使，即馬瑞奇爾·黎塞留（the Maréchal de Richelieu）的支持下，他成為知名的「葡萄酒王子」（The Wine Prince），而拉菲酒莊的葡萄酒則成為了「國王之酒」（The King's Wine）。

　　西谷伯爵由於債台高築，所以被迫於1784年賣掉了拉菲酒莊。尼可拉斯·皮爾·皮查德（Nicolas Pierre de Pichard）是波爾多議會的首任主席，也是伯爵的親戚，買下了該酒莊。1868年，詹姆士·羅柴爾德爵士（Baron James Rothschild）在公開拍賣會上以天價440萬法郎中標購得拉菲酒莊。自此，該家族一直所有並經營著拉菲酒莊至今，且一直維持著拉菲酒莊卓越的品質和世界頂級葡萄酒聲譽。

　　詹姆士爵士去世後，拉菲酒莊由其三個兒子阿爾方索（Alphonse）、古斯塔夫（Gustave）與艾德蒙（Edmond）共同繼承，當時酒莊面積為74公頃。1868年之後的10年期間，好酒屢出：1869、1870、1874、1875年，皆為世紀佳作。1940 年6月，法國淪陷，梅多克地區被德軍占領，羅柴爾德家族的酒莊被扣押，

左：拉菲特製的白蘭地渣釀。中：Lafite 1961是很難得一見的年份，這瓶是作者在拍賣會上拍回來的。右：小拉菲Carruades de Lafite 2010。

成為公眾財產。1942年，酒莊城堡徵用為農業學校，藏酒全部被掠奪。

　　1945年底，羅柴爾德家族家終於重新成為拉菲酒莊的主人，愛里·羅柴爾德男爵（Baron Elie de Rothschild）、蓋伊（Guy）、阿蘭（Alain）、與艾德蒙（Edmond）男爵成為拉菲酒莊新一代主人，由愛里男爵挑起復興酒莊的重任。1945、1947、1949、1959和1961年份的酒是這段復興時期的佳作。

　　歷經波爾多危機過後，1974年，拉菲古堡由埃裡男爵的侄子埃力克·羅斯柴爾德（Eric de Rothschild）男爵主掌。為追求卓越品質，埃力克男爵積極推動酒莊技術力量的建設：葡萄園中的重新栽種與整建工作配以科學的施肥方案；選取合宜的添加物對酒進行處理；酒窖中安裝起不銹鋼發酵槽作為對橡木發酵桶的補充；建立起一個新的環形的儲放陳年酒的酒庫。新酒庫由加泰羅尼亞建築師裡卡多·波菲（Ricardo Bofill）主持設計建造，是革命性的創新之作，有極高的審美價值，可存放2,200個大橡木桶。另外，男爵還通過購買法國其它地區酒莊以及國外葡萄園成功地擴大了拉菲古堡的發展空間。在此期間，1982、1986、1988、1989、1990、1995和1996年皆是特佳年份，價格更是創下新紀錄。

　　拉菲古堡位於波爾多梅多克產區，氣候土壤條件得天獨厚。現今酒莊178公頃的土地中，葡萄園占100公頃，在列級酒莊中是最大的。葡萄園內主要種植70%卡本內蘇維翁、25%的美洛、3%的卡本內弗朗，以及2%的小維多，平均樹齡為35年。拉菲酒莊，每2至3棵葡萄樹才能產一瓶葡萄酒，拉菲酒莊正牌酒（Château Lafite Rothschild）年產量18,000～25,000箱，副牌小拉菲紅酒（Carruades de Lafite）年產量20,000～25,000箱。今天的拉菲酒莊將傳統工藝與現代技術結合，所有的酒必須在橡木桶中發酵18到25天，所用酒桶全部來自葡萄園自己的造桶廠。之後進入酒窖陳年，需時18～24個月。

　　究竟拉菲在中港台有多紅？這裡有幾則故事可以提供給大家參考。有一位全國政協委員在全國政協會議上去討論發言指出：1982年拉菲價格68,000人民幣（2011年時），拉菲酒莊的莊主是又喜又憂，喜的是中國人太認這個牌子了，憂的是這個酒莊肯定得砸在中國人的手裡。10年產量趕不上中國一年的銷量，所以百分之八九十都是假的。在2000年港片《江湖告急》中，出現了82年拉菲！黑幫老大踩著趴在地上的小弟腦袋教訓道：「『大口連』，1997年6月26日，在『福臨門』你借了我30萬，你有沒有還過我一分錢？你竟敢用這種語氣跟我講話？那天晚上你點了兩隻極品鮑，開了一瓶1982年的拉菲，買單連小費總共12,500元（港幣）。」由此得知，當時拉菲1982的行情。在2006年黑幫片《放逐》中，吉祥叔將黑幫老大「蛋捲強」請到一家餐廳，等待上菜時，吉祥叔想先開一瓶粉紅酒，「蛋捲強」立即說：「我漱口都用拉菲——82年的！」可見拉菲在香港的名氣之大。在2011年劉德華主演的喜劇片《單身男女》中，男主角古天樂開著一輛白色瑪莎拉蒂，

帶著女主角高圓圓來到餐廳，非常灑脫的說：「來一瓶82年的拉菲，要兩份套餐──9個菜的那種。」82年拉菲還是談情說愛炫富的最佳利器。前面幾段故事只是指出拉菲酒莊在中港台華人心目中的地位，已經不是其他酒莊可以取代。

　　為何拉菲酒莊會成為五大之首呢？我們再來看看葡萄酒教父派克打的分數；派克總共評了三個100分：1986、1996和2003年。超級年份2009年份給了99+，成為準100分候選者。世紀年份的1953和1959一起獲得99分。評為98分的有1998、2008和2010三個年份，2000年千禧年份則是98+。被派克打過兩次100分的世紀之酒1982則降為97+高分。《葡萄酒觀察家》的分數又是如何？獲得100分的只有2000年份。1959、2005和2009則獲得98高分。2010好年份只獲得97高分。英國《品醇客》雜誌也將1959的拉菲酒選為此生必喝的100支酒款之一。拉菲酒1959年份也被收錄在世界最大的收藏家米歇爾‧傑克‧夏蘇耶（Michel-Jack Chasseuil）所著的《世界最珍貴的100款絕世美酒》中。拉菲的價格究竟有多高呢？舉個例來說；2007年份的拉菲在2011年的高峰價格為12,000～14,000人民幣（相當於60,000～70,000台幣）一瓶，小拉菲價格為4,000～5,000人民幣（相當於20,000～25,000台幣）一瓶。而目前這兩款的市價大約為35,000和10,000台幣，幾乎打回原形，回到正常的市場機制。以2013年份的預購酒為例，拉菲的正牌酒不超過10,000台幣，小拉菲也只是2,000台幣。雖然不是很好的年份，但是這種價格是繼2008年金融危機以來最便宜的年份，個人認為是開始出手的好時機。最近，新年份拉菲價格也已開始回溫，2015&2016年價格約30,000一瓶。2020年份約25,000元左右。

　　成也蕭何敗也蕭何！拉菲酒莊在中國大陸紅極一時，歷史新高時價格在其他四大酒莊的兩倍，就連小拉菲也比這四款酒還貴。2008～2011年可說是拉菲在大陸最瘋狂的時代，作者親自恭逢這樣的盛況，只能以「失控」兩個字來形容。這是拉菲百年難得的好時機，但也是最壞的時機。價格不斷的高漲，拉菲酒莊當然歡迎，可是假酒也不斷的湧出，差點飄洋過海到歐美，還好酒莊及時出手證實了產量，抑制價酒的數量，拉菲的酒價終於回歸自然。2014年的價格已回穩，恢復到正常售價，這是消費者之福啊！🍾

DaTa

地址｜ Château Lafite Rothschild, 33250 Pauillac, France
電話｜ +33 05 56 73 18 18
傳真｜ +33 05 56 59 26 83
網站｜ www.lafite.com
備註｜ 參觀前必須預約，只限週一至週五對外開放

拉菲酒莊

Château Lafite Rothschild 1998

ABOUT

分數：WA 98、WS 95
適飲期：2007～2035
台灣市場價：45,000 元
品種：81%卡本內蘇維翁（Cabernet Sauvignon）、19% 的美洛（Merlot）

木桶：100% 法國新橡木桶
桶陳：18～24 月
瓶陳：6 個月
年產量：240,000 瓶

🍷 品 酒 筆 記

這個年份在波爾多並非完美的年份，1998年的拉菲只用了卡本內蘇維翁和美洛兩種葡萄釀製。這款酒我已經喝過兩次了，比起1995和1996更為早熟。2013年我喝到時顏色是深紫色而不透光，有夏天的夜色般湛藍。倒入杯中馬上散發紫羅蘭、鉛筆芯、煙燻肉味、礦物、黑醋栗和些許薄荷。酒一入口優雅而細緻，令人印象深刻。在口中每個角落分布的是；黑莓、烤橡木、黑醋栗、甘草、雪茄盒、煙燻、新鮮皮革，和各式香料，層出不窮的香味一直擴散在整個口腔中，香氣可達60秒以上。拉菲果然是五大之首，1998的拉菲絕對可以和波爾多之王柏圖斯（Pétrus）一較高下，算是這個年份最好的兩款波爾多酒。雖然年輕，但是仍能喝出其驚人的實力，相信在未來的30年當中，必定是它的高峰期。

🍴 建 議 搭 配

生牛肉、烤羊排、香酥肥鴨、紅燒獅子頭。

★ 推 薦 菜 單　滷味拼盤

南村的滷味號稱最有眷村味道的滷味，讓很多老饕級的食客趨之若鶩，因為它是最好的下酒菜。作者個人認為紅酒搭配中國菜必須要有創意，這點我的好友香港酒經雜誌發行人劉致新先生也頗為認同。所以今日我們就以這道台灣人最常吃的也是最道地的滷味來搭配五大之首拉菲酒。南村的滷味，一定使用台灣生產的牛肉與豬肉，食材下鍋前先做處理，汆燙、去油、刮淨一樣一樣工序都很嚴謹，以紹興酒代替米酒入味，以老闆獨門配方香料滷煮，所有滷汁都是每天現做，必須經過2～6小時的滷煮，豬肉需滷2～3小時，牛肉需滷煮5～6小時，等滷汁完全入味後，方可上桌。每天都是新鮮滷味，滷多少量，就賣多少，從不隔夜，這就是老闆的作風。綜合滷味裡面有牛肚、牛腱心、豬舌、豬尾巴、豬皮膚和花生，每一樣都很入味，回甘又不死鹹。

南村私廚小酒棧
地址｜台北市忠孝東路四段 216 巷 33 弄 10 號

拉菲1998年也算是經典酒款，配上鮮香綿嫩的滷味可說是一絕。拉菲酒的獨特果味和香料，滷味的鮮甜回甘，不論是滷牛肚或豬舌都能立即轉為人間美味，口感生香，垂涎三尺。細緻高貴的單寧，更能柔化其它滷味的油質，這樣的搭檔，有如天外飛來一筆，創意俱佳，勇氣十足，皇帝傾聽老百姓對話，法國頂級酒款遇到台灣平民小吃，在葡萄酒的搭配上又添一筆佳績！

*36. Château
Latour*

拉圖酒莊

　　無論什麼時候，一瓶五大放在桌上總是光芒四射；無論什麼時候，一瓶Château Latour總是讓其他酒款黯然失色……。

　　拉圖酒莊（Château Latour）可以說是梅多克紅酒的極致，它雄壯威武，單寧厚重強健，儘管多次易主，風格卻是永不妥協。在專業釀酒團隊與新式釀酒設備共同譜成的協奏曲中，它每一個年份只有「好」跟「很好」的差別。至於市場價格，拉圖酒莊更早已執世界酒壇牛耳，鮮有任何以卡本內－蘇維濃為基礎的紅酒能與之平起平坐。

　　這是一座所有葡萄酒愛好者都尊重的酒莊。雖然它身後是一段英法爭霸的酒壇發展史，不過經手之人都退居二線，讓專業完全領導。2008年，曾傳出法國葡萄酒業鉅子馬格海茲（Bernard Magrez）以及知名演員大鼻子情聖（Gérard Depardieu）與超氣質美女（Carole Bouquet）（作品：《美得過火》）希望買下這一座歷史名園。但目前為止，拉圖酒莊還是在百貨業鉅子弗朗索瓦‧皮納特

A.堡壘與葡萄園。B.葡萄園茗藤。C.拉圖圍牆。D.酒窖每個橡木桶都有酒莊標誌。E.1988拉圖酒木箱上的標誌。

（Francois Pinault）手上（其集團擁有春天百貨、法雅客、Gucci等品牌）。最值得一提的是，拉圖酒莊無與倫比的酒質，在台灣想喝到也不是太難，只可惜要等到拉圖酒莊進入適飲期，卻是不太容易。各位如果現在買一支2010年份拉圖酒莊，建議的開瓶時間居然是遙遠的2028年！喝拉圖酒莊只有一個祕訣：「等」。

當人們提到拉圖酒莊（Château Latour）這個名字時，就會立即想到堅固的防禦塔。傳說中的「Saint-Maubert」塔大約建於14世紀後半期。1378年，Château Latour「en Saint-Maubert」名字載入了史冊之後酒莊改名「Château La Tour」然後又改「Château Latour」。那時正處於英法百年戰爭中期，英國人奪去了Saint-Maubert塔控制權。Château Latour從此由英國人統治，直至1453年7月17日卡斯蒂隆戰役（the Battle of Castillon）後才回歸到法國人的懷抱。Saint-

馬匹耕作葡萄園。

Maubert塔的歷史已經成了一個謎，因為它已不復存在且無跡可尋。現存的塔與原來的舊塔是沒有任何關係的，這個塔事實上是一間石砌的鴿子房，大約建於1620～1630年之間。

　位於法國波爾多美多克（Medoc）地區的拉圖酒莊是一個早在14世紀的文獻中就已被提到的古老莊園。美國前總統湯瑪斯・傑弗遜（Thomas Jefferson）將拉圖酒莊與瑪歌酒莊、歐布里昂酒莊、拉菲酒莊並列為波爾多最好的四個酒莊。在1855年也被評為法國第一級名莊之一。英國著名的品酒家休強生曾形容拉菲堡與拉圖堡的差別：「若說拉菲堡是男高音，那拉圖堡便是男低音；若拉菲堡是一首抒情詩，拉圖堡則為一篇史詩；若拉菲堡是一首婉約的迴旋舞，那拉圖堡必是人聲鼎沸的遊行。拉圖堡就猶如低沉雄厚的男低音，醇厚而不刺激，優美而富於內涵，是月光穿過層層夜幕灑落一片銀色……」。

　早在14世紀的文獻中，拉圖酒莊就曾經被提及過，只是當時的它還不是一個酒莊，到了16世紀，它才被開墾成為葡萄園。在1670年，它被法國路易十四的私人祕書戴・夏凡尼（de Chavannes）買下。1677年，由於婚姻關係，酒莊成為德・克洛澤爾（de Clausel）家族的產業。到了1695年，德・克洛澤爾家族的女兒瑪麗特・禮斯（Marie-Therese）嫁給了塞古爾家族（Segur）的亞歷山大侯爵（Alexandre de Segur），從此，拉圖酒莊便在已擁有拉菲酒莊（Château Latour）、木桐酒莊（Château Mouton）、凱龍酒莊（Château Calon-Segur）等幾所著名酒莊的塞古爾家族手中被掌管了將近300年。1755年，有「葡萄酒王子」稱號的亞歷山大侯爵的兒子尼古拉去世，拉圖酒莊的命運也就此被徹底改變。由於繼承關係，拉圖酒莊轉為侯爵兒子的三個妻妹所有。

　1963年，當時掌握拉圖酒莊的三大家族中的博蒙（Beaumont）和科迪弗隆（Cortivron），將酒莊79%的股份賣給了英國的波森與哈維（Pearson and Harveys of Bristol）兩個集團，而原因只是不願將紅利分給68位股東。當這個消

息傳出時，法國舉國震驚，不少法國人視其與賣國行為無異。但值得慶幸的是，英國人掌握拉圖股權的時候，對於酒莊事務並沒有太多的干預，完全委派給當時著名的釀酒師尚-保羅・加德爾（Jean-Paul Gardere）負責。加德爾先生也沒有讓法國人失望，對酒莊進行了大刀闊斧的改革。由於英國股東對酒莊資金大量的注入，讓拉圖酒莊在的品質越做越好，重回昔日風采，再一次攀上顛峰。

拉圖酒莊葡萄園占地面積66公頃，75%卡本內蘇維翁、20%美洛、4%卡本內弗朗和1%小維多。樹齡50年做正牌酒（Grand Vin de Chatour Latour），年產量180,000瓶。樹齡35年做副牌酒小拉圖（Les Forts de Latour），年產量150,000瓶。樹齡10年做三軍酒波亞克（Pauillac），年產量40,000瓶。拉圖酒莊的釀酒工序有嚴格的要求，葡萄經過去梗破碎之後，才在控溫不銹鋼發酵罐裡進行酒精發酵，這裡不得不提尚-保羅・加德爾先生。加德爾先生在任期間對酒莊進行了多項改革，其中一項就是率先在梅多克頂級酒莊中採用控溫不銹鋼發酵罐代替老的木桶發酵槽。拉圖正牌酒在12月份的時候會被注入全新的橡木桶裡進行最短18個月的桶陳。第二年的冬天還將進行澄清，裝瓶前還要進行倒桶、混合，調酒師還要進行一系列嚴格的品嚐，確保每桶酒的質量，然後才能確定裝瓶的日期。從採摘到到達消費者手中，大概需要30個月的時間，當然，拉圖酒莊是不會讓翹首以盼的人們失望的，它總是能夠以其高品質征服世界。拉圖酒的特點是，澎湃有力，雄偉深厚，單寧豐富，耐久藏，很少有葡萄酒能與之匹敵，曾被英國著名評酒家克里夫・克提斯（Clive Coates）稱為「酒中之皇」。拉圖酒莊的正牌酒一貫酒體強勁，厚實，並有豐滿的黑莓香味和細膩的黑櫻桃等香味，有如老牌硬漢演員克林伊斯威特（Clint Eastwood）般剛強厚實的酒。拉圖的出品不僅正牌酒品質出眾，就連副牌小拉圖也十分優異，品質足以和四級莊的酒抗衡，好年份甚至可以與二級莊的酒媲美。

2012年4月12日，拉圖酒莊的總經理弗萊德里克・安吉瑞爾（Frederic Engerer）在致酒商的一封信中，代表莊主弗朗索瓦・皮納特發出了一份聲明，大致內容如下：2011年是拉圖正牌和副牌小拉圖最後一個預購酒的年份。未來拉圖酒莊的葡萄酒只有在酒莊團隊認為準備好了才會發布：即之後每一年份拉圖正牌酒的發布可能為10～12年後，

左：二軍酒Les Forts de Latour 1988。
右：總經理Frederic Engerer。

小拉圖的發布大概為7年後。30年前拉圖酒莊1982年份的預購酒發布價為每瓶台幣1,000元，現在市場的價格大約台幣120,000元，上漲了120倍。2011年是拉圖酒莊最後一個推出預購酒的年份，當年報出的2011年份預購酒價格為440歐一瓶，定價比2010年份期酒780歐元一瓶降了43%，最後一個預購酒年份合理價格讓不少買家趨之若鶩。新年份2015價格約25,000一瓶。

在90年代時拉圖酒莊是台灣人最喜歡的一款酒，因為台灣人喝酒重視的是強而有力，越強越好。我們來看看拉圖有多強；派克打100分的有1961、1982、1996、2003、2009和2010等六個年份。2000年份被評為99高分。1949和2005都被評為98分。就連最近剛上市的2011年份也被評為93-95高分。在《葡萄酒觀察家》的分數也很好；也是六個100分，有1863、1899、1945、1961、1990和2000等六個年份。1900、2005、2009和2010都獲評為99高分。1959、1982和2003也都被評為98高分。兩者評分大致相同，可謂是英雄所見略同。英國《品醇客》則將1949、1959、1990年份的拉圖酒選為此生必喝的100支酒款之三。此外，拉圖酒1899年份也被收錄在世界最大的收藏家米歇爾‧傑克‧夏蘇耶所著的《世界最珍貴的100款絕世美酒》中，書中提到他是用幾瓶老年份狄康堡（d'Yquem）和英國收藏家來換1瓶拉圖1899年份的紅酒，可見拉圖老酒的魅力！

1993年，當弗朗索瓦‧皮納特以七億二千法郎收購拉圖的時候，那簡直是個天價！但是沒有人在乎？在世人的眼光中只能算是一筆大生意。當時市場正處在最低潮，拉圖酒莊也經歷著一個風雨飄搖的階段，1970～1990二十年最艱難的年代，不少年份的酒出現了風格上的毛病。在不屈不撓的總經理弗萊德里克‧安吉瑞爾的帶領下，經過了22年，拉圖酒莊重新找回信心，2000年以後釀製了穩定的酒質，再度傲視群雄，鼎立於世界酒壇。2013年8月20弗萊德里克‧安吉瑞爾再度出手收購了位於納帕河谷的超級膜拜酒阿羅侯莊園（Araujo），立刻在國際媒體引起一陣騷動，也為疲弱不振的法國酒市提升不少士氣。在此我們要恭喜美法繼續合作，提供給愛好美酒的人士更多佳釀。🍾

地址｜ Saint-Lam bert 33250 Pauillac, France
電話｜ 00 33 5 56 73 19 80
傳真｜ 00 33 5 56 73 19 81
網站｜ www.Château-latour.com
備註｜ 週一到週五對外開放（法國法定節假日除外），上午 8：30 ～ 12：30 和下午 2：00 ～ 5：00；個人和自由旅遊團必須提前預約，團隊人數僅限 15 人以下。

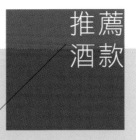

Recommendation:
Wine

拉圖酒莊
Château Latour 1961

ABOUT
適飲期：現在～2035
台灣市場價：200,000 元
品種：77% 卡本內蘇維翁（Cabernet Sauvignon）、16% 美洛
（Merlot）、4% 卡本內弗朗（Cabernet Franc）、3% 小維多
（Petit Verdot）。
木桶：100% 法國新橡木桶
桶陳：24 個月
瓶陳：6 個月
年產量：200,000 瓶

🍷 品酒筆記
波爾多的1961年份是非常傑出的一年，每一個酒莊都應該感
謝上天賜予這麼好的年份。儘管如此，拉圖酒莊的1961年份
表現得完美無缺，個人深深感動，精采驚艷！酒的顏色呈現磚
紅色，濃郁而閃亮。酒中散發出紫羅蘭花香、烤麵包、原始森
林、松露、黑醋栗和雪茄盒等各種宜人的香氣。入口充滿味蕾
的是黑醋栗、葡萄乾、成熟黑色水果、奶酪、摩卡咖啡和巨大
杉木等層出不窮，豐富且集中，深度、純度與廣度皆具，真正
偉大的酒，有如奧運體操平衡木冠軍選手，平衡完美，優雅流
暢，這款酒是上帝遺留在人間的美酒佳釀，只有喝過的人才知
道它的偉大！難怪每位酒評家都給了完美的100分，尤其派克
更是打了四次100分！

🍴 建議搭配
湖南臘肉、台式香腸、煎牛排、台式焢肉。

★ 推薦菜單　阿雪真甕雞
阿雪真甕雞創始於1981年，一路走來堅持以純正放山土雞（台語：
人家土）為食材，絕不含防腐劑、人工色素香料，遵循古法研製更
保有土雞原汁原味的香甜。阿雪真甕雞三十年老字號，嚴選CAS
認證健康放山土雞，特殊火候悶煮煙燻並淋上獨門配方，絕無化
學物質，不添加防腐劑，是台北政商名流的最愛，人氣美食保證好
吃！作者以前在教授葡萄酒時，經常買一隻雞帶到課堂上與學生
們分享。土雞肉不但肉質結實有彈性，而且清香鮮甜。會用這道土
雞肉來搭配是因為它的原味不帶任何醬汁，不會影響這款偉大的
酒。拉圖1961年份充滿了奇異旅程，您絕對不知道下一秒會嚐到
什麼味道？真甕雞自己能散發魅力，慢慢的、輕輕的，越咀嚼越有
味。兩者互不干擾，又可以互相融入，有如完美的二重唱，高音與
低音，忽高忽低，忽快忽慢，剛柔並濟，這時候，再來一杯拉圖紅
酒，再吃一口土雞肉，人生本該如此快哉！

阿雪真甕雞
地址｜台北市松江路 518 號

37. Château Margaux

瑪歌酒莊

瑪歌酒莊（Château Margaux）歷史悠久，至今已有六七百年的歷史。早在13世紀，歷史中開始有關於拉莫‧瑪歌（La Mothe Margaux）的紀載，只是那時園中還沒種植葡萄。瑪歌酒莊的歷屆莊主都是當時的貴族或者重要人物，但即便如此，酒莊也並沒有達到如今的輝煌，直到十六世紀雷斯透納（Lestonnac）家族接管之後，酒莊才開始蓬勃發展起來。雷斯透納家族也是瑪歌酒莊在接下來超過兩世紀的擁有者。

瑪歌酒莊是法國波爾多左岸梅多克產區瑪歌村的知名酒莊，在1855年就已進入四大一級酒莊的行列，與拉菲酒莊、拉圖酒莊和歐布里昂酒莊（Haut Brion）齊名。《倫敦公報》在1705年報導了波爾多美酒的歷史性時刻，波爾多酒的第一筆買賣，成交的是230桶瑪歌酒莊紅酒。1771，該酒莊第一次出現在佳士得拍賣行的拍賣名單上。美國前總統湯瑪斯‧傑弗遜在喝了一瓶1784年份得瑪歌之後，將它評為波爾多四大名莊之首。1810年建築師路易斯‧康貝斯（Louis Combes），設計建造了瑪歌酒莊，被世人稱為是梅多克的凡爾賽宮。在法國，這是其中一座為數不多的新帕拉底奧風格的建築，於1946年被列入世界歷史文化遺產，當來自世界各地的遊客們穿越了酒莊入口百年梧桐樹排成的長道後，展現在他們眼前

A. 酒莊外觀。B. 酒窖。C. 葡萄採收。D. 成熟的葡萄。
F. 莊主Corinne和女兒Alexandra。

的，是華麗宏偉且獨一無二的酒莊。曾任中國最高領導人，國家主席胡錦濤當年
出訪法國的時候，曾經到過波爾多，所參觀的酒莊就是瑪歌酒莊，這也是迄今為
止唯一一家接待過中國最高領導人的波爾多一級酒莊。當時酒莊邀請胡主席品嚐
的酒，就是1982年份的瑪歌紅酒。

　　1801年雷斯透納遺族將瑪歌酒莊賣給柯羅尼拉公爵（Betrán Douät，Marquis
de la Colonilla）。他是第一個將紅葡萄與白葡萄分開釀酒的釀酒師（在當時，紅
葡萄及白葡萄是混在一起的）。他同時也是第一個堅持主張不在早晨採摘葡萄的
人，他認為早晨的葡萄上面掛滿了露水，如果那時採摘，葡萄的顏色和味道都會
被露水沖淡。柯羅尼拉同樣非常了解土壤的重要性，而且當時現代化的葡萄酒釀
造法已經初現端倪。這些使得瑪歌葡萄酒不斷的飛躍，品質越來越好。1934年吉

尼斯特（Ginestet）家族買入瑪歌酒莊一部分的股份，一般認為他們在1949年取得了全部的掌控權。

1977年吉尼斯特家族將瑪歌酒莊賣給希臘商人安德魯・蒙泰洛普羅斯（Andre Mentzelopoulos），他對瑪歌酒莊投注了大量資金，進行大範圍的改革。酒莊在排水系統、開拓新的種植園等方面得到很大改善，酒莊和其附屬建築也得到了重建和革新。釀酒上，請來了一代宗師艾米・佩納德（Emile Peynaud）當首席顧問，在1978年瑪歌迎來了一個好年份，然而安德魯・蒙泰洛普羅斯還沒來得及享用接收的第一個年份瑪歌酒，就於1980年仙逝。1980年之後他的女兒柯琳娜・蒙泰洛普羅斯（Corinne Mentzelopoulos）從父親手中接過了重擔。在整個團隊和釀酒師佩納德的支持下，柯琳娜開始投身於瑪歌酒莊的事務中。1983年，頂著農藝博士學位的保羅・彭塔利爾（Paul Pontallier）自告奮勇加入瑪歌酒莊的大家庭，成為酒莊總經理。1990年，菲利普・巴斯卡雷斯（Philippe Bascaules）加入瑪歌酒莊，增強了酒莊的管理團隊。他與保羅・彭塔利爾和莊主柯琳娜成為波爾多一級酒莊最佳鐵三角。他們的合作關係是一級酒莊中最長久的，這樣的持續性和奉獻也使酒莊各個方面都能夠穩定成長。

瑪歌酒莊目前擁有土地面積為262公頃，其中紅葡萄園80公頃，白葡萄園12公頃。葡萄種植比例上，紅葡萄為75%卡本內蘇維翁、20%美洛、2%卡本內弗朗和3%小維多，白葡萄為100 %白蘇維翁。葡萄植株的平均樹齡為45年。瑪歌酒莊是眾多波爾多名莊中比較恪守傳統的酒莊，酒莊不僅堅持手工操作，而且仍然百分百採用橡木桶，即使像拉圖酒莊、歐布里昂酒莊等五大名莊早就用不銹鋼酒槽發酵。瑪歌紅葡萄酒在橡木桶中發酵，並在新橡木桶中陳年18至24個月。究竟瑪歌有著怎樣的魅力呢？瑪歌的現任總經理保羅・彭塔利爾這樣評價道：「瑪歌把優雅和力量的感受，微妙而和諧地揉合在一起。而其中的諧妙，絕非僅花香、果香或辛香給你帶來的愉悅。」二軍酒瑪歌紅亭（Pavillon Rouge du Margaux）第一次出現在1908年，30年代消聲匿跡，1978年拜佩納德之賜重出江湖，最近幾個年份中，酒莊約有五成是列入二軍，在百年前就已經創設二軍酒的瑪歌酒莊，可說是二軍酒的祖師爺。年產量20萬瓶。為了進一步精密地篩，酒莊從2009年開始，創立了三牌酒，但在台灣卻未見蹤跡。瑪歌酒莊也出產白葡萄酒，酒莊在12公頃的葡萄園裡種的全是白蘇維翁，專門用來生產瑪歌白亭（Pavillon Blanc du Château Margaux）。它在橡木桶裡發酵，在木桶中再經過10個月的陳年期之後裝瓶。瑪歌白亭在19世紀時被稱為白蘇維翁白酒，到了1920年才被命名為「瑪歌白亭」。這塊土地在1955年劃定瑪歌法定產區時並沒有被歸入其中。年產量僅僅3萬瓶。

瑪歌酒莊幾百年來敘述著很多歷史軼事，其中最出名的當然是美國前總統湯馬斯・傑弗森的情有獨鍾。另外一則是在拿破崙的征戰中，瑪歌紅酒是他沙場中的

左：作者喝過的世紀年份Château Margaux 1945。右：作者與酒莊亞洲品牌大使天寶（Thibault Pontallier）在台合影，他也是酒莊總經理Paul Pontallier的兒子。

良伴。在拿破崙的《聖赫勒拿回憶錄》裡，他提到瑪歌酒對他作戰的重要性。他在書中寫道：「因大雪封山，使得100桶瑪歌酒未能運到滑鐵盧前線。」可見拿破崙對於瑪歌紅酒有多喜愛，而瑪歌酒也確實影響了拿破崙在滑鐵盧之役。連文學家海明威希望能將孫女撫養的「如同瑪歌葡萄酒般充滿女性魅力」，而依酒莊名為她命名。後來孫女也真的成為一位有名的電影明星。瑪歌酒莊在電影故事上也經常的出現，在好萊塢喜劇片《真情假愛》中，男主角喬治·庫隆尼（Georgr Clooney）與女主角凱瑟琳·麗塔瓊斯（Catherine Zeta Jones）為了要喝什麼酒有一段精采的對話：庫隆尼本來要喝瑪歌中等年份的57年，麗塔瓊斯要喝波爾多50年代最好的59年，最後選擇庫隆尼卻選擇了最差的54年，由此可見兩個人對於葡萄酒的品味。另一部電影《蘇菲亞的抉擇》（Sophie's Choice）中，當男主角凱文克萊（Kevin Kline）特別拿出一瓶瑪歌酒給臥病在床的女主角梅莉·史翠普（Meryl Streep）喝，史翠普驚喜地說：「瑪歌！哦，上帝，你知道，如果你像聖徒一樣活著，死去後會在天堂裡喝到這樣的美酒。」比年份更重要的是：什麼時候喝？和什麼人喝？特別的日子，特別的酒要和特別的人喝。而在日本片《失樂園》更是絕了，男主角役所廣司和女主角黑木瞳在殉情時最後喝的酒就是瑪歌1987年，雖然不是很好的年份，但這也證明了日本人還是對瑪歌酒莊的酒比較厚愛。

　　瑪歌酒莊的酒究竟有多好呢？其酒婉約細膩，但不失堅強……絕無僅有的女王（女+王）。

　　一般公認瑪歌酒莊是波爾多酒中的代表作：細緻、溫柔、優雅以及中庸的單寧。瑪歌堡的佳釀無論如何一定要平心靜氣，細細品味才能體會其「弦外之音」。Ch.Margaux 1900是讓漫畫主角遠峰一青為之臣服的世紀名酒，WS選為

上世紀12支夢幻神酒之首。Ch.Margaux 2000被派克選為心目中最好的12支酒之一，100滿分。另外派克打100分的還有1900年份和1990年份。三個波爾多偉大的年份1996、2009和2010都獲得了接近滿分的99高分。有世紀年份之稱的1982年份則獲得了98分。英國《品醇客》雜誌也將1990和1985的瑪歌酒莊選為此生必喝的100支酒款之一。目前瑪歌酒在台灣市場價一瓶大約是15,000起跳，最貴的是1900年份的580,000台幣一瓶。好年份的2009&2010年大約是35,000台幣一瓶。2015年是特殊紀念版，價格約50,000一瓶。2020年份約25,000元左右。

　　2003年，柯琳娜買進了阿涅利（Agnelli）家族的少數股份，成為瑪歌酒莊唯一的擁有者。同時做出第一個決定不要走出瑪歌區，決定不要擴大，不論是在美國納帕、智利、阿根廷、希臘或任何地方（其它一級酒莊都已向外發展）。這是一個關鍵的決定，選擇專心留在波爾多。另外決定請英國建築師諾曼‧福斯特（Norman Foster）設計興建新的酒莊酒莊，它將會是一個偉大的工程。2012年，柯琳娜女兒阿莉仙杜拉（Alexandra）成為蒙泰洛普羅斯（Mentzelopoulos）家族在酒莊工作的第三代。柯琳娜謙虛的說：「我信任葡萄酒顧問佩納德，他教我很多，還有前莊園經理菲利普巴瑞和保羅‧彭塔利爾，不需要改變瑪歌酒莊的靈魂。事實上，瑪歌堡的酒本來就是在天堂裡才能喝到的美酒！

特別
推薦

瑪歌白亭

Pavillon Blanc du Chateau Margaux 2007

ABOUT
分數：RP 95、JS 91 ～ 94
適飲期：2010 ～ 2030
台灣市場價格：8,000 元
品種：100% 白蘇維翁（Sauvignon Blanc）
年產量：30,000 瓶

DaTa

地址｜Château Margaux ,33460 Margaux
電話｜+33（0）5 57 88 83 83
傳真｜+33（0）5 57 88 31 32
網站｜www.Château-margaux.com
備註｜參觀前必須預約，週一到週五上午 10：00 ～
　　　12：00，下午 2：00 ～ 4：00

瑪歌酒莊

Château Margaux 1990

ABOUT
分數：RP 100、WS 98
適飲期：2015 ～ 2040
台灣市場：35,000 元
品種：75% 卡本內蘇維翁（Cabernet Sauvignon）、
　　　20% 美洛（Merlot）、2% 卡本內弗朗（Cabernet Franc）
　　　和 3% 小維多（Petit Verdot）
橡木桶：100% 法國新橡木桶
桶陳：18 月
瓶陳：6 個月
年產量：300,000 瓶

品酒筆記

1990的瑪歌是無可挑剔的一款酒。這個年份的瑪歌個人已經喝過四次之多，能說什麼呢？「無與倫比」四個字。派克總共嚐了8次之多，其中7次都給了100滿分，最後一次是在2009年6月打的。1990年份絕對是瑪歌酒莊的經典之作，它將成為一個偉大傳奇年份，也會為瑪歌酒莊留下精采的一頁。色澤呈深紅寶石色，鮮花、松露、紫羅蘭、石墨、菸草和東方香料等層層疊疊的香氣，令人目不暇給。一款身材窈窕撫媚動人的酒，單寧柔滑透細，有如貴妃出浴般的濕嫩閃亮，其迷人的風采，完全吸引你的目光。成熟的黑漿果、黑李、黑櫻桃、雪松、甘草、巧克力和摩卡，口感豐富而遼闊。經典的瑪歌酒融合了力量與優雅，濃郁而細膩，有如神話般的美酒，讓人回味無窮！

建議搭配

香煎小羊排、滷牛肉、白切羊肉、滷味。

★ **推薦菜單　全珍一品鍋**

全珍一品鍋是翠滿園的招牌菜，全台灣只有這家有，沒有一家可以仿得來。一甕十八斤要價13,000元的招牌鍋，老闆告訴我，裡頭全部採用高級食材，排翅、干貝、鮑魚、烏參、日本花菇、土雞腿、豬蹄花、新鮮筍、金華火腿，層層相疊、重味道的放底層，先慢慢煨再蒸，湯清而不油。雖然做法有點類似佛跳牆，但用的都是高級食材，所以沒那麼油膩，反而比較爽口。瑪歌的酒充滿各式各樣的濃稠果味，和一品鍋的高級食材：排翅、烏參、花菇、鮑魚等比較清淡的佳肴，完美而豐富的果香可以增添美味，又不影響食材的口感，兩者互相呼應，優雅又迷人。一品鍋湯美味鮮，瑪歌酒質濃郁單寧細膩，呼朋引友，共享人間美食美酒，人生一大快事！

翠滿園餐廳
地址｜台北市延吉街 272 號

38. Château
Haut Brion

歐布里昂酒莊

　　五大酒莊內最深奧難懂的大概就是歐布里昂酒莊（Château Haut Brion）！它的香氣十分複雜，年輕時極其淡雅，均衡中層層節制，委婉而內斂，有一絲松露與煙燻味，但微妙整合在咖啡色系的調味盤中，適合造詣極高的葡萄酒老饕。這款酒年長俱增，最近的好年份首推1989年份，這個年份也一直被稱為傳奇的年分，100分中的100分，無論是《葡萄酒觀察家》雜誌或是派克創立的網站都是100分，葡萄酒教父羅伯‧派克曾説過：「在他離開人間之前，如果能讓他選一支酒來喝，那一定是Haut-Brion 1989莫屬。」歐布里昂酒莊歷史悠久──奠基於1550年，酒莊發表的年份紀錄可上達1798年；它未受根瘤蚜蟲病之害，完整的將葛拉芙（Graves）的土地與歷史，寫進造型奇特的酒瓶之中。它還有一款白酒，價昂量少，也是收藏者的最愛之一。

　　波爾多的五大酒莊，地位不可動搖。但是除了本尊之外，那些二軍，甚至白酒，到底哪一款才有「超過本尊」的行情？答案是歐布里昂酒莊的白酒（Haut Brion Blanc）！此酒連爛年份都要20,000台幣以上，好年份根本一瓶難求（年產量不到8,000瓶），可説是波爾多最貴的不甜白酒。以2005年份來論，本堡紅酒在美國上市時市價為800美元（WS評為100分），而白酒的售價為820美元（WS也評為100分），

A
B | C | D

A.酒莊。B.酒莊宣傳海報。C.有莊主簽名的3公升Haut Brion 1978。
D.作者與Haut Brion Blanc 1992。

目前市價高達台幣60,000。但市價並不代表能買到,遇到一瓶歐布里昂白酒的機運,往往是其紅酒的百分之一不到。除了正牌的白酒外,歐布里昂堡也出了二軍的白酒,稱為「歐布里昂堡之耕植」(Les Plantiers du Haut-Brion),2008年以後改為 La Clarté Haut Brion Blanc,年產量僅5000瓶,價錢也經常徘徊於100美元間。甚至可說,除了布根地之外,全法國的不甜白酒,絕少能有這種超級行情。它的塞米雍(Semillon)與白蘇維翁(Sauvignon Blanc)各半,葡萄園僅2.5公頃,頂著五大威名,葡萄園又在波爾多優質酒的發祥地佩薩克-雷奧良(PESSAC-LEOGNAN),當地紅白好酒齊名。不像波雅克或瑪歌村,幾乎沒有人討論它們的白酒。

歐布里昂酒莊是1855年波爾多分級時列級的61個酒莊中唯一一個不在梅多克的列級酒莊。歐布里昂酒莊位於波爾多左岸的佩薩克-雷奧良(Pessac-Leognan,1987年從格拉夫劃分出的獨立AOC),是格拉夫產區的一級酒莊,同時它也是唯一一個以紅、白葡萄酒雙棲波多爾頂級酒的酒莊,是波爾多酒業巨頭克蘭斯狄龍酒業(Domaine Clarence Dillon)集團旗下的酒莊之一。

　　歐布里昂酒莊是波爾多五大酒莊中最小的，但卻是成名最早。早在14世紀時，歐布里昂酒莊就已是一個葡萄種植園，並在之後的經營中一直保持著不錯的發展。1525年，利布爾納（Libourne）市長的女兒珍妮・德・貝龍（Jeanne de Bellon）嫁給波爾多市議會法庭書記強・德・彭塔克（Jean de Pontac），嫁妝就是佩薩克-雷奧良產區的一塊被稱為「Huat-Brion」的地。1533年，強・德・彭塔克買下了歐布里昂酒莊的豪宅，一個歷經四個家族經營、傳承數個世紀的頂級葡萄園由此應運而生。據說彭塔克先生也因為長年飲用酒莊的酒而延年益壽，活了101歲高壽。當獲得歐布里昂酒莊的一部分土地之後，他不斷擴大與完善其產業。1549年，他著手修建城堡，因他對產區的風土瞭如指掌，所以將城堡修建在沙丘腳下的沙礫區，而沙丘則專門用來種植葡萄。歷史學家保羅・蘆笛椰毫不猶豫地將這座城堡稱為「第一座當之無愧的酒堡」，因此可以認定歐布里昂酒莊的沙丘是1855年列級酒莊中有跡可循的最早產區，比現在的梅多克頂級酒莊要早一個世紀。而且，歐布里昂城堡可稱得上是波爾多莊園中最浪漫、優美和典雅的一座，所以酒標一直沿用此建築物作為商標圖案。

　　有關歐布里昂酒莊的傳說非常的多，這裡有一則故事非常有趣。1935年，當年非常富有的美國金融家克蘭斯狄龍（Clarence Dillon）因很喜歡葡萄酒，決定去葡萄酒聖地波爾多買一個頂級莊園。他原來是決定購買聖艾美隆區（St. Emilion）的白馬酒莊（Cheval Blanc）。由於當天雨大霧濃，天氣濕冷，身體不適的他想找個地方休息整頓一下，結果走進了離城不遠的歐布里昂酒莊。飢寒交迫的他，

喝著歐布里昂的美酒，吃著酒莊準備的晚餐，備感溫暖。打聽之下得知莊主有意出售酒莊，雙方隨即一拍即合，當場成交。陰錯陽差，沒有買下白馬堡，卻在葛拉芙落腳，從此，歐布里昂酒莊就一直由克蘭斯帝龍及其後人擁有。

　　1958年，狄龍家族成立了侯伯王酒莊的控股公司克蘭斯狄龍公司（Domaine Clarence Dillon SA），之後不斷對酒莊進行投資，建現代化發酵窖，實行葡萄品系選擇，修建地下大型酒窖，重新裝修酒莊。經過兩代人的努力，歐布里昂轉變為傳統和現代結合完美的頂級酒莊。傳到第三代，克拉倫斯的孫女瓊安・狄龍（Joan Dillon）是家族中最用心經營酒莊的一位。從70年代她接手酒莊開始，歐布里昂酒莊才在經營中獲利，使狄龍家族得以逐步擴展家族的葡萄酒事業，陸續併購佩薩克的其它三個頂級酒莊。瓊安與第一任丈夫盧森堡王子結婚後育有一兒一女，目前由兒子羅伯王子（Prince Robert）接掌酒莊，羅伯王子一改酒莊低調的作風，2013年開始到世界各地推廣狄龍家族的酒，包括歐布里昂系列酒款。

　　另值得一提的是，歐布里昂酒莊的釀酒家族德馬斯（Delmas）。喬治・德馬斯（George Delmas）從1921年就加入歐布里昂酒莊成為釀酒師。他的兒子尚-伯納德（Jean-Bernard）就出生於酒莊，之後繼承父業成為酒莊釀酒師。德馬斯家的第三代尚-菲利普（Jean-Philippe）目前也已成為酒莊管理隊伍的一員。一家三代將近100年來都為酒莊默默的付出，這也是在波爾多酒莊內最久的釀酒家族。德馬斯家族是波爾多公認的最頂尖釀酒師之一。他們在1961年第一個提出打破傳統，採用新科技設備釀酒，引進不銹鋼發酵桶等，創造了具有獨特口感的葡萄酒。在

所有列級名莊均保留傳統釀造方法的當時，這一舉動是不可思議的，但現今這已是大部分頂級酒莊效仿他們的做法。酒莊也與橡木桶公司合作，在酒莊內製作橡木桶，以便做出更符合酒莊橡木桶的要求。

歐布里昂酒莊目前擁有葡萄園共計65公頃，其中紅葡萄占63公頃。園內表層土壤為砂礫石土，次層土壤為砂質粘土型土壤。種植的紅葡萄品種包括45.4%的卡本內蘇維翁，43.9%的美洛，9.7%卡本內弗朗，1%馬百克，平均樹齡為35年，用來釀造酒莊紅葡萄酒，包括酒歐布里昂酒莊正牌酒132,000瓶和副牌酒克蘭斯歐布里昂副牌酒（Le Clarence de Haut-Brion）88,000瓶。另外不到3公頃的白葡萄品種為塞米雍與白蘇維翁各50%。生產正牌白酒7,800瓶，副牌酒5,000瓶。

世界上沒有一個酒莊可以像歐布里昂酒莊這樣，紅白酒都釀得非常精采，而且白酒的價格可以超過紅酒的價格。英國《品醇客》雜誌選出本堡1959的紅酒和1996的白酒為此生不能錯過的100款酒之二。在派克的分數也都不錯，紅酒首推1989年份，被稱為100分中的100分，可以說是百分之王，派克本人打了七次分數都是100分。這款酒是派克最喜歡的酒。《葡萄酒觀察家》雜誌也同樣是100分。另外獲得派克100分的有1945、1961、2009和2010等四個年份。2000千禧年份也獲得了99高分，還有1990和2005兩個波爾多好年份都獲得了98高分。白酒部分1989年份仍然是100分，另外1998、2003、2007、2009、2012等幾個好年份都曾被打過100分，後來才重新評分到95～99分之間。在WS方面除了1989年份的100分，還有2005年份的紅白酒同樣獲得滿分。本世紀最好的兩個年份2009年份獲98分，2010年份獲99高分。1989年份的白酒也獲得了98高分。此外，歐布里昂1945年份也被收錄在世界最大的收藏家米歇爾‧傑克‧夏蘇耶所著的《世界最珍貴的100款絕世美酒》中，書中提到他是用2瓶1947年份的拉圖酒莊換來2瓶歐布里昂1945年份的紅酒，非常有意思！歐布里昂酒莊的紅酒是最被低估的五大，個人認為性價比最高。剛上市一瓶如果是普通年份大約台幣15,000以內，好年份如2009和2010大約是35,000台幣。1989最好的年份也才70,000台幣而已，真是最好的收藏。2015&2016價格約25,000一瓶。2020年份約20,000元左右。白酒基本上都要30,000台幣一瓶，好的年份如2009和2010都要45,000台幣一瓶。

作者和來台的莊主羅伯王子合影。

莊主來台酒會。

左：作者收藏編號001的六公升裝Haut Brion Blanc 2000。右：作者致贈台灣高山茶給莊主。

　　2012年歐布里昂酒莊莊主羅伯王子來台訪問，我親自帶了一瓶歐布里昂1992年份白酒赴約。老實說我也不知道這瓶酒經過20年的滄桑，到底能不能喝？我心中一直是個問號，尤其是1992年份在波爾多是非常艱辛的年份，幾乎所有的紅酒都撐不過了。羅伯王子聽到有人帶來92的白酒，立刻換好衣服下樓來品嚐，這款酒果然沒有讓大家失望，不只得到羅伯王子本人大為讚賞，他同時也很開心可以見證自己酒莊的白酒經過20年竟然能如此精采，當面感謝我並和我合照及簽名。在場的《稀世珍釀》作者陳新民教授和《葡萄酒全書》作者林裕森先生都嘖嘖稱奇！在我一生中總共嚐過五款歐布里昂白酒（1992、1994、1995、1996和2000年），可說是支支精采絕倫，最令人驚訝的是它的續航力，通常在一個酒會當中可以從頭喝到結束，經歷4～5個鐘頭都還不墜，而且變化無窮，越喝越好，甚至比其他頂級紅酒還耐喝，這是最令我難忘的一款白酒。紅酒部分我也喝過20個年份以上，記憶最深刻的當屬1961、1975、1982、1986、1988、1989和1990這幾個年份共同的特點是黑色果香、松露、煙燻、黑巧克力、黑櫻桃、甘草、菸草和焦糖味。尤其是1989喝了兩次，真不愧為偉大之酒，光彩奪目，變化無窮，高潮迭起，歐布里昂紅酒中的經典之作，集所有好酒的優點於一身，無懈可擊。有機會您一定要收藏一瓶在您的酒窖中，因為它最少可以陪您再渡過未來的30年以上。如果您錢包不夠深，沒關係！可以買一瓶二軍白酒（Plantiers Haut Brion Blanc），在中國大陸被選為最配大閘蟹的白葡萄酒，2005年份一瓶只要3,000台幣以內。🍶

左：和莊主一起品嚐的Haut Brion Blanc 1992。右：2004白酒二軍，適合配大閘蟹。

特別
推薦

歐布里昂酒莊

Château Haut Brion Blanc 1996

ABOUT

分數：RP 93、JH 98
適飲期：2010 ～ 2025
台灣市場價格：36,000 元
品種：50% 白蘇維翁（Sauvignon Blanc）、50%
謝米雍（Semillon）
年產量：7,000 瓶

DaTa

地址｜Château Haut Brion ,135,avenue Jean
　　　Jaures,33600 Pessac,France
電話｜00 33 5 56 00 29 30
傳真｜00 33 5 56 98 75 14
網站｜www.haut-brion.com
備註｜參觀前須預約，週一到週四上午 8：30 ～ 11：30，
　　　下午 2：00 ～ 4：30，週五上午 8：30 ～ 11：30

歐布里昂酒莊

Château Haut Brion 1989

ABOUT

分數：RP 100、WS 100
適飲期：2015 ～ 2050
台灣市場價：57,000 元
品種：78% 卡本內蘇維翁（Cabernet Sauvignon）、19% 美洛
　　　（Merlot）、3% 卡本內弗朗（Cabernet Franc）
木桶：100% 法國新橡木桶
桶陳：24 個月
瓶陳：6 個月
年產量：200,000 瓶

🍷 品酒筆記

1989年的歐布里昂是波爾多經典傑出之作，顏色是紫紅寶石色，雪茄、菸草、礦物、煙燻橡木、花香還有甜甜的香氣。入口時的黑色水果有如濃縮果汁般、烤堅果、奶油香草、胡椒、甘草叢口中彈跳出來，最後是濃濃的黑巧克力和焦糖摩卡咖啡。單寧有如一塊最高貴的絲絨般細滑，華麗典雅。層出不窮的香氣前推後擠，五彩繽紛，豐富而誘人。整體表現完美無瑕，無可挑剔，我必須承認這是一款世界上最偉大的酒，再喝10次以上都不會膩。尤其是餘韻可達90秒以上，如黃鶯出谷，繞梁三天而不絕。

🍴 建議搭配

廣東燒臘、滷牛腸、煎牛排、紅燒五花肉。

★ 推薦菜單　香煎小羊排

有些客人怕吃羊排，因為騷味，但是喆園的羊排，客人都非常喜歡。因為除了入味以外，他一點羊騷味都沒有！喆園選用紐西蘭穀飼的小羊，再加上廚師們特別的香料醃製。作者為了請上海回來的老饕朋友，特別點了這道香煎小羊排。熱騰騰的小羊排上桌後，在場的曹董說烤羊排他是專家，但是嚐了以後，他自嘆弗如！因為這道小羊排顏色鮮艷欲滴，咬起來軟嫩多汁，熟而不柴。將近25年的五大歐布里昂滿分酒，單寧細緻，甜美可口，充滿果香味，配起小羊排的彈嫩肉質，垂涎欲滴，香氣四溢，酒香與肉香的絕對平衡，一切都如此美好！什麼話都不必多說，只有「完美」兩個字！

喆園
地址｜台北市建國北路一段 80
　　　號 1 樓

39. Château Mouton Rothschild

木桐酒莊

　　木桐酒莊（Château Mouton Rothschild）位於法國波爾多梅多克產區的波雅克
（Pauillac）村，出產享譽世界的波爾多葡萄酒。在目前的分級制度中，它是位列第一
等（Premier Grand Cru）的五大酒莊之一，與拉菲酒莊、拉圖酒莊、瑪歌酒莊和歐
布里昂酒莊同列一級酒莊。

　　木桐酒莊的土地最早被稱「Motte」，意為土坡，即「木桐」（Mouton）的詞源。
Mouton在法文的語意是「羊」的意思。這個文字被酒莊廣為宣傳，因為酒莊老莊主
菲利浦‧羅柴爾德男爵（Baron Philippe de Rothschild）生於1902年4月13日，屬白
羊星座的男爵，把自己的名字與酒莊保護神「羊」緊密結合在一起。

　　酒莊的歷史簡單來說：1853年，家族中一名成員納撒尼爾‧羅柴爾德男爵（Baron
Nathaniel de Rothschild）購買了Château Brane-Mouton莊園，後改名為木桐酒
莊。1855年官方波爾多評級為第二級酒莊。1922年，他的曾孫菲利浦‧羅柴爾德
男爵（1902～1988）決定由自己來掌管該莊園。他在木桐酒莊的65年中，表現出堅
強的個性，將酒莊發揚光大。1924年，他首次推出酒莊裝瓶的概念。1926年，他建
立了著名的酒窖，宏偉的100米酒窖，現在已成為參觀木桐酒莊的主要景點之一。
1933年，他通過購買旁邊的1855列級五級酒莊達美雅克單人舞（Château Mouton

	A	
B	C	D
	E	F

A . 酒莊外觀。B . 橡木桶。C . 酒窖準備換桶。
D . 100米長25米寬特別的酒窖,可以存放1000個
橡木桶。E . 酒莊收藏的大壁毯。F . 收藏品。

d'Armailhac)而擴大了家族酒莊的面積。1945年開始,以一系列令人陶醉的藝術作
品為酒標,每年由著名畫家為木桐酒莊創作商標。1962年,座落在酒窖旁邊的葡萄
酒藝術博物館舉行開業慶典,博物館展示一系列三千年以來的葡萄酒和葡萄藤精
品,每年吸引著成千上萬名參觀者。1970年,酒莊收購了五級酒莊克拉隆雙人舞
(Château Clerc Milon),繼續擴大規模。1973年,經過20年的努力不懈,菲利浦
男爵終於取得了1855列級的修訂,木桐酒莊正式成為第一級酒莊,和其他左岸的四
個一級酒莊平起平坐,形成波爾多五大酒莊。1988年,菲莉嬪·羅柴爾德女爵繼承
父業。1991年,她決定創造銀翼(Aile d'Argent),在占地10英畝的木桐酒莊葡萄
園生產的一種優質白葡萄酒,種植品種包括:51%白蘇維翁、47%塞米雍和2%慕斯
卡多。1993年,木桐酒莊首次發表副牌酒,木桐酒莊的小木桐(Le Petit Mouton)。

左：酒莊種植卡本內蘇維翁。右：各種不同年份的酒標。

菲莉嬪‧羅柴爾德女爵和她的孩子們擁有木桐酒莊以及它的副牌酒小木桐、達美雅克莊園、克拉米隆莊園和木桐銀翼。這些葡萄酒的產量每年總共大約70萬瓶。還有一級酒莊古特莊園的索甸巴薩克貴腐酒（Château Coutet a Premier Cru Classe Sauternes Barsac）的全球經銷商。

　木桐酒莊葡萄園的面積原為37公頃，園內的品種以種卡本內蘇維翁為主。時至今日，木桐酒莊已擁有82公頃的葡萄園，其中77%為卡本內蘇維翁、10%為卡本內弗朗、11%為美洛、2%是小維多（Petit Verdot）。種植密度每公頃8,500株，平均樹齡45年。採用人工採摘的方式收穫葡萄，只採摘完全成熟的葡萄，先放在籃子中，再送到釀酒室。使用橡木發酵桶發酵，木桐酒莊是當今一直使用發酵桶發酵的少數波爾多酒莊之一。一般發酵時間為21至31天；然後轉入新橡木桶熟化18至22個月，每年產量在30萬瓶左右。

　1924年廣告畫師尚‧卡路（Jean Carlu）用粗獷的手法繪出菲利浦男爵家族五支箭頭的族徽、木桐酒莊，還有木桐酒莊的象徵綿羊創作了第一幅藝術酒標，酒莊從這一年開始實行「在酒莊內裝瓶」。1945年菲利浦委託青年畫家菲利浦‧朱利安（Philippe Jullian）創作當年的新酒標，此時適逢二戰結束，就以英國首相邱吉爾兩個手指所筆畫出的V字為主，勝利（Victory）的大「V」字母立在中央，象徵著和平的到來。而這一年的酒也成了木桐酒莊最好的世紀年份，得到各界酒評家的滿分讚賞，幾乎在各大拍賣會場都能見到它的身影。從這一年開始，木桐酒莊每年都會邀請一位藝術家來為木桐設計酒標，受邀請的藝術家會得到10箱木桐酒，其中包括5箱自己當年設計酒標的木桐酒和5箱其他不同年份的木桐酒。自那以後，眾多歷史上著名的藝術家都曾替木桐設計酒標，如1955年的喬治‧布拉克（Georges Barque）、1958年的薩爾瓦多‧達利（Salvador Dali）、1964年的亨利‧摩爾（Henry Moore）、1969年的胡安‧米羅（Joan Miró）、1970年的馬克‧夏卡爾（Marc Chagall）、1971年的瓦西里‧康丁斯基（Wassily Kandinsky）、1973年的巴勃羅‧畢卡索（Pablo Picasso）、1975年的安迪‧沃荷（Andy Warhol）、1980年的漢斯‧哈同

（Hans Hartung）、1990年的法蘭西斯・培根（Francis Bacon）、1993年的巴爾蒂斯（Balthus）。這個原則只有極少年份例外，如：1953年，購買酒莊百年紀念。1977年，英國王太后的私人訪問紀念。2000年，慶祝千禧年烙印的金羊。2003年，購買酒莊150週年紀念。最著名的酒標是1973年畢卡索的《酒神狂歡圖》，展示了美酒為生活帶來的歡樂。而這一年也是酒莊值得慶祝的一年，因為正是木桐酒莊由二級酒莊升等為一級酒莊。2004年的酒標為英國查爾斯王子的水彩畫，上面還寫有：「慶祝英法友好協約簽署100週年，查爾斯2004。」將近70年來只有兩個年份選用了中國畫家的作品：1996年份酒標選用了古干的一幅水墨畫《心連心》，2008年份酒標選用了徐累的一幅工筆畫《三羊開泰》。

　　木桐酒莊本來的的座右銘為：「Premier ne puis, second ne daigne Mouton Suis」（不能第一，不屑第二，我就是木桐）。1973年，菲利浦男爵努力不懈的爭取，終於改變了法國波爾多一百多年來僵硬的傳統：波爾多左岸分級歷史上的唯一一次，木桐酒莊從二級酒莊晉升為一級酒莊。男爵的座右銘從此改為：「Premier je suis, second je fus, Mouton ne change」（我是第一，曾是第二，木桐不變）。1988年，這位偉大人物仙逝，其女兒菲莉嬪女爵（Baronne Philippine）接掌酒莊。菲莉嬪女爵全身心地投入到這一夢幻事業中來，這位充滿活力的才女再次向世人證明，她沒有辜負父親的重託。菲莉嬪女爵成為葡萄酒世界一位舉足輕重的人物，憑藉自身的行動力、感召力和光芒四射的個性與品格，她帶領家族酒業在國內和國際取得重大成就，家族酒莊也攀上峰頂。菲莉嬪女爵曾榮獲「法國藝術與文學騎士勳章」和「法國榮譽軍團軍官勳章」，2013年6月被英國葡萄酒大師學會（IMW）與《飲料商務》雜誌（Drinks Business）聯合授予「葡萄酒行業人物終身成就獎」。非常遺憾的是木桐酒莊莊主菲莉嬪女爵已於2014年8月22日晚在巴黎逝世，享年80歲。目前酒莊由菲莉嬪兒子菲力浦-賽雷斯・羅柴爾德先生掌管。

　　木桐酒莊雖然是五大酒莊之一，但是在有些年份並不穩定，例如在1989和1990兩個波爾多好年份，木桐並沒有發揮好年份的實力，派克只給了90和84的分數。1945、1959、1982和1986都獲得了派克的100滿分，其中1945年份被《葡萄酒觀察家》雜

左至右分別是：Mouton Rothschild 1945，第一個年份藝術標籤。畢卡索所畫1973木桐酒標。中國畫家徐累所畫2008木桐酒標。Miquel Barcel 2012最新年份木桐酒標。印有酒莊標誌的原箱木板。

誌選為上世紀最好的12款酒之一。1959年份被英國《品醇客》雜誌選為此生必喝的100款酒之一。1986年份被派克選為心目中12款夢幻酒之一。這一個年份也是木桐酒莊在WS最高分的年份：99高分。最出乎意料的年份是2006年份，這一年並非波爾多頂尖年份，但是派克卻對木桐酒莊打出了98+高分，可以和2000年以後的世紀好年份2010年份一較高下，同樣是98+高分。另一個世紀年份是2009年份的99+高分，將來很有機會挑戰100滿分。目前木桐的酒在台灣最便宜的價格大約是15,000台幣一瓶，最高的價格當然是1945年的世紀佳釀，一瓶要價500,000台幣。另外鑲著金羊的2000年千禧年份，因為比較特別，又是好年份，台灣市場價一直沒有低於50,000台幣，是非常值得投資收藏的一款酒，RP 96+高分，可以窖藏到2050年，甚至更久。還有最近在台灣才拍賣出去的1945～2009年，總共65個年份一套，拍賣價格是3,500,000台幣。

上：酒神巴庫斯雕像。下：作者與酒神巴庫斯合影。

2009年我曾經參訪了木桐酒莊，在那裡看到新栽種的紅白葡萄品種，這是一種實驗性質。我們也進到了夢幻的酒窖，裡面都是全新橡木桶，還有60年來不同的藝術酒標，最特別的是酒莊經理還請我們桶邊試酒，酒莊工作人員直接從木桶中抽出小量的酒給大家喝，這是何等的禮遇啊！我們也參觀了世界級的酒莊博物館，專門收藏與葡萄酒相關的各類藝術品，由大門進入看到的壁毯，另外還包括繪畫、瓷器、陶器、玻璃器皿、銅器、象牙雕刻、雕塑和編織藝術品收藏，美輪美奐，目不暇給，有如一座小型的羅浮宮，真是大開眼界。最後經理帶我們來到品酒室，給我們試了還沒貼上酒標的2008年份的酒，這個年份的酒標後來採用的是中國畫家徐累的《三羊開泰》。2008年份的酒也是最物超所值的一款好酒，年份不錯。因為2009年遇上金融危機，所以這一年的五大酒莊所有預購期酒都沒超過台幣10,000元，真是買到賺到。2014年，由於中國大陸的炒作過高與打奢，波爾多酒也進入艱困的時機，2013年份的波爾多面臨不穩定的年份，五大預購酒也都在10,000台幣以內。2015&2016年價格約25,000一瓶。2020年份約24,000元左右。

左至右：小木桐。備受爭議的裸女酒標。極具收藏價值的2000年金羊。

左至右：本世紀最好年份的2009木桐。木桐釀製的利口酒。Mouton Rothschild 渣釀白蘭地。

左至右：木桐酒莊世紀年份Château Mouton Rothschild 2000六公升裝。傳奇年份的Château Mouton Rothschild 1945。作者出生年份1962酒標。

左：作者參加上海1945年份的五大品酒會。右：作者與Mouton 2003合影。

特別
推薦

木桐銀翼

Aile d'Argent 2010

ABOUT

分數：RP 93、WS 90
適飲期：2012 ～ 2022
台灣市場價：4,000 元
品種： 70% 白蘇維翁（Sauvignon Blanc）
　　　 30% 塞米雍（Semillon）
年產量：13,000 瓶

DaTa

地址｜ Château Mouton Rothschild, 33250 Pauillac, France
電話｜ +33 05 56 59 22 22
傳真｜ +33 05 56 73 20 44
網站｜ www.bpdr.com
備註｜ 參參觀前必須預約（電話：+33 05 56 73 21 29 或傳真：+33 05 56 73 21 28），週一到週四：上午 9：30 ～ 11：00，下午 2：00 ～ 4：00，週五：上午 9：30 ～ 11：00，下午 2：00 ～ 3：00；從 4 月份到 10 月份：週末和節假日均開放（上午 9：30 和 11：00，下午 2：00 和 3：30）

木桐酒莊

Château Mouton Rothschild 1986

ABOUT

分數：RP 100、WS 99
適飲期：2012 ～ 2050
台灣市場價：45,000 元
品種：80% 卡本內蘇維翁（Cabernet Sauvignon）、
　　　10% 美洛（Merlot）、8% 卡本內弗朗（Cabernet Franc）2%
　　　小維多（Petit Verdot）
橡木桶：100% 法國新橡木桶
桶陳：18 ～ 22 個月
瓶陳：12 個月
年產量：300,000 瓶

🍷 品酒筆記

1986的木桐酒被派克認為與偉大的1945、1959、1982三個年份同樣傑出，可見這款酒有多精采！當我2013年第二次品嚐他時，它是多麼的強壯與韌性，單寧細緻而扎實。聞起來花束香、香料、黑咖啡豆、鉛筆芯和黑醋栗。喝到嘴裡時上顎和舌頭每個角落充滿層層水果，細滑如絲，甜美可口。密集的馬鞍皮革、煙草、雪茄盒、雪松、黑櫻桃和巧克力，最後還出現蜂蜜果干味，這種特殊又精緻的口感，已經得到波爾多頂級酒的精隨，香氣集中，結構完整，酒體優美。真是一款了不起的葡萄酒！應該每年都嚐一次。

🍴 建議搭配

花生豬腳、伊比利火腿、紅燒牛肉、烤雞。

★ 推薦菜單　新式無錫排骨 ────────────

提起無錫，人們一定會想起酥香軟爛、鹹甜可口的無錫排骨，其色澤醬紅，肉質酥爛，骨香濃郁，汁濃味鮮，鹹中帶甜，充分體現了江蘇菜肴的基本風味特徵。傳說，無錫排骨創於宋朝，還與活佛濟公有著一段不解之緣。無錫排骨興起於清朝光緒年間。當時無錫城南門附近的莫興盛肉店出售的醬排骨頗受歡迎，後來即改為無錫排骨。這款100分的木桐紅酒是當今五大最成熟最好的酒之一，酒中充滿各式各樣的水果香氣，可以和排骨中的汁液調和，非常融洽協調。而酒中的細緻單寧也能柔化排骨的油質，使之更加甜美而不膩。紅酒的層層香料更能提升整道菜的豐富感，淺嚐一口，馬上就全身舒暢，深深的被這款酒所吸引。佳餚美酒，遊戲人間！

餐廳：華國飯店帝國會館
地址｜台北市林森北路 600 號

40. *Château*
Palmer

帕瑪酒莊

波爾多的分級制度，前身本來就是酒的價格。稍微有一點常識的朋友都知道，波爾多梅多克產區的酒莊中，除了一級的「五大」之外，通常行情最高的，就是這支位列三級的帕瑪酒莊（Château Palmer），所謂「超二」還得要在很好的年份，才可以對外報出與帕瑪差不多的價格。行家都說，梅多克如果有第六大，帕瑪酒莊出線的機會非常高。帕瑪酒莊與瑪歌酒莊（Château Margaux）和魯臣世家酒莊（Château Rauzan-Segla）相鄰，華麗的巴伐利亞色彩建築，奇形怪狀的四個尖頂塔樓懸掛著三面不同的國旗，十分有特色。帕瑪酒莊雖然在1855年波爾多列級名莊的分級中僅位列第三級，但卻是唯一在品質和價格上可以挑戰五大酒莊的三級酒莊。

1814年，效力於英軍威靈頓（Wellington）旗下的查理斯·帕瑪（Charles Palmer）將軍從戈斯克家族的手中買下了酒莊，而且承諾每年無條件送去500公升帕瑪的酒供戈斯克（Gascq）遺孀瑪莉（Marie）享用，並用自己家族的姓氏「Palmer」為它命名。1816年至1831年期間，他陸續在瑪歌區購買莊園，當時酒莊的總面積擴大到163公頃，其中葡萄園的面積為82公頃。因帕瑪將軍大多數時間是在英國，因此酒莊的管理便委託給波爾多的葡萄酒批發商保羅·艾斯特納弗（Paul Estenave）先生和主管尚·拉根格朗（Jean Lagunegrand）先生，他自己則負責酒莊的推銷工作。因為帕瑪將軍是英國人，憑他在英國上流社會的關係，和後來成為英王喬治四世的Regent王子之

A | B | C
A．美麗的Palmer城堡。B．酒莊VIP餐廳。C．在酒莊品嚐剛亮相的Palmer 2008白酒和兩款紅酒。

間的友誼，帕瑪酒莊在英國貴族間一時名聲大噪，風行英國。可惜正是由於他早年得志，酒莊管理不當，由於帕瑪先生開銷過度，在1843年他不得不因債務問題將酒莊轉手賣出。基於帕瑪將軍為酒莊作出的巨大貢獻，酒莊保留了「Palmer」的名號。

1938年，眾多頂級酒莊均處於低谷時期，四個波爾多頂級葡萄酒批發商；馬勒-貝斯（Mahler-Besse）家族、西塞爾（Sichel）家族、米艾勒（Miailhe）家族和吉娜斯特（Ginestet）家族共同購買了帕瑪酒莊，並逐漸恢復了酒莊應有的地位。後來兩個家族退出，西塞爾家族和馬勒-貝斯家族則繼續持有帕瑪酒莊。2004年，持股家族將帕瑪酒莊的管理重任交付給了湯馬斯·杜豪（Thomas Duroux）先生。杜豪曾在眾多世界頂級酒莊從事釀酒工作，接手以後將帕瑪酒莊推升到另一個高峰。

在上世紀60～70年代末，這二十年當中，由於瑪歌酒莊的水準不穩定，多次評分都不如帕瑪酒莊，直到78年，瑪歌酒莊才搶回了第一的位置。到現在，這兩個酒莊仍然繼續爭鋒。兩個酒莊「本是同根生」，雖然是毗鄰而坐，但本來就是同一塊地，兩家酒莊都擁有極好的土壤環境，並因緊靠吉隆德河而具有良好的排水系統。論及酒體的醇厚，帕瑪酒莊與其他一級酒莊相比毫不遜色。它的表現甚至比許多一級酒莊還要出色。雖然帕瑪酒莊名義上只是一座三級酒莊，但它的葡萄酒價格卻定位在一二級酒莊之間，充分顯示出波爾多經紀商、國外進口商和世界各地的消費者對該酒莊葡萄酒的推崇與尊重。

帕瑪酒莊現擁有葡萄園55公頃，分布於瑪歌區的丘陵之上。葡萄園的主體部分集中於一片冰川期形成的由貧瘠的礫石構成的高地上，這也正是瑪歌產區丘陵地帶的最高處。由於位於幾米厚的沙礫層山坡上，土壤由易碎的黑色的碧玄岩（lydite），白色和黃色的石英，夾雜著黑色、綠色和藍色的矽岩和白色的玉石組成。葡萄園種植有47%的卡本內蘇維翁、47%的美洛和6%的小維多，平均樹齡為38年。

帕瑪酒莊擁有兩個陳年酒窖。在被稱為「第一年」的陳年酒窖內，擺放的是剛剛裝

入當年新酒的橡木桶。它們將安靜地躺在這裡度過第一年的陳年期,在下一年的新酒到來之前,它們便會被搬移到另一個「第二年」陳年酒窖。帕瑪酒莊正牌酒使用新橡木桶50%～60%之間,而副牌酒「另一個我」(Alter Ego)則使用新橡木桶25%～40%之間。酒莊還有一所建築是專門用於儲存已經裝瓶的葡萄酒,出廠前會在這裡貼上商標,然後被送往世界各地銷售。

論歷史,帕瑪的故事可以說上幾天,像是陳新民教授的《稀世珍釀》就有詳細介紹;《品醇客》中文版也有專文。事實上,幾乎所有討論瑪歌區酒莊的文章,除了瑪歌酒莊之外,接下來介紹的一定就是帕瑪酒莊,這間酒莊的地位,不言而喻。在調配中,帕瑪酒莊所用的美洛葡萄比例,一向較其他梅多克區的列級酒莊為高,這也是《神之雫》裡頭一段非常有趣的情節,所以作者會將它比喻為《蒙娜麗莎的微笑》,1999年份的帕瑪選為第二使徒。無論如何,帕瑪酒莊的酒質非常細緻(偏柔軟)、華麗,香氣直接而持久,微甜,整支酒高貴而尊榮。尤其是輝煌的1961年份(RP 99分),價格更是沒行情,澳門葡京酒店是全球最大收藏者,2005年5月,帕瑪酒莊總經理湯瑪斯·杜豪、行銷經理伯納德(Bernard de Laage de Meux)和首席釀酒師菲力浦(Philippe Delfaut)還曾專程來到澳門,為葡京酒店已有44年酒齡的528瓶帕瑪更換了軟木塞(換塞後剩下508瓶),確保酒質繼續以穩定的速率漸入佳境,酒塞上還有2005字樣。它比同一年份的Lafite還貴,有興趣的酒友可以坐飛機去喝,只能在酒店裡喝,不能帶出場,可能需要3萬港幣才能一親芳澤了!目前帕瑪的價格大概都要8,000台幣以上,好的年份如2009和2010大概要12,000台幣以上。2015&2016價格約12,000一瓶。2020年份約11,000元左右。

這裡要順帶一提的是帕瑪酒莊從2008年起也產白酒,據酒莊總經理杜豪介紹,梅多克酒莊從二十世紀初都有釀製少量白酒傳統,數量只有幾千瓶,專供酒莊招呼貴賓之用,因而不對外公開出售。帕瑪酒莊上世紀初開始已產白酒,到了三十年代才停產,所以一些收藏家酒窖中可能還窖藏著1925年帕瑪的老白酒。

杜豪接手管理帕瑪後,開始釀製第一批帕瑪白酒(Vin Blanc de Plamer),以Muscadelle(55%)、Loset(40%)、Sauvignon Gris(5%)釀製,產量不到3,000瓶,只供給貴賓來訪享用,不在市場上銷售,我有幸能品嚐到一瓶2008年份的帕瑪白酒。

2012年,帕瑪酒莊把第二批產的白酒,以慈善名義捐給一家法國心臟病研究中心籌款之用,酒莊大股東西塞爾家族全數拍下,還是沒有流入到市場,所以至今能嚐到的人非常有限。

DaTa

地址 | Château Palmer, Cantenac, 33460
Margaux, France
電話 | +33 05 57 88 72 72
傳真 | +33 05 57 88 37 16
網站 | www. Château-palmer.com
備註 | 參參觀前必須預約;從4月份到10月份每天均
可;10月至次年3月,週一至週五。

帕瑪酒莊

Château Palmer 1961

ABOUT

分數：RP 99、WS 93
適飲期：2015 ～ 2025
台灣市場價：100,000 元
品種：47% 的卡本內蘇維翁（Cabernet Sauvignon）、
　　　7% 的美洛（Merlot）和 6% 的小維多（Petit Verdot）
橡木桶：50% 法國新橡木桶
桶陳：26 個月
瓶陳：4 個月
年產量：35,000 瓶

品酒筆記

2009年時，中文版《品醇客Decanter》創辦人，也是我最好的酒友之一，林耕然先生相約要喝這瓶世紀傳奇之酒，我帶著忐忑不安的心情前往膜拜。這一瓶老酒經過50年的洗禮，到底還能不能喝？正是考驗著酒本身的實力還有收藏者的保存能力。酒打開後，馬上撲鼻而來的是老酒的烏梅與咖啡味道，色澤已經是老酒的顏色了，呈現出老波特酒的深棕色，喝起來厚實強烈，口感甜美而帶有成熟的烏梅、桂圓和波特老酒味。經過30分鐘後，巴羅洛特有的玫瑰花瓣香，波爾多的黑醋栗和黑莓果味，勃根地白酒的烤麵包和純淨的礦物質香氣，迫不及待爭先恐後的跳出，層層堆疊，變化無窮。一支超過半世紀的老酒，能有這樣強烈而集中的香氣，濃郁而成熟，餘韻悠長甘美，令人為之傾倒！這是一款兼具優雅與霸氣的帕瑪，能成為現代傳奇，當之無愧。

建議搭配

阿雪真甕雞、北京烤鴨、鹽水鵝肉。

★ 推薦菜單　脆皮炸子雞

炸子雞是傳統粵菜餐廳最經常看到的菜式之一。炸子雞最講究是皮要脆，肉要嫩帶汁，而且要入味！喆園的脆皮雞選用3斤重的土雞，是因為雞的油份剛好，不會太肥或太瘦，這些都會影響皮的脆度，擺上一小時以上，皮還是脆的！這款世紀傳奇老酒，酒精味不重，單寧也不是很強烈，並不適合濃重口味的牛羊豬紅肉來搭配，用這道嫩脆適中的雞肉來配，不會搶走帕瑪的花香和果味，更可以增添老酒的迷人丰采。酥脆軟嫩的雞肉和不慍不火的經典老酒，半世紀的等待，就為妳而來，美麗的相遇！

喆園餐廳
地址｜台北市建國北路一段 80
號

41. Château d'Yquem

伊甘堡

在世界葡萄酒歷史上，1847年的伊甘堡（Château d'Yquem）是一個具有里程碑意義的傳奇。相傳這一年的秋天，伊甘莊主貝特朗侯爵（Bertrand）外出打獵，等他返回酒莊時已經延誤了採收期，致使葡萄滋生了一種黴菌（也即貴腐菌／Botrytis Cinerea），但出人意料的是，用這種葡萄釀造的白葡萄酒卻異常甜美。這就是傳說中的索甸（Sauternes）貴腐酒的由來。

蘇富比拍賣行（Sotheby's）曾於1995年2月4日在曼哈頓以18,400美元拍出一瓶1847年的伊甘堡。在2011年拍賣會上，一瓶1811年份伊甘堡佳釀以117,000美元的高價成功拍賣，創下了全球白葡萄酒拍賣最高記錄。伊甘堡一直是收藏家及投資者追逐的目標。2006年，一瓶1787年份伊甘堡以100,000美元拍出；2010年伊甘堡1825至2005年的一組葡萄酒拍賣標的，共有128瓶標準裝和40瓶大瓶裝葡

A
B | C | D

A . 酒莊美景。B . d'Yquem莊園。C . 酒莊總經理Pierre Lurton。D . 老年份的 Château d'Yquem 1921

萄酒，在香港佳士得的名酒拍賣會上拍出了1,040,563美元的高價。

早在200多年前，法國哲學家米歇爾．塞爾對伊甘堡的評價似乎就得到了共鳴，不少國家政要王宮貴族為伊甘堡佳釀所傾倒。當時駐法代表後來成為美國總統的湯瑪斯．傑弗遜在1784年從該酒莊訂購了250瓶葡萄酒，之後，他代表總統喬治．華盛頓又訂購了360瓶1787年年份酒，同時也為他自己訂了120瓶。1802年，拿破崙．波拿巴（Napoléon Bonaparte）也訂購了伊甘堡的甜白；1859年，俄國沙皇亞歷山大和普魯士國王品嚐了1847年份的伊甘堡後，出天價購買，使得伊甘堡一夜之間成為了政商名流搶購的對象。

1785年，蘇瓦吉家族中法蘭西斯（Françoise Joséphine de Sauvage）小姐與法國國王路易十五的教子路易士．路爾．薩路斯（Louis Amé dé e de Lur

酒窖。

Saluces）伯爵結婚，伊甘堡正式歸屬路爾・薩路斯家族。法蘭西斯小姐將她所有的精力集中在改善和管理酒莊上，她的努力為伊甘今日的成就奠定了堅實的基礎。不同於諸多波爾多名莊那樣物換星移，在接下來的200多年中伊甘堡都屬於路爾・薩路斯家族。這位「伊甘女王」承先啟後，展開伊甘堡最不平凡的一段歷史。1855年波爾多分級，伊甘堡在分級中是唯一被定為超一級酒莊（Premier Cru Superieur）的酒莊，這一至高榮譽使得當時的伊甘堡凌駕於包括拉圖、拉菲、歐布里昂、瑪歌在內的四大一級酒莊之上。

路爾・薩路斯家族掌管了伊甘堡200年，一直到1996年伊甘堡大約有53%的股份屬於家族成員，事實上不少股份持有者都有心將其套現。在大股東亞歷山大伯爵（Marquis Eugéne de Lur-Saluces）拋售了手中48%的股份後，不少家族成員紛紛效仿。於是在1999年，LVMH集團成功收購了伊甘堡63%的股份，成為了伊甘堡的新主人。

2004年5月17日，亞歷山大伯爵退休。之後，掌管著波爾多右岸白馬堡（Château Cheval Blanc）的皮爾・路登（Pierre Lurton）入主伊甘堡，酒莊的釀酒團隊依舊是原班人馬，皮爾・路登聘請了甜酒教父丹尼斯・杜波狄（Denis Dubourdieu）作為酒莊的釀酒顧問。不同於其它波爾多頂級名莊，在路爾・薩路斯家族掌權期間，伊甘堡從不出售預購酒，在酒款裝瓶前想要一睹其芳容當然也不可能。如今在LVMH集團手中仍然維持不變。

伊甘堡在索甸產區內的葡萄園面積為126公頃，但其中有100公頃一直用於生產。葡萄樹齡只要達到45年就會砍掉，並讓這塊園地休耕3年，待地力恢復後再種植，新種植的葡萄樹在15年後產的葡萄果實才能用於釀造貴腐甜酒。雖然伊甘堡釀制所用的葡萄塞米雍和白蘇維翁各占50%，但卻有80%的葡萄園用來種植塞米雍，僅有20%的土地用來種植白蘇維翁。酒莊到了收穫的季節，150名採收工人一粒一粒地將完全成熟的葡萄手工摘下，他們採摘葡萄的過程通常要持續6到8週，期間最少要4次穿梭於整個葡萄園中。在伊甘堡，每株葡萄樹只能釀出一杯葡萄酒，這還得是在天公作美的情況下。在不好的年份裡伊甘堡也不會退而求其次，1910、1915、1930、1951、1952、1964、1972、1974、1992這幾個年份，由於葡萄品質不符合要求，酒莊因此沒有釀造一瓶正牌酒，因此我們不難知道為何伊甘堡那金黃色的液體如同黃金一般昂貴。這或許就是為什麼挑剔的伊甘堡會被稱之為「甜酒之王」的原因。伊甘堡也在1959年生產一款叫做「Y」的二軍酒。除了費力的採摘，伊甘堡還堅持使用新橡木桶，另外長時間的陳釀也是使得伊甘堡如此嬌貴的原因之一，過去伊甘堡要經歷長達42個月的陳釀，而隨著釀酒技術的發展，近些年陳釀時間逐漸縮短為36個月。

酒窖

在美國電影《瞞天過海：十三王牌》（Ocean's Thirteen）中，麥特·戴蒙（Matt Damon）所飾演的萊納斯（Linus Caldwell）引誘拉斯維加斯賭場大亨艾倫·芭金（Ellen Barkin）所飾演的女祕書艾比（Abigail Sponder），當艾比帶他進入鑽石套房後，萊納斯問有什麼好酒，艾比曖昧地說：「我有你想要的一切。伊甘如何？」萊納斯以勾引的口吻說：「只要不是73年的。」因為1973年的伊甘堡算是很糟糕的年份，到現在應該已經是一瓶醋了。

美國著名酒評家派克曾於1995年10月品嚐過1847年的伊甘堡，地點在德國收藏家哈迪·羅登斯德克（Hardy Rodenstock）主持的慕尼克「Series V-Flight D」品酒會上，派克給予這瓶

酒莊展示的貴腐葡萄照片

百年老酒100分的滿分！他說：「如果允許的話，1847年的伊甘應該得到超過100分的分數。」派克也說過：「伊甘堡並不僅僅屬於呂爾·薩呂斯家族，它還屬於法國，屬於歐洲和整個世界。就像沙特爾大教堂、拉威爾的《波萊羅》舞曲、莫內的《睡蓮》一樣，它屬於你，也屬於我。」而且1921年份的伊甘堡也是英國《品醇客》雜誌選出來此生必喝的100支酒之一，同時也是美國《葡萄酒觀察家》雜誌所選出上個世紀最好的12支酒之一，可以說是雙冠王。此外，1976年份的伊甘堡也被選為《神之雫》最後一個使徒，來做為這本漫畫的終結。我們繼續來看看派克打的分數，獲得100分的年份有：1811、1945、1947、2001和2009五個年份。獲得99分的是1975和1990兩個年份。在《葡萄酒觀察家》（WS）分數，獲得100分的年份有：1811、1834、1859、1967和2001五個年份。獲得99分的是1840、1847和2001三個年份。目前新年份上市大概都要12,000台幣以上，較好的年份則都要20,000元台幣起跳，如2009和2010兩個年份。2015&2016價格約15,000一瓶。2020年份約12,000元左右。

　　2004年10月8日，曾有一瓶1847年的伊甘現身洛杉磯，通過扎奇士（Zachys）拍賣行拍出71,675美元，被富比士雜誌（Forbes）評選為2004年度「世界上最昂貴的11件物品」之一，另外10件物品包括俄羅斯首富阿布拉莫維奇訂製的羅盤號（Pelorus）遊艇，價值1.5億美元。印度鋼鐵大王拉克希米·米塔爾購買的倫敦肯辛頓宮花園住宅，價值1.28億美元。蘇富比拍出的畢卡索油畫《拿煙斗的男孩》，價值1.04億美元。1847年的伊甘目前全世界大概只有三、四瓶，除了澳門葡京酒店藏有一瓶，有記錄的還有巴黎銀塔餐廳（La Tour d'Argent）也擁有一瓶。

老年份的Château d'Yquem
1934

老年份的Château d'Yquem
1961

作者在酒莊與18升的d'Yquem
合影

DaTa

地址｜Château d'Yquem, 33210 Sauternes, France
電話｜+33 05 57 98 07 07
傳真｜+33 05 57 98 07 08
網站｜www.yquem.fr
備註｜只接受專業人士及葡萄酒愛好者的書面預約，週一到週五下午 2：00 或 3：30

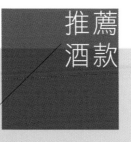

推薦
酒款

Recommendation
Wine

伊甘堡

Château d'Yquem 1990

ABOUT

分數：RP 99、WS 95
適飲期：1999～2050
台灣市場價：20,000 元
品種：80% 榭米雍（Sémillon）、20% 白蘇維翁
　　　（Sauvignon Blanc）
木桶：100% 法國新橡木桶
桶陳：42 個月
瓶陳：6 個月
年產量：210,000 瓶

🍷 品 酒 筆 記

1990的d'Yquem被派克評了兩次99分，都未達到完美極致的100滿分。我個人喝了兩次這個年份，一次是在最近的2014年底，我覺得它已經是我喝過最好的年份之一，應該可以挑戰100分的實力。顏色開始成黃金色澤，接近咖啡和琥珀色，但是還沒那麼深。一個非凡的努力，伊甘的1990年是一個豐富而精湛的驚人，甜型葡萄酒。相當的濃稠，優雅高貴，成熟動人，香氣集中，酸度平衡而飽滿。鮮花香伴隨著蜂蜜熱帶水果，桃子，椰子，杏桃，水梨、芒果、果乾、烤麵包、橡木、煙燻咖啡、紅茶、一陣一陣的隨著喉嚨進入，直衝腦門，非常激烈的震撼人心，尤其迷人的酸度，餘音繞樑而不絕，實在令人流連忘返。1990年份的伊甘堡是繼1988和1989以來最好的90年代三個年份，精湛的技巧和天大的年份，造就了這樣有深度和廣度精采絕倫的稀世珍釀，讓人喝了還想再喝，不但值得喝采，而且會在生命中留下回憶，這一定是壽命最長的d'Yquem之一，也是世紀經典代表作。讀者應該可以收藏50年以上，甚至是100 年。

🍴 建 議 搭 配

宜蘭燻鴨肝、微熱山丘土鳳梨酥、鹹水鵝肝、台灣水果。

★ 推 薦 菜 單　煎豬肝

說起金蓬萊的台式煎豬肝，大家都知道，豬肝可是一片片厚片，不會太老也不會太生，沒有腥味，吃起來爽脆有彈性，Q軟彈牙，口感剛好，微微的甜鹹交錯，絕對是台北最好吃的煎豬肝，而這還是金蓬萊的招牌菜呢！法國人用鵝肝來配索甸貴腐酒，今日我們拋棄包袱，咱們用中國人的方式來搭菜，而且是最道地的台式煎豬肝，看看擦出什麼樣的火花？這款索甸甜白酒之王，有著酸甜適中的果味，可以馬上激發出豬肝的甜嫩，爽脆的豬肝，咬起來有Q度，味道雖然油脂濃厚，遇到這款酸度成熟果味十足的貴腐酒，也只有俯首稱臣，兩者結合，有如鵲橋上的牛郎織女七夕相會，驚鬼神而泣天地。這樣的創意結合，比起傳統的法國人配鵝肝，更有趣更有意思了！

金蓬萊
地址｜臺北市士林區天母東路 101 號

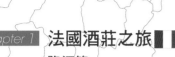

42. Jean-Louis Chave

夏芙酒莊

　　茫茫酒海，北隆河名家夏芙（Chave）的賀米塔吉（Hermitage）完全合於標準：它的紅白酒皆珍貴，皆能滿分（RP 100），且有強大的陳年潛力。

　　2009的Jean-Louis Chave Chave Hermitage（夏芙賀米塔吉），無論紅白都是RP100。其實夏芙酒莊早為酒界肯定，根本不需要什麼100分：它自1481年起即開始釀造賀米塔吉，500年的精湛工藝，可說是法國釀酒業的極致，尤其那神乎其技的調配，更是在北隆河，甚至整個法國，無出其右。要知道像在風土絕佳的賀米塔吉，許多地塊各自表現不同，但夏芙酒莊從不出單一園，紅的賀米塔吉以貝薩德園（Bessards）為基底（Syrah），白的賀米塔吉則多來自獨占園Peleat（Marsanne），不論紅白，皆是混調各地塊而成。夏芙酒莊近代從Gerard到Jean-Louis父子也都遵循此一原則，即使連每次生產不到200箱的超級旗艦——凱薩琳旗艦酒（Cuvee Cathelin）亦同。

　　凱薩琳（Jean-Louis Chave Cuvee Cathelin）這款酒是夏芙酒莊一款奢華陳釀，第一次釀製是在1990年，而且只在最佳年份才會釀製。因此，著名的凱瑟琳特釀只有1990年、1991年、1995年、1998年、2000年、2003年、2009年、2010

A	
B	C	D

A. Jean-Louis Chave 品酒會。B. 作者兒子Hans 和Jean-Louis交換心得。C. 作者與莊主Jean-Louis Chave在白酒品酒會合影。D. Jean Louis Chave Hermitage Blanc 2009～2016。

年和2015年這9個年份的酒。這款特釀只在不會降低這些經典特釀品質的年份才會釀製。9個年份中的5個年份獲得了RP100，每瓶國際價格也都在20萬元起跳到40萬台幣之間，可以說是隆河最高價的一款酒，年產量不到3000瓶，有錢也不一定買的到。

夏芙是一間無可超越的傳統酒莊，知名酒評家安卓（Andrew Jefford）在他享譽全球的《新法國》一書中，稱讚夏芙酒莊在法國的釀酒地位猶如皇室。它堅守低產量、成熟的果實、少量的新桶、不過濾，幾乎不介入的釀酒原則，其實也沒什麼祕密。所有成就完全來自在葡萄園下的細工。派克認為2009賀米塔吉像是傳奇的1990現代版，甘草、黑橄欖、黑醋栗、黑胡椒，外加一點野味的香氣。準確而深富層次，窖藏極品！

Hermitage Blanc（白酒）方面，基本上是85% 左右的瑪珊（Marsanne），剩下的是15%胡珊（Roussanne）。該酒如紅酒一樣，也是有極強的陳年實力。曾有報導指出80年代的一場品中，夏芙酒莊在20年代所釀的白酒，普遍贏得各方喝采：細緻、力量、層次、均衡，夏芙酒莊紅白酒絕對是收藏級的世界名酒。

有些人說，Hermitage或者Ermitage因一位在山頂居住的隱居者（Hermit）而得名，並且充滿了許多當地的民間故事流傳，其中有一個說他是一個騎士，名叫Gaspard de Sterimberg，十三世紀的時候他在一次戰役中負傷並尋求庇護，便從此在那裡開始種植葡萄藤度過餘生，Hermitage這個名字第一次正式被使用是在十六世紀末。

尚·路易士（Jean-Louis）的父親哲拉德（Gerard Chave）於十九世紀七十年代初期開始接管酒莊，使酒莊聞名於全球市場，並且擴張酒莊的土地，在十九世紀八十年代中期收購了賀米塔吉的幾塊土地使得酒莊擁有現在的總面積，在加州戴維斯大學讀完MBA以及學習釀酒之後，路易士在1992年加入酒莊並從父親手中逐漸接管下來酒莊的經營，與此同時也將酒莊帶向新的高度，路易士是夏芙酒莊的第十六代接班人。

占地大約130公頃，賀米塔吉在1937年被正式確認為原產地命名，賀米塔吉的土地在夏芙家族收購之前歷來都是富有地主以及資產階級的財產，這也使得夏芙離開Saint-Joseph去開闢新的風土，賀米塔吉包括十八個地塊，全部都面朝南方但地質特點完全不同，地質的複雜性也正是獨特風土的標誌。

除了酒商之外，夏芙家族就是賀米塔吉的八塊不同地塊的持有人，希哈這種葡萄通常被用來釀造紅葡萄酒，瑪珊和胡珊則是釀造白葡萄酒。很關鍵因素之一就是釀酒師們在酒莊內辛勤不懈的努力工作，才得以收穫這些品質非凡的葡萄。Chave的八個地塊包括：

- Les Bessards：種植Syrah，平均葡萄藤年齡為80年。
- Les Diognieres：種植Syrah，平均葡萄藤年齡為60年。
- Les Beaumes：種植Syrah，平均葡萄藤年齡為60年
- Péléat：種植Syrah，Marsanne以及Roussanne，平均葡萄藤年齡為80年。
- Les Rocoules：種植Syrah，Marsanne以及Roussanne，平均葡萄藤年齡為80年
- L'Ermite：種植Syrah，Marsanne以及Roussanne，平均葡萄藤年齡為25～60年。
- Maison Blanche：種植Marsanne，平均葡萄藤年齡為50年。
- Le Méal：種植Syrah，Marsanne以及Roussanne，平均葡萄藤年齡為60年。

路易士把釀自不同葡萄園的各款單一葡萄園的葡萄酒單獨放置一年後，再決定哪款酒最終進行混合。唯一的一個特例應該是貝薩德葡萄園，產自該園的部分葡萄酒在最佳的年份中釀成了凱薩琳特釀。

至於他的紅葡萄酒，也許夏芙最重要的決策是他選擇的葡萄採收日期。除夏伯帝以外，他是最晚採收的一個。他常說他不需要酒類學家來告訴他什麼時候適合採收葡萄，正如路易士開玩笑地說：「除非我家門前栗樹上的栗子自己開始掉落，否則我不會想著去摘它們的。」他的目標是等葡萄達到最成熟和最豐富的狀態，他聲稱這是釀製一份頂級紅葡萄酒的重要條件。推遲採收日期總是有風險的，因為法國十月初的時候經常會不停地下大雨。

在某些年份中會有兩個版本的佳釀，Cuvée Cathelin則是其中一種，也是頂級年份的代表，從1990年開始，Chave開始釀製少量的Cuvée Cathelin，隨後它也變成了卓越年份，如1990、1991、1995、1998、2000、2003、2009、2010以及2015年的標誌之作，這一款Cuvée 背後的故事很簡單，關於Gerard Chave以及藝術家Bernard Cathelin（1919～2004）之間的友情，Bernard Cathelin和Gerard Chave是多年的老朋友，當時Bernard受邀為另外一個著名的酒莊設計酒標，隨即他想，他應該開始著手為自己的好朋友Gerard也設計一款鮮活的黑紅酒標，從此這款酒標也就變成了最備受追捧的一款。

在夏芙的帶領下，一款傳統的賀米塔吉葡萄酒，從1937年誕生後，便屬於賀米塔吉麥稈葡萄酒（Vin de Paille）的釀製再次盛行。這種酒的釀製工序是把整串的葡萄（大部分是11月份採收的）放在草墊上風乾兩個月以上，直到它們變成葡萄乾，然後再進行發酵。這樣不僅壓榨的葡萄汁數量極少，比起常規的Hermitage Blanc需要四倍的葡萄，而且葡萄酒相當濃縮、強烈和甜蜜，並具有半個多世紀的陳年能力。1974年款麥稈葡萄酒，有著果香中夾雜著無花果、杏仁、烘烤堅果和蜂蜜混合的風味。這款酒從未在市場上出售過，Vin de Paille只有1974（從未發售過），1986、1989、1990、1996、1997以及2000這幾個年份有產出。

難忘的品酒經驗：

2016年的除夕晚團圓飯和家人喝Jean-Louis Chave Hermitage 2000紅&白這一對美酒，這是我最喜歡的隆河酒。白酒實在好喝的不得了，紅酒雖然有點早喝，但慢慢喝，越醒越好喝，剛開始出現新橡木味以及更緊實的單寧，同時還具有較長的餘味。帶有巧克力和黑莓的香氣，濃郁，超級優雅和精緻，和家人一起享受這愉悅的美酒與美食，尤其是在過年的除夕，特別有一番滋味，連未滿週歲的孩子都搶著聞，這就不用再形容了！

另外值得一提的是，11月7日在香港君悅酒店參加Jean-Louis Chave 莊主路易士主持的餐酒會，沒什麼好說的，該喝的都喝到了，沒有遺憾。這個酒莊的Cuvée Cathelin紅標有多難喝到，很多酒友一輩子都沒能喝上。還有甜酒Blanc Vin de Paille，那更是一瓶難求。

中午酒單：

• Jean-Louis Chave Hermitage Blanc，2009～2016垂直年份，總共8個年份。

晚上酒單：

• J.L.Chave Hermitage Blanc三個年份，1995、2005、2015

• J.L.Chave St.Joseph Clos Florentin三個年份，2015、2016、2017

• J.L.Chave Hermitage三個年份，1995、2005、2015

• J.L.Chave Cuvee Cathelin兩個年份，1995、2003

• J.L.Chave Blanc Vin de Paille一個年份，1997

特別
推薦

Jean-Louis Chave Blanc Vin de Paille 1997

ABOUT
分數：RP 98
適飲期：現在～2060
台灣市場價格：90,000 元
品種：Marsanne
年產量：1,000 瓶

這是一款令人驚嘆的美酒，具有蜂蜜、鳳梨、辛辣和果醬的芳香。白松露的香味加上巧克力。喝完之後，餘韻散發著橙子果醬、杏子醬和香格里拉松茸般的味道仍然在口腔裡縈繞不去。雖然今晚還有Chave Cuvee Cathelin、Chave Hermitage Blanc當前，仍不失Paille偉大的風範。

DaTa

地址｜ 37,Avenue du St-Joseph,07300 Mauves,France
電話｜ +33（0）4 75 08 24 63
傳真｜ +33（0）4 75 07 14 21
備註｜ 不對外開放

夏芙凱薩琳特釀

Jean-Louis Chave Cuvee Cathelin 1995

ABOUT
分數：RP 97
適飲期：現在～2040
台灣市場價格：250,000 元
品種：100% 希哈（Syrah）
年產量：3,000 瓶

品酒筆記

凱薩琳特釀第三個年份釀造，比賀米塔吉精釀更加豐富和深遠。酒色呈暗紫色，有著黑醋栗、紫羅蘭、煙草和花朵混合的舒服香氣。這是一款令人讚嘆的凱薩琳特釀，口感強勁、深厚、有力、高度濃縮並且豐富。未來20年將是最顛峰的適飲期。

建議搭配

滷豬腳、滷牛肉、紅燒羊肉、滷味。

★ 推薦菜單　脆皮妙齡乳鴿

木南春曉潮粵菜是一家在深圳專做精細潮粵菜的代表，老闆許育明本身就是懂吃懂喝的潮汕人，比較熟的人都稱呼他老虎或虎哥。這家新店剛開業才不到兩週，是木南春曉的第二家店。木南春曉有幾道復古經典菜是沒有一家可以仿得來，如天麻燉鱘龍魚骨、鮑汁黑松露焗鱘龍魚筋，都是需要特別提早預訂的菜色。今晚這款隆河酒王夏芙凱薩琳特釀，深厚又柔和的單寧，用它來搭配這道脆如玻璃般的妙齡乳鴿，非常的速配。凱薩琳特釀的酒充滿各式各樣的濃稠果味，皮脆肉嫩、香而不膩的乳鴿佳餚，完美又豐富的果香可以增添美味，且不影響食材的口感，兩者互相呼應，優雅而迷人。與虎哥呼朋引友，共享人間美食美酒，人生一大快事！

木南春曉潮粵菜（二店）
地址｜深圳市福田區益田路 5013
號 平安財險大廈 4 樓 401

43. *Domaine Paul Jaboulet Aine*

保羅佳布列酒莊

保羅佳布列酒莊（Domaine Paul Jaboulet Aine）發源於賀米塔吉山，1834年安東尼先生（Antoni）開始致力於在這個地區種植葡萄，從此將自己的生命獻給這片土地。憑著對釀酒的熱情及堅持不懈的努力，酒莊所產的酒愈來越卓越，並且一直延續至他的兒子保羅（Paul）和亨利（Henri）。而保羅更是在酒莊名中加入了 自己的名字「Paul」，至此保羅佳布列酒莊這個名字便一直沿用至今。賀米塔吉產區的小教堂（Hermitage La Chapelle）葡萄酒包含著兩段歷史。一段較為久遠，可以追溯到13世紀。當時，史特林堡（Stérimberg）騎士從十字軍東征歸來，厭煩了戰爭生活，於是在坦-賀米塔吉（Tain-l'Hermitage）鎮的小山丘上隱居，並讓人在此修建了一座小教堂，取名為聖-克利斯多佛（Stint-Christophe）。產區的名稱賀米塔吉（Hermitage，或寫作Ermitage，在法語中，Ermitage

A｜
B｜C　A.小教堂葡萄園。B.酒窖中傳奇的1961年小教堂。C.著名的小教堂夜景。

意指僻靜、隱居之處）就來源於這段歷史。第二段歷史則較近，與小教堂（La Chapelle）葡萄酒有關。1919年，保羅佳布列酒莊把這座名為聖-克利斯多佛的小教堂買了下來。當時，成立於1834年的保羅佳布列酒莊在賀米塔吉產區已經擁有眾多葡萄園。從此，小教堂便成為該酒莊最富盛名的葡萄酒的標誌。

　　酒標上的小教堂並非是指山頂上小教堂附近葡萄園的名字。事實上，小教堂葡萄酒是用賀米塔吉山丘上四大出色地塊的希哈葡萄混釀而成的。這些希哈葡萄的樹齡約在50歲左右。用於釀造小教堂葡萄酒的地塊有Les Bessards、Les Greffieux、Le Méal和Les Rocoules。這些地塊的土質各有特色，每公頃的葡萄釀成的葡萄汁低於1000至1800升，小教堂紅葡萄酒的總產量不過數萬瓶。2008

小教堂美麗的女莊主Caroline

年，由於這個年份的葡萄品質欠佳，酒莊決定不生產小教堂，而是將收獲的葡萄全部用於生產小小教堂（La Petite Chapelle）。

　　保羅佳布列酒莊位於賀米塔吉的葡萄園坐落於海拔130至250公尺的梯田上，較低處的土壤為沙土、碎石和礫石塊，較高處為棕色土和岩石土。園地面積僅26公頃，除了5公頃種植白葡萄品種的園地，紅葡萄種植園地僅21公頃，散布在賀米塔吉丘陵頂部的小教堂附近。每公頃種植6,000株葡萄樹，平均樹齡50年，每公頃產酒3,000公升。佳布列酒莊將一座20公尺高的小山挖出一個10公尺高的空洞作為天然的酒窖，這裡不僅有儲酒自然的溫度，而且洞中的鐘乳石交錯盤疊，非常壯觀。

　　小教堂的舵手吉拉德（Gérard Jaboulet）在1997年逝世後，北隆河仍是好酒不斷，響徹雲霄的積架酒莊（Guigal, LaLaLa）還有夏芙（Chave）等酒莊，依然是將希哈推向顛鋒。不過在賀米塔吉占有25公頃葡萄園的佳布列酒莊，歷經一番整頓，終於在2006年由佛瑞（Frey）家族接手。深諳釀酒的卡洛琳（Caroline Frey）在拉拉貢酒莊（Château La Lagune）已經展現了她精采的手藝，讓拉拉貢的實力大幅超越以往。主導佳布列酒莊之後，小教堂的單位產量也重趨穩定，橡木桶的使用亦同。佛瑞家族收購佳布列酒莊後，改善了釀酒設施，一項重要的葡萄園重植計畫也提上日程。卡洛琳接過了酒莊的領導權，在她的領導下，釀酒方式有所改變。至於釀酒師，她認準了波爾多的釀酒師丹尼斯・杜博迪（Denis Dubourdieu），因為她曾是丹尼斯的學生。丹尼斯把他的經驗帶到這裡，採用更加嚴格的釀酒方式。波爾多式的靈感將賦予佳布列酒莊的葡萄酒一個新面貌。

保羅佳布列酒莊曾推出紅白兩款小教堂葡萄酒，一直持續到1962年為止。2006年由佛瑞（Frey）家族接手後，才開始重新銷售小教堂的白葡萄酒。另外，釀酒所用的老藤瑪珊來自Maison Blanche的一個單一地塊，產量也不高，每公頃收穫葡萄汁在1500至2500升之間。小教堂白酒（La Chapelle Blanc）每年僅出產2,500瓶，據說到亞洲市場的配額僅400瓶。在美國一上市就創出345美金一瓶的天價。

小教堂的紅酒，顏色深遂，成熟緩慢，傳統皮革香氣主導，並沒有那種迷人的甜味或果香。新入手的酒往往還帶有鐵鏽味，至少需要15年以上才會出現層次感。雖然近代的釀酒技術與以往有所不同，較為強調果味，尤其紅黑漿果的表現，單寧也較以往柔順，但就小教堂而言，這種改變仍不足以讓它成為即飲酒款，耐心才足以讓此酒盡展神奇之處。小教堂作為曾有輝煌紀錄的世界名酒，1990年份即已拿下派克100分，即是現在，仍是收藏級品項。一般而言，小教堂的酒是以酒勁、豐滿著名，是一種陽剛味極重的酒。品酒名家休強生（Hugh Johnson）便稱之為「男人之酒」。「小教堂」在年輕時充滿了橡木味，掩蓋了其他氣息，因此飲用者大多不喜此時顏色深紅呈紫、也不晶瑩可愛的「小教堂」。至少要過了十年之後，酒性變得柔和一些，顏色轉淡，「小教堂」的風貌才開始散發出一種柔中帶剛的個性。

波爾多酒業開展之初，隆河經常扮演著梅多克酒莊的後勤部隊。許多波爾多混有隆河酒眾所皆知，尤其北隆的希哈更是其中要角。如果要細數這張成績單，帶頭的是1961年份的小教堂。此酒由保羅佳布列（Paul Jaboulet Aîné）生產，早在陳新民教授第一版《稀世珍釀》即已列入。葡萄酒作家珍希羅賓斯（J. Robinson）亦曾寫過1961小教堂，續航力甚至超越了知名的61波爾多，用以相比的竟是傳奇的61年的拉圖（Latour）。除了61年份之外，小教堂這半世紀的幾個美好年份，像是1945、1978、1982、1990，皆可稱為世界級名酒。1961年份已經被列入全球12大好酒之一，這使得它的價值被推高到峰頂：一箱6瓶裝的小教堂已經被賣到10萬美金之高。根據酒評家派克所述，這是20世紀最偉大的葡萄酒之一，並且給予多達20多次的100的滿分。WS選出1900～1999這一百年來，12瓶二十世紀夢幻之酒，其中包括Château Pétrus 1961、Château Margaux 1900、Château Mouton-Rothschild 1945、Château Cheval-Blanc 1947、Romanée-Conti 1937……等等，當然還有小教堂（Paul Jaboulet Aîné Hermitage La Chapelle 1961）。英國《品醇客》雜誌也選出1983年的小教堂成為此生必喝的100支酒之一。另外，派克打了三個年份的100分：分別是1961、1978和1990。而隆河四個極佳年份2009、2010、2011和2012四個年份也都表現不錯，分數都在95-98之間。上市價大約是新台幣6,000元左右。WS則對1961年份的小教堂也打出了100滿分，成為雙100滿分的酒款。1949和1978獲得99高分。

2023年2月10日品酒會酒款

2023年2月10日（台南）
隆河風品酒會──酒單：

◇ Sine Qua Non Blanc 2002
◇ Jean-Louis Chave Hermitage Blanc 1997
◇ Château Rayas Reserve Blanc 2005
◇ Château Rayas Reserve Red 1993
◇ La Chapalle 1990 (1.5L) (RP 100)
◇ E.Guigal La Mouline 1998 (RP 97～100)
◇ Kongsgaard Syrah 1999
◇ Sine Qua Non Syrah 2004 (RP 100)
◇ M.Chapoutier Vin de Paille 2001 (375ml)

特別
推薦

小教堂

Paul Jaboulet Aîné
Hermitage La Chapelle 1978

ABOUT
分數：RP 100
適飲期：現在～2045
台灣市場價：70,000 元
品種：100% 希哈（Syrah）
木桶：一年新橡木桶
桶陳：24 個月～ 36 個月
年產量：45,000 瓶

DaTa

地址｜"Les Jalets," Route Nationale 7,26600 La
　　　Roche sur Glun, France
電話｜+33 04 75 84 68 93
傳真｜+33 04 75 84 56 14
網站｜www.jaboulet.com
備註｜參觀前請先與專人聯繫

小教堂

Paul Jaboulet Aîné Hermitage La Chapelle 1990 @1.5L

ABOUT

分數：RP 100
適飲期：現在～2050
台灣市場價：80,000元(1.5L)
品種：100% 希哈（Syrah）

木桶：一年新橡木桶
桶陳：24 個月～36 個月
年產量：45,000 瓶

🍷 品酒筆記

2023年2月10日作者應邀南部酒友，辦了一場隆河風格的品酒會，其中一款1990年份的小教堂（La Chapelle），由於是大瓶裝1.5L，特別的印象深刻。這是一個輝煌燦爛的好年份，全世界的產區幾乎都迎來了大豐收。1990的小教堂顏色是深紅寶石帶紫色，鮮明而濃郁。開瓶時鮮花綻放的香氣，接著而來是黑醋栗、黑莓、野莓和桑葚等果香，中段出現了松露、薄荷、冷冽的礦物、甘草、甘油和煙燻木桶味，最後是焦糖摩卡、新鮮皮革和一點點的迷迭香，神祕、持久有勁道，喝過就會留住記憶，這是多數小教堂的魔力。整款酒香氣密集，結構扎實，層次複雜，豐富香醇，清晰純正，絕對能喝出小教堂的特殊迷人丰采，多喝幾次就不會忘記。1990年的小教堂算是酒莊最好的年份之一，這個年份是有可能和傳奇的1961年份旗鼓相當，建議喜歡喝的人可以趕快收藏，應該能窖藏50年以上或更久。這支酒非常濃縮，但仍年輕；散發著香料、梨子、煙燻燒烤、洋李、梅子、桑葚和黑加侖汁等香氣，並具有久久不散之尾韻。根據酒評家派克所述，這將是傳奇的年份，多次的100/100的高分。

🍴 建議搭配

排骨酥、手抓羊肉、生牛肉、伊比利火腿。

★ 推薦菜單　國宴花膠獅子頭 ───────

2023年疫情開放，五一勞動節之後，去了一趟大陸工作兼吃喝玩樂，朋友訂了一家米其林一星的中式餐廳，滿意的不得了。除了菜好吃之外，價格也相當合理，以這道國宴花膠獅子頭來說，這麼費工夫的獅子頭加上高貴的花膠，一盅才150元人民幣，實在有夠佛心。一顆獅子頭，肥瘦比例問題，照例得掰飭掰飭。五花肉，三肥七瘦，這個總比例之下，鹹肉和鮮肉的比例，又分為鹹一鮮三。雙重的精準拿捏，同時照顧到花膠的口感和獅子頭的軟糯，圓潤潤地，將一盅初夏之鮮盡收於混沌。嘗鼎一臠，而知一鑊之味。這道國宴菜，軟嫩、香脆、滑細，湯汁清甜而大氣，必須配一支雄壯威武的大酒，這支古老傳奇的北隆河小教堂就是以濃郁厚實，霸氣十足為著，剛好可以較量一番。小教堂千變萬化的果香，薄荷和迷迭香等多種香料，可以提升湯美多汁的高貴食材，煙燻木頭和咖啡香也能使得手工捏製的軟嫩獅子頭更加可口美味。這樣一款高級濃厚的酒，無論何時何地都可以雄霸一方，君臨天下。

淮揚府
地址｜北京市東城區安定門外大街
198 號地壇西門北側

44. M. Chapoutier

夏伯帝酒莊

1789年第一代的夏伯帝（Chapoutier）祖先自本產區南邊的Ardèche地區北上來到坦-賀米塔吉（Tain-l'Hermitage），擔任酒窖工人，長年累月，愈來愈熟悉釀酒的工作，最後甚至在1808年買下老東家的酒廠。1879年，波利多·夏伯帝（Polydor Chapoutier）開始購入葡萄園，使得夏伯帝從單純釀酒的酒商，轉變成為具有自家葡萄園的酒莊，後來成為法國最著名的酒莊之一。自從1989年麥克斯·夏伯帝（Max Chapoutier）退休後，莊園就由他的兒子米歇爾（Michel Chapoutier）掌管。他釀製的葡萄酒可以和北隆河產區最出色的積架酒莊所釀製的葡萄酒相抗衡。如果說積架酒莊是北隆河紅酒之王，夏伯帝酒莊就是北隆河白酒之王。

夏伯帝酒莊只用單一品種釀製葡萄酒，夏伯帝酒莊的羅第坡葡萄酒用的全是希哈，隱居地白葡萄酒全部用的瑪珊，而教皇新堡葡萄酒全部用的是格納希。他是一個認為混合品種只會掩蓋風土條件和葡萄特性的單一品種擁護者。

1995年米歇爾·夏伯帝也將酒莊引導上自然動力法之路。因而，或可推斷是自然動力法的一臂之力，將夏伯帝的酒質逐年推升。在1996年酒莊又推出另一項創舉：即為方便盲人飲者，酒莊自此年份起於酒標上印製盲人點字凸印，不僅方便盲友，也使其酒標獨樹一格而達到話題行銷的附加效益。

A.葡萄農在斜坡上採收葡萄。B.葡萄園。C.小亭園葡萄園入口。D.老葡萄樹。

A | B
| C
| D

　　夏伯帝酒莊目前擁有26公頃的隱居地葡萄園,另有跟親戚租用耕作的5.5公頃,共計31.5公頃,整個隱居地面積不超過130公頃;其中的19.5公頃種植的是釀造紅酒的希哈品種,另外的12公頃種的則是瑪珊白葡萄的老藤葡萄樹,酒莊並未種有胡珊白葡萄品種。

　　由於夏伯帝酒款眾多,我們選擇酒莊生產的最好三款紅酒和三款白酒來介紹:夏伯帝酒莊單一葡萄園裝瓶的隱居地風潮始自1980年代末期,最重要的酒莊就是夏伯帝酒莊。三款高階的酒款分別是:岩粉園、小亭園、隱士園,或許是受積架酒廠的3款「LaLaLa」羅第坡紅酒之啟發而發展出來的隱居地版本,或可稱為「LeLeLe」。

　　岩粉園(Ermitage Le Méal):此單一園酒款的首年份為1996年,平均年產量為僅僅5,000瓶。岩粉園是三者中酒質最早熟者,此酒以濃厚豐腴見長,成熟後果醬味極

為明顯。2009～2012四個連續年份的分數都獲得了派克的98～99高分。台灣價格大約是15,000台幣一瓶。

小亭園（Ermitage Le Pavillon）：這是夏伯帝最早的單一葡萄園，首釀年份為1989年，年產只有7,000瓶。具有較明顯的黑色漿果或黑李氣息，成熟酒款常帶有皮革、土壤以及礦物質風韻。是夏伯帝酒莊最佳最著名的紅酒，八次拿下派克的100滿分；1989、1990、1991、2003、2009、2010、2011和2012。台灣價格大約是15,000台幣一瓶。

隱士園（Ermitage L'Ermite）：首釀年份為1996年，每年產量約為5,000瓶，樹齡80歲老藤，隱士園是三者中最晚成熟者，單寧精細香甜，通常帶有松露、特殊香料以及木料氣息。2003、2010和2012三個年份都被派克評為100分。台灣價格大約是15,000台幣一瓶。

夏伯帝在隱居地做的白酒非常的出色，在北隆河產區裡無人出其右。全部用100%的瑪珊釀製，和一般皆以胡珊品種為主釀製的不同。有出色的三大頂級園：林邊園、岩粉園和隱士園。

林邊園（M. Chapoutier Ermitage De l'Orée）：酒莊第一個釀的單一園白酒，首釀年份為1991年，年產量約7,000瓶；樹齡平均65歲，有時候像勃根地的蒙哈謝，有成熟的果實和礦物，豐富有勁道。2000、2009、2010、2013，四個年分獲得派克100滿分。1994、1996、1998、1999、2003、2004、2006、2011和2012也獲得將近滿分的99高分。台灣價格大約是12,000台幣一瓶。

岩粉園（Ermitage Le Méal）白酒：首釀年份為1997年，年產量約5,500瓶；帶有蜂蜜、杏桃、橘皮風韻，具有多種香料味的酒款。2004和2013獲得100滿分。台灣價格大約是12,000台幣一瓶。

隱士園（Ermitage L'Ermite）白酒：首釀年份為1999年，年產量約2,000瓶；樹齡平均為80年，帶有蜂蜜、熱帶水果，煙烤、乾草和礦物質風格，非常奇特迷人的一款白酒，尤其經過10～20年的陳年，更能顯示出它的魅力，算是夏伯帝最頂級的白酒，也是最難收到的世界珍釀。1999、2000、2003、2004、2006、2009、2010、2011、2012、2013總共十個年份破天荒的100滿分。台灣價格大約是20,000台幣一瓶。是最貴的一款北隆河白酒。

地址｜18, avenue Docteur Paul Durand, 26600 Tain l'Hermitage, France
電話｜辦公室 +33 04 75 08 28 65
傳真｜辦公室 +33 04 75 08 81 70
網站｜www.chapoutier.com
備註｜參觀和品酒前必須預約或者聯繫酒莊

DaTa

Recommendation
Wine

夏伯帝酒莊林邊園白酒

Ermitage De l'Orée 1994

ABOUT
分數：RP 99、WS 90
適飲期：2004～2046
台灣市場價：15,000 元
品種：瑪珊（Marsanne）
木桶：橡木桶
桶陳：12 個月
年產量：5,000 瓶

🍷 品酒筆記

1994年份的夏伯帝酒莊林邊園白酒絕對是偉大而傳奇的白酒，可以列入世界上最好的白酒之一。新鮮迷人的花草香味，豐富成熟的水果；蜜桃乾、柑橘、芒果乾。眾多香料；胡椒、茴香、迷迭香，最後是冬瓜蜜和蜂蜜。整款酒性感華麗，花枝招展，妖嬌挑逗，有如好萊塢巨星瑪麗蓮夢露再世，簡直令人無法拒絕。

🍴 建議搭配

清蒸石斑、乾煎圓鱈、水煮蝦、鯊魚煙燻。

★ 推薦菜單　蔥薑蒸龍蝦

使用日本進口的小龍蝦，以自製高湯清蒸4～5分鐘，達到龍蝦肉Q、味鮮的程度。這道菜完全是原味，沒有加任何的佐料去蒸，嚐起來鮮美，龍蝦肉質軟嫩、細緻而且Q彈。這支隆河最好的白酒有著香濃的果香和蜂蜜，酒一入口就可以馬上提升龍蝦的鮮味，而且冷冽甘美清甜，兩者的香氣都很令人著迷，芬芳美味，細細品嚐，將是人生一大享受！

吉品海鮮餐廳（敦南店）
地址｜臺北市敦化南路一段 25
號 2 樓

45. *Château Rayas*

拉雅堡

　　教皇新堡作為法國葡萄酒第一個法定產區，實際上早在1880年時，耳疾的 Albert Reynaud就從亞維儂市來此奠基，這是後來的拉雅堡（Rayas），也是現在公認的教皇新堡旗艦。

　　雷諾家族（Reynaud family）在這裡打造了一款世界名酒－眾人皆知的拉雅堡！此酒有紅白款，目前主要討論的對象都是紅酒，但白酒相當稀少，更是內行人收集的品項。

　　先說紅酒，此酒全由黑格那希（Grenache Noir）釀成，它自葡萄園起，就與其它教皇新堡的鄰居大不相同。教皇新堡盛行混調，此酒卻是單一品種，主因是拉雅堡的葡萄園多以非常細的紅砂土為主，不但貧瘠而且面北，甚至為針葉林包圍，這在充滿陽光而多大鵝卵石的教皇新堡，反而提供相對晚熟的可能性，以及當地最缺的酸度。拉雅堡葡萄園的特殊性，讓果實不會因為成熟太快而糖分過高，最終酒精感十足而成為只有果香的炸彈。

　　拉雅堡此酒的誕生來自雅克雷諾（Jacques Reynaud），他是第3代，但全莊規模是在第2代的路易士（Louis）手上完成。路易士在1920年繼承酒莊後，生產出第一批酒並在酒莊裝瓶，這在當時的產區是從沒有過的事，甚至整個法國都還

A . 教皇新堡。B . 品酒會。C . Rayas Châteauneuf-du-Pape Pignan Reserve 2000。

沒有產區制度。反而是路易士在酒標上加註Premier Grand Cru等字樣，他顯然相信自己的葡萄園，自己的葡萄酒。

路易士後來買了圖斯堡（Château des Tours），由大兒子伯納（Bernard）管理，老二雅克（Jacques）則是接了拉雅堡與方莎雷特堡（Château Fonsalette），而拉雅堡在雅克手上，更是以帶梗發酵提供骨架，讓整款酒在果香與架構上不但勻稱，而且有著深邃的層次。但此人無後，三莊又合而為一，由伯納的兒子艾曼紐（Emmanuel）接手，艾曼紐拔了一半葡萄重種，終在2005年後，本莊成為教皇新堡的酒王，價格扶搖直上。

目前酒莊總面積10公頃，除格那希外，有近2公頃是Grenache blanc（白格那希）及Clairette，主釀白酒，每年僅425箱，更為稀有，更值收藏，紅白兩款均是掛教皇新堡AOC。

世界酒評家稱讚拉雅堡老莊主：「雅克‧雷諾成了一個集隱遁者、哲學家、美食家、釀酒師和神話與傳奇於一身的人，給本書的作者留下了一個難以磨滅的印象，而且我估計所有跟他相處過的人或者品嚐過他的非凡葡萄酒的人也都對他印象深刻。」

1997年1月14日，也就是雅克‧雷諾73歲生日的前一天，在阿維尼翁買鞋（這

很可能是他唯一熱衷的物質追求）的時候，雅克·雷諾因為心臟病突發而倒下了，並且再也沒能站起來。他是一個真正的傳奇。

近期最佳年份：

2003年、2001年、2000年、1998年、1995年、1990年、1989年、1985年,、1983年、1981年、1979年、1978年。

拉雅堡教皇新堡精選紅酒（Château Rayas Châteauneuf-du-Pape Reserve）的價格大約在40,000以上台幣一瓶，好的年份如2003、2005、2009、2010年份大約都要60,000元左右，最好的年份是1990年份，得到派克100分，價格大約在130,000元。Château Rayas Châteauneuf-du-Pape Reserve Blanc（拉雅堡教皇新堡精選白酒）的價格大約在30,000以上台幣一瓶。拉雅堡教皇新堡皮娜紅酒的價格大約在20,000以上台幣一瓶。

酒評家派克講了兩個對於拉雅堡莊主雅克·雷諾兩個有趣的故事：

有一次，我和雅克·雷諾一起品嚐葡萄酒，在我嚐過來自四個不同酒桶中的葡萄酒後，雷諾仍然沒有告訴我每個酒桶中裝的是什麼酒，所以我被激怒了。最後，我忍不住問他我們嚐的是什麼，他回答說：「你是專家，這個問題應該是我問你吧。」 另一個體現他幽默感的例子是，有一次，我倆一起在La Beaugraviere進餐，當我們正享用一瓶極好的沙夫埃米塔日葡萄酒時，我問他最欽佩的人是誰，他非常嚴肅而又詼諧地告訴我：「你呀！」

拉雅堡比La Tâche還好喝

派克說：記得1996年，在一個好朋友的生日宴會上，打開了一款1978年的拉雅莊園葡萄酒和一款1978年的塔希特級紅葡萄酒（Domaine de la Romanee Conti La Tâche），後者是我所嚐過的最優質的勃根地產區紅葡萄酒。但是15分鐘後，每個人都把杯中的拉雅莊園葡萄酒喝光了，而很多杯中還剩有大量的塔希特級紅葡萄酒。

2023年2月10日（台南）
隆河風品酒會——酒單：

◇ Sine Qua Non Blanc 2002
◇ Jean-Louis Chave Hermitage Blanc 1997
◇ Château Rayas Reserve Blanc 2005
◇ Château Rayas Reserve Red 1993
◇ La Chapalle 1990（1.5L）（RP 100）
◇ E.Guigal La Mouline 1998（RP 97～100）
◇ Kongsgaard Syrah 1999
◇ Sine Qua Non Syrah 2004（RP 100）
◇ M.Chapoutier Vin de Paille 2001（375ml）

Rayas Châteauneuf-du-Pape
Reserve Blanc 2005

DaTa

地址｜ "Les Jalets," Route Nationale 7,26600 La Roche sur Glun, France
電話｜ +33 04 75 84 68 93
傳真｜ +33 04 75 84 56 14
網站｜ www.jaboulet.com
備註｜ 參觀前請先與專人聯繫

Recommendation
Wine

拉雅堡教皇新堡精選紅酒

Château Rayas Châteauneuf-du-Pape Reserve 1993

ABOUT

分數：WA 96
適飲期：現在～2050
台灣市場價：60,000 元
品種：100% 黑格那希（Grenache Noir）
木桶：法國舊橡木桶（大桶）
桶陳：14 ～ 16 月
瓶陳：6 個月
年產量：24,000 瓶

🍷 品酒筆記

拉雅堡紅酒1993，已經釀到出神入化的境界，真是隆河之神，千變萬化，每隔一陣子就有不同的香氣與味道，堅挺而不霸氣，細膩而不糜糯，玫瑰花香、櫻桃果香、些微杉木香、肉桂、薄荷、百草……。拉雅堡的酒一定要陳年15年以上，想要好喝，就是給他時間。

🍴 建議搭配

紅燒獅子頭、東坡肉、紅燒牛肉、羊排。

★ 推薦菜單　吉士紅燒肉

上海菜的濃油赤醬是非常著名的，上海廚師幾乎人人都會燒，但是要燒到不甜不鹹，恰到好處，那可不容易。五花肉經過烹調的肉質肥而不膩、瘦而不柴。紅燒肉還是挑選黑毛豬，黑毛豬的五花肉肥肉層會比較厚，黑毛豬五花肉紅燒時，肉色新鮮油潤、光澤透亮。吃起來肉質滑嫩有嚼勁，不油不膩，越吃越香。這款1993拉雅堡教皇新堡精選紅酒，雖然經過30年，還是很有勁道，尤其是香氣中的香料味，薄荷、肉桂、百草，這也是隆河酒獨特的味道，配上紅燒肉的鹹香Q嫩，綿糯而滑爽，有如冬日裡的微光，溫暖而舒服，一口接一口，遙想老莊主雷諾當年是如何釀出這款好酒的？

吉士星座（新天地店）
地址｜地址：上海市黃浦區黃陂
　　　南路 328 號

46. E.Guigal

積架酒莊

　　有隆河酒王之美譽的積架酒莊（E.Guigal），是派克所著《世界156個偉大酒莊》之一，也是《稀世珍釀》世界百大葡萄酒之一。歷年來有24款酒獲得派克評為滿分 100 分，派克曾說：「如果只剩下最後一瓶酒可喝，那我最想喝到的就是積架酒廠的慕林園（Cote Rotie La Mouline）。」他又說：「也無論是在任何狀況的年份，地球上沒有任何一個酒莊可以像馬歇爾·積架（Marcel Guigal）一樣釀造出如此多款令人嘆服的葡萄酒。」整個北隆河，最精華的紅酒產區不外羅第坡（Cote Rotie）與 隱居地（Hermintage），當然可那斯（Cornas）也可算在內，但尚難撼動前兩者的天王地位與價格。由家族主導的積架酒莊，自1946年艾地安（Etienne Guigal）在安普斯（Ampuis）村創設以來，不但讓隆河紅酒站上世界舞臺，更讓積架酒莊成為北隆河明星中的明星，馬歇爾在1961接手管理後，

A　A.美麗的酒莊座落在隆河旁。B.積架酒莊兩代莊主Marcel和Philippe。
B | C　C.陡峭的葡萄園。

他與兒子菲利浦（Philippe）共同施展神奇的釀酒魔法，讓積架酒莊在質與量皆成
為北隆河無可動搖的堡壘。

　積架酒莊創始人艾地安（Etienne Guigal）出身貧苦，苦學十九年後自行創業
建立（Domaine E. Guigal）。艾地安的兒子馬歇爾自幼跟隨父親，每日清晨五
點半就上工，在他手中造就今日積架酒莊的成功，連國際巨星席琳狄翁（Celine
Dion）也是積架酒莊的酒迷。法國政府也頒予「榮譽勳位勳章」褒獎馬歇爾對於
法國釀酒業的貢獻，這也是法國平民所能獲得的最高榮譽。積架酒莊的酒窖至今
仍位於阿布斯村，生產羅第、孔德里約（Condrieu）、隱居地（Hermitage）、
聖約瑟夫（St.-Joseph）以及克羅茲-隱居地（Crozes- Hermitage）等多個AOC
酒款，而該酒莊在羅納河谷南部生產的教皇新堡（Châteauneuf-du-Pape）、吉

恭達斯（Gigondas）、塔維勒（Tavel）和隆河丘（Cotes du Rhone）的酒款也會在這裡陳年。積架酒莊的總部位於阿布斯堡（Château d'Ampuis）。這座城堡建於12世紀，周圍圍繞著大片的葡萄樹，曾接待過多位法國君主，現在已經成為當地的名勝。

積架酒廠最令人敬重之處，在於各個價格帶皆能推出品質優秀的酒款，最初階的隆河丘紅酒（Cotes du Rhone），年產三百萬瓶。三款單一葡萄園頂級酒：杜克（La Turque）、慕林（La Mouline）以及蘭多娜（La Landonne），簡稱「LaLaLa」，在極陡的羅第坡斜坡上，42 個月100% 全新橡木桶陳年，數量稀少，每年只生產4,000-10,000瓶，成為全球愛酒人士不計代價想要收藏的隆河珍釀！

在羅第坡，積架酒莊除了名作LaLaLa 之外，酒莊更以Château d'Ampuis（安普斯堡頂級紅酒）此款酒宣揚製酒理念，它集合了羅第坡七個傑出地塊，以90%以上希哈為底，混以維歐尼耶。平均50年的葡萄藤，讓酒質渾圓中有層次，以2010年的安普斯為例，它滿載著黑醋栗、煙燻、甘草、胡椒和肉桂各種氣息，口感華麗，醇厚豐富中亦有深度。單寧成熟而多汁，橡木桶風味絕佳，輕易可陳放20年以上。《WA》96適飲期可到2037年。積架酒莊的白酒也是行家收藏珍品。頂尖中的頂尖酒款，就屬Ermitage「Ex-Voto Blanc」（維多頂級白酒）。在偉大的2010年，此酒《WA》100，《RP》98～100。

紅酒拿百分很常見，在積架酒莊更不是新聞，滿分的白酒就很稀奇，尤其適飲期長達半個世紀的更是極為罕見。也難怪這是媲美1978年份的2010年，紅白皆美。你也許看到人家動不動就積架（LaLaLa），但Ex-Voto白酒少之又少，照葡萄酒大師珍西羅賓斯（Jancis Robison）的講法，積架白酒登上頂峰也才不過10幾年，以維多頂級白酒來說，大展神威還早的很呢！這酒絕對是認真的隆河酒迷收藏必備！況且還不約而同得到《WA》及《RP》雙100分！台灣價格約台幣9,000元一瓶。

/

DaTa

地址｜ Château Ampuis ,69420 Ampuis, France
電話｜ +33 04 74 56 10 22
傳真｜ +3 04 74 56 18 76
網站｜ ww.guigal.com
備註｜ 對外開放時間：週一至週五 8：00 ～ 12：00am 和 2：00 ～ 6：00pm，想要參觀莊園和參加品酒會必須提前預約

Recommendation
Wine

積架酒莊蘭多娜園
E.Guigal La Landonne 1998

ABOUT
分數：RP 100、WS 95
適飲期：2010 ～ 2040
台灣市場價：25,000 元
品種：100% 希哈（Syrah）
橡木桶：新橡木桶
桶陳：42 個月
年產量：10,000 瓶

🍷 品酒筆記
非常傳奇的一支酒，酒的顏色漆黑而不透光，濃厚華麗，單寧
如絲，力道深不可測，強烈而性感。濃濃的煙草味、新鮮皮革、
黑橄欖、黑醋栗、黑加侖、黑莓、礦物味。酒喝起來感覺波濤
洶湧，所有的香氣接踵而來;松露、黑巧克力、白巧克力、各式
香料和松木味道。蘭多娜是一支盡善盡美的葡萄酒，只要喝
過就終生難忘，可惜的是酒的數量越來越少，幾乎是市面上不
見蹤跡。這樣一款完美平衡，複雜多變，永無止境，無可挑剔
的美酒，給出兩個100分都不嫌多。

🍴 建議搭配
回鍋肉、紅燒牛肉、烤羊肉、醬鴨。

★ 推薦菜單　糖醋排骨
糖醋排骨屬於醬燒菜，用的是炸完再醬燒的烹飪方法，屬於糖醋
味型，油亮美味，鮮香滋潤，甜酸醇厚，是一款極好的下酒菜或
開胃菜。雖然這道菜本身有濃厚的甜酸口感，一般酒並不適合搭
配。但今天所選的滿分酒是隆河中最強勁的酒款，具有濃濃的香
料和煙燻肉味，而且還有獨特的蜜汁果乾味，所以毫不畏懼這道
中國名菜。這支酒不斷出現煙燻培根、煙燻香料、多汁的蜜餞味和
濃濃的煙草味，配上這道有點酸有點甜的排骨嫩肉，確實相得益
彰，如魚得水，再也找不到任何的紅酒可以搭配這道菜了。

香港星記海鮮飯店
地址｜香港灣仔盧押道 21-25 號

47. Krug

庫克酒莊

　　庫克酒莊（Champagne Krug）是最頂級的香檳品牌，被稱為香檳中的「勞斯萊斯」。庫克不是香檳，它就是庫克！

　　庫克由德國人約瑟夫庫克（Joseph Krug）創於1843，現今已傳承了6代人。約瑟夫是一位有理想的釀酒者，一生致力於釀造出與眾不同的頂級香檳。他原來在雅克森（Jacquesson）香檳酒莊釀酒，為追求自己釀製香檳的理想而放棄了那裡的優厚待遇，所以創立了庫克酒莊。酒廠擁有20公頃的土地，主要種植夏多內、黑皮諾及皮諾莫尼耶三種葡萄。庫克酒莊對原料的挑選極為苛刻，它不使用大型葡萄園出產的葡萄，而一直取料於產量有限的50餘個精緻葡萄園，並不局限於頂級葡萄園，這在頂級香檳品牌中也是極為罕見的。這些葡萄園很多都是小型的，如梅尼爾（Clos du Mesnil）葡萄園的大小就跟一個花園差不多，在如此的精緻葡萄園中，每一粒葡萄都能受到細心呵護。

　　作為世界最頂級的香檳酒莊，為確保一貫的韻味及和優雅細緻的口感，庫克酒莊還保留了一項足以號令天下的祕笈──酒窖原酒。庫克最為珍貴的寶藏就是其超過150個種類，超過百萬瓶窖藏原酒媲美圖書館級的酒窖，分批單獨珍藏了每年每塊葡萄園的佳釀。酒窖原酒多選用來自7至10個不同年份的原酒，年代最久的年份是13至15年，並且，每一瓶庫克酒莊都需要再額外封瓶儲藏至少6年時間，再加上1年除酵母淨置的時間，因此總共需要至少20年時間才能最終釀製出絕世珍品──庫克酒

A	
B	C	D

A.酒莊。B.葡萄園。C.酒窖。D.小橡桶。

莊。

　　庫克酒莊釀酒用的葡萄，三分之一來自自家的葡萄園，其餘的來自LVMH集團的葡萄園，都是精心篩選的。這樣的成就來自於四個靈魂人物：原籍委內瑞拉的董事長瑪嘉賀・亨利奎茲（Margareth Henriquez）和奧利維爾・庫克（Olivier Krug），忠實的釀酒主管艾力克・雷伯（Éric Lebel）和女釀酒師茱莉・卡維（Julie Cavil）。所有的葡萄酒都是在小橡木桶中發酵，酒窖中將近3000個木桶，使用的平均年齡為20年，發酵期為兩個月。在不銹鋼大桶內進行，部分進行乳酸發酵。從2012年起，酒廠在每瓶酒上貼上一個身分卡，上面標注著一個號碼，依此可以在庫克的網站上查詢這瓶酒的出窖日期和葡萄配比。因此，該酒廠雖然產量大，但每款酒仍有跡可循。

庫克酒莊每年的總產量非常稀少，估計不超過10萬瓶，僅占全球所有香檳的0.2%，酒莊家族傳人奧利維爾·庫克（Olivier Krug）就曾開玩笑說：「在600瓶不同香檳中，才有可能發現只有1瓶是庫克。」事實上，庫克酒莊的優雅、尊貴、珍稀讓它成為少數人獨享的高級香檳。但是它對追求釀造高品質的香檳毫不退讓，以無比精確、注重細節的製作過程釀造頂級香檳為志，近乎苛求。庫克香氣優雅，氣泡細膩，層次豐富。當然，在歐美葡萄酒權威媒體也有很好的讚譽；《葡萄酒倡導家》（Wine Advocate，簡稱WA）就給了梅尼爾白中白香檳（Krug Clos du Mesnil）1988和1996兩個年份100分。《葡萄酒觀察家》也給了庫克年份香檳（Krug Vintage）1996年份99高分。英國《品醇客》雜誌將庫克年份香檳（Krug Vintage）1990年份選為此生必喝的100支酒之一。這足以說明庫克的高品質，因此它也被譽為是香檳中的「勞斯萊斯」。庫克不僅是許多富豪開門迎客的首選飲品，更是官方儀式的御用佳釀，1995年5月，80國領袖在法國慶祝第二次世界大戰結束50年的午宴，選用的就是庫克酒莊。另外，從1977年起庫克就是協和客機（Concorde）的專用香檳，也是英國航空、澳洲航空、新加坡航空、國泰航空等航空公司頭等艙所指定的香檳。

這家傳奇酒廠於1999年被LVMH集團收購，庫克酒莊現在旗下有六款超凡的香檳：庫克陳年香檳（Krug Grande Cuvee）、庫克粉紅香檳（Krug Rose）、庫克年份香檳（Krug Vintage）、庫克收藏家香檳（Krug Collection）、庫克梅尼爾白中白香檳（Krug Clos du Mesnil）以及庫克安邦內紫標香檳（Krug Clos d'Ambonnay）。

無年份陳年香檳：

占到庫克酒莊酒總產量的四分之三。這款酒是由8款不同年份的香檳酒混合而成，由黑皮諾、皮諾莫尼耶和夏多內混合釀製而成。由於珍藏陳年香檳完全是靠混合調配以及品嚐來釀製的，因此並沒有固定的配方。在絕大多數的混合酒液中，黑皮諾的比例占到了45%～50%。為了使香檳酒足夠複雜、口感豐富，混合的年份酒可以多達8款。這款香檳酒在1978年才首次上市。WS 97高分。在台灣市價約為9,000台幣一瓶。這是我嚐過無年份最好的香檳之一。這款香檳包含花香、梨、蘋果、新烤麵包、橙皮和淡淡的煙燻味。在口感上，純粹、醇厚且適當的活潑，果香馥郁，精緻而複雜。

庫克年份香檳：

這款香檳每年的比例都不盡相同，但是總體來說，黑皮諾的比例為30%～50%，皮諾莫尼耶的比例為18%～28%，夏多內的比例為30%～40%。庫克年份香檳酒通常需要在瓶中進行10年以上的陳年。1996年份獲WA評為98高分，同年份獲WS評為99高分，1947、1988、1995和1998四個年份也一起獲得98高分。這可說是世界上最好的香檳之一。台灣新年份上市價一瓶約16,000台幣。酒體呈現淡金色，入口從絕妙的酸度開始，然後是豐富的黑加侖，橘皮，烤堅果味，還有糖煮薑和豆蔻的味道。隨著時間的推移，又變成了太妃糖和鹽燒焦糖的味道，細膩的酒泡使它整體看起來無比和諧。

特別珍藏（Krug Collection）：

Krug Collection是庫克酒莊珍藏的一系列特別年份的香檳。這些酒特別罕見,展示了庫克的傳奇般的持久力。庫克在小橡木桶中進行發酵,這有助於酒的自然發展和慢慢熟化,讓庫克的年份酒始終保持新鮮和活力。同時,這些酒會經歷幾個不同的階段,隨著各種香氣的提升,其味道的平衡也在不斷變化。在Krug Collection中,烤麵包、香草和焦糖的香氣最初較為明顯,然後是乾果、蜂蜜和咖啡,最後是松露。1990年份台灣上市價一瓶約30,000元台幣。

庫克粉紅香檳:

通常是一款由幾個年份酒混合而成的非年份香檳酒,同樣也是由黑皮諾、皮諾莫尼耶和夏多內混合釀製而成。這款粉紅香檳於1983年第一次亮相,它是目前世界上口感最豐富、扎實、濃郁且餘韻悠長的粉紅香檳酒。酒評家派克認為:庫克粉紅香檳與路易王妃水晶粉紅香檳(Louis Roederer Cristal Rose)和唐·培里儂粉紅香檳(Dom Pérignon Rosé)一起並稱為當今世界上最出色的三款粉紅香檳酒。此款香檳獲得WS評為96高分。台灣上市價一瓶約新台幣14,000元。七個年份的混釀賦予了這款粉紅香檳罕見的複雜性。它展現出烤油桃、白櫻桃和覆盆子的純正多汁口感,其中還融入了豐富的澳洲堅果、糖漬的黃橙、青檸花和洋甘菊等口味。精緻和諧,回味悠長。

庫克梅尼爾白中白香檳(Krug Clos du Mesnil Blanc de Blancs):

它是由100%的夏多內精釀而成。自1689年起,庫克酒莊酒就一直堅持使用梅尼爾地區一座面積僅為1.87公頃的葡萄園中的葡萄。直到1750年,這座葡萄園還屬於本篤會修道院的產業(Benedictine monastery);1971年,庫克酒莊酒將它收於囊中。它優雅、濃烈、風味極佳,並且散發出與眾不同的礦物質或白堊氣味。就如同沙龍香檳(Salon)一樣,採用單一葡萄園裡的單一品種,以夏多內白葡萄來釀造的白中白香檳酒(Blanc de Blancs),堪稱為香檳中的羅曼尼康帝。《4000支香檳》(4000 Chanpagnes)一書的作者理查·朱林(Richard Juhlin)曾說:「這是世界上最好的一支酒。」它的第一個年份始於1979年,每年僅有15,000瓶的產量,是一款絲滑又嬌艷動人的香檳,優雅、濃烈、風味極佳,並且散發出與眾不同的礦物質和青蘋果。庫克僅有在非常好的年份才會釀製,從1979年到現在只生產15個年份,最新年份是2006年。最好的年份是1988和1996兩個年份都被WA評為100滿分。這款酒是我喝過最好的兩款白中白香檳之一,另一款是沙龍白中白香檳。台灣上市價一瓶約新台幣50,000元,可說是全世界最貴的白中白香檳了。複雜而豐富的香氣中包含包括香料、糕點、榛子、奶油和蜜餞水果的味道。所有這些都讓這款口感豐富、氣味濃烈的Clos du Mesnil更為出色。

庫克安邦內紫標香檳(Krug Clos d'Ambonnay):

繼梅尼爾園後,庫克酒廠在1992年購入頂級酒園安邦內園(Clos d'Ambonnay),面積只有梅尼爾園的1/3(0.68公頃),是庫克的另一支限量珍品,年產量僅有3,000瓶。這款全由黑皮諾所釀成的「黑中白」(Blanc de Noirs),由深紫的色調,看出其「貴氣逼人」,價錢當然也如此。第一個年份從1995年開始釀造,直到2008年才正式在市場上發行,當年發行量僅僅1500瓶。每支要價3000歐元香檳的上市慶祝酒會,在卡瑞伊(Hôtel des Crayères)渡假飯店裡發表,現場除了品嚐庫克酒莊的頂級年份,並在午宴席間品飲了1995的瑪歌紅酒(Château Margaux)和1995的伊甘堡甜酒(Château d'Yquem),當然還有新發表的1995庫克安邦內紫標香檳(Krug Clos d'Ambonnay)。這次還推出了一款桃花心木盒的6支裝的安邦內紫標香檳,這款頂級香檳,目前為全世界最貴的香檳,只有億萬富豪和毒梟大哥才消費得起。從2008年上市到現在只出過四個年份:1995、1996、1998、2000、2002、2006。1995年份獲得WA 98高分,1996年份獲97+高分。以一瓶新年份2000年來說,台灣上市價約新台幣120,000元。在除渣出售前需在地窖裡陳放7~8年,讓殘餘的酵母為香檳帶來更繁複完整的香氣。庫克酒莊具有奇蹟般清爽的氣息,帶有濃烈酒香並在陳年之後發展出干果、杏子、梅子、香料麵包、濃濃焦糖和咖啡香味,而更早年份的香檳還可嗅出一絲蘑菇的氣息。

三次品嚐Krug Clos d'Ambonnay 1995

第一次2017年11月7日（杭州）──酒單：

◇ Krug Clos d'Ambonnay Blanc de Noirs 1995
◇ Ch.Margaux 1957
◇ Leroy Corton Charlemagne 1990
◇ Screaming Eagle 2009（1.5L）
◇ DRC Echezeaux 2007（1.5L）
◇ Romanee Conti 1957
◇ 1979老茅台

第二次2022年4月21日（台北紅廚）──酒單：

◇ Krug Clos d'Ambonnay Blanc de Noirs 1995
◇ Domaine d'Auvenay Chevalier Montrachet 2001
◇ Henri Jayer Echezeaux 1979
◇ Henri Jayer Echezeaux 1990
◇ Henri Jayer Clos-Parantoux 1979
◇ Henri Clos-Parantoux 1990
◇ Henri Jayer Richebourg 1979
◇ Henri Richebourg 1987

1.5L Krug Vintage 1989

第三次2022年11月15日（台北紅廚）──酒單：

◇ Krug Clos d'Ambonnay Blanc de Noirs 1995
◇ Ramonet Batard Montrachet 1996
◇ DRC Grands Echezeaux 1992
◇ DRC Echezeaux 1992

特別
推薦

庫克梅尼爾白中白香檳

Krug Clos du Mesnil Blanc
de Blancs 1989

A B O U T
適飲期：現在～2040
台灣市場價：60,000 元
品種：100% 夏多內
木桶：小木桶發酵
瓶陳：120 個月以上
年產量：15,000 瓶

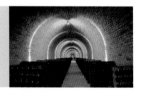

地址｜5, rue Coquebert 51100 Reims
電話｜00 33 3 26 84 44 20
傳真｜00 33 3 26 84 44 49
網站｜www.krug.com
備註｜不接受參觀，僅接受私人預約訪問

DaTa

Recommendation
Wine

庫克安邦內黑中白香檳

Krug Clos d'Ambonnay Blanc de Noirs 1995

ABOUT

適飲期：現在～2050
台灣市場價：120,000 元
品種：100% 黑皮諾
木桶：小木桶發酵
瓶陳：144 個月
年產量：3,000 瓶

🍷 品 酒 筆 記

這一款神奇的1995年份庫克黑中白香檳簡直就像個魔術師。由新鮮的小白花和Doir香水香味先挑逗你，然後清爽帶有濃郁飽滿的酒香，再散發出椰子、乾果、杏仁、梅子、柑橘、烤麵包、烤堅果、濃濃的焦糖咖啡香，結尾是成熟誘人的蜂蜜檸檬味。這樣一款偉大而經典的香檳，雖然只喝過3次，每一次都令人印象深刻，尤其在2022年11月所喝的那一次，實在讓人無法置信，那深情款款的蜜糖、杏仁果、椰子、還有兒時記憶的白脫糖和車輪餅中的奶油香，每一口都能打動人心，絲絲入扣，尤其是能勾起小時候物資缺乏想吃又吃不到的回憶，嘴饞的回憶年份這是一支非常年輕氣盛的香檳，氣泡細緻有活力，結構飽滿厚實，酸度平衡，香氣複雜多變，後勁餘味縈繞纏綿，久久難忘。這樣一款世間少有的香檳，您絕對不能錯過，難怪Krug會等到2008年才上市，真是一鳴驚人。相信在未來的30年當中都是最佳賞味期。

🍴 建 議 搭 配

三杯雞、生魚片、鮮蝦沙拉、乾煎鱸魚。

★ 推薦菜單　欣葉蚵仔煎

「蚵仔煎」是福建閩南常見的小吃，廣東潮州稱為「蠔烙」。做法是先用平底鍋把油燒熱，攪拌後的蛋汁，加上生蚵，一起兩面煎熟即可。這是一道非常簡單的小吃，雖然沒有任何高級食材，但是男女老少都喜歡。欣葉的蚵仔煎是不使用地瓜粉勾芡，不同於一般夜市。雞蛋的焦香、鮮蚵的清甜和細蔥的嫩脆，組合一道最爽口美味的佳餚。1995年的庫克酒莊，散發出凡人無法擋的魅力，花香、果香和椰子糖，濃纖合宜，富貴逼人。這款香檳配上任何高級菜系，都能表現其迷人丰采，就算這樣樸實的小吃來搭，也能享受庫克的芳香宜人。

欣葉台菜
地址｜台北市大安區忠孝東路
四段 112 號 2 樓

48. Dom Pérignon

唐・培里儂酒莊

　　提到香檳酒，大家必然會想起唐・培里儂神父（Dom Pérignon，1638～1715）。這位聖本篤教會的神父終生幾乎都在本地區南部一個小修道院歐維勒（Hautvillers）管理酒窖。唐培里儂修士與太陽王路易十四所處的時代，是法國的極盛時期。香檳的金黃色澤既可與金色的太陽相呼應，文人筆下的「火花、星光、與好聽的氣泡嘶嘶聲」更增國王的尊榮。何況發明香檳的培里儂修士，與路易十四同年出生，同年過世，甚至離開人世的時間都很接近（路易十四於1715年9月1日去世，培里儂修士跟著在9月24日過世）。這種巧合本身就帶有戲劇性，值得當作傳奇或神話來傳述，於是香檳被視為「法國國酒」而行銷世界。唐・培里儂神父變成傳奇性人物，甚至傳言他晚年失明，仍靠舌尖與鼻子為香檳酒鞠躬盡瘁。這位傳奇性人物究竟是真有其人，抑或杜撰，都因著法國大革命時期的一把火將修道院的文獻全部燒毀，後人已無法得知更多有關他的資料。培里儂採用多種葡萄混釀來彌補當地葡萄酒品質的不足，並且從西班牙引入了軟木塞，用油浸過的麻繩緊固瓶塞來保持酒的新鮮和豐富氣泡，並且使用更厚的玻璃來加強酒瓶強度。培里儂神父首次採用了香檳分次榨汁工藝，經過多次耐心提煉，最終奠定了我們今天「香檳釀造法」的基礎。

A．香檳王酒廠門口立著香檳發名人唐培里儂雕像。B．作者在酩悅香檳酒莊。C．1810年法皇拿破崙曾贈送酒廠一座大型橡木桶以茲紀念，其內容量為1,200公升。D．四季恆溫的白堊岩石。

　　自1797年，釀造唐培里儂的修道院和葡萄園就被酩悅‧軒尼詩所擁有。酩悅酒廠（Moët Chandon）目前是法國最大的香檳酒廠商，酒廠的葡萄園將近有1,200公頃，酒廠地下酒窖的長度達到28公里，唐培里儂是酩悅酒廠旗下的最頂級年份香檳品牌，現隸屬於全球第一大奢侈品集團LVMH。酩悅香檳（Champagne Moet & Chandon）歷史頗為久遠，始創於1743年，如今已超越了兩個多世紀。據說有「香檳之父」之稱的唐‧培里儂發明了香檳酒之後，酒莊創始人克勞德（Claude Moet）先生即著手試釀，然而酒莊卻一直名不見經傳，到他兒子接管時也未見有大突破。直到他的孫子尚‧雷米（Jean-Remy Moet）掌管酒莊時，因尚‧雷米認識了當時還是青年軍官的拿破崙一世，且拿破崙一世相當喜愛酩悅香檳，至此這個酒莊的名字才開始揚名天下。尚‧雷米死後，他的兒子維克多（Victor）與女婿皮爾（Pierre-Gabriel Chandon）共同繼承了

左：四季恆溫的白堊岩石酒窖。右：老香檳Dom Pérignon 1955。

酒莊，酒莊因此更名為酩悅香桐（Champagne Moet & Chandon），從此更加聲名遠揚。法國大革命時，唐‧培里儂修士（Dom Perignon）當年所住的歐維勒修道院與葡萄園被充公，酩悅香檳把握機會於拍賣會中斥巨金將其購入，將其闢為博物館，並加建了唐‧培里儂銅像，令香檳愛好者以「朝聖」的心態前往參觀。

　　許多頂級香檳依舊使用從外購來的葡萄，而釀製香檳王的葡萄，則全數來自於自己的葡萄園。除了一級葡萄園歐維勒（即修道院所在），其他葡萄都來自特級葡萄園（Grand Cru）。香檳王主要使用來自九個葡萄園的葡萄：夏多內來自白丘區（Côte des Blancs）的Chouilly、Cramant、Avize及Le Mesnil-sur-Orger四個特級園；黑皮諾則來自Hautvillers一級園，以及Bouzy、Aÿ、Verzenay、Mailly-Champagne四個特級園，香檳王僅使用此一黑一白兩種品種，並未使用皮諾‧莫尼耶。香檳王共生產四個品項香檳：香檳王年份香檳（Vintage）、香檳王年份粉紅香檳（Rosé Vintage）、香檳王珍藏系列（oenothéque）、香檳王粉紅珍藏系列（oenothéque Rosé）。香檳王年份香檳，比例一般來説是60%的夏多內，40%的黑皮諾（也有顛倒過來的時候，譬如2003年）。它輕盈飄逸的氣泡，細膩的質地，烤麵包的誘人香氣。香檳王香檳，只有在長時間的陳年後，它才能展現全部潛力。所以，買下後還是讓它在窖中多待些時日吧。目前這款酒在台灣上市價約5,500台幣一瓶，以2004年份剛上市價來説。香檳王年份粉紅香檳，此香檳首次釀造於1959年，用2/3的黑皮諾和1/3的夏多內調配釀成，並不是每年都生產，年份粉紅香檳王的產量僅達一般香檳王產量的4%，優秀的年份有2000、2002、1996、1995、1990和1982年。1959年的香檳王年份粉紅香檳被伊朗國王選為慶祝古波斯王朝成立2000年的專用香檳。目前這款酒在台灣上市價約`14,000台幣一瓶，以2004年份剛上市價來説。有「香檳王」美譽的唐培里儂，只在最佳年份生產，因此每個年份香檳均完整保存該年份的特色。通常香檳會於酒窖內陳

年七載，完成第一個窖藏階段後才推出市場。當中小部分的香檳會被保留，繼續於酒窖進行第二階段的陳年，使葡萄酒達到巔峰狀態，成為頂級佳釀：香檳王珍藏系列（oenothéque）、香檳王粉紅珍藏系列（oenothéque Rosé）。該酒需經過約12至16年的窖藏，陳年至酒質的第二巔峰才能發售，可以說是唐培里儂年份香檳中的頂級之作。1975年份的香檳王珍藏系列獲得WA和WS評為97高分，1996年份也獲得WA 97高分，1969和1995一起獲WA 96高分。目前這款酒在台灣上市價約25,000台幣一瓶。香檳王粉紅珍藏系列是香檳王酒廠最難見到的一款酒，1990年份被WA評為97高分。目前這款酒在台灣上市價約30,000台幣一瓶。

2004年，Doris Duke的藏品在佳士得紐約拍賣會上，3瓶唐培里儂首釀年份的1921拍得24,675美元（相當於76萬台幣）。在2008年的兩場 Acker Merrall & Condit的拍賣會上，三瓶1.5公升裝的珍藏粉紅香檳（Oenothéque Rosé1966、1973和1976年份）在香港拍出93,260美元（相當於290萬台幣）。在2010年5月的蘇富比香港拍賣會上，一組垂直唐培里儂珍藏粉紅香檳再一次刷新了拍賣紀錄，這30瓶拍品（包括0.75公升和1.5公升裝）1966、1978、1982、1985、1988和1990年份，拍賣價達133.1萬港元（相當於530萬台幣），刷新了世界上單個香檳拍賣品的價格紀錄。

香檳王年份香檳的1988和1990兩個年份同時獲得英國《品醇客》雜誌此生必喝的100款酒之一，在香檳酒款中得此殊榮只有香檳王酒廠一家。這款酒在200多年的歷史中，從小說家海明威、波普藝術家安迪・沃荷、大導演希區考克、好萊塢巨星葛麗絲・凱莉、奧黛莉赫本、瑪麗蓮夢露……都是其粉絲。甚至皇室貴族中也不乏其追隨者，戴安娜王妃與查爾斯王儲的世紀婚典也是使用香檳王香檳。

目前本酒廠屬於法國最大的「LVMH」時尚集團所有。這個集團旗下除全球女士最愛的、以皮包著稱的「路易威登」（Louis Vuitton）及香水的「迪奧」（Christian Dior）等時尚名牌。尚有白蘭地酒廠軒尼詩（Hennessy）、庫克酒莊（Krug）、甜酒之王伊甘

左：來自台灣的香檳解說員正在解說香檳氣泡。右：作者與唐培里儂雕像合影。

堡 (d'Yquem)，波爾多九大酒莊之一的白馬堡 (Cheval-Blanc) 和酩悅香檳王酒廠。

最近幾年香檳王酒廠出了Oenothéque的進化版，重新包裝，換上Dom Pérignon P2 和Dom Pérignon P3的稱號，由於LVMH對於市場的敏感度與忠誠度，一上市馬上圈粉成千上萬的Dom Pérignon粉絲，價格更是令人瘋狂。目前P2的價格都在20,000台幣以上。而P3的價格除了1970年代的價格比較難控制以外（200,000～400,000台幣），其餘1988、1990、1992大都在140,000～150,000台幣之間。作者本人有幸喝到朋友帶來的幾個年份，台南黃醫師分享的1988年份、喝過中藥大王阿桐哥帶的1988年份兩次和1990年份一次、在上海由陳哥帶來的1992年份、自己在廣州彪哥開的月爐火鍋店點了一瓶要價38,000人民幣的1992年份P3。其實每回喝到P3都覺得非常好喝，尤其是那平衡的酸度，還有奶油榛果香氣，柑橘與青蘋果的味道，令人著迷。🍾

左：絕版的Dom Pérignon Oenothéque 1996。中：螢光版的Dom Pérignon Rose 2002&Burt 2003。右：1.5L的Dom Pérignon Rose 2000 P2。

左：Dom Pérignon 1988 P3。中：Dom Pérignon 1990 P3。右：Dom Pérignon 1992 P3。

DaTa

地址｜ Moët et Chandon, 20, avenue de Champagne, 51200 Epernay
電話｜ 0033 3 26 51 20 00
傳真｜ 0033 3 26 54 84 23
網站｜ www.domperignon.com
備註｜ 週一至週五，上午 9：30 ～ 11：30，下午 2：30 ～ 4：30

Recommendation
Wine

唐・培里儂

Dom Pérignon 1990

ABOUT
分數：WA 98、WS 92
適飲期：現在～2040
台灣市場價：25,000 元
品種：60% 夏多內（Chardonnay）、40% 黑皮諾（Pinot Noir）
木桶：橡木桶
桶陳：84 個月
年產量：可能 5,000,000 瓶

🍷 品酒筆記

這款經典年份的香檳王酒色呈金黃色，氣泡仍然非常活潑有勁，酒體飽滿柔順，優雅精緻而平衡，餘味悠長，超過60秒以上。很明顯的烤麵包，茉莉花芳香，檸檬、肉桂、奶油、核果、蘋果派和烤蜂蜜鬆餅香。是我個人認為香檳迷必嚐的一款香檳王年份香檳，不同於一般香檳，尤其是經過20年後的今天，正是它的高峰期，相信還可以陳年20年以上，甚至更久。這輩子必嚐的香檳酒款之一，沒喝過的酒友一定要喝喝看。

🍴 建議搭配

澎湖烤生蠔、萬里清蒸三點蟹、布袋鮮蚵、沙西米牡丹蝦。

★ 推薦菜單　寧式肉沫蒸青膏蟹

感謝北京的建航兄帶我來這家很會做浙江寧波菜的餐廳，第一次來嚐鮮，感覺非常棒，無論是服務、環境、菜色，都在上層。這道寧式肉沫蒸青膏蟹，膏黃先帶給客人視覺上的享受，吸上一口青蟹的白肉，鮮甜滑美。肉餅也蒸的恰到好處，不肥不膩，穠纖合度，送入口中，滿嘴芳香。就這道菜應該是有米其林一星以上的水準。今天能以1990年頂級年份的香檳王來搭配，真是琴瑟和鳴，酒菜雙絕。青蟹鮮香滑嫩，肉沫的絲潤細致，香檳優雅平衡，兩者各自散發魅力，挑逗味蕾，達到前所未有的巔峰，創造一種美食新境界。

上里花園餐廳
地址｜上海市徐匯區永嘉路 630 號

49. Salon

沙龍酒莊

　　被香檳擁護者稱為「香檳中的黃金鑽石」的沙龍香檳（Salon）是香檳中最特殊也是最小的酒莊之一，從創立到現在一直採用「四個單一」原則：單一地塊（白丘）、單一葡萄園（Le Mesnil Sur Oger）、單一葡萄品種（夏多內）、單一年份（只做年份香檳）。1905年第一款完全以夏多內葡萄釀製的「白中白」（Blanc de Blancs）香檳誕生。沙龍香檳的獨特風味立刻引起了一陣騷動，這款奇特的香檳，也開創了白中白香檳風氣之先。

　　沙龍香檳的創始人尤金尼-艾米・沙龍（Eugène-Aimé Salon）在年少時便盼甕著將來可以釀製一支自己的香檳。尤金尼對於香檳的情緣自於小時候的耳濡目染，他的姊夫是一名香檳釀酒師，小時候他常常會去葡萄園幫忙，當姊夫的小幫手，就這樣慢慢實現釀製香檳的夢想。於是，尤金尼在香檳區白丘梅斯尼（Le Mesnil）村買了半坡處面積一公頃的葡萄園，開始釀製一款前所未有的白中白香檳。他釀製的第一個年份是1905年，這純粹是尤金尼實驗性的釀造，他釀製的香檳並不出售，只用來饋贈親朋好友及客戶。但沒想到，自家產的香檳在親朋好友間口耳相傳，贏得了一片叫好聲。於是在1911年，沙龍香檳酒莊正式成立。

　　沙龍是一款打破遊戲規則的香檳，大部分香檳都會選取來自不同村莊、不同葡萄園的葡萄進行混釀，而沙龍香檳只選取來自於梅斯尼村的葡萄，它是一款由100%夏多內釀製而成的白中白。釀製沙龍香檳無疑是一種藝術；不採用橡木桶，

A.酒莊。B.酒窖。C.A字型轉瓶。D.品酒室。E.作者和酒莊總經理Didier合影。

自二十世紀七十年代起就開始在不鏽鋼桶中發酵，不做蘋果乳酸發酵，不添加老酒。不加人工雕琢，讓沙龍儼然成了一個渾然天成的美人。每個年份它都會幻化出不同的特色，有時像奧黛麗‧赫本的經典優雅，有時又像瑪莉蓮‧夢露的性感魅力。一瓶沙龍香檳的最終問世除了優質的葡萄品種，也少不了人們的悉心照料。沙龍香檳在上市前需要陳釀8至12年，讓它在歲月中演變出更複雜的風味。在嚴格的篩選機制下，沙龍香檳問世的年份少之甚少。即使是年份極佳的1989年，沙龍也沒有出產過一瓶，因為葡萄的酸度完全不符合沙龍香檳的風格，酒莊為了堅持一貫品質與風格，也只好在此等好年份裡忍痛割愛。

2011年，沙龍香檳推出了20世紀最後一瓶年份香檳─1999年沙龍香檳首次上

左至右：總經理Didier每年寄來的賀年卡。Salon Blanc de Blancs 1959。Salon Blanc de Blancs 1983。

上：酒莊特別為世紀年份2008所發行的套酒。下：總經理Didier 2019年10月28日在作者書上簽名。

市，在2014年的年底推出本世紀第一個年份2002年沙龍香檳。這兩個新的年份不禁讓人好奇沙龍又會是什麼滋味？我們來看看幾個不同的分數；WA給沙龍1999年的分數是95高分，Antonio Galloni也是95分，WS是94分。2002年份的沙龍香檳WS給了最高分數的98高分，Antonio Galloni則給了96+高分。1996年份的沙龍WA給了97+高分。1990年份則獲得了WS 97高分，1995和1998兩個年份則獲得了96高分。台灣新年份上市價約13,500台幣一瓶。因每年的產量僅為60,000瓶，而中國市場只分到1000瓶，可謂一瓶難求。

　　沙龍酒莊於1988年歸屬於羅蘭-皮爾（Laurent-Perrier）集團，但一直秉承自己的釀酒理念。所有的年份產品都需要經過長時間的陳釀方可上市（約10年的時間），它擁有夏多內的典型個性，香氣持久，果香馥鬱，因白堊土壤而別具清新感。在沙龍酒莊現代的白色品酒大廳裡，透過一道玻璃門就可以看見白堊土的酒窖，所有的沙龍香檳按照年份整整齊齊地排列在木架上，還有一些更老的年份藏在深處。

20世紀出產沙龍香檳的年份如下：

1905、1909、1911、1914、1921、1925、1928、1934、1937、1942、1943、1946、1947、1948、1949、1951、1953、1955、1956、1959、1961、1964、1966、1969、1971、1973、1976、1979、1982、1983、1985、1988、1990、1995、1996、1997、1999。

DaTa

地址 ｜ Salon 5, rue de la Brèche-d'Oger, 51190 Le Mesnil-sur-Oger
電話 ｜ 0033 3 26 57 51 65
傳真 ｜ 0033 3 26 57 79 29
網站 ｜ www.salondelamontte.com
備註 ｜ 週一至週五 8：00 ～ 11：00，14：00 ～ 17：00 需提前預約

沙龍白中白香檳

Salon Blanc de Blancs 1988

ABOUT

分數：WS 96、AG 94
適飲期：現在～2040
台灣市場價：50,000 元
品種：100% 夏多內（Chardonnay）
瓶陳：120 個月
年產量：50,000 瓶

🍷 品酒筆記

這款1988年的沙龍香檳是酒莊的代表作，總經理Didier也說這是他最喜歡的年份。不可思議的小白花香水味和野蜂蜜。沙龍香檳是我喝過最多的年份香檳，起碼已經喝過嚐了50次以上，從1979～2007幾乎都喝過，尤其是1982和1983兩個年份喝過5～6次。世界上最強勁濃郁的夏多內白中白香檳，氣泡細緻綿密，活力十足，餘韻飽滿豐富而持久。金黃色的液體中綻放著白色花朵，香氣飄散在空氣中，柑橘、蜂蜜及熱帶水果，每一口都能嚐到刺激冷冽的礦物感和果香，野生核桃，杏仁，回味常有明顯的蘋果派、檸檬水果和蜂蜜香。樂花莊主拉魯女士說：「喝沙龍老香檳，就像在喝勃根地蒙哈謝老白酒一樣好喝」。這款香檳至少可以再陳年二十年以上，希望每年都能喝上一次，美好人生必須有香檳相伴！

🍴 建議搭配

台灣臭豆腐、生炒鵝肝鵝腸、鯊魚炒大蒜、白斬雞。

★ 推薦菜單　碳烤響螺

這真是菁禧薈潮汕菜的一道高級招牌菜，講究火候與刀工。取汕頭最大響螺，超過2.5斤重，慢慢用火爐烤，烤到剛好熟度，拉出螺肉切片，在淋上獨門醬汁，這就是傳說中最貴的潮汕菜之一。這道菜雖然昂貴，但是嚐起來清脆爽口，在其他北方餐廳很難見到這樣的特別的手工菜，細緻可口，淡白高雅，雖然不是什麼樣的濃妝豔抹，但是可以看出這道菜的雅氣高貴。螺肉香脆滑細，軟嫩爽口，配上這一支世界上最好的白中白香檳，在舌中滾動的氣泡，曼妙起舞，每一口都存在唯美的視覺與無限的刺激感，靜優美的響螺只是靜靜的陪在主角身邊，絕不搶戲，更襯托出這款香檳的尊榮與高貴。

菁禧薈（靜安店）
地址｜上海市靜安區南京西路
1225 號錦滄文華廣場 4 樓

50. *Bollinger*

伯蘭爵酒莊

在電影中007系列中，主角詹姆士龐德最喜歡的香檳就是伯蘭爵（Bollinger）香檳，總共在20幾部的電影中出現過10部之多。伯蘭爵可以說是完美香檳的代名詞，一個可回溯到十五世紀的傳統高貴的香檳品牌，在歷經五個世紀的洗禮，依然以香檳界三顆星的最高榮耀，屹立不搖。1884年，當女王維多利亞選擇飲用伯蘭爵法蘭西香檳（Bollinger Francaises）時，他賜予伯蘭爵家族王室的家族徽章，此後任何一個英國君主，都從未更改過此一選擇。

早在十五世紀時，亨內‧德‧維勒蒙（Hennequin de Villermont）家族開墾了第一個葡萄園，並在往後的五百多年，持續提供伯蘭爵所需的高品質葡萄。伯蘭爵香檳正式創立於1829年，由一位德國人雅克‧伯蘭爵（Jacques Bollinger）及一位法國人保羅‧雷諾丹（Paul Renaudin）所共同成立。之後雅克‧伯蘭爵與維勒蒙家族結為姻親，持續擴大其商業版圖，並於1865年成為早期少數在英國市場販售的香檳之一，還讓當時的威爾斯王子（就是後來的英王愛德華七世）也成為伯蘭爵香檳的忠實愛用者。伯蘭爵香檳於1870年進入美國市場，在第二次世界大戰中，伯蘭爵由一位傳奇人物莉莉（Lily Bollinger）夫人所接掌。由於當時物資缺乏，莉莉夫人一步一腳印的騎著腳踏車，巡遍所有的葡萄園，在酒窖中躲

A
B C D

A.葡萄園。B.酒莊外觀。C.採收葡萄。D.莊主。

避空襲。由於戰火摧毀的近三分之一的香檳區,於是莉莉夫人幫助重建葡萄園,並將伯蘭爵香檳擴充成為現在的規模。也在這四十多年中,將伯蘭爵香檳的銷售量達到一年一百多萬瓶。現任掌門人是吉斯蘭‧德‧蒙特戈費埃(Ghislain de Montgolfier),並將伯蘭爵香檳推向全球市場。

伯蘭爵香檳的葡萄園有百分之六十為特級園(Grand Cru)。伯蘭爵香檳只使用第一道搾出的葡萄汁來釀造,這些高品質的葡萄汁,讓伯蘭爵香檳在木桶中釀造高品質的年份香檳。伯蘭爵是極少數把所有年份香檳和部分無年份香檳在小橡木桶中發酵的香檳酒莊之一。他們也是唯一一家雇用全職桶匠的香檳酒莊。使用這些小桶,就能把每塊葡萄園、每個年份和每個品種嚴格地分開釀造。伯蘭爵香檳相信好的香檳需要較長的窖藏時間,來發展其特性及複雜度。所以無年份的伯

左至右：酒莊全景。難得一見的1952 R.D.香檳。難得一見老年份的Bollunger RD 1973

蘭爵香檳，最少要窖藏三年以上，比法定的一年還要久，伯蘭爵香檳年份香檳則窖藏五年，特級年份香檳則高達八年之久。

伯蘭爵「頂級年份」（Grande Annee）香檳也就是說只有好年份時才會出產。只在最優年份釀製，但帶渣陳年的時間比豐年香檳要長，為8～10年左右。

頂級年份香檳完全是由特級及一級葡萄園的收成釀製而成，通常要用16款不同年份的年份酒進行混合勾兌。你所能看到的75%的香檳酒都產自特級葡萄園，其他的則來自於一級葡萄園。然而，這款酒每年的混合比例每年不一樣，大約是60%～70%的黑皮諾加上30%～40%的夏多內混合釀製的。它通常會在容積為205公升、225公升和410公升的小型橡木桶中進行發酵，一個地塊接一個地塊，一座葡萄園緊接一座葡萄園依次進行發酵，這就使得葡萄的挑選過程極為嚴苛。酒莊只使用5年以上舊橡木桶，目的是確保單寧和橡木的風味都不會對香檳酒產生影響。這一款香檳是伯蘭爵賣得最好的香檳酒款，通常粉紅香檳做得比干白香檳來得佳。2004年份的Grande Annee Rose獲得WA 96高分，同款1996年份獲得WS 95高分，1990和1995的Grande Annee都獲得WS 95高分。頂級年份干白香檳一瓶上市價大約新台幣7,500元。頂級年份粉紅香檳一瓶上市價大約新台幣9,500元。伯蘭爵第二等級的香檳是R.D.（Recently Disgorged）也就是剛剛才開瓶除渣的意思，此香檳只有在極佳年份時才會生產。大約是七成的黑皮諾加上三成的夏多內混合釀製而成。在小型的橡木桶中發酵，在釀成之後的10到12年後去除沈澱渣，運輸出口之前休息3個月。它是一款極為醇厚、酒體豐腴的香檳酒。1990年份的R.D.獲得WA 98高分，1996年份則獲得WA 96分。同樣酒款1990年份則獲得WS 97高分。台灣上市價一瓶大約12,000新台幣。

伯蘭爵最得意之作也是「法蘭西斯老藤」（Vieilles Vignes Francaises）簡稱VVF，採用來自3個葡萄園種植的純正法國老葡萄樹釀製。這3個葡萄園的葡萄樹都是在1960年法國葡萄根瘤蚜蟲侵襲的時候倖存下來，是葡萄園中的精品。為了照顧這些老株，葡萄園全部採用人工作業，連整理工具都使用老式的。而這些葡萄老株往往可結出香氣集中、糖分高而早熟的果實，但產量並不高，每株葡萄樹大概只有3至4串葡萄。用這些葡萄釀造的法國老株香檳酒年產量不會超過3,000瓶（每瓶都有編號），採用橡木桶發酵，裝瓶後還要熟成3 年以上才上市，口味較重，酒體飽滿。1996年份的「法蘭西斯老藤」也被英國《品醇客》雜誌選為此生必喝的100支酒之一。1996和2002兩個年份都獲得WA 98高分。台灣每年配量僅僅24瓶而已，很難見到蹤影，每瓶上市價約新台幣40,000元。作者非常幸運的在這幾年中也喝了兩個年份，分別是在2018年9月12日由上海的好友Micky帶的Bollinger V.V. Francaises 2000，還有台北的中藥大王阿桐哥在2021/11/10帶的Bollinger V.V. Francaises 2005，都是相當的精采！

2007年，該酒廠交由之前在雀巢和可口可樂工作的菲利蓬（Jérôme Philippon）管理，他非常注重生產過程中的現代化操作，還在歐格（Oger）建立了包裝中心。他非常重團隊的年輕化，2013年，他將酒窖和葡萄園交由年僅48歲的吉里斯（Gilles Descotes）管理，此人之前曾在Vranken香檳集團工作。

2022年9月大陸疫情尚未結束時，作者在隔離10天後，來到了順德，帶了一款伯蘭爵2011年份特別為龐德系列電影做的紀念版Bollinger 007香檳，在大陸限量只有599瓶，三年前剛上市的時候，在深圳喝過一次，這次是第二次喝，更成熟更好喝。

左至右：酒窖。龐德電影特別版的2011 Bollinger 007。Bollinger V.V. Francaises 2005。

2021/11/10品酒會酒款

2018年9月12日（上海）
頂級品酒會——酒單：

◇ Salon Blanc de Blancs 1997
◇ Bollinger V.V. Francaises 2000
◇ Dom Pérignon Oenothèque 1996
◇ Jacques Prieur Montrachet 2003
◇ d'Auvenay Puligny Montrachet Folatières 1998
◇ Rene Engle Clos-Vougeot 1993
◇ Leroy Latricieres Chambertin 1992
◇ Emmanuel Rouget Vosne Romanée Cros Parantoux 2003
◇ Meo-Camuzet Vosne Romanée Cros Parantoux 2007
◇ DRC Grands Echézeaux 1999
◇ Screaming Eagle 2008

2021年11月10日（台北）
頂級品酒會——酒單：

◇ Dom Perignon P3 1990
◇ Bollinger Vielles Vignes 2005
◇ Arnaud Ente Meursault 2009
◇ Marcassin 2008
◇ Jean Chauvenet Nuits Vaucrains 1972
◇ Leroy Nuit Saint George 1990
◇ Lafleur Pomerol 1999

DaTa

地址｜	Bollinger 16, rue Jules-Lobet, BP 4,51160 Aÿ
電話｜	0033 3 26 53 33 66
傳真｜	0033 3 26 54 85 59
網站｜	www.champagne-bollinger.fr
備註｜	無參觀服務

伯蘭爵頂級年份粉紅香檳

Bollinger La Grande Annee Rose 1990

ABOUT
分數：Jacky Huang 99
適飲期：2000 ～ 2035
台灣市場價：12,000 元
品種：65% 黑皮諾（Pinot Noir）和 35% 夏多內（Chardonnay）
橡木桶：舊橡木桶
瓶陳：8 ～ 10 年
年產量：10,000 瓶

品酒筆記

這款1990年粉紅香檳是上個世紀最好的香檳年份之一，香氣持久，氣泡細膩，果味成熟，口感平衡，誘人的花香，縈繞的餘韻，令人無法抗拒。果味十分香濃，散發出細緻的玫瑰花香，自然奔放，丁香、紅莓、草莓、烤堅果、土司麵包和野薑花、香料。表現的極致完美，無懈可擊的一款最佳粉紅香檳。

建議搭配

三杯中卷、川燙鮮蚵、紅甘生魚片、台南蚵仔煎。

★ 推薦菜單　潮式生醃海鱸蝦 ────────────

潮式生醃海鱸蝦是一道潮汕人最會做的生醃料理之一。生醃也俗稱毒藥，吃了就會上癮！所有的生醃都是用新鮮的海鮮來醃製，再加上一些醬料，這樣就是一道很完美的下酒菜。這道特殊的潮式生醃海鱸蝦肉嫩Q彈，配上伯蘭爵這款世上最頂級的粉紅香檳，也是最好的年份1990年，喝起來的口感有著紅色果香和核果香，搭著生醃海鱸蝦，真是令人拍案叫絕，這樣的美味只有中國人才能享受到，比起鵝肝和魚子醬有過之而無不及，所以香檳真是百搭，只要您敢嘗試，多一點創意又如何？真是大神奇了！

木南春曉精細潮粵菜
地址｜深圳市南山區僑城一號廣場
主樓 3 樓

法國酒莊之旅▋▋
香檳篇

51. Louis Roederer

路易侯德爾酒莊

　　香檳中的「愛馬仕」，沙皇喝的香檳──路易侯德爾水晶香檳（Louis Roederer Cristal）。

　　路易侯德爾酒莊位於法國蘭斯市（Reims），該酒莊的歷史可以追溯到1776年，酒莊由杜布瓦（Dubois）父子創建。直到1833年，路易・侯德爾（Louis Roederer）先生從他叔叔那裡繼承了這份產業，酒莊才更名為路易・侯德爾。在他的領導下，路易・侯德爾香檳才逐漸打開知名度，遠近馳名。

　　1873年路易・侯德爾香檳成為俄國沙皇的最愛，僅一年的時間，酒莊就向俄國運送了66萬瓶香檳。三年之後，也就是1876年，酒莊應沙皇亞歷山大二世（Alexander II）的要求，為俄國皇室特別釀造了路易・侯德爾水晶香檳酒（Louis Roederer Cristal）。1917年，俄國十月革命爆發，路易・侯德爾失去了最大的客戶。1924年開始，酒莊又重新生產水晶香檳酒，以他們極為精細的釀製工藝和完美無瑕的品質，路易・侯德爾水晶香檳目前還是英國皇室的御用香檳。路易・侯德爾水晶香檳瓶外面包有一層金黃色的玻璃紙，該紙只能在飲用前打開。因為水晶香檳酒的酒瓶是透明的，不像其它香檳瓶是綠色或黑色的，擋不了太陽的紫外線，所以需要另加一層保護膜。

　　路易・侯德爾酒廠是個家族企業，擁有214公頃葡萄園，其中70%為特級葡萄園。他們非常重視葡萄園的管理，近15%的葡萄園實施生物動力法種植。酒廠重視葡萄園的管理，尊重香檳的風土，這就是他們的香檳質量穩定的原因。葡萄基酒的

A.葡萄採收。B.工人正在萃取葡萄汁。C.1962年的老水晶香檳。D.橡木桶。

乳酸發酵，或者偶爾進行，或者實施部分發酵，著名的水晶香檳所使用的基酒，只有25%是經過乳酸發酵的。酒精發酵在不鏽鋼桶或者在大型橡木桶中進行，以增加酒質的厚度。路易·侯德爾酒廠最為特殊的，是用240個小型不銹鋼桶，將不同葡萄園和地塊的葡萄分別發酵。酒莊內全部的優質陳釀就是水晶香檳的精華所在，被保存在木質酒桶內，讓香檳酒的酒體更加豐腴，口感更加濃烈。該酒莊香檳酒的混合比例每年都會有所不同，但一般來說，由50%至60%的黑皮諾調配夏多內精釀而成。調配時選擇10～30種不同基酒，成熟5～7 年，再瓶熟6個月，最後才能上市。

　　路易·侯德爾酒廠目前生產8款香檳，其中最著名的是水晶年份香檳和水晶年份粉紅香檳。水晶年份香檳目前年產量大約是50萬瓶，產量雖然很大，也沒有每年生產，品質仍維持得很好，所以仍供不應求，國際價格也年年升高。2002年份的

左：人工轉瓶。右：Louis Roederer Cristal Vinotheque Edition 1995。

水晶香檳曾獲得葡萄酒愛好者（Wine Enthusiast）100滿分。1982和1999兩個年份也都獲得了WA 98高分的高度讚賞。另外，1979年份的水晶香檳也獲選為《品醇客》雜誌此生必喝的100支酒之一。新年份在台灣上市價約為7,800台幣。水晶粉紅香檳是用100%黑皮諾葡萄釀製，每年產量僅僅20,000瓶而已。派克說：「這是全世界最好的三款粉紅香檳，另外兩款是庫克無年份粉紅香檳和香檳王年份粉紅香檳。」他個人也曾對這款粉紅香檳1996年份打出了98高分的讚賞。在派克的《全世界156個偉大酒莊》一書中曾說：「就算在香檳區不好的年份，尤其是1974年和1977年，水晶香檳也能釀出極為出色的香檳，這不得不說是一個奇蹟。」路易侯德爾香檳的常客包括阿格西、珍妮佛安妮斯頓、皮爾斯布洛斯南、瑪麗亞凱莉、李察吉爾、梅爾吉勃遜、惠妮休士頓、布萊德彼特、茱莉亞羅勃茲、小甜甜布蘭妮、莎朗史東、約翰屈伏塔、布魯斯威利等人。

在2022年時，台南有一個頂級品酒會，我應邀前往。酒會中台南青年收藏家George拿出一瓶我從來沒看過的水晶香檳，仔細一看，酒標顏色和設計都不一樣，上面還寫著Vinotheque（酒窖晚除渣），原來這是一款水晶香檳新出的晚除渣系列香檳，而我們喝的正是第一個年份的1995年，2017年才上市。在2022年時又出了1996、1999和2000三個年份。這款1995的Vinotheque目前行情已經超過80,000元台幣，有點想要和Dom Perignon P3互相較勁。

DaTa

地址｜ 21 boulevard Lundy, 51100 Reims, France
電話｜ 00 33 03 26 40 42 11
傳真｜ 00 33 03 26 61 40 45
網站｜ www.champagne-roederer.com
備註｜ 必須通過推薦，參觀前須預約

推薦
酒款

Recommendation
Wine

路易侯德爾水晶香檳

Louis Roederer Cristal 2002

ABOUT
分數：WE 100、AG 96+、WS 92
適飲期：2010 ～ 2032
台灣市場價：12,000 元
品種：60% 黑皮諾（Pinot Noir）、40% 夏多內（Chardonnay）
木桶：20% 放橡木桶
桶陳：60 ～ 72 個月
年產量：500,000 瓶

🍷 品酒筆記

被葡萄酒愛好者打過100滿分的2002年水晶香檳喝起來充滿堅實的力量，氣泡活潑有勁，綿密的細泡不斷的往上衝刺，爭先恐後，你搶我奪，令人目不暇給。這款香檳領銜出場的是花束、礦物、薄荷、高山梨和香料，新鮮自然。接著是妖嬌窈窕的女主角，入口時蕩開青蘋果、新鮮草莓，奶油，烤腰果和檸檬。最後登場的是風流倜儻的男主角，熟透柑橘、日本蜜桃、淡淡的咖啡香和回味的蜂蜜，讓人垂涎欲滴。2002的水晶香檳已經展現出偉大年份應有氣勢和魄力，雖然年輕，但是內斂典雅，將來的潛力必定無可限量。

🍴 建議搭配

蝦捲、豆鼓虱目魚、清蒸圓鱈魚、鹽烤軟絲。

★ 推薦菜單　順德特色竹箕撈雞

這道菜是順德傳統的招牌菜，將整隻雞以白斬雞的方式剁好，後加以蔥絲、薑絲、洋蔥絲、蒜苗、花生、辣椒、芝麻、糖，一起攪拌，色香味俱全。這道菜是出自順德的老菜，在外地很少可以品嚐到，身為一個台灣人覺得非常幸福，可以在順德吃到將近失傳的道地料理，順德廚師永遠都有用不完的創意，來滿足不同族群的老饕。新鮮的雞肉，肉質帶著Q彈細嫩，和各式香料一起攪拌以後更是香噴噴，尤其是雞肉的甘香，讓人味蕾全開，食指大動。用這款華麗典雅的水晶香檳來搭配這樣的撈雞，撞擊出來的是鮮、香、甜，還有全身舒暢，所有壓力全部釋放，這就是喝香檳配傳統料理應該有的感覺，順德竹箕撈雞，浪漫的法國香檳，有如天作之合。

順德瀧居酒店璞悅軒
地址｜順德區大良德勝西路 11 號

52. Cattier Armande de Brignac

卡蒂爾黑桃 A 酒莊

　　2009年，全球唯一一本香檳專業雜誌《最佳香檳》（Fine Champange）舉辦一場香檳盲品大賽，世界知名酒評人和品酒師，在不知道品牌和價格的情況下，嚴格按照要求對一千多種香檳進行盲飲。評鑒結果發表在《最佳香檳》雜誌上，該雜誌是唯一的國際性香檳刊物，也是業界最知名的權威雜誌。每種香檳按100分制評分，過程十分嚴格，如果這些酒評人的給分有超過4分的差距，將對香檳進行重新品嚐和重新打分。評審對結果仔細斟酌後，才選出得分最高的十種香檳，其中包括很多經典品牌。黑桃A香檳的一款柏格納阿曼黃金香檳（Armande de Brignac Brut Gold）神奇地力壓倒眾多對手，以96分的平均分數打敗群雄，將酩悅、路易王妃等大牌甩在身後，獲得最高口感評分，名列全球最佳香檳榜首。從而奠定黑桃A黃金香檳擠身世界最好的香檳之林。

　　黑桃A香檳酒莊由卡蒂爾（Cattier）家族創立。早在1763年，在法國一個小村莊內，坐落於Reims和Eperney之間的小村莊Chigny-les-Roses，在香檳產區中心Montagne de Reims擁有30公頃上好葡萄園，包括最珍貴的Clos du Moulin。卡蒂爾並於2006年，打造推出柏格納阿曼黑桃A香檳，瞬間成為最受矚目的時尚高檔香檳。如今，酒莊仍由這個家族擁有，目前的莊主是家族的第十代尚-雅克·卡蒂爾（Jean-Jacques Cattier）和十一代亞歷山大·卡蒂爾（Alexandre

A．酒莊全景。B．酒窖。C．作者在金光閃閃的黃金香檳酒窖。D．高爾夫球限量版的綠金香檳。E．作者與Cattier莊主父子拿著三款閃亮香檳合影。

Cattier）。「黑桃A」是法國君主立憲的象徵，由法國古老的釀酒世家卡蒂爾家族釀製，早在法王路易十五在位的時候，就出產全法國最好的葡萄酒供給皇族。而柏格納一本法國當地小說改編而成的舞臺劇「黑桃皇后」中的角色，深得卡蒂爾老夫人的喜愛，以此命名香檳，表達了酒莊主人對母親的紀念。

黑桃A香檳酒莊釀酒所用的葡萄主要有三種：夏多內（Chardonnay）、黑皮諾（Pinot Noir）和莫尼耶皮諾（Pinot Meunier）。夏多內葡萄的品質，賦予了黑桃A香檳活潑的特質；黑皮諾則增添了香檳力量和骨架，並使得黑桃A香檳的口感更具層次；莫尼耶皮諾則為黑桃A香檳提供了圓潤口感,微妙香氣和豐富的果味。這些葡萄均採摘自香檳區一級和特級葡萄園。

在釀制方面，黑桃A香檳從採摘到裝瓶，僅由8人的團隊傾力完成，是世界上唯一一種純人工製作的香檳。人工採摘下來的葡萄，在用傳統方法進行壓榨後，就會被用來釀製品質卓越，個性鮮明的混釀葡萄酒。每一瓶黑桃A香檳都是混合了香檳區最好的年份，卡蒂爾家族最佳的三種葡萄釀造而成的特釀。之後，黑桃A香檳的酒液會在全香檳區最深的地下酒窖進行緩慢的陳年，並用卡蒂爾家傳祕方進行

補液，使黑桃A香檳蘊涵了其私家葡萄園精選年份的美酒精華。

　　黑桃A香檳目前生產三種不同特釀，每種都遵照相同的精確標準，並完全以手工方式釀造而成。這三種特釀分別是：黃金香檳（Champagne Armand de Brignac Brut）；由40% 夏多內、40% 黑皮諾、20%皮諾莫尼耶釀製。台灣市價約10,000新台幣。粉金粉紅香檳（Champagne Armand de Brignac Brut Rose）由50%黑皮諾、40%皮諾莫尼耶、10%夏多內釀製。台灣市價約15,000新台幣。白金白中白香檳（Champagne Armand de Brignac Blanc de Blancs）由 100%夏多內釀製。台灣市價約15,000新台幣。黃金香檳聞起來帶有淡雅的花香，入口有著濃郁自然的果感，酒質如奶油般順滑，呈現出令人驚羨的複雜層次，又有著絲滑的，且帶些檸檬氣息的後味；粉金香檳則帶有濃郁、純淨的紅色水果香味，還散發著桃子和香草的香氣，入口有玫瑰花和香蕉的氣息；白金香檳帶有梨子、蘋果和熱帶水果的風味，果香明快，口感純淨，是眾多酒評家眼中的五星級香檳。

　　最後還值得一提的是黑桃A香檳的酒瓶。它獨特的金瓶設計，據說是出自法國時尚界一個酷愛黑桃A的名家的靈感。這種設計顯得十分華麗貴氣，為黑桃A香檳奢華的氣質加分不少。從頂級和一級葡萄園中挑選採收、釀造、灌裝和窖藏轉瓶，到精美的酒瓶設計與華麗的錫製標籤，每個步驟完全遵循傳統工藝方法，以手工打造。在卡蒂爾莊主尚-雅克‧卡蒂爾父子和釀酒師艾蜜莉安（Emilien Boutillant）釀酒師的領軍下，僅選出八名最資深優秀的成員，負責打造此系列極品香檳。

　　黑桃A黃金香檳不僅外表光鮮，它其實有著表裡如一的好品質。一直以來，它受到世界各地的評論家、記者和葡萄酒愛好者的廣泛讚譽。這款從釀製到外包裝，都是全手工打造的香檳，粉絲包括湯姆克魯斯、貝克漢、喬治克隆尼、碧昂絲等巨星。摩納哥賭場中，唯有Armande de Brigmac「黑桃A，黃金瓶的王牌」。一瓶邁達斯（Midas）30公升黑桃A 香檳，日前被倫敦頂級俱樂部One For One會員以12萬歐元（相當於420萬台幣）購得。這款香檳酒瓶重達45公斤，相當於40個普通瓶子的重量。這種罕見的酒瓶源自希臘神話中的邁達斯國王（King Midas），傳說他能將自己觸摸的任何東西變成黃金。

　　小莊主亞歷山大告訴我：「卡蒂爾的三層地下酒窖深達30公尺，分別代表了三種建築風格：文藝復興式、羅馬式和哥德式，頗為壯觀，為香檳區最深的酒窖之一。」如此深的酒窖可以使自然陳年的過程能緩慢進行，對於打造細膩品質的黑桃A香檳非常重要。🍾

地址	6-11 rue Dom Pérignon-BP 15 ,51500 Chigny les Roses-France
電話	+33（0）3 26 03 42 11
傳真	+33（0）3 26 03 43 13
網站	www.cattier.com
備註	參觀前請先預約

DaTa

Recommendation
Wine

黑桃 A 黃金香檳

Armand de Brignac Brut

ABOUT
分數：Fine Champange 96
適飲期：2013 ～ 2025
台灣市場價：10,000 元
品種：40% 夏多內（Chardonnay）、40% 黑皮諾（Pinot Noir）、20% 皮諾莫尼耶（Pinot Meunier）
木桶：橡木桶
桶陳：12 ～ 36 個月
年產量：約 50,000 瓶

品酒筆記

這款黃金香檳聞起來帶有淡雅的丁香花香，入口有著濃郁自然的果味，口感如奶油般順滑，呈現出驚人的複雜層次，又有著細緻的，且帶些檸檬、香草、蜜蘋果氣息的後韻，不同於一般香檳。當我喝過五次以上的黑桃A黃金香檳後，我才明白它為何能在眾多香檳中脫穎而出，獲得96高分拿下冠軍。沒有喝過的酒友一定會質疑，但是當您喝過幾次後，您就會被它的魔力所吸引，它不僅有光鮮亮麗的外表，更是一款蘊藏著深度而有氣質的絕佳香檳。

值得一提的是黑桃A香檳的酒瓶。它獨特的金瓶設計，據說是出自法國時尚界一個酷愛黑桃A的名家的靈感。從頂級和一級葡萄園中挑選採收、釀造、罐裝和窖藏轉瓶，到精美的酒瓶設計與華麗的錫製標籤，每個步驟遵循傳統工藝方法以手工打造。

建議搭配

烤紅喉、烤蟹腳、炸水晶魚、蚵仔酥。

★ 推薦菜單　鹹酥魚蛋

木柵基隆港海鮮餐廳是我個人最喜歡的海鮮餐廳之一，每天從基隆和大溪港挑選新鮮魚貨，每道菜都是精心釀製，不論從海外來的老外還是從大陸來的領導朋友，對這家海鮮餐廳讚不絕口，吃了就忘不了。這道鹹酥鱸魚蛋可不是天天有得吃，必須等到各式海魚盛產期才能一飽口福。鹹酥的做法是最下酒的，先將季節性魚卵炸酥，再和蔥、蒜、辣椒一起拌炒，起鍋時灑點細鹽。集香、酥、脆於一身，美味至極。尤其配上這款鏗鏘有力的黃金香檳，金光閃閃，一顆接一顆跳動在舌尖上，檸檬、蘋果、香草、還有冰淇淋香氣。嚐一口，全身舒暢，人間美味莫過於此！

基隆港海鮮餐廳
地址｜台北市文山區木新路三段
112 號

53. *Jacques
Selosse*

雅克賽洛斯酒莊

　　從紐約到上海，從巴黎到東京，在時尚的葡萄酒吧和高級餐館裡刮起了一陣酒農香檳的風潮。高級氣泡酒長期被香檳大廠壟斷，現在市場終於有了新的競爭者進來攪局，由獨立的手工香檳酒農釀製和營銷。這其中最為人所樂道的佼佼者非安賽姆‧賽洛斯（Anselme Selosse）莫屬。在高高在上的香檳世界裡，賽洛斯無疑是最離經叛道、最珍稀而且最搶手的品牌，也沒有哪一款香檳會比它更受爭議。

　　在所有名貴的香檳中，賽洛斯香檳更是千金難求，每年總產量不過57,000瓶，瞬間就被世界各地的收藏家攬入酒窖中。物以稀為貴，但是比價格更重要的是，賽洛斯影響了整個產區，他啟發了整整一代人，包括以下這些大名鼎鼎的人物：Chartogne-Taille、Alexandre Chartogne、La Closerie、Jerome Prevost、Bertrand Gautherot，以及Ulysse Collin的Olivier Collin。甚至連大型的酒廠也被這個活躍又別具一格的釀酒師所影響：在釀造單一園香檳時採用橡木桶、應用有機種植以及降低產量。

　　雅克賽洛斯酒莊（Jacques Selosse）是令人尊敬的小農（RM）香檳生產者，在指標人物安賽姆‧賽洛斯（Anselme Selosse）領軍下，所謂的RM香檳風潮，近年來席捲了高級餐廳與愛酒者的酒窖。他在大型酒商盤據的香檳區，以

A	
B	C

A．Lieux-dits **一套六瓶**。B．Lieux-dits 'Les Carelles'。C．**指標人物安賽姆・賽洛斯**（Anselme Selosse）。

Avize的特級園為根據地，融合勃根地白酒的釀造手法，打造出一款又一款膾炙人口的美味香檳：葡萄園採自然動力法整理，力行整枝、採收完全成熟的果實，以野生酵母發酵，發酵與培養均用橡木桶。在桶的選擇上，除了少數新桶外，多數以布根地頂尖白酒生產者用過的小橡木桶處理。約每星期攪桶一次，像「本質」（Subtance）甚至還以雪莉酒的Solera方式，每年添補1/3的基酒，逐年循環。

雅克賽洛斯酒莊擁有令人羨慕的葡萄園，共有47個地塊占地7.5公頃，坐落在白丘最精緻的特級園裡。這裡頭包括賽洛斯的家鄉阿維日村的4公頃夏多內，在Oger和Cramant各1公頃夏多內，Mesnil-sur-Oger也有一小塊夏多內。黑皮諾則來自馬恩河谷（Vallee de la Marne）和蘭斯山脈（Montagne de Reims）的三個頂級村莊：阿伊（Ay）、安伯內（Ambonnay）以及阿伊河畔馬勒伊（Mareuil-sur-Ay）。

安賽姆・賽洛斯自80年代接手酒莊後，產品水準日益增長。Gaule Millau在1994年選他為年度風雲釀酒師，派克也欽點雅克賽洛斯酒莊為15家五星級香檳酒莊。它內行人知道，外行人拜漫畫《神之雫》之賜，一樣也知道「玲瓏」（Exquise）酒款即是眾知的第八使徒。

雅克賽洛斯酒莊有許多白中白（Blanc de Blancs）品項，像是「緣起」

（Initial）即是其中之一，只用夏多內，葡萄以Avize特級園為主，以同是特級園的Cramant與Oger輔助。由於Initial是由3個年份混合，故屬無年份香檳，熟陳2年後才會除渣上市。

「初時」（Originale）算是initial的進階版，也是由3個年份混合的白中白，但二次發酵完之後，瓶陳42個月之後才除渣上市。同時它添糖量少，Initial是不甜的brut，Originale則是更為不甜的extra brut。這些香檳水準之高，可以當成有氣泡的蒙哈謝來喝。至於它的粉紅（Rose）NV幾乎就是人家年份的價格，年產6,000瓶左右，以Avize的Chardonnay加上Ambonnay的Pinot Noir釀成，也是香檳迷爭收的逸品。

賽洛斯的各款香檳風格都很突出，就像釀酒師本人。但是這些珍稀的酒是否真的值得投入大筆金錢來買入？如果你喜歡這種濃郁、橡木桶陳釀、氧化風味的香檳，那麼答案當然是肯定的。如果你真的想理解這款酒，那麼最好準備非常大的杯子，以及充分的時間讓它慢慢綻放。

瑞典酒評家尤林（Richard Juhlin）毫不猶豫地在他2013年出版的《香檳之香》（A Scent of Champagne）裡將賽洛斯列為他最喜歡的香檳酒農，稱之為「香檳區最特別的釀酒師」。

不同於多數酒莊對單一園／單一地塊香檳的處理方式，安賽姆並沒有選擇用年份酒款來體現這六個不同地塊的風土，而是反其道而行之，使用多年份混合法的方式，盡可能地弱化年份對風土表現得影響。

雅克賽洛斯酒款介紹：

緣起（Initial），顧名思義是雅克賽洛斯故事的開始，也是酒莊的入門款香檳，夏多內來自於特級村 Avize，Cramant 和 Oger，為三個年份的混釀，年產量33,000瓶。

本質（Substance），是安賽姆的代表作，他想用這款酒弱化年份特性，突出風土表現，因此最初命名本源（Origine），隨後更名為本質（Substance）。夏多內來源於Avize 特級村的兩塊單一園 Les Chantereines 和 Les Marvillannes，使用多年份混合法釀造（Réserve Perpétuelle）混合了 1986 年至今的酒液。為此，安賽姆先將葡萄汁在208公升的橡木桶中發酵之後轉移到600公升的大橡木桶中陳釀約 9 個月，隨後轉移到混合了 1986 至今酒液的不銹鋼桶中。每年他會從不銹鋼桶中取出 22% 的葡萄酒，再從第二輪陳釀的大橡木桶中取出相應酒液補充。年產量3,000瓶。

Version Originale（V.O.），也是白中白香檳，夏多內來自於三個特級村：Avize、Cramant 和 Oger，也是三個年份的混釀（跟 Initial 為同三個年份）。但相較 Initial 來說，V.O. 的補糖量略低，陳釀時間也會更長。V.O.年產量3600瓶。

玲瓏（Exquise），看過《神之雫》漫畫和電視劇的葡萄酒愛好者們一定對 Exquise 並不陌生，這支微甜型香檳（Demi Sec）成為了第八使徒，也是目前最好喝（也最難買）的微甜型香檳。補糖量為30g/L，全部採用Oger特級村的葡萄釀製，年產1,000瓶。

　　Rosé（粉紅香檳），安賽姆曾經只有夏多內，為了釀制粉紅香檳不得不跟好友 Francis Egly（Champagne Egly-Ouriet）置換一桶Ambonnay村的黑皮諾來釀製混釀法粉紅香檳。現如今這款粉紅香檳混釀了兩個年份的基酒，其中約有90% 使用了Avize的夏多內，剩下的10% 則來自於Ambonnay的黑皮諾。酒款年產量6,000瓶。

雅克賽洛斯六個地塊系列：

1. Lieux-dits 'Les Carelles' Le Mesnil Sur Oger Grand Cru Extra Brut
   （100% Chardonnay）帶著明顯的煙燻味，酸度很高，礦物感極強，風格特異卻不失活潑態度。

2. Lieux-dits 'Chemin de Châlons' Cramant Grand Cru Extra Brut
   （100% Chardonnay）只有在此套組裡才有的白中白，酒體結構飽滿、成熟，帶有焦糖、烤麵包等迷人香氣，酸度均衡。

3. Lieux-dits 'Les Chantereines' Avize Grand Cru Extra Brut
   （100% Chardonnay）也是只購買此套組才能品嚐到的酒款。此地塊是莊主最珍愛的一塊葡萄園，擁有最老的近百年葡萄藤，年產不到600瓶。結構結實飽滿、果香成熟，細膩柔美，變化複雜，且帶有怡人的礦物感。

4. Lieux-dits 'Sous le Mont' Mareuil Sur Ay 1er Cru Extra Brut
   （100% Pinot Noir）這是單一園系列中唯一一個一級村風土酒款。這款黑中白香檳尾韻帶著輕微苦味，莊主認為這是因葡萄園土壤中的鎂元素所造成。

5. Lieux-dits 'La Côte Faron' Blanc de Noirs Ay Grand Cru Extra Brut
   （100% Pinot Noir）這是安賽姆的第一款單一園作品，也是他第一款黑中白香檳。酒體厚實飽滿，帶有焦糖及烤麵包等奔放香味，悠長尾韻。

6. Lieux-dits 'Le Bout du Clos' Ambonnay Grand Cru Extra Brut
   （80% Pinot Noir + 20% Chardonnay）混釀，口感圓潤飽滿，卻又不失細膩，相當好喝又迷人。

　　2018年安賽姆宣布退休，其子蓋魯姆・賽洛斯（Guillaume Selosse）正式接過父親的接力棒並繼續嘗試變革與創新。其實早在2009年蓋魯姆就已經開始使用自己的酒標出產香檳了，他參與釀造的第一款香檳是使用Avize的單一園老藤夏多內

所釀造的「Au Dessus du Gros Mont」。

　　這個葡萄園也是蓋魯姆十八歲時他的祖母留給他的生日禮物，由於果實產量很低每年僅有650瓶。2012年時，他則包裝了自己的第二款黑中白香檳「Largillier」。俗話說「虎父無犬子」，即使初出茅廬，蓋魯姆也讓人堅信眼前這個年輕人將會給賽洛斯帶來更多的希望。

　　雅克賽洛斯酒莊（Jacques Selosse）是《神之雫》第八使徒（Jacques Selosse Cuvee Exquise NV）、也是香檳中的蒙哈謝（Montrachet）、偉大酒評家派克列為香檳區最高五星級酒莊、安賽姆又獲選為Gault Millau 1994最佳釀酒師，並且榮獲法國著名葡萄酒雜誌《RVF》列為最高三星級酒莊，以上這樣的世界級評價，在香檳的領域裡，又有誰能稱得上呢？

Jacques Selosse 價格：

- Initial（台幣18,000元）
- Substance（台幣30,000元）
- Version Originale（台幣20,000元）
- Exquise（台幣30,000元）
- Rosé（台幣25,000元）
- Millesime Vintage（台幣70,000～90,000元）
- Lieux-dits一套六瓶（台幣200,000元）

左至右：Millesime 2009。Lieux-dits 'Chemin de Châlons'。Lieux-dits 'Les Chantereines'

左至右：Lieux-dits 'Sous le Mont'。Lieux-dits 'La Côte Faron'。Lieux-dits 'Le Bout du Clos'

DaTa

地址｜59 Rue de Cramant, 51190 Avize, Champagne-Ardenne

電話｜+33 (0) 3 2657 7006

Recommendation
Wine

雅克賽洛斯（玲瓏）香檳

Jacques Selosse Exquise

ABOUT
適飲期：現在～2040
台灣市場價：NT$30,000
品種：100% 夏多內（Chardonnay）
瓶陳：72 個月
年產量：1,000 瓶

🍷 品 酒 筆 記

2021年9月22日我再度喝到了《神之雫》第八使徒（Jacques Selosse Cuvee Exquise NV），是由才貌雙全、知性與感性兼具的酒友Amanda帶來的。這款只有限量1,000瓶的雅克賽洛斯「玲瓏」香檳是賽洛斯的代表作，也是目前最好喝最難買的微甜香檳。這款酒充滿了蜜餞、果乾、老年份雪莉酒、烤堅果、白桃、蜂蜜、鳳梨的香氣，酒體飽滿，層次分明，酸度平衡。每次我喝這款酒時，都能體會出莊主安賽姆的純淨精神和自我體現的風格。這是世界上我喝過最不可思議的酒，如果能每個月喝到，就算是讓我拿出一瓶波爾多五大酒莊的酒，也毫不在乎！只可惜這款香檳數量太少了。我建議讀者們，如果有幸在市面上看到，見一瓶收一瓶，千萬別錯過。

🍴 建 議 搭 配

老獅頭鵝鵝肝、鮪魚生魚片、清燙軟絲、薄殼、熱炒海瓜子。

★ 推 薦 菜 單　生菜蜆肉包

這是一道順德人比較常做的傳統菜，有點像是蝦鬆包菜的做法，裡頭包的是蜆肉、火腿肉丁、韭菜丁、細蔥、辣椒一起混合，而蜆肉就是台灣說的拉仔肉。蜆肉軟軟嫩嫩、韭菜丁香香爽爽、包著青翠的生菜，整個口感豐富而有層次。生菜蜆肉包美味爽口，配上這一款頂級的限量香檳，讓人全身舒暢，豁然開朗。這樣美好的香檳，有如老天爺賞賜的神釀，每喝一口，都能充滿感恩的心，唯有祈求上天風調雨順，方能有瓊漿玉液降臨人間享用。

鳳城酒家（鳳城食都店）
地址｜順德區濱河路 1 號順德嶺南風情美食展示中心 1 號樓一層 A 鋪之一

54. Screaming Eagle

嘯鷹酒莊

　　嘯鷹酒莊是納帕谷最小的酒莊之一，也是加州膜拜酒第一天王，更是世界上最貴最難買到的酒。嘯鷹酒莊今日會成為膜拜酒之王原因有三：第一是本身酒質就好，而且每年都很穩定。第二是分數高，羅伯‧派克每年的評分都很高，大部分都在97分以上，1992～2018這二十年當中總共獲得了七個100分。第三是產量少，每年只生產1,500～3,000瓶，你永遠買不到第一手價格，因為來自全世界的會員已經排到十年以後了。嘯鷹酒莊同時也創下世界上最貴的酒，一瓶六公升的1992年，在2000年時拍出50萬美金。嘯鷹酒莊還有一項驚人紀錄。在2001年的納帕酒款拍賣會上，一名收藏家出美金65萬（台幣兩千一百多萬）標下1992～1999年份共8瓶3公升裝卡本內，讓嘯鷹酒莊也創下全世界最貴的酒的紀錄。他也被歐洲葡萄酒雜誌《Fine》選為第一級膜拜酒莊之首（First Growth），這一級的酒莊在全美國只有六家。2009年在美國收藏家夏斯貝雷先生（Chase Bailey）的慶生品酒會上，嘯鷹在15支1997年加州名酒中脫穎而出排行第一。羅伯‧派克亦對1997年的嘯鷹做出下列品飲感想：「1997年是一支非常完美的酒，再無人能出其右與之較量」。在紐約著名的丹尼爾餐廳（Restaurant Daniel）你也可以點上一杯嘯鷹酒，年份最差的一杯就要500美金，如果你是億萬富翁當然可以來一瓶最貴的

A
B | C | D | E

A．葡萄園全景。B．三瓶原裝箱的Screaming Eagle。C．作者拿著1.5公升
Screaming Eagle 2009。D．作者與酒莊總經理Armand de Maigret在台北合
影。E．最貴的二軍酒Second Flight，一瓶要價兩萬台幣以上。

年份，開價是10,000美金起跳，而剛上市的2018公開市場價格為5,000美金，你還
得有管道才買得到，酒莊不接受客戶直接訂貨，只能通過網路預訂，預訂之後往
往還要排隊等候數年才能買到。這樣夠牛了吧？你說怎麼喝？在短短十幾午的時
間，嘯鷹酒莊就躋身為投資級別的世界頂級酒的行列，在美國十大最具價值葡萄
酒品牌排行榜中位居第一，這不得不說是一個奇蹟！

嘯鷹酒莊位於加州納帕谷的橡樹村（Oakville），由珍・菲利普斯女士（Jean
Phillips）創立。她原本是一名房地產經紀人，1986年她購買了納帕河谷南端的
一塊葡萄園，1989酒莊成立，並與納帕天后釀酒師海蒂・彼得生・巴瑞（Heidi
Peterson Barrett）一同創造出這款稀有的膜拜酒，1992年首釀年份問世。通常
酒莊以85%到88%的卡本內蘇維翁，10%到12%的美洛以及1%到2%的卡本內弗
朗混釀而成。酒莊所處的地理位置頗為優越，產區擁有30多種各不相同的土壤類
型，從排水性良好的礫石土壤到高度保溫的粉質黏土，這些土壤都具有不同深度
和力度。土壤有著極佳的排水性能，白天天氣炎熱使得卡本內蘇維翁完美成熟，

下午北面的聖巴勃羅灣（San Pablo Bay）涼爽的微風吹拂著葡萄。這間酒莊的石砌小屋座落於橡樹村產區的多岩山丘旁俯視著整片卡本內蘇維翁、美洛、卡本內弗朗葡萄園。釀造過程65%全新法國橡木桶完成，且置於一間小酒窖陳釀約2年，每年產量僅僅500箱。

從1992年首次推出嘯鷹葡萄酒開始，菲利普斯堅守「更少就是更多」的釀酒理念，且只在收成相當好的年份才生產，不好的年份寧可顆粒無收。我們可以觀察到從1992～2018這二十年當中獨缺2000年和2017年，嘯鷹為何沒有釀製這兩個年份的葡萄酒，這是由於2000年的葡萄未達到釀造標準，所以就不生產了。2017年納帕谷遭受大火侵襲，所以也不釀嘯鷹一軍酒，只釀飛翔的老鷹（Screaming Eagle The Flight）這種做法被認為是極致奢侈且浪費，但卻是一個聰明的方法，最後得到的結果是提升嘯鷹酒莊的聲譽和身價。

2006年，簡・菲利普斯在《葡萄酒觀察家》的一封親筆信中透露自己已經出售了嘯鷹酒莊。她在信中這樣寫道：「我賣掉了美麗的農場和我珍貴的小酒莊。有人向我提議收購，我覺得是時候停下腳步了，我考慮了許久，這著實是個艱難的抉擇」。在2006年3月，嘯鷹酒莊由NBA球員經紀人Charles Banks，與丹佛金塊隊/科羅拉多雪崩隊的老闆史丹利克倫克（Stanley Kroenke）共同買下。這對新莊主聘請了天王藤園管理師大衛阿布（David Abreu）整理果園，且邀請新的釀酒師安迪艾瑞克森（Andy Erickson）加入陣容。安迪曾在鹿躍酒莊（Stag's Leap Wine Cellars）與Staglin Family釀酒，目前則幫Hartwell及Arietta釀製酒款。而今酒莊的釀酒師是尼克・吉斯拉森（Nick Gislason），著名的飛行釀酒師米歇爾・侯蘭（Michel Rolland）是酒莊的釀酒顧問。

「Screaming Eagle」是美國陸軍第101空中突擊師的別號。「二戰」期間，101師曾在諾曼第登陸中扮演了重要角色，菲利普斯取名嘯鷹酒莊（Screaming Eagle）或許想像這隻雄鷹有一天能號昭天下，成為納帕河谷酒莊之首，現在它已是美國膜拜酒之王。「這酒或許是一隻雄鷹，或者什麼也不是。」有一位評論家在喝到嘯鷹酒莊新酒時這般說過。這隻老鷹確實是「不鳴則已，一鳴驚人」！

2009年，在一場由美國收藏家夏斯・貝雷（Chase Bailey）的慶生品酒會上，嘯鷹在15支1997年加州膜拜酒中脫穎而出排行第一。1997年份由羅伯・派克給出100/100的高分，價值高達每瓶6,000美金。作者也品嚐過多個年份的嘯鷹，到目前為止還是1997年份最讓我印象深刻。另外我也品嚐過1994、1996、2001、2004、2006、和2009（1.5L）、2012年份的酒，表現也相當令人激賞。

以下是2014年11月16日酒莊總經理Armand de Maigret訪台時訪問內容：

作者：1992首釀年份六公升拍出65,000美金之後，歷經1997年份的經典，2004年份的二軍問世，現在酒莊莊主Stanley Kroenke有何改變？

阿曼：開玩笑的說要確保釀酒師「不會無聊」，因為嘯鷹的酒已到顛峰，葡萄園固定，產量也沒有增多，只要老天爺幫忙，每一年都可以釀出精采的酒。

作者：請教您認為嘯鷹最好年份？在2006年酒莊易主以後2007、2010、2012、2013四個年份都得到了派克的100分。

阿曼：1997和1992兩個年份都好，2001年份更好，個人覺得2011年份也不錯，只是這個年份通常被認為是很差的年份。2012年份和2014年份都是前段班的好年份，心目中排名第一的年份是2013年份。

作者：我們知道嘯鷹酒產量是不會再增加了，嘯鷹二軍酒和白酒產量會增加嗎？

阿曼：2006年種了25公頃的葡萄，也蓋了酒莊，量還是變少了，本來的45公頃中重新栽種了25公頃新苗。產量不會再增加，這個是釀二軍美洛品種（Merlot）。二軍也有出2004年份和2005年份，2006～2009年份會做成整套來賣，是希望大家比較2006～2009不同的變化，希望這個計畫也是（根據他們的計畫）來進行對的。白酒不會賣，本來想法是老闆自己要喝的，後來回饋給會員，只給名單上的客戶，2010年份有6箱賣出去，在所以在拍賣場才會看到。

作者：將來會有什麼新的計畫？

阿曼：嘯鷹酒莊是以夢想來推廣計畫，大家都知道Stanley Kroenke先生同時還擁有荷那達（Jonata）和希爾（Hilt）兩個酒莊，其中希爾就完全按照想法和計畫來實現。目前就先將這三個酒莊做好再說了。

2016年5月8日（杭州文瀾書院）美國膜拜酒品酒會

品酒會心得：

這是上個月約定的，杭州酒友王兄從美國特地攜回Screaming Eagle 1994 & Bond 2003，一起品嚐。我們從台灣來的朋友也不漏氣，帶了Salon 1996、Haut Brion Blanc 1997、Harlan 2003、Schrader 1998，這是一場美國膜拜酒的大決鬥。首先登場的Salon 96是很好的年份，顏色淡綠黃，酸度很夠，平衡有勁，帶著丁香、烤堅果、烤土司、輕微的柚皮、以柑橘做為完美的句點。結論是還太年輕，再放10年會更好。Haut Brion Blanc 97，RP 96高分的酒，產量低於7500瓶，可謂是一瓶難見。但是今晚的表現確實只在水準以下，剛開始先聞到哈蜜瓜、白蘆筍、焦糖奶油，慢慢轉為蜜桃、蜜蘋果等熟透的水果味，最後是肉桂糖味，餘韻逐漸變短，表現有點失常，和春節喝的94年差太多了。是否儲存恰當與否？不得而知！紅酒首先登場的是老鷹94，因為是最貴也最老，所以趁嗅覺口感最清楚的時候先嚐，剛開始是新鮮的檜木味，有如熟悉的波爾多二級酒莊Ducru Beaucaillou香氣，再來是黑色水果味、後來比較像Ch.Margaux的細緻，不是我喝過的嘯鷹。後半段是有氣無力，絲毫沒有老鷹的雄風，勉強算是一瓶老年份的波爾多五大，但以品質和價格來說，有愧於美國第一膜拜酒。這是我喝過的第六個嘯鷹，曾經喝過97、99、04、09、10、

2016年5月8日品酒會酒款

現在開始懷疑嘯鷹的陳年實力。下一款喝的是美鈔2003 Bond St.Eden，個人覺得美鈔只要陳年10年以上，醒酒2小時以上，每次都好喝而且耐喝，非常像南澳的高級 Shiraz。美國膜拜好酒Bond（龐德，簡稱「鈔票」），基本上是膜拜酒Harlan（哈蘭酒莊）的姊妹酒莊。但是它的概念是以葡萄園為主，希望能展現類似法國Grand Crus的特色。第三支喝的是目前美國第二貴的膜拜酒噴火龍Schrader 1998，莊主Fred Schrader不必多說，他自Colgin淨身出戶以後，默默地做到了資源整合，達成了他的理想。沒有田，他先買葡萄後租地，拿下了最好的原材料；沒有人，他起用名不見經傳的黃河做釀酒師；他自身是做古董藝術品買賣的，憑著多年在酒界的經驗與商人敏銳的直覺，他將一個1998年才開始的酒莊一下子做到了頂峰，超過了原來的Colgin。今晚這個98年，我是第二次喝，非常像隆河的Chave Cathelin，又有Haut Brion 1989的影子，顏色鮮豔墨黑，雪茄、煙草、黑檀香、礦物，最後是藥草和薄荷香，這又是DRC的里奇堡風格。很特別的一款酒，我會繼續再去品嚐他更多的年份。最後一款就是Harlan 03，這款酒喝了不下10次，每次都有不同的感受，個人最愛的一款膜拜酒，愛它甚於老鷹。在這些膜拜酒中，既可收藏且可以增值的名作，不想到Harlan Estate也難。此酒莊的成績與價格，就是如此相稱於那深邃的層次感與繽紛的黑色水果口感。今晚這支酒還是第一名，無話可說！

2016年7月12日（杭州）
稀世珍釀品酒會—— 酒單：

◇ Krug Clos du Mesnil Blanc de Blancs 1995
◇ Marcassin Marcassin Chardonnay 2008
◇ Screaming Eagle Blanc 20102
◇ Sine Qua Non Just For The Love Of It Syrah 2002
◇ Screaming Eagle 2006
◇ Screaming Eagle Second Flight 2009
◇ Le Pin 1995
◇ DRC Echezeaux 2002
◇ Schrader Cellars Old Sparky 2010

2016年7月12日品酒會酒款

2017年6月14日（杭州）
杭州友人生日會—— 酒單：

◇ Bollinger RD 1990
◇ Ch.Margaux Blanc 2000
◇ Haut Brion Blanc 1988
◇ Domaine Leroy Corton Charlemagne 2003
◇ Screaming Eagle Blanc 2012
◇ DRC Montrachet 2008
◇ DRC Romanee Conti 2006
◇ Egon Muller Auslese 1969

2017年11月7日（杭州）

西湖船上生日會品酒心得：

今天就不談人生了，喝完了這杯再說吧？今宵離別後，何日君再來！

人生又有幾次喝康帝和老鷹（1.5L）？

1995 Krug Clos d'Ambonnay，只有3000瓶的限量香檳，第一個年份，好喝到無法形容，最大的缺點是太年輕。

Margaux 1957，保存非常好，細緻如絲，單寧仍強，結構完整平衡，甘草、木質、杉木、陳皮、仙查、梅子，有Margaux 1961的影子，經過60年能有這樣的表現非常難得。

Leroy Corton Charlemagne 1990，非常好，保存狀況佳，柑橘、蘋果，清爽，一點都沒有老化，餘韻長，圓潤、飽滿、後韻回味無窮，堅強有勁，持續2小時以上的果味充沛，令人驚奇，應可再陳年10年以上，見證Leroy Corton的實力，絕不亞於Coche-Dury的

Corton Charlemagne，真正絕頂好酒。

Screaming Eagle 2009（1.5L），喝了六次的老鷹，第一次喝到Mg大隻佬。入口是摩卡咖啡、黑巧克力，年輕有勁，比波爾多頂級酒還出色，不愧為美國第一膜拜酒，雄厚、圓潤、不燥熱，冷涼，比波爾多細緻，香氣、口感、餘韻，卡本內的極緻，藍黑色果實、杉木、檜木、綠色森林、新鮮木頭，精采極了，平衡感第一，拍案叫絕．

DRC Echezeaux 2007（1.5L），真的太年輕了，青春的肉體，仍然是好喝，但是醒酒不夠，到了第二個小時才開始醒來，標準的DRC果味，新鮮紅莓味、紅櫻桃、礦石、石塊、岩石，有勁年輕，丹寧細緻如絲，尾韻也很長，總之，能喝到這樣的酒也是一種幸福與緣分。

1979老茅台，喝得不多，無法評論。

歷年來的價格（台幣）

1992年：250,000	1993年：170,000	1994年：170,000
1995年：150,000	1996年：150,000	1997年：200,000
1998年：130,000	1999年：140,000	2001年：150,000
2002年：140,000	2003年：130,000	2004年：130,000
2005年：150,000	2006年：130,000	2007年：130,000
2008年：140,000	2009年：130,000	2010年：2,130,000
2018年：140,000	2019年：130,000	2020年：110,000

我所知道的Screaming Eagle Sauvignon Blanc（白老鷹）：今天再來談談世界最貴的白蘇維翁白酒，同時也是美國最貴的白酒。

說他是美國最貴的白酒並不為過，以現在的行情，每個年份都突破15萬元的台幣，最貴的年份是2011年的235000台幣左右，可能比一款DRC Montrachet 還貴。

在台灣，可能是黃老師最有資格來評白老鷹，因為我喝的經驗值最高，總共喝了6～7次之多，從第一個年份2010開始喝到2014年，2012年喝了兩次以上。

要怎麼來說呢？第一次喝到的時候確實覺得很特殊，有青檸檬、白柚、百香果、一點點的小茉莉香加上些許的東方美人茶香（蜜香），除此之外，我並不覺得會比勃根地的Montrachet 或高級的Meursault 好喝。

在此要先來說三個人的看法，首先是羅伯．派克說：

「我對Screaming Eagle白酒的價格昂貴，稀有的2013年白蘇維翁（Sauvignon Blanc）有了第一次的印象，這讓我有點渴望更多的個性和強度，因此我對價格感到困惑。這種酒肯定是清脆的，帶有葡萄柚的味道，還有淡淡的桃子和金銀花的味道，但是它並沒有什麼特別的，我能想到在附近葡萄園裡釀製的十幾家白蘇維翁更複雜，而且價格更低、更好的葡萄酒。也就是說，這是非常好的事情，『但是定價卻很荒唐。』」

其二是Lisa（現為WA總經理）的說法：

「2017白老鷹是100%白蘇維翁品種，來自靠近納帕河的一小部分葡萄藤。它完全在法國橡木桶中發酵，但是只有約5%是新鮮橡木桶。將葡萄直接壓汁入桶中，並留在其酒糟中。用天然酵母發酵葡萄酒。這個年份，香氣非常的開放，它充滿了成熟的桃子，百香果和麝香香水的香味，並帶有蜂巢，花木、成熟的莓果和檸檬草的香氣和酪梨的香氣。口感超強而又輕盈，酒體柔和，非常細膩，優雅而令人耳目一新，並帶有一整套粉筆和海水噴霧火花，使所有柑橘和核果層都散發出淡淡的光澤，最後散發出淡淡的香氣。很強的餘韻和勁道，口感上確實有一種有趣的多酚質地，使我想起了一些夏多內，特別是勃根地的例子。釀酒師尼克．吉斯拉森（Nick Gislason）評論說，酒糟中含有大量的酚類成分，這就是葡萄酒吸收這種質地成分的地方。愛它！」

其三則是酒莊總經理Armand de Maigret的說法，（文章摘錄黃老師所著《相遇在最好的年代》）可見前文336~337頁。

總結：

1. RP只有喝過2013年的白老鷹，當時給了89分，他覺得定價很荒唐。

2. Lisa給白老鷹打了兩次分數，2014給了94分，2017給了97高分，而且她認為很像勃根地的高級夏多內，我認為她不太懂勃根地白酒，除非2017年的白老鷹釀得頂級的好，而且又要成熟得快，大家別忘了，2017年還是Napa 大火延燒的一年，連紅老鷹都沒釀一軍。

3. 白老鷹只釀600瓶，原先只是個試驗品，莊主是釀來請客和送禮的，不是釀來賣的，但是子以母貴，又物以稀為貴，慢慢的反客為主，越喝不到，就越想喝，所以就比紅老鷹貴了。

人生嘛！總要試一次最貴的白蘇維翁白酒，到底是什麼味道？

三瓶天王級佳釀1.5公升Screaming Eagle 2009、1.5公升DRC Echezeaux 2007、Romanee Conti 1957

嘯鷹酒莊白酒

Screaming Eagle Sauvignon Blanc 2012

ABOUT
適飲期：現在～2036
台灣價格：180,000 元台幣
品種：100%Sauvignon Blanc
橡木桶：65% 法國新橡木桶
桶陳：十二個月
年產量：300 ～ 600 瓶

Screaming Eagle 白酒

DaTa

地址｜134,Oakville,CA 94562
電話｜707 944 0749
傳真｜707 944 9271
網站｜www.screamingeagle.com
備註｜酒莊不對外開放

Recommendation
Wine

嘯鷹酒莊

Screaming Eagle 1997

ABOUT

分數：WA 100
適飲期：現在～2050
台灣價格：180,000 元
品種：88% 卡本內蘇為翁（Cabernet Sauvignon）、10% 美洛
（Merlot）、2% 卡本內弗朗（Cabernet Franc）
橡木桶：65% 法國新橡木桶
桶陳：24 個月
年產量：6,000 瓶

🍷 品酒筆記

1997年份獲得了羅伯・派克的100高分，該酒呈深黑棗紅色，幾乎是不透光，散發著強勁的果香和應有的爆發力，豐富的漿果、咖啡、皮革、松露及花香氣息，伴著黑莓、礦物、甘草和吐司的味道，雪松、煙燻肉味和泥土的滋味結合絲絨般的單寧，層次高潮起伏，變化多端，酒體圓潤飽滿，回味可長達60秒以上，可以陳年30年或更久的大酒。絕對稱得上美國第一膜拜酒，而且是一款如巨人般的偉大酒款，值得細細品味與收藏。羅伯・派克亦對1997年的嘯鷹做出下列品飲感想：「1997年是一支非常完美的酒，再無人能出其右與之較量。」

🍴 建議搭配

燒烤牛排、滷牛肉、烤羊腿、燒鵝。

★ 推薦菜單　鮑汁鵝肥肝扒鮑脯

有御廚之稱的施乾方大帥是杭幫菜四大天王之一（四季金沙廳、凱悅湖濱28、紫萱渡假村解香樓、國賓館紫薇廳），曾經多次展現真功夫讓領導人品嚐，目前也是七家杭州米其林一星中的一家。這道菜重點是吃鮑脯的軟嫩甘香，還有鵝肝的絲滑綿細，再加上熬煮的鮑汁，整道菜顯得非常高雅貴美，一點也不俗氣。今天我的老朋友，杭州湖邊邨渡假村劉政奇董事長，同時也是羅蘭夏朵國際集團的亞洲副主席，帶我來到西湖邊景色優美的西湖國賓館紫薇廳，特別的驚喜與感動。而且我們今天要喝的酒號稱是美國最貴的一款膜拜酒，嘯鷹（Screaming Eagle 1997）是大家非常期待的一支夢幻之酒。這麼濃厚的一款酒實在不好配餐，最好是單飲或配較簡單的菜，才不至影響這樣貴重的酒。這隻嘯鷹酒有著奔放豪邁的漿果和皮革味可以抱鵝肝的

西湖國賓館紫薇廳
地址｜浙江省杭州市西湖區楊公
堤 18 號 8 號樓西湖國賓館

肥膩感，並且讓鮑脯的口感更加鮮美，而紅酒中的細膩單寧和香料氣息正好與熬煮的鮑汁互相交融，香氣四溢，濃郁可口。這時候再喝上一口芳齡已二十五的嘯鷹酒，頓時覺得全身舒暢，筋骨活絡，千杯不醉，無奈嘯鷹酒甚貴，每人只有一杯，真是酒到喝時方恨少啊！

55. *Sine Qua Non*

辛寬隆酒莊

　　出生於奧地利、現已享譽國際的辛寬隆（Sine Qua Non，簡稱SQN）的莊主兼釀酒師克朗克（Manfred Krankl）近期在一場車禍中受到重傷。這場車禍發生在2014年9月18日，地點位於加州奧海鎮的Rose Valley，這場車禍並沒有牽涉到其他車輛。事發後，Manfred Krankl馬上被直升機載至最近的醫院，他的頭部有非常嚴重的外傷。雖然其妻子曾表示他已經在康復中，但至今他本人未在公共場合中露過面。一些收藏家則擔心酒莊的未來，更加瘋狂地搜羅市場上的Sine Qua Non。

　　2014年12月初某知名拍賣公司的一場拍賣會上，一組6瓶裝SQN，包括4瓶夏多內白酒、1瓶1996年份的紅酒和1瓶Non E-Lips粉紅酒，賣出了67,375美元（大約200萬台幣），均價約7,486美元／瓶（大約23萬台幣）。要知道同場另一組33個垂直年份（1961～2012）的小教堂（Paul Jaboulet Aine La Chapelle Hermitage）才拍得61,250美元（均價1,856美元／瓶）。在更早一些的五月份，1瓶1995年份的紅心皇后（Queen of Hearts Rose）拍出了42,780美元（大約132萬台幣）的高價。

　　加州膜拜酒在市場有其高不可攀的地位，但是辛寬隆可以說是其中的代表，更是其中的異術／藝術。這間酒莊的主力品項不是普羅的卡本內或夏多內，而是

A
B | C | D

A. 作者和兒子Hans一起與珍藏的Sine Qua Non合影。B. 首釀年份的Sine Qua Non Eleven Confessions Vineyard 2003。C. 最貴的滿分甜酒Sine Qua Non 2001。D. 辛寬隆酒莊莊主夫婦。

隆河系的Syrah與Grenache；白酒看似隆河系的胡刪（Roussanne）與維歐尼耶（Viognier），可是又偏偏添了夏多內（Chardonnay）。它在主力品項外，有時做奧地利甜酒（TBA），有時做黑皮諾（Pinot Noir），有時也做粉紅酒（Rose），最麻煩的是每年每款酒的名字都不一樣，同一款酒還可以有不同酒標，甚至，連瓶子都可以有不同的形式與Size－這也是SQN迷最愛也最恨的地方，因為你如果喜歡，你會發現你永遠集不齊。

這間酒莊的名稱Sine Qua Non，拉丁文的原意是「必要條件」，有點像是空氣之於人，「不能沒有你」。奧地利移民的莊主克朗克（Manfred Krankl）本身就是個怪咖，他在加州中央海岸Santa Rita Hills的第十一個懺悔園（Eleven Confessions Vineyard），以非常傳統的方式，追逐他自己想像中的好酒。結果？他的酒拿下派克破紀錄的28次滿分，這也是所有單一酒莊百分酒的最高次數。

辛寬隆酒莊的酒有多傑出？《神之雫》漫畫的第七使徒就是自有園的第一個年份第十一個懺悔園就職典禮希哈（2003 Eleven Confessions Vineyard Inaugural Syrah）。此酒是目前所有使徒酒中最難入手的一支，搭買是稀鬆平常，實情是有行無市，畢竟辛寬隆酒莊每個品項很少超過6,000瓶。排隊等待的名單，比電話簿還長，幸運的人通常要等5～8年。高級餐廳外，僅有20%分配各地。至於它看似250美金的出廠價，只要一放進市場，價格馬上翻二翻，像是94年的創業名作黑桃Q（Sine Qua Non Queen of Spades Syrah），2010年就已較原先價格漲了35倍；最重要的是，你根本買不到！

辛寬隆的酒是投資級紅酒，這意味著它已在收藏市場上獲得肯定。同時它產量極少，都是以瓶為單位，很少會看到箱。這或許也符合莊主克朗克的想法，他認為每款酒都是不同的，都應該有獨立的身分，所以以每年的希哈和格瑞納希都有不一樣的名字、不一樣的瓶子。通常我們在市場偶然看到辛寬隆的時候，也是一瓶一瓶賣的；看似異數，但是收藏之中「不能沒有你」。🍾

彩蛋：

1. 自有園和酒商酒的差別：

- 自有園都是產自酒莊摘種Eleven Confessions Vineyard的葡萄（Domaine）
- 酒商酒都是契作的葡萄（Maison）
- 自有園橡木桶陳年38～42個月
- 酒商酒橡木桶陳年18～24個月
- 自有園每年的瓶子都一樣
- 酒商酒每年的瓶子會不同

2. 辛寬隆黑皮諾只釀10個年份（1996～2005）

3. 唯一一款夏多內白酒：Sine Qua Non Chardonnay Pearl Clutcher 2012（100% Chardonnay）

Sine Qua Non（辛寬隆）在Wine Searcher網站美國最貴10款酒中占了8席：

1. Sine Qua Non Tant Pis 1995（1.5L）$20,090（美金）
2. Sine Qua Non The Bride 1995 $13,100（美金）
3. Sine Qua Non Queen of Spades Syrah 1994 $6,309（美金）
4. Sine Qua Non El Corazon Rose 1998 $6,232（美金）
5. Sine Qua Non Heels Over Head Syrah 2000 $6,162（美金）
6. Sine Qua Non Left Field Pinot Noir 1996 $5,812（美金）
7. Sine Qua Non Crossed Rose 1997 $5,620（美金）
8. Sine Qua Non Black & Blue 1992 $4,513（美金）

左至右：Sine Qua Non 紅白酒。Sine Qua Non Eleven Confessions Vineyard 2005～2015。老年份的Sine Qua Non紅酒。

左至右：Sine Qua Non Pinot Noir 1996～2005。1.5L Sine Qua Non Syrah & Grenache 2009。1.5L Sine Qua Non Syrah & Grenache 2010。

左至右：1.5L Sine Qua Non Syrah & Grenache 2011。1.5L Sine Qua Non Syrah & Grenache 2012。1.5L Sine Qua Non Syrah & Grenache 2013。

左至右：Sine Qua Non Rose 2013。原裝箱Sine Qua Non 2002甜酒。原裝箱1.5L Sine Qua Non 2011。2007～2010連續年份Sine Qua Non Next of Kyn Syrah。

左至右：Sine Qua Non Eleven Confessions Vineyard 2011。Sine Qua Non Eleven Confessions Vineyard 2012。
1Sine Qua Non Eleven Confessions Vineyard 2013。Sine Qua Non Eleven Confessions Vineyard 2014。

左至右：老標Sine Qua Non 1995 & 1997。老標Sine Qua Non 1998 & 1999。老標Sine Qua Non 1996 & 1997。Sine Qua Non White 1999&2000。

左至右：老標Sine Qua Non 2001。Sine Qua Non White 2000。Sine Qua Non Chardonnay 2012。Sine Qua Non White 1996。

左至右：Sine Qua Non Rose 2001。Sine Qua Non Rose 2006&2007。Sine Qua Non Rose 2008。Sine Qua Non Rose 1999。

左至右：Sine Qua Non Syrah & Grenache 2003。Sine Qua Non Pinot Noir & White 2002。
5L Sine Qua Non Syrah & Grenache 2005。1.5L Sine Qua Non Syrah & Grenache 2002。

左至右：老標Sine Qua Non1998。Sine Qua Non Eleven Confessions Vineyard 2004。
Sine Qua Non Eleven Confessions Vineyard 2005。Sine Qua Non Eleven Confessions Vineyard 2006。

左至右：Sine Qua Non Eleven Confessions Vineyard 2009。Sine Qua Non Eleven Confessions Vineyard 2007。
Sine Qua Non Eleven Confessions Vineyard 2008。Sine Qua Non Eleven Confessions Vineyard 2010。

左至右：Sine Qua Non Syrah 2017。Sine Qua Non Syrah & Grenache 2006。
Sine Qua Non Syrah & Grenache 2019。Sine Qua Non Syrah & Grenache 2018。

左至右：原裝箱Sine Qua Non 2005甜酒。原裝箱Sine Qua Non 2006&2007甜酒。原裝箱Sine Qua Non 2008甜酒。

左至右：原裝箱Sine Qua Non 2012甜酒。原裝箱Sine Qua Non Eleven Confessions Vineyard 2017。
1.5L Sine Qua Non Syrah & Grenache 2015。

左：Sine Qua Non Eleven Confessions Vineyard 2017。右：1.5L Sine Qua Non Syrah & Grenache 2014。

DaTa

地址｜ Office, 918 El Toro Road, Ojai, CA 93023;
Winery, 1750N. Ventura Ave., #5, Ventura,
CA 93001
電話｜（1）805 640-0997
傳真｜（1）805 640-1230
備註｜ 不歡迎參觀

Recommendation
Wine

辛寬隆第十一個懺悔園希哈紅酒

Sine Qua Non Eleven Confessions Vineyard "The 17th Nail in My Cranium" 2005

ABOUT
分數：RP 100
適飲期：現在～2050
台灣市場價：55,000 元
品種：96% 希哈（Syrah）、2% 歌海娜（Grenache）、
　　　2% 維歐尼耶（Viognier）
橡木桶：60%～100% 法國橡木桶。
桶陳：42 個月
年產量：3,000 瓶

🍷 品酒筆記

2005年的SQN「The 17th Nail in My Cranium」是我喝過世界上最強烈的希哈紅酒，總共喝了三次，第一次是在2010年，最近一次是在2018年。2018年時，我帶著這款辛寬隆紅酒前往深圳東海新生活私廚找虎哥喝酒，當場還有朋友帶著五大的Latour 1995、Margaux 2000、Mouton 1996，竟然都不是這款懺悔園的對手，都被辛寬隆的第17根釘子釘的滿頭包，五大是不是應該去懺悔？此款酒色為深黑紫色，非常濃烈的漿果味；藍莓、黑莓、黑醋栗、黑櫻桃……有太多水果了。中段出現東方香料、奶油、烤麵包、甘草、烘烤培根和炭燒咖啡，還有很清楚的薄荷與特殊花香。這款酒展現出巨大的實力，比澳洲的希哈還迷人，有如神話般的經典，不是偉大可以形容的，可以笑傲整個世界，推薦此牛必須喝兩回，一次是當下，一次是陳年8～10年後。

🍴 建議搭配
燒烤肉類、東坡肉、紅燒獅子頭、羊肉爐。

★ 推 薦 菜 單　潮州滷鵝頭

這是我特別懇請東海主理人虎哥幫我挑的48個月的老鵝頭，經過12小時的老滷水熬煮入味，才能上桌。強烈的辛寬隆希哈紅酒充滿了濃濃的果味和潮州滷鵝頭的鹹滷味互相結合，天衣無縫，完美滿分。尤其滷鵝頭中帶有滷汁Q彈的鵝皮和嫩細的鵝肉，與紅酒中的煙燻雪茄味融為一體，更是絕世無雙，除了美妙之外，無法言喻！美酒佳餚，人生應當如此！

東海新生活精細潮菜
地址｜深圳市福田區彩田路
2010 號中深花園 3 層

56. *Harlan Estate*

哈蘭酒莊

　　2014年的5月22日來到已經預約的美國第一級酒莊（First Growth）的哈蘭酒莊（Harlan Estate），這個酒莊是有名的難去參訪，在美國僅次於嘯鷹酒莊難進去，沒有透過關係或特別的説明參訪目的，常常會吃閉門羹。而且酒莊沒有準確的地址，導航也找不到，一定要照著酒莊的説明才能找到。我們從加州的奧克維爾（Oakville）一路開車上來，沿路經過瑪莎葡萄園（Martha's Vineyard），再到瑪亞卡瑪斯（Mayacamas），最後到達一個最高的山脊上，這就是難得一窺的哈蘭酒莊。

　　接待的行銷負責佛蘭西斯（Francois Vignaud）告訴我們莊主和釀酒師剛好到外地去辦事，由他來負責嚮導解説。他先帶領我們在酒莊的高台上看著整片的葡萄園説：「莊主H. 威廉・比爾・哈蘭（H. WILLIAM "BILL" HARLAN）1958～1960來到納帕（Napa），1966參觀了羅伯・蒙大維酒莊（Robert Mondavi）的開幕，當時就下定決心要做一個傳世的酒莊給他的家族，而且一定要在山邊上（Hillside）」。在1984年成立了哈蘭酒莊，總面積超過二百四十英畝，風光明媚，丘陵與河谷上橡樹錯落，大約有四十英畝的土地種植經典的葡萄，像是卡本內蘇維翁、美洛、卡本內弗朗、小維多。從無到有地細心耕耘，哈蘭先生在這裡為後代子孫打造了無與倫比的美麗家園，目前是由第二任莊主威爾哈蘭（Will Harlan）接任。

　　佛蘭西斯接著帶我們到酒窖來參觀，他説：「哈蘭的酒在發酵和陳年時會放在三種不同地方的木桶中，發酵會維持兩三個月，五到六年會更換一次新的大

A. 哈蘭酒莊酒窖門口。B. 遠眺葡萄園。C. 作者與酒莊接待Francois Vignaud合影。D. 酒莊招待室。E. 酒窖。

橡木桶，陳年則完全使用新的小木桶，酒莊內的小木桶都是全新的法國橡木桶，並在桶內進行蘋果酸乳酸發酵。Harlan Estate Proprietary Red在桶中要陳釀二十五個月。未被選中的葡萄酒要在十個月後釀成二軍酒——荳蔻少女（The Maiden）。」哈蘭旗艦酒（Harlan Estate Proprietary Red）年產2000箱，一向不易買到。產量少、配額更少，因為八成都是給酒莊會員與高級餐廳。不想排隊也可以，如果你可以用14萬美金，經人推薦，加入Napa名流組成的好酒俱樂部，那就省事多了。

哈蘭旗艦酒（Harlan Estate Proprietary Red）從1990年第一個年份開始到1996年才釋放到市場，如今，也將近20多個年份了，沒有人懷疑酒莊的企圖。派克説：「此酒莊不僅是加州，更是世界的一級酒莊」。珍西羅賓斯（J. Rabinson）説：「為何其它酒不能像此酒一樣？」，更稱其為「20世紀十款最好的酒之一」。此酒之説服力，早已不分國界。當然，從售價上也可以反映（尤其是拍賣會）哈蘭酒莊的地位。哈蘭酒莊無論名氣、價格、分數都可以和波爾多

八大平起平坐。從1990～2011這二十年當中總共獲得派克十個100滿分，分別是1994、1997、2001、2002、2007、2013、2015、2016、2018和2019，也是派克《世界上最偉大的葡萄酒莊園》最偉大的156酒莊之一，《稀世珍釀》世界百大葡萄酒之一。美國葡萄酒雜誌《Fine》所選出一級超級膜拜酒之一。名單為：Harlan Estate、Screaming Eagle Cabernet Sauvignon、Colgin Cabernet Sauvignon Heba Lamb Vineyard、Bryannt Family Cabernet Sauvignon、Araujo Cabernet Sauvignon Eisele Vineyard和Heitz Napa Valley Martha's Vineyard。這款派克打九十八分的Harlan Estate 1990剛開始喝時有著：森林浴的芬多精、樹木、葉子、青草和各種綠色植物，（醒酒瓶）醒過一小時後，草本植物、雪松、薄荷、果醬、黑莓、草莓等多種紅黑色果實，和意想不到的變化，最後我聞到了玫瑰花瓣。

當Bill Harlan開辦第二家酒莊龐德莊園（Bond Estates，暱稱美鈔）時，哈蘭莊園的第一批年份酒還在熱銷中。龐德莊園是一個生產多種等級葡萄酒的酒莊，與哈蘭莊園只產單一等級的獨特風格形成對比。2008年，一個嶄新的酒莊再度出現，它圍繞著一個最近收購的葡萄園，坐落在揚特維爾（Yountville）和奧克維爾之間的山坡上：這個項目名為海角酒莊（Promontory）。

2019年9月5日早上採訪Harlan家族建立的新膜拜酒海角酒莊（Promontory）接待我們的是來自德國後裔美女Mollie Maisch 小姐，她真的是太美了，有如天仙美女，氣質優雅，高貴大方，比明星、麻豆還更有靈氣更亮麗。加上海角酒莊的美景和香檳王（Dom Perignon）香檳，美女、美酒、美景，在這裡有如置身於天堂。

在20世紀80年代初，Bill Harlan 在奧克維爾的西南山脊上發現了一片神祕又廣闊的未開發土地，相中了這片土地的無限潛力；直到2008年，他才終於獲得了這片土地的所有權，創建了海角酒莊。

位於哈蘭酒莊以南的瑪雅卡瑪斯山（Mayacamas Mountains），占地400公頃，約有32公頃葡萄園，葡萄園海拔比哈蘭酒莊高約150米，多樣的土壤類型、晨霧和涼爽的空氣，造就了適宜卡本內蘇維翁生長的絕佳條件。

海角酒莊僅釀造一款葡萄酒，就是海角酒莊紅酒（Promontory, Napa Valley, USA）。這款酒由哈蘭酒莊的釀酒師團隊精心打造，採用卡本內及少量馬爾貝克和小維多混釀而成，年產量12000瓶，市價：18,000元台幣。短短十五年，便已數次獲得派克將近滿分的讚譽：2012年份97分，2013年份99分，2014年份98分，2015年份99分，2016年份100分、2017年份97分、2018年份95+、2019年份97分。

以下是在酒莊和Mollie的訪談內容整理：

840英畝，只用了84英畝，1/10來開墾，永續經營，盡量避免破壞。

Bill Harlan 2008年散步時無意中發現這塊土地，請來了地質學家研究，這是一

塊很老的地塊。剛好是Harlan 家族第一代和第二代的交接，時代一直在變遷進步，Bill Harlan目前已經80歲了，準備交棒給Will Harlan。

Bill Harlan直覺這塊地一定很好，可以種很好的葡萄，地質學家研究後，這塊土地是兩塊板塊：火山岩和沖積岩，由60個不同地塊的沈積岩組合的，這一大堆的地質專業，作者要重新學了，反正就是很適合種葡萄。

在這裡有太平洋的風通過，霧氣匯集在這一道通道，葡萄會比較有酸度和新鮮度，目前還沒有產區命名，酒標使用的領土（Territory）正在註冊中，這塊莊園土壤種植的葡萄單寧很強、礦物質多，所以分批採收，採收時間高達兩個月時間。

根據不同的葡萄用在不同的發酵槽，有三種發酵槽：橡木桶發酵槽、水泥發酵槽、不銹鋼發酵槽，經過人工分析，分別放入不同的發酵槽發酵。酒莊有50個全職員工，每一區葡萄園都有專人照顧，莊園管理是全Napa最準確的酒莊。

酒莊使用全新法國橡木桶，陳年一年後第一次調合出最適合Promontory風格。再分別放入225公升和800公升的橡木桶，等待一年後再調出第二次的酒體，最後放到第三年才裝瓶，瓶中再陳年兩年，等於總共五年才上市，所以2017年的葡萄，要等到2022年才會釋出到市場。

作者在酒莊品嚐了四款酒：

1. Promontory 2017（桶邊試酒）

這是Mollie 從酒窖的大橡木桶中取出的酒，我試圖找到葡萄酒的聲音，花香、薄荷、礦物、香草、葡萄乾、尤加利、細膩的單寧、酸度平衡，餘韻悠長，絲毫沒有酒精的影響。Mollie 告訴我說，加州已經很久沒有注意酸度的釀酒方式。

2. Promontory 2013

剛開始香氣有點出不來，我回頭喝2011，過了約莫20分鐘，2013的厚實單寧開始放開，果味、香草、杉木，陸續延展出來，強壯的酒體，平衡感、紋理分明、層次也很豐富，適合陳年晚喝的酒。

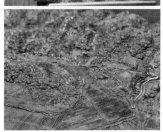

上：Promontory。
下：Promontory地塊。

3. Promontory 2012

今天的王，表現最出色。花香、果香、木香、礦物，纖纖細細的黑檀木香飄散在空中，尤其令人陶醉不已。飽滿、清新、結構宏大，註定是偉大的酒。陳年實力應有30年以上。

4. Promontory 2011

有點閉塞，香氣並不明顯，慢慢變化，紅色果實、松木、一點點果乾、藥草、香草、奶油、單寧較粗、沒那麼細緻，但仍不失其好喝度，平衡餘韻長。

離開酒莊時望著Mollie 美麗的眼神，我當面邀請她來台灣訪問，希望能盡早再見。

Harlan家族另一款沒那麼貴的酒，作者推薦給讀者，「瑪斯卡忠狗」（The Mascot）是一款Harlan家族全力以赴的新酒，又有Bob Levy（現任釀酒師）與Michel Rolland組成的堅強團隊和派克分數加持，打造出美國最偉大最成功的一支CP值很高的酒，採用三個頂級酒；Harlan Estate、Bond及Promontory酒莊較年輕的葡萄釀造，Mascot以一個獨特的視角詮釋這些葡萄莊園的演變。

左：作者和Promontory總經理Mollie合影。右：The Mascot 2012。

左至右：Harlan 第一個年份1990。右：作者珍藏的1.5公升Harlan。BOND ESTATES Melbury 三公升。BOND ESTATES 2006五個葡萄園。

DaTa

地址｜P.O. Box 352 ,Oakville, CA 94562 USA
電話｜707 944 1441
傳真｜707 944 1444
網站｜http://www.harlanestate.com
備註｜酒莊不對外開放，可以透過關係預約。

哈蘭旗艦酒

Harlan Estate Proprietary Red 2002

ABOUT

分數：RP 100
適飲期：現在～2035
國際價格：40,000 元以上
品種：90% 以上卡本內蘇維翁(Cabernet Sauvignon)、美洛(Merlot)、
　　　卡本內弗朗(Cabernet Franc)、小維多(Petit Verdot)。
橡木桶：100% 法國新橡木桶
桶陳：25 個月
瓶陳：12 個月
年產量：2,000 箱

品酒筆記

2002年的哈蘭旗艦酒我總共品嚐了兩次，這款派克先生打了三次都是100分的膜拜酒，相當引人好奇，但是產量少價位高，想一親芳澤的酒友是需要運氣和機緣。深紫色近黑的色澤，幾乎不透光，帶著煙燻燒烤、藍莓、黑莓，黑醋栗，甘草，微微的礦石和杉木味。紫羅蘭花香和玫瑰花瓣的芳香完全綻放開來。一款華麗出眾，質感優雅的葡萄酒，單寧滑順且細膩，酒體豐富飽滿變化多端，餘韻持續將近六十秒之久。做為當今美國最好最貴的酒之一，這款酒絕對是夠資格，派克能打出這麼多次的滿分也是應該的，本人可以很負責的說，這個酒莊所生產的酒將是代表加州的典範。

建議搭配

東坡肉、揚州獅子頭、台式滷味、烤羊腿。

★ 推薦菜單　台式佛跳牆

在2013年底時曾任世界台商協會總會長的曹耀興大哥約我到台北最具歷史的一家酒家聚餐，當時因有在場的友人慶生，還有一些影劇圈的朋友也會到，故曹兄請我帶一支不失面子的紅酒到場，我想了一會，咬緊牙關請出美國這支100分滿分的膜拜酒出場。剛開始大家喝的都是普通的紅酒，有智利的有西班牙的紅酒，在酒過三巡之後，我看到台式的佛跳牆端上桌，馬上請服務人員倒上這支好酒來搭配，當然事先已在醒酒瓶醒酒。佛跳牆原為福州音「福壽全」取如意吉祥之意，是一種福建「敬菜」，這道菜距今已有上百年歷史，台灣現在都是在喜慶宴會路邊辦桌的頭等料菜，春節過年家家戶戶必備的主菜。佛跳牆靠的是南北頂級食材匯集而成，講究的是火候真功夫，用料的品項與等級有很大的關係。佛跳牆備齊各種珍貴食材，除了鮑參翅肚以外，其他材料有：雞、鴨、羊肘、豬蹄、鴿蛋、筍尖、竹

黑美人酒家
地址｜台北市延平北路一段 51 號三樓

蟶、髮菜、火腿、干貝、魚唇、白菜、花菇、蘿蔔、荸薺等等山珍海味無一不包，幾乎囊括人間美食。作者曾受福建最高法院院長邀請，在閩菜聖地福州嚐過西湖酒店的佛跳牆，一人一小碗，雖精緻但不夠味道。訪問福州工商局時也在號稱國宴菜的聚春園嚐過這道當地名菜，吃起來柔潤芳香，濃郁豐富，葷素相調而不膩，百味雜陳，味中有味，真不愧是閩菜的榜首。這次能在台北這家歷史悠久堅持傳統的老店嚐到這道台式經典老菜，真讓人痛哭流涕，懷念不已。當時的這款美國膜拜酒能夠抵擋這麼深厚濃重的大菜，同時扮演了美化融入的角色，非常的不容易。紅酒味道層層的幻變，每次喝的都是不一樣香氣，和佛跳牆千變萬化的食材兩者各顯神通，作者在當下酒酣耳紅之際說出：「此味只應天上有，不應下凡到人間」。難怪有詩云：「罈起濃香飄四座，佛聞棄禪跳牆來。」

57. *Colgin Cellars*

柯金酒莊

　　2016年8月10日早上來到美國膜拜酒之一的柯金酒莊（Colgin），這也是一個相當難找的地方，酒莊公關經經理Sarah Goetting 早已在門口迎接我們。首先我們來到面對舊金山灣區的斜坡葡萄園，這個葡萄園的8公頃土地完全來釀最代表性的九號莊園（Colgin IX Estate），以卡本內蘇維翁為主。早上有陽光，晚上有湖水與舊金山灣區的霧，白天熱晚上涼爽的氣候，讓葡萄可以緩慢成熟，糖度不會太高，酒精度就可以降低一點，這也是柯金酒莊能夠釀出好酒的因素。然後我們參觀了先進的釀酒設備，從葡萄採收後到輸送帶、到發酵槽、到橡木桶，都是最新的設備與技術。接著她帶我們參觀酒窖收藏從1992～2013柯金酒莊的每一個年份，還有每年限量的九公升柯金的酒。而令人大開眼界的是莊主安・柯金（Ann Colgin）自己收藏的葡萄酒，世界上大部分的好酒都有，而且很多三公升和六公升裝，從五大酒莊、柏圖斯（Pétrus）、到康帝（Romaee-Conti）、塔希（La Tâche）、賈爺帕宏圖（Henri Jayer Cros-Parantoux）、臥駒公爵（Vogue Musigny Blanc1985）（3L），真的無奇不有，太壯觀了，進去之後就不想出來了。最後我們在私人的客廳內品嚐了柯金酒莊兩個葡萄園的新年份：100分的九號莊園（IX Estate 2013）和98分的卡萊德園（Cariad 2013）。

　　柯金酒莊（Colgin Cellars）坐落於加州聖海倫娜（Saint Helena）的普理查山頂（Pritchard Hill）地區，女莊主安・柯金出身德州，從事藝術買賣，談吐之間

A. 酒莊全景。B. 2019年11月12日Colgin 品酒會酒款。C. 作者與酒莊公關Sarah 和學生Vivian、友人Peter。

頗有明星氣質，轉戰貴氣十足的拍賣會更是如魚得水。她與從事投資並收藏名酒的喬・文德（Joe Wender）成了夫妻後，1992年在加州納帕亨尼西湖（NAPA Lake Hennessey）附近買了些葡萄園搞酒莊，買下第一個葡萄園為賀布蘭園（Herb Lamb），同時間也釀出了第一款酒，產量只有五千瓶，派克就打了96高分。隔年，也就是1993年找來海倫・杜麗（Helen Turley）當釀酒師。這一切聽來簡單，但內行人一看就知大有來頭。亨尼西湖附近是有名的好地塊，捧著錢也不見得買的到，唯一能做的就是將山頭推平，而這正是Colgin的決定。至於海倫・杜麗是誰？她的戰績包括帕爾麥爾（Pahlmeyer）、布萊恩（Bryant Family Vineyard），是瑪卡辛（Marcassin Vineyard）的主人。這些皆是量少質精的頂尖酒款，可見釀酒師的非凡功力。

　　柯金酒莊在90年代迅速竄紅起來. 雖然海倫・杜麗在1999年離開酒莊，但是並

左：Colgin 酒莊門口。右：酒窖中有Ann Colgin 唇印的第一個年份Colgin 1992

沒有造成很大的影響，安妮很快又聘請了曾經在彼德麥克酒莊（Peter Michael）當過釀酒師的馬克·奧伯特（Mark Aubert）、大衛·阿布（David Abreu）、波爾多釀酒顧問阿蘭·雷納德（Alain Raynaud）共組成的釀酒團隊，在2000年以後所釀的酒更是精采，在幾個重要的葡萄園連獲派克先生的100滿分，如泰奇森山園（Colgin Cabernet Sauvignon Tychson Hill Vineyard 2002）、卡萊德園（Colgin Cariad Proprietary Red Wine）2005、2007和2010，第九莊園卡本內（Colgin IX Proprietary Red Estate）2002、2006、2007、2010，第九莊園希哈（Colgin IX Syrah Estate）2010都得到100分，幾乎是每個莊園都能拿100分，試問世界上有幾家酒莊能這樣受到派克先生的青睞和讚賞？唯有柯金酒莊是也。

柯金酒莊擁有四個重要的葡萄園：分別是第九號莊園（IX Estate）二十英畝、泰奇森山園（Tychson Hill Vineyard）二點五英畝，賀布蘭園（Herb Lamb）七點五英畝、還有卡萊德園（Cariad）。種植品種都以卡本內蘇維翁為主，部分種植美洛、卡本內弗朗、小維多和希哈，其中第九號莊園被派克評價為「是我見過的最優質葡萄園之一」，無論是卡本內蘇維翁或希哈都是得到最高評價的葡萄園。

柯金酒莊坐落在海拔在950～1,400米之間，可以俯瞰整個亨尼西湖（Lake Hennessey），風光明媚，氣候宜人，秀外慧中，清新脫俗，來到納帕參觀酒莊的人，如果沒有專人帶路或指點，很難找到柯金酒莊，從二十九號公路攀爬而上，你不會看到酒莊的樣子，一直到半山腰才會見到一個毫不起眼的木門，從木門進去您可以看到一個世外桃源，那就是柯金酒莊，整個亨尼西湖和山坡的美景盡收眼底，真是美極了！🍾

DaTa

地址｜ 254, Saint Helena, CA 94574
電話｜ 707 963 0999
傳真｜ 707 963 0996
網站｜ http://www.colgincellars.com
備註｜ 酒莊不對外開放，可以透過引薦預約

柯金酒莊第九莊園

Colgin IX Proprietary Red Estate 2007

ABOUT
分數：RP 100、WS 97
適飲期：現在～2047
台灣價格：25,000 元
品種：卡本內蘇維翁（Cabernet Sauvignon）、美洛（Merlot）、
　　　卡本內弗朗（Cabernet Franc）、小維多（Petit Verdot）
橡木桶：100% 法國新橡木桶
桶陳：20 個月
瓶陳：12 個月
年產量：16,800 瓶

品酒筆記

2007的柯金酒色呈紅墨色，有著迷人的花草香，雪松、礦物、茴香等香氣。大量而集中的果香在口中奔騰，黑莓、野莓、藍莓、覆盆子激烈的跳躍，和諧勻稱，豐富而複雜，濃郁醇厚有層次，堆疊起伏，此起彼落，有如昭君出塞彈奏一曲琵琶，充滿力量與變化，一次又一次的高昂熱情，暢飲到最後餘韻甜美，酸度平衡，難以言喻！不愧是百分名酒，應可陳年20年以上。

建議搭配

西式煎牛排、牛羊燒烤、野味燉煮、台式紅燒肉、有醬汁的熱炒。

★ 推 薦 菜 單 　秘製焗烤鮮牛肉 ──────────

中式焗烤牛排的製作，通常以西式牛排的做法為主，選用的牛排必須是5A等級，肉質細嫩新鮮，最關鍵的就是醬汁的材料，使用了中式的醬油為基礎再加上蠔油和獨門湯汁等。上桌後的牛排肉片必須趁熱食用，此時肉嫩鮮藏，雖有點牛腥氣，但香氣四溢，甘甜醇美，一塊接一塊，咬在口中，柔韌而有勁，可享食之樂趣。今日我們以加州最好的卡本內紅酒來搭這道中西合併的佳餚，讓這道牛肉有著西式菜餚的做法，中式美食的吃法，表現得更精采。紅酒中的煙燻皮革味和香嫩微甜的牛肉互相交替，使得味道更為醇厚濃郁。紅酒所散發出的濃濃咖啡巧克力正好和特製的醬汁相互交融，令這款酒層次更加豐富飽滿，而牛肉也變得多汁味美，老饕們無不讚美有加，一杯再一杯痛快暢飲。

徐州路 2 號台大會館
地址｜台北市徐州路 2 號

58. *Eisele Vineyard*

艾瑟爾酒莊

　　2017年5月14日約的艾瑟爾酒莊（Eisele Vineyard），受到酒莊總經理安東尼（Antoine）親切的接待，他帶領著我們導覽整個艾瑟爾酒莊。整個酒莊風光明媚，而且非常幽靜，就像一座小森林一樣。我們一路從橄欖樹走過，經過一些果樹和小花園，最後來到品酒室，安東尼請我們品嚐了Eisele Vineyard Cabernet Sauvignon、Altagracia、Syrah和Sauvignon Blanc。我也拿出我寫的《相遇在最好的年代》這本書中的艾瑟爾酒莊這篇，請他為我簽名。

　　艾瑟爾園（Eisele）早在1880年即種植金芬黛（Zinfandel）和麗絲玲（Riesling），並一直被栽植著直到現在。第一株卡本內蘇維翁還是在1964年種下。米爾頓艾瑟爾（Milton Eisele）和芭芭拉（Barbara Eisele）在1969年購買了艾瑟爾這塊葡萄園，並把他命名成艾瑟爾園。於是他們提供加州著名酒莊「山脊酒莊」（Ridge Vineyards）的釀酒師保羅・德雷伯（Paul Draper）葡萄。1971年，德雷伯釀製了第一款艾瑟爾園的卡本內蘇維翁，也是加州第一款以葡萄園命名的卡本內酒款。這款酒在四十年後喝依舊迷人，當然也被認為是加州最珍貴的佳釀之一。1975年約瑟夫・費普斯（Joseph Phelps）酒莊加入艾瑟爾園的行列，此園名聲更為響亮，成為納帕的「特級園」。直至1991年，巴特・阿羅侯（Bart Araujo）夫婦取得此園，Joseph Phelps的艾瑟爾園（Eisele）成為絕響（有行無市的酒），阿羅侯（Araujo）的艾瑟爾園卻成了第一個年份。自1975～

A		
B	C	D

A.酒莊景色。B.酒莊門口門牌。C.酒莊全景。D.酒窖裡放著老年份的
Eisele Vineyard，和現在的酒標不一樣。E.酒窖。

1991年，費普斯這位納帕酒業大老，遵循傳統，持續釀造出傳奇性的艾瑟爾園的
卡本內蘇維翁。1991年推出了兩款意義重大的艾瑟爾園卡本內蘇維翁：最後一個
費普斯莊瓶的年份，也是阿羅侯酒莊第一款卡本內蘇維翁。

　　酒莊座落在納帕谷的東北邊──Calistoga這個葡萄酒法定產區的東邊，主要的
兩個地塊分別是38公頃的艾瑟爾園和結合酒窖的莊園。艾瑟爾園是納帕谷中最受
矚目的卡本內蘇維翁葡萄園之一，等同於波爾多的一級園。白天日照充足，夜晚
涼爽，並有著排水良好、富含鵝卵石的土壤來生產卓越酒款。北邊有Palisades山
脈保護，並有從西邊吹來的冷空氣降溫，每年的產量極低且果味集中。

　　在歷任釀酒師的努力下，艾瑟爾酒莊一步一步建立了自己的品牌。像是法蘭西
斯‧佩瓊（Francoise Peschon）帶著法國五大酒莊歐布里昂（Ch. Haut Brion）
與美國傳奇酒莊「鹿躍」（Stag's Leap Wine Cellars）的經驗，自1996年起就為
艾瑟爾酒莊掌舵至2010，配合著空中釀酒師米歇爾‧侯蘭（Michel Rolland）的
技巧，此酒莊的聲勢與價格如日中天，也是派克《世界上最偉大的葡萄酒莊園》
的156酒莊之一，法國著名酒評家Bettane & Desseaure合著的《世界上最好的
葡萄酒》（The World's Greatest Wines）也列入艾瑟爾酒莊，歐洲葡萄酒雜誌
《Fine》所選出一級超級膜拜酒之一。以派克為主的《葡萄酒倡導家》給了艾瑟爾

園2001、2002、2003連續三年98～100的分數，展現出加州一級超級膜拜酒的實力。酒莊的旗艦款艾瑟爾園（Eisele Vineyard Cabernet Sauvignon），量少價高，屬於收藏級的膜拜酒。但另一款二軍酒阿塔加西雅（Altagracia），則是玩家省錢的門路。此酒之命名是紀念原莊主Bart Araujo的祖母Altagracia，同樣採波爾多調配，葡萄除了來自艾瑟爾園，另有部分取自長期契作葡萄農，也是釀的相當精采，每年分數都在九十分以上，2010超級好年份，分數直衝96高分，值得推薦。

當阿羅侯夫婦購買艾瑟爾酒莊之時，即興奮地在這片莊園中發現超過400棵在19世紀、20世紀種植的老橄欖樹，這些樹被忽視了數十年之久。在1992年時，夫婦到義大利學習橄欖油的製作，學習如何種植、剪枝和粹取初榨橄欖油。因此阿羅侯酒莊的初榨橄欖油和酒款一樣充分展現酒莊特色。

去年消息指出：2013年8月20拉圖酒莊（Ch.Latour）莊主Francois Pinault收購了位於納帕河谷的艾瑟爾酒莊，而收購價格尚未公開，估計每英畝至少價值三十萬美元左右，這筆交易包括艾瑟爾葡萄園，占地三十八英畝的葡萄樹，酒莊以及現有的葡萄酒庫存。（只算葡萄園就要花3.5億台幣！）拉圖酒莊執行總裁Frederic Engerer表示：「艾瑟爾酒莊一直以來致力釀造最好的納帕葡萄酒，專注細心、不斷追求卓越，我們對此表示無限敬意。」身為五大酒莊之一的拉圖，選擇了美國五大膜拜酒中的艾瑟爾酒莊，可說是門當戶對的結合，我們祝福他再創高峰。

五大的Latour 2013年入住以後，到2020年裡拿了四個WA完美的100分，分別是2013、2015、2016和2019，真是強將手下無弱兵。目前新的年份價格都在20,000元新台幣以上。🍾

2019年11月5日酒莊來台舉辦的品酒會酒款：
◇ Eisele Vineyard Sauvignon Blanc 2017
◇ Eisele Vineyard Altagracia 2013
◇ Eisele Vineyard Altagracia 2016
◇ Eisele Vineyard Cabernet Sauvignon 2008
　（Magnum）
◇ Eisele Vineyard Cabernet Sauvignon 2015
　（WA 100）

2019年11月5日酒莊來台辦的品酒會酒款

DaTa

地址｜Eisele Vineyard,2155 Pickett Road,Calistoga, CA 94515
電話｜707 942 6061
傳真｜707 942 6471
網站｜www.araujoestate.com
備註｜不對外參觀，必須先預約。

艾瑟爾酒莊艾瑟爾卡本內紅酒

Eisele Vineyard Cabernet Sauvignon 1996

ABOUT
分數：WA 95
適飲期：2 現在～2035
國際價格：15,000 元
品種：81% 卡本內蘇維翁（Cabernet Sauvignon）、9% 美洛
　　　（Merlot）、4% 小維多（Petit Verdot）、3% 卡本內弗朗
　　　（Cabernet Franc）、3% 馬爾貝克（Malbec）
橡木桶：100% 法國新橡木桶
桶陳：20 個月
瓶陳：12 個月
年產量：4,500 ～ 7,000 瓶

🍷 品 酒 筆 記

當我在2014年的大年初一與家人共同品嚐的時後，每個人都
大感驚訝，同時品嚐的還有一款99分的澳洲酒，完全不是他
的對手。香氣約2小時打開後，草本與花香並陳，薰衣草、紫羅
蘭、白花相襯，有著白巧克力、黑咖啡豆、甜美的黑色水果互
相爭寵，充滿西洋杉的芬多精，入口後的微辛香料帶來驚喜，
口感上綿長的尾韻展現深度和廣度，這是一款架構完整，有
著細緻具嚼勁的單寧，尤其來自水果深層的甜美和豐郁的口
感，雖是老年份的1996年，但絕對媲美其他加州頂級酒莊或
波爾多五大酒莊，深得我心，值得收藏！

🍴 建 議 搭 配

烤羊排、牛排、炸豬排、炸雞、乳鴿和叉燒肉。

★ 推 薦 菜 單　金牌香酥五花肉排 ─────────

這道菜是福州佳麗餐廳最適合配濃重酒體的佳餚，看起來非常簡
單，做起來卻很費功夫。首先要選一塊上好的帶骨五花肉，肥瘦相
間，切厚片一公分，寬約十公分，長六公分，再以胡椒粉、米酒、醬
油、蜂蜜、冰糖醃製，放置約八小時，熱鍋高溫油炸之，溫度火候
須控制好，要能熟又不能過老。剛端上桌熱騰騰帶金黃色的肉排
咬一口下去，口齒生香，油嫩酥爽，鹹甜合宜，肉汁也隨著咀嚼而
發出滋滋的悅耳聲，不同於台灣的炸排骨裹以大量的粉，比較薄，
面積較大，咬起來不具口感。阿羅侯這款阿塔加西亞的細緻單寧
正好可以柔化肉排的油膩，讓肉汁更為鮮美，包裹香酥肉排的生
菜新鮮清甜，搭配黑櫻桃和藍莓的果香，讓肉咬起來更為舒暢甜
美。摩卡咖啡與白巧克力的濃香也豐富和延長了這塊精雕細琢的
肉排更多的層次，餘味悠長且完美。

佳麗餐廳
地址｜福州市鼓樓區三坊七巷
　　　澳門路營房里 6 號

59. *Schrader*
Cellars

噴火龍酒莊

　　加州膜拜酒雖然品牌眾多，但其實是一個很小的世界。觀察許多的莊主、釀酒師，與葡萄園，好像彼此都有一點關係。作為一款「有點神祕」的膜拜酒——噴火龍，從歷史而言也是如此，這個故事要從90年代初說起。

　　「噴火龍」其實是史拉德酒莊（Schrader Cellars）旗艦酒款的酒標圖案，此酒全名是Schrader Cellars "Old Sparky"（史拉德酒莊老噴火龍）是一款頂級的加州卡本內，僅在好年份生產雙瓶裝（1.5公升），而Old Sparky即是莊主福瑞德·史拉德（Fred Schrader）的綽號。福瑞德·史拉德此人曾在1992年與安·柯金（Ann Colgin）攜手，兩人在膜拜酒界以Colgin-Schradar Cellars獲得絕大成功，該酒莊也就是現在另一款膜拜酒柯金（Colgin）的前身。當然，當時的釀酒師海倫·杜莉（Helen Turley）功不可沒，而海倫·杜莉與她的先生約翰（John Wetlaufer），即是現在加州名酒瑪卡辛（Marcassin）的所有人。

　　史拉德與柯金兩人後來離婚，Colgin-Schradar成了安·柯金的產業，相對的，史拉德在1998年找來湯瑪斯（Thomas Rivers Brown），成立了自己的酒莊史拉德酒莊。這酒莊分數也很高，不過長年都是以極為低調的方式，在少數愛酒者中口耳相傳，多年來外界幾乎只知道柯金酒莊，忘了史拉德酒莊。不過在2008年的時候，史拉德酒莊締造了一項紀錄，讓它終於不能再沉默——那就是旗艦酒款「Old Sparky」（噴火龍），連續4年獲得派克100分（2005～2008，其中2007更獲得雙

A．Schrader Cellars葡萄。B．Schrader Cellars莊主Fred Schrader。C．難得
一見有編號的Schrader Cellars Gaudeamus Vineyard 1998首釀年份。D．Fred
Schrader和Carol Schrader夫婦。

100分，RP 100、WS 100），至此，史拉德酒莊終於以膜拜酒的姿態重現江湖。

　　福瑞德・史拉德早年在NAPA的成功，讓他可以獲得許多重要的資源（葡萄）。噴火龍的葡萄來自名園圖卡隆園（To Kalon），想當然，這一定是出自A. Beckstoffer（貝肯斯多福）的葡萄園。手中擁有6座加州 NAPA名園的貝肯斯多福，提供了福瑞德・史拉德尖端品項的主力：分別是Georges III，Las Piedras以及To Kalon。在加州，能夠拿到貝肯斯多福這些名園的酒莊，另一間即是辨證酒莊（The Debate）（2012年也獲得RP 100）。

　　福瑞德・史拉德在1998年大膽啟用了湯瑪斯作為釀酒師，此人當時從沒釀過任何一款卡本內！不過，《葡萄酒觀察家》的James Laube與羅伯・派克都對他的作品相當滿意，福瑞德・史拉德也成了《葡萄酒觀察家》加州卡本內專輯的封面人物（2007年）。與眾不同的是，此莊其實不只是打造膜拜酒，它特別強調「無性繁殖系」的選擇：卡本內主要是Clone 6與Clone 337，Las Piedras是Clone 337，To Kalon Vineyard 有時在名稱上還加了T6，此就代表了Clone 6，這都是極內行的收藏者才會注意的項目。

史拉德酒莊其實也有釀夏多內白酒（Chardonnay）（與湯瑪斯合作），非常不容易喝到！葡萄來自Boar's View，這個答案不意外：原來葡萄園就在瑪卡辛旁邊，也就是老夥伴海倫杜莉的地盤。所以說，許多的莊主、釀酒師，與葡萄園，好像彼此都有一點關係，加州是，世界也是！

釀造哈蘭酒莊的葡萄一部分是來自於山上，一部分也是來自於圖卡隆園，因為不是單一園的葡萄所以在哈蘭的酒標上見不到To Kalon的字樣。派克對圖卡隆園是特別鍾愛的，圖卡隆園對於納帕來說就是勃根地的李奇堡（Richebourg）！前味獨特的花香加上下嚥時檀木的香氣。

史拉德酒莊自2002年第一次獲得兩款滿分酒至2019年一共有15款酒拿下派克滿分！成為美國拿下派克最多100分的酒莊，其間98分99分的酒不勝枚舉！這就是您必須收藏噴火龍的原因！從2002開始到2019為止，18個年份中2002、2005、2006、2007、2008、2013、2016、2018和2019總共獲得派克九個100分。如今，美國第二貴膜拜酒噴火龍（Schrader Cellars Old Sparky），僅次於嘯鷹（Screaming Eagle）。

2016年12月5日（杭州黃龍飯店龍吟閣）
1.5L (Magnum) 品酒會──酒單：

◇ Pommery louise 1996
◇ Schrader Cellars "Old Sparky" 2013
◇ Harlan Estate 1998
◇ Torbreck The Laird 2006
◇ Domaine Prieuré Roch Clos des Corvées 1996
◇ Ponsot Clos de La Roche VV 1996
◇ Penfolds Grange 2012
◇ Yquem 1996（750ml）

2016年12月5日品會酒款

2021年3月14日（高雄名人坊）
美國膜拜酒品酒會──酒單：

◇ Krug Grande Cuvée
◇ Sine Qua Non Blanc 2008（辛寬隆白酒）
◇ Kongsgaard Judge 2016（康仕嘉大法官園白酒）

紅酒
◇ Bond St.Eden 2003（美鈔）
◇ Harlan 2003（哈蘭）
◇ Sine Qua Non Papa Syrah 2003（辛寬隆希哈）
◇ Screaming Eagle The Flight 2006（小老鷹）
◇ Schrader Old Sparky 2006（噴火龍）（1.5L）

當晚前三名
◇ 1.Harlan 2003（五票）
◇ 2.Sine Qua Non 2003（三票）
◇ 3.Old Sparky 2006噴火龍（三票）

DaTa
地址｜Calistoga CA 94515
電話｜707 942 1540
網站｜www. schradercellars.com
備註｜只接受預約訪客

噴火龍

Schrader Cellars "Old Sparky" 2002

ABOUT

分數：RP 100
適飲期：現在～2045
台灣市場價：60,000 元
品種：100% 卡本內蘇維翁（Cabernet Sauvignon）
桶陳：18 個月
年產量：約 1,500 瓶

🍷 品 酒 筆 記

當這款酒緩緩的倒入酒杯中時，我就覺得這會是一支非常典型的卡本內，撲鼻而來的是迷人的紫羅蘭花香滲透著黑色水果香，深不透光的紅寶石色澤，最先開啟的是西洋杉木香，緊接而來的是黑櫻桃、黑莓、黑醋栗和藍莓等混合的果醬味，接著草本植物和白胡椒的芳香也披掛上陣，微甜的巧克力、香草香和摩卡調和成一杯濃濃的咖啡，最後的煙燻橡木、煙絲和果醬完美的融合在一起，有如一張畢卡索的抽象畫，讓人有無限寬廣的幻想，餘韻縈繞，回味無窮。雖然難找，但知音者卻不少！

🍴 建 議 搭 配

醬汁羊排、台式滷豬腳、紅酒燉小牛肉、沙朗牛排、港式臘味。

★ 推 薦 菜 單　富貴脆皮燒肉

脆皮燒肉是最具代表性的燒臘之一，肉質彈牙、香脆多汁、肥而不膩，層次感豐富，為港式燒臘店必點名菜。一塊肉可以嚐到三種口感，先是感到表皮的鬆脆，其次會感到肥肉的甜潤，最後會感到瘦肉的甘香。當然也可以醮一點糖，感覺比較不會油膩，鹹甜並存，互不相讓，可以更為爽口，但是這裡不建議。這道菜講究的是皮脆、肉嫩、肥瘦均勻、夠咬勁。噴火龍紅酒具有迷人的花香和黑色醋栗櫻桃果醬，可以除去肥膩感，使得肉質更為香醇。檀木香與東方香料互相交融，濃情蜜意，葡萄酒的木香和香料味可提昇外皮的酥脆滋味。另外濃郁的巧克力、香草咖啡，圓潤飽滿的酒質，也使得瘦肉更為軟嫩多汁，美味雋永，真是完美組合，「萬歲」！

四季桐舍
地址｜浙江省溫州市鹿城區三
友路 124 號

60. Marcassin

瑪卡辛酒莊

　　酒標上有著「野豬戰士」的瑪卡辛紅白酒（Marcassin），是加州膜拜酒中少數以黑皮諾與夏多內為主力的酒莊！它的主人不是不懂Napa卡本內，事實上名莊柯金（Colgin）、布萊恩（Bryant Family）還有瑪特麗妮（Martinelli），都是她驚人釀酒成績的不同篇章。但是最後她選擇了Sonoma Coast落腳，與精於葡萄園管理的老公John Wetlaufer共同打造了Marcassin（法文意為「年輕的野豬」），量少質精，專精勃根地品種。

　　瑪卡辛的主人是誰？她就是加州膜拜酒教母級的海倫杜莉（Helen Turley），從她手中出現的滿分酒、萬元酒，品項繁多，但款款均是收藏家四處搜集的珍品，直到現在仍是拍賣會主力。海倫杜莉在自己擁有的瑪卡辛酒莊，依舊實施單位面積低產量與高密度種植，得到較為集中的果實後，還會等果實極成熟時再予以採摘。釀酒時，白葡萄去梗、紅葡萄整串，再用上死酵母浸泡與法國新桶。這一連串的手法，讓她的酒濃郁而風味豐富，但海倫杜莉確有能力維持酒的均衡，這也讓瑪卡辛酒莊成為許多酒迷心中的加州黑皮諾之后。

　　這是一家年產僅3,000箱不到的小酒莊（10桶），大多數酒僅能在郵寄名單上排隊，聽說上面經常是有5,000個名字在等候。早期，酒莊因為根本沒有自己的

A. 葡萄園 B. Marcassin Chardonnay Marcassin Vineyard系列。C. 釀酒天后 Helen Turley。D. Marcassin Pinot Noir Marcassin Vineyard系列。

釀酒設備與空間，酒都是在Russian River Valley 的Martinelli製作。此莊主力是來自同名葡萄園瑪卡辛園（Marcassin Vineyard），一半黑皮諾、一半夏多內，共有10英畝，可以說是系列作品的主力！稱為瑪卡辛酒莊瑪卡辛園（Marcassin Chardonnay Marcassin Vineyard），這款無敵的美國頂級夏多內白酒最共獲得了7個派克的100分，有：1996、1998、2001、2002、2007、2008、2012和2013。瑪卡辛豬頭夏多內目前應該是美國最強的夏多內白酒，年產量只有400箱，真是少得可憐，價格都在900美金起跳，雖然昂貴，但是一瓶難求！以及 Marcassin Pinot Noir Marcassin Vineyard，這款稀少的黑皮諾更貴，每年只生產600箱，一般上市價格約在1,000美元起跳，算是美國最貴的黑皮諾了，Sine Qua Non 2005年以後已經不釀黑皮諾了，所以不列入考量。這款瑪卡辛豬

頭紅酒獲得了派克兩次100分，分別是2002和2004兩個年份。這就是酒友常說的「Marcassin的Marcassin」：分數高、知名度也高！

　　如今，酒莊共有240英畝葡萄園座落在太平洋側，海拔約1200英呎，可以說是很好的涼爽氣候環境。除了上述的同名葡萄園外，Blue Slide Ridge與Three Sisters兩塊葡萄園則是由Martinelli擁有，由Marcassin租用，以單一園的型式對外發售。Three Sisters的夏多內也釀得很好，派克的分數都在94～97分之間，價格就比「豬頭戰士」親民多了，上市價大約在180～250美金之間。🍾

2021年7月21日（台北）
作者舉辦三大膜拜白酒視訊品酒會，講師：黃老師──酒單：

◇ Kistler Chardonnay Cuvée Cathleen 2012，RP 97
◇ Kistler Chardonnay Kistler Vineyard 2009，RP 98
◇ Marcassin Chardonnay Marcassin Vineyard 2009，RP 98
◇ Kongsgaard Chardonnay The Judge 2015，RP 100
◇ Morlet Family Vineyards Chardonnay Ma Princesse 2015，RP 97
◇ Peter Michael Winery Chardonnay Ma Belle Fille 2008，RP 97
◇ Kistler Pinot Noir Russian River Vineyard 2013

票選冠軍為Marcassin Chardonnay Marcassin Vineyard 2009

2021年7月21日品酒會酒款

地址｜ P.O.Box 332, Calistoga, CA 94515
電話｜ +1 707 258-3608（Marcassin 的語音信箱）
傳真｜ +1 707 942-5633
備註｜ 謝絕公眾參觀

DaTa

Recommendation
Wine

瑪卡辛・瑪卡辛園夏多內白酒

Marcassin Chardonnay Marcassin Vineyard 2013

ABOUT

分數：WA 100
適飲期：現在～2045
台灣市場價：30,000 元台幣
品種：100% 夏多內（Chardonnay）
橡木桶：100% 新法國桶
桶陳：12 個月
年產量：4,800 瓶

品酒筆記

色澤是金黃色的顏色，香氣有橘皮柚皮和青蘋果等水果味，入口時立即呈現清香的韓國水梨、蜜柑、蜂蜜和波羅等甜美氣息，豐富的沁涼礦物質滲透在心頭，完美無瑕。結構完整、層次變化、每個階段都讓人感受深刻，最後停留在喉下的餘韻，更是精采絕倫，無可挑剔。

建議搭配

清蒸活魚、焗烤生蠔、清蒸大閘蟹、清燙小管。

★ 推薦菜單　蔥油活石斑魚

蔥油活石斑魚是道地台灣菜海鮮必點的菜色之一，嚐過的人都大讚不已，這是一道可以讓人回憶的佳餚。這道菜融合了港式做法的巧思和台式的醬汁，食材用的是台灣外海養殖活石斑魚，石斑魚肉結實彈牙，醬汁濃郁，香氣撲鼻。夏多內白酒熱帶水果味可以襯托出石斑肉質的Q嫩肌理，白酒的奶油榛果味和香濃的醬汁互相調和，非常的完美。最後白蘆筍味可以蔥絲互相交疊，使軟嫩的魚肉吃起來有層層不同的變化，滋味美妙。豬頭戰士白酒活潑的酸度、高雅的香氣表現出眾，可以讓海鮮變的複雜又誘人。

雙囍中餐廳（維多麗亞酒店）
地址｜台北市中山區松江路
　　　128 號

61. *Kongsgaard*

康仕嘉酒莊

在美國三大膜拜白酒中（Chardonnay），經過多次的交叉比對，我仍然認為康仕嘉法官園（Kongsgaard Judge）是最精采的，甚至勝於勃根地的Montrachet，尤其是陳年以後，難怪派克稱它為聖杯。法官園從2002年開始，一直到2018年，除了2006年以外，每一年的分數都超過97高分，大部分是99～100分，2013、2015、2016、2017年都是滿分。

約翰·康仕嘉（John Kongsgaard）高中畢業時，也和一般年輕人一樣，懷著一個美國夢來到美國的納帕谷（Napa Valley）。發現納帕有可能成為下一個國際知名的葡萄酒產地後，他清楚的知道文學學位並不會幫助他在釀酒上有多大的幫助，便申請加州大學戴維斯分校學習釀酒，後來他又在聖海倫娜（St. Helena）的著名酒莊紐頓酒莊（Newton Vineyard）擔任首席釀酒師，這對於他日後釀製全美最好的康仕嘉大法官夏多內白酒（Kongsgaard Judge Chardonnay）起了很大的啟蒙。

位在加州納帕的康仕嘉酒莊，家族在當地已有五代之久。早在1970年代，約翰及妻子瑪姬（Maggy）就開始打理名下的大法官園（Judge），為未來的精美品質鋪路，直至1996年，早已聲名遠播的康仕嘉先生四處尋覓，希望選擇一塊心儀的土地來建立自己的酒莊。在他的多方奔走之下終於買下阿特拉斯峰頂（Atlas Peak）的五英畝葡萄園，才正式以康仕嘉（Kongsgaard）為名對外裝瓶出售。當然，旗艦品項大法官園的實力非凡，無論品質、分數或是價格，都獲得市場一

A. 酒莊。B. 酒窖。C. 作者和姪女Ella與釀酒師Evan在酒窖品酒。D. 作者與釀酒師Evan在酒莊合影。

致肯定,自然是愛酒行家收集的對象。基本款的康仕嘉夏多內白酒（Kongsgaard Chardonnay）也釀的相當出色,從1996開始到2012為止,派克的分數都在90分以上到98分之間,美國《葡萄酒酒觀察家》也都在91分到97分之間,兩份酒評看法頗為一致,基本款就能得到這麼高的分數,可見康仕嘉絕非浪得虛名。酒標上的酒標也頗有些來歷,取材於挪威Hallingdal 一座教堂上的壁畫,畫著兩個人抬著很大串的葡萄,如果是旗艦酒大法官系列,就在酒標上多了藍色字的「THE JUDGE」,繪畫的年代距今已近800年;而這座教堂所在地,就是康仕嘉家族的祖先代代耕作的土壤。康仕嘉夏多內白酒,雖說它是「基本級」酒款,但美國出廠價就高達150美元以上,二手市場更是一飛沖天。

康仕嘉除了自己天王級的大法官園,在Napa其它地方也有長期合作契農,生產如希哈與卡本內等紅酒品項,不過夏多內仍是酒莊招牌所在。它一向控制葡萄園

產量以確保品質，採用自然、幾乎不干預的傳統方式釀酒，不使用人工酵母，不澄清、不過濾，整款酒濃郁但仍不失優雅。

　　四十年後，康仕嘉終於實現了他的夢想，各地佳評如潮，美國《葡萄酒觀察家》多次以他為封面人物，尊稱他為「在納帕卡本內中的夏多內大師」（Napa's John Kongsgaard A Chardonnay Master In Cabernet Country），並且稱讚這兩支夏多內白酒是結合了納帕酒莊的文化遺產、歷史悠久的勃根地技術而釀製的頂級佳釀。另外，康仕嘉夏多內白酒2003也是美國《葡萄酒觀察家》2006年度百大第八名，康仕嘉夏多內白酒2010更成為《葡萄酒觀察家》2013年度百大第五名。康仕嘉大法官園自2002～2012年，除2006年之外，連續10年都獲得派克評為95～100的絕頂高分。紅酒拿100分容易，白酒拿滿分卻很難，喝高級白酒的酒友們都懂這個道理。派克先生曾形容「康仕嘉追求如聖杯般的葡萄酒（眾人皆想，但無人能及），他的酒富含意趣、渾然天成。」大法官園被列入全美售價最高的夏多內白酒之一，同時也是美國最好的三大白酒之一，與奇斯樂（Kistler）、瑪卡辛（Marcassin）齊名。康仕嘉已是加州膜拜級的白酒象徵！如此白酒除了酒迷競相收藏外，也是拍賣會中珍品。大法官園一年產量約為2000瓶，這就是標準的車庫酒，如同膜拜酒（Cult Wine）嘯鷹等級的白酒地位。量少質精，找不到，就算有錢也不一定買的到，看到一瓶收一瓶，紅酒好找，白酒難得！

隱藏版Kongsgaard Kings Farm

2007年，John說服Lee Hudson在其廣闊的卡內羅斯莊園內的一塊涼爽的、朝東的、多岩石的地方種植了半英畝的Albariño葡萄；2011年是這款酒的第一個年份。它是用野生酵母在舊的法國橡木桶中發酵，並在酒糟上放置九個月。蘋果酸乳酸發酵（Malolactic fermentation）被阻斷，使酒體明亮集中，像鐳射一樣。從2009開始，Kongsgaard還以烏茲別克鋼琴家Yefim Bronfman的名字生產了一款名為Fimasaurus的卡本內／美洛（Cab／Merlot）葡萄混釀葡萄酒。這款酒是由一噸重的卡本內和美洛葡萄串組成，這些葡萄串都是在採收的第一天就從結實的葡萄樹上採摘下來的。它比Kongsgaard的旗艦酒款Cabernet更加濃郁、深沉和憂鬱。

Kings Farm是挪威文Kongsgaard的譯文

Kings Farm葡萄酒是康士嘉酒莊的「弟弟、妹妹」，僅不定期裝瓶，而且產量稀少。Kings Farm的葡萄酒僅供應給康士嘉酒莊郵寄名單上的顧客。

DaTa

地址｜4375 Atlas Peak Road, Napa, CA 94558, USA
電話｜707 226 2190
傳真｜707 2262936
網站｜www.kongsgaardwine.com
備註｜不接受參觀

Recommendation
Wine

康仕嘉大法官園

Kongsgaard Judge 2008

ABOUT

分數：WA 97
適飲期：現在～2040
台灣市場價：25,000 元
品種：夏多內（Chardonnay）
橡木桶：100% 法國新橡木桶
桶陳：22 個月
瓶陳：12 個月
年產量：3,500 ～ 4,500 瓶

🍷 品酒筆記

這款大法官夏多內白酒派克打了很高的分數，必須有一段時間來醒酒，比基本款的酒來得豐腴，顏色是秋收的稻草金黃色，剛開瓶後聞到的是奶油焦糖香，經過三十分鐘以後，花香慢慢的綻開、爽脆的礦石味混合著熱帶水果：木瓜、香瓜、鳳梨及芒果等香氣一一呈現，杏仁、核果，最後是蜂蜜的香甜，難以忘懷的尾韻，驚人的複雜度和層次感應該可以在陳年十五年以上。

🍴 建議搭配

生蠔、鹽烤處女蟳、海膽、清蒸魚。

★ 推薦菜單　智利活鮑魚

海世界的海鮮就是以生猛活跳聞名，今日這隻活鮑魚來自智利的太平洋，新鮮甜美。這麼新鮮的海鮮已經不需要太多繁複的燒製，直接以清蒸的方式再淋上醬汁，一口咬下去，又嫩又Q，鮮甜肥美，愛不釋口，有海洋的鹹味道，但絕不腥羶。今日我們用比較好的美國夏多內白酒來搭擋，實在是恰到好處，這支老年份的康仕嘉大法官系列不愧式招牌酒，強而有力，果味豐富，酸度平衡，層次分明，鳳梨和香瓜的果香中和了海洋的鹹甜，交融得五體投地。奶油焦糖杏仁更將活鮑魚的肉質提升到更高深的境界，讓吃到這道菜的朋友由衷的讚不絕口，好酒配好菜，相得益彰，真是快活！

台北海世界海鮮餐廳
地址｜台北市農安街 122 號

62. *Kistler Vineyards*

奇斯樂酒莊

「勃根地僧侶400年前就找到最好的葡萄園了，美國可能找得到，也可能找不到。」——Geoff Labitzke MW

2019年9月4日下午採訪美國三大膜拜白酒奇斯樂酒莊（Kistler），喝過那麼多的Kistler白酒，還是第一次喝到Kistler 礦泉，來到酒莊先喝的是水。這天下午來接待的是奇斯樂酒莊的行銷和酒莊總監，同時也是葡萄酒大師（Master of Wine）Geoff先生，很少見到葡萄酒大師會被聘到酒莊工作的，這位大師非常親切，很詳細的介紹奇斯樂酒莊的歷史背景和葡萄園的布局，地理環境，又帶我們到葡萄園解說葡萄的生長與收成，真的是太專業了。

當天也提供了四款奇斯樂酒莊的紅白酒給我們品嚐，因為聽了入神，就忘了寫下品嚐記錄，或許是我對Kistler 的酒太熟悉了，專心聆聽大師解說比較重要，不能錯過學習的機會。大師說：勃根地僧侶400年前就找到最好的葡萄園了，美國可能找得到，也可能找不到。非常有哲理，而且深奧。

A.葡萄園。B.夏多內葡萄。C.Kistler酒莊莊主Steve Kistler。

A
B | C

以下是當天與葡萄酒大師（MW）Geoff的訪談內容整理：

史蒂夫・奇斯樂（Steve Kistler）1979開始釀製Kistler Dutton Ranch Chardonnay，當時離開了Ridge。

很多人都已經在釀Chardonnay白酒，史蒂夫希望釀出更好品質的夏多內白酒，所以用勃根地分級的方式，採取獨立園做法，種植15年後才分級，不好的單一園會被打下來成為一級園，然後不好的一級園也會被打下來成為村莊級，但是品質仍然很重視。

Kistler葡萄採收後大小顆葡萄會一起壓榨，盡量保持葡萄的酸度，所以壓榨時壓力只有一般的一半。

Kistler的葡萄園越來越老，產量也越來越少。其中單一園的Vine Hill Vineyard都是聖喬治老藤，新的藤也有20～30年的樹齡，凱薩琳（Cuvee Cathleen）的葡

酒莊房子

萄是從Kistler Vineyard分出的一小塊葡萄田，因為日照也會不一樣，每年產量不超過3000瓶。

Kistler都是夜間採收葡萄，採收的工人都有10年以上的經驗，以確保葡萄能迅速和完整的採收。

2018的Vine Hill因為品質不夠好，有600箱會打下來成為榛果園。

kistler走的是細緻路線，很嚴格的管控每一細節，挑選葡萄，單一園會打下成為一級園，但不是二軍。

1978年，奇斯樂酒莊（Kistler Vineyards）由史蒂夫‧奇斯樂和他的家人在瑪亞卡瑪斯山（Mayacamas Mountains）建立了酒莊，奇斯樂酒莊是位於在俄羅斯河谷（Russian River）的一家小而美、具有家族企業色彩的酒莊，專精於釀造具有勃根地特色的夏多內和黑皮諾。在1979年產出第一個年份的酒，年產量只有3,500箱。史蒂夫‧奇斯樂畢業於史丹佛大學，就讀過加州戴維斯大學，並且在尚未建立奇斯樂酒莊之前，1976年曾在Ridge酒莊當過2年保羅‧德雷柏（Paul Draper）的助手。另一位總管馬克‧畢斯特（Mark Bixler）最主要為奇斯樂酒莊的經理人，負責酒莊的一切事務。在剛開始的十年，他們很幸運的從納帕和索諾馬地區的兩家頂級酒莊獲得夏多內的葡萄品種。陸續在1986年杜勒（Durell）葡萄園、1988年麥克雷（McCrea）葡萄園開始生產夏多內白酒。1993年租到麥克雷葡萄園，並且開始經營。1994年在卡納羅斯（Carneros）著名的修森（Hudson）和希德（Hyde）葡萄園生產夏多內白酒。

奇斯樂酒莊的夏多內是由法國傳統手法釀造，搭配釀酒師的手藝，完全呈現在酒體上。奇斯樂酒莊的夏多內有一個明顯的特色，完全使用本身和人工養殖的酵母在桶內發酵，並放置於50%新的法國橡木桶與發酵的沉澱物接觸，經歷過第二次發酵，不要過濾，並放置橡木桶11～18個月。它的夏多內以勃根地為師，整串壓榨，乳酸發酵時間長而緩慢，再利用法國小橡木桶陳化，新桶比約為一半，不過濾也不澄清，陳年實力極佳。早期奇斯樂的口感濃郁集中，成熟豐富的果香，讓它成為加州夏多內白酒代言人，近年它的身形略為細瘦，但又有幾分纖細優雅，性感迷人。

奇斯樂的葡萄部分自有，部分收購，產量一直在擴充，但品質卻持續提升。即使它的夏多內酒至少有10個園，奇斯樂園（Chardonnay Kistler Vineyard）年產量900～2,700箱、麥克雷園（McCrea）年產量1,800～3,600箱、葡萄山園（Vine Hill）年產量1,800～2,700箱、杜勒園（Durell）年產量900～1,800箱、以史蒂夫女兒命名的凱薩琳園（Cathleen）沒有年年生產，年產量不超過500箱，算是酒莊最招牌的一款酒，從1992～2012二十個年份派克的分數都在94分以上到100分，其中2003打了98～100分，2005打了96～100分，而且派克自己說：常常把奇斯樂夏多內當成勃根地的騎士蒙哈謝或高登查理曼白酒，可見奇斯樂白酒有多難捉摸而迷人！

奇斯樂的豐功偉績，從Neil Beckett的「1001款死前必喝的酒」，美國《葡萄酒觀察家》，到《紐約時報》的酒評專欄都有記述。它既是派克欽點的「世界最偉大酒莊」之一，陳新民教授《酒緣彙述》第45篇〈美國白酒的沉默大師〉內容，也是被公認「價格最適當的膜拜酒」，美國人認為是最好的美國三大白酒之一。奇斯樂是一間少數兼有膜拜酒水準與「適當產量」的頂級限量酒莊，到現在仍然是很難買到，它以前的售價就不便宜，但遠比膜拜酒客氣的多。任何場合，如果缺少一款白酒，當你拿出來與酒友分享，不但是面子十足也增添了酒桌上的風采。▮

左：作者和Kistler行銷總監同時也是MW的Geoff Labizke先生合影。右：作者收藏的40週年1.5公升Kistler Vine Hill Vineyard 2019。

作者收藏Kistler Chardonnay Cuvée Cathleen 2013

2021年7月21日（台北）
作者舉辦三大膜拜白酒視訊品酒會，講師：黃老師——酒單：

◇ Kistler Chardonnay Cuvée Cathleen 2012，RP 97
◇ Kistler Chardonnay Kistler Vineyard 2009，RP 98
◇ Marcassin Chardonnay Marcassin Vineyard 2009，RP 98
◇ Kongsgaard Chardonnay The Judge 2015，RP 100
◇ Morlet Family Vineyards Chardonnay Ma Princesse 2015，RP 97
◇ Peter Michael Winery Chardonnay Ma Belle Fille 2008，RP 97
◇ Kistler Pinot Noir Russian River Vineyard 2013

2021年7月21日品酒會酒款

地址｜ 4707 Vine Hill Road, Sebastopol,CA 95472
電話｜ 707 823 5603
傳真｜ 707 823 6709
網站｜ http://www.kistlervineyards.com
備註｜酒莊不對外開放

奇斯樂凱薩琳夏多內白酒

Kistler Chardonnay Cuvée Cathleen 2012

ABOUT

分數：WA 97
適飲期：現在～2040
台灣市場價：12,000 元
品種：夏多內（Chardonnay）
橡木桶：50% 法國新橡木桶
桶陳：18 個月
瓶陳：6 個月
年產量：3,000 瓶

🍷 品 酒 筆 記

凱薩琳（Kistler Chardonnay Cuvée Cathleen 2012），本區是Sonama最涼爽的一個產區，得海風之助，氣候涼爽而酒質細緻，荒瘠的砂地讓其酸度自然、明亮，整款酒在固有的桃李香氣外，另有核果類的層次與榛果暨奶油香。2012年份的 Cuvée Cathleen有著近年來最令人滿意的表現：金黃色帶翠綠的酒液，香氣複雜，礦物風綿綿柔細，交織著柑橘、鳳梨、芒果的纏繞，釋放出核果類的芳香。過程中可感受葡萄乾、水蜜桃的甜酸度，結尾的煙燻焦糖味久久不散，餘韻悠長持續不斷，細緻優雅，真的會讓人誤認為勃根地騎士蒙哈謝（Chevalier Montrachet）夏多內，也是一款不可多得的白酒。

🍴 建 議 搭 配

清蒸石斑、水煮蝦、生魚片、握壽司、生蠔。

★ 推 薦 菜 單　清蒸大閘蟹

大閘蟹產於江蘇陽澄湖、太湖、上海崇明島，以陽澄湖最為知名，所以大部分的蟹都自稱為陽澄湖出產，實際上百分之九十都不屬於這個產地。在中國，蟹作為食物已經有4,000多年歷史了。中國人善於吃蟹煮蟹，通常以清蒸為主，佐以醋汁去腥，這是吃蟹不失原味的最佳方法，中國人認為蟹是全天下最美味的食物。中國一年所產的大閘蟹估計有五十億隻，這個龐大的數字包含中港台三地吃下肚的數量，由此可見每年的中秋時節中國人最大的活動就是啖蟹。食用大閘蟹的最好時期在每年10～11月，9月母，10月公。說的是農曆9月吃母蟹的蛋黃膏，10月吃公蟹肥美飽滿的肉。優質的大閘蟹紫背、白肚、金毛，蟹足豐厚飽滿，絨毛堅挺，眼睛閃爍靈活。美國的夏多內白酒一向以飽滿豐腴著稱，這款奇斯樂酒莊的酒也不例外，酒中的核果芳香與蟹黃膏恰逢敵手，難分難解，互相襯托，酒與膏愈盡香醇。白酒的焦糖奶油香搭配鮮甜的蟹肉，讓整個蟹肉嚐起來結實有彈性又不腥羶，肉質的肥美和甜嫩更不在話下。整隻蟹讓這款白酒侍候得服服貼貼，讓酒喝的有感覺，蟹吃的有味道，原來除了中國黃酒以外，美國白酒也是大閘蟹的絕配。

南伶酒家
地址｜上海市岳陽路 168 號

63. Dominus Estate

多明尼斯酒莊

　　多明尼斯酒莊（Dominus Estate）的座右銘是：「納帕土地，波爾多精神。」在美國要找到一支像波爾多的酒，首推是多明尼斯這款酒。說到這款酒就不得不提彼得綠酒莊（Pétrus）的莊主克莉斯汀木艾（Christian Moueix），因為多明尼斯酒莊是他一手建立的。多明尼斯是一座具有歷史的葡萄園，就是眾人所稱的納帕努克（Napanook）。約翰丹尼爾（John Daniel）在1946年買下這個酒莊，1982年丹尼爾的兩個女兒瑪西史密斯（Marcie Smith）和羅賓萊爾（Robin Lail）與克莉斯汀木艾合作建立了多明尼斯酒莊，木艾先生又在1995年把她們的股份都買下，成為酒莊唯一的擁有者。二十世紀60年代後，當木艾先生還在美國加州大學戴維斯分校上學的時候就瘋狂地迷戀上了美國納帕谷（Napa Valley）以及這裡的葡萄酒。回到法國後，木艾對納帕谷的喜愛卻一直沒有淡忘。1981年，他很渴望有一座自己創立的酒莊，看中了揚維爾（Yountville）西邊面積約為124英畝的納帕努克葡萄園。揚維爾在二十世紀40～50年代已經是納帕谷地區主要的葡萄酒產區。木艾選擇了Dominus或者Lord of the Estate來作為酒莊的名字，這兩個詞在拉丁語中的意思是「上帝」或「主的房產」，以此來強調他將會長期致力於管理和守護這塊土地，後來決定了用多明尼斯（Dominus），這就是酒莊名字的由來。

A | A．酒莊葡萄園。B．酒莊建築。C．歷經三個不同時期的酒標。
B | C

多明納斯酒莊是木艾（Moueix）家族在美國的第一個酒莊，對其重視程度可想而知，尤其前面又有一個木桐與蒙大維合作的「第一樂章」（Opus One）專美於前，他們當然想迎頭趕上。於是他們請來了克里斯菲爾普斯（Chris Phelps）、大衛雷米（David Ramey）和丹尼爾巴洪（Daniel H.Baron）等一流釀酒師陣容來指導。後來改為原彼得綠酒莊（Château Pétrus）的釀酒師珍克勞德貝魯特（Jean-Claude Berrouet）擔起重責，加上包理斯夏珮（Boris Champy）和珍瑪麗莫瑞茲（Jean-Marie Maureze）的幫助，在大師的指導之下，葡萄的生長得到細心的呵護，1983年迎來了第一批收成，並且一上市就獲得各界好評。

多明尼斯酒莊本身是由瑞士著名的建築師赫佐格和梅隆（Herzog & de Meuron）所設計的，其獨特的設計引來很多不同的評論，抽象與現代並存，這也是對建築很有興趣的木艾所要的風格，此建築物是由納帕的岩石所建、再用細鐵絲網

左：作者參觀酒窖和經理合影。中：再度換回莊主人像的Dominus Estate 2013酒標。
右：Dominus 另一款酒Napanook 2016。

將其圍住，從外看進去是整片葡萄園的寬闊視野，和周邊的風景可以結為一體。葡萄園面積為120英畝，園內土壤以礫石土壤和粘土為主，種植的品種為80%卡本內蘇維翁、10%的卡本內弗朗、5%的美洛和5%的小維多，完全以波爾多品種為主。

　　熱愛藝術、歌劇、建築、文學和賽馬的克莉斯汀木艾先生曾經說過：「希望能花二十年的時間在納帕釀出頂級好酒。」事實上，經過十年後也就是1991年多明尼斯已經可以釀出世界級的好酒，這一年的分數派克先生打出了98分高分。這個酒莊流著的是和彼得綠同樣的血，也是木艾先生胼手胝足一步一腳印所創立的酒莊，無論在品質與聲譽上都不能有所差池，就如同首釀年份1983開始就將木艾先生的頭像放在酒標上一樣，是對這支酒的承諾，雖然其中更換了四次，但一直沿用到1992年才換成現在的酒標，而木艾的簽名還繼續留著，這也是木艾先生個人對多明尼斯的一種鍾愛和掛保證。當木艾先生2008年獲得《品醇客》年度貢獻獎時，個性低調的他，幾乎要成為第一位不願意授獎的得獎者，後來他知道自己是第一位波爾多右岸的得獎者，才願接受獎項和訪問，在他之前獲獎的有義大利安提諾里先生（Marchese Piero Antinori）、美國蒙大維先生（Robert Mondavi）、義大利哥雅先生（Angelo Gaja）、德國路森博士（Emst Loosen）、隆河積架先生（Marcel Guigal）、波爾多二級酒莊的巴頓先生（Anthony Barton）等不同國家的大師，這是一個在葡萄酒界最高的榮譽。

　　多明尼斯葡萄園這幾年有相當大的異動，原摘種方位為「東向西」，從2006年開始移植變更葡萄摘種方位為「南向北」，將一半的葡萄園銷毀重整土地，只留下最精華的葡萄園區，這是個非常艱辛又費時費力的大工程，葡萄收成量因移植及重新摘種，葡萄藤逐年遞減，年產量銳減只剩1/3，從每年九千箱降至三千九百箱，2010僅剩三千箱，2010年的產量是自1984年以來產量最少的年份，量少質

精，並獲得派克先生評為第一個100滿分，喊出了「Bravo」的驚嘆！以台灣來說僅僅分配到三十箱的數量，真可謂是奇貨可居啊！這幾年來多明尼斯品質爐火純青，各種佳評不斷，除了2001～2010派克連續十年都給予95分以上高分，更值得一提的是，1994年份的多明尼斯被評為「世紀典藏年份」，此酒也獲得派克評為99高分肯定。如今，多明尼斯酒莊在美國市場的拍賣價屢創新高，已成為加州天王級酒莊，創辦人克莉斯汀木艾先生功不可沒，所謂「強將手下無弱兵」。

2019年9月4日早上採訪多明尼斯酒莊，喜出望外的由酒界神級柏圖斯（Pétrus）莊主克莉斯汀木艾（Christian Moueix）親自接待。

今天一早前往第一次拜訪，也是黃老師非常喜歡的美法合作的早期膜拜酒莊，從未想過多明尼斯莊主，同時也是世界神級酒莊柏圖斯莊主，也是每個酒友偶像的Christian Moueix會在美國親自來接待，真是喜出望外，備感榮幸！

進入酒莊第一道大門，當我要走進葡萄園，遠遠就見到一位很熟悉又溫文儒雅的老先生，我馬上斷定就是他，心中小鹿亂撞，心臟有如初戀般的噗通噗通跳動，真的太感動了。首先遞上台灣的高山烏龍茶和我的《相遇在最好的年代》一書，然後像歌迷般的要求照相和簽名，難得機會，錯過就不知道要等何年何日了！也不要顧什麼形象了。

進到酒莊，Christian先領我們來到葡萄園，細細的解說整個多名尼斯葡萄園的種植、照顧、採收，並且特別強調，這些照顧葡萄園的工人全部是專職，而不是臨時工。他還告訴我們，日照、溫度、風向、葡萄葉子、結果、樹藤……等等，一些以前我所不知道的種植學，非常鉅細靡遺，由他的身上，您可以看出他在釀酒方面的專精與堅持，難怪柏圖斯能成為神酒，真的不只傳說。

左：作者與莊主木艾先生合影。右：莊主解說葡萄園。

葡萄已經成熟了

　　Christian給我們葡萄前端和後端試吃，說明不同的日照有不同的酸度：一串葡萄有幾顆葡萄？你知道嗎？2017年Napa受到熱浪和火災的侵襲，非常艱困，我們火災前就已經採收，受傷不大。2010年開始用光學儀器分類，精準度更細。我們站在最好的一塊葡萄園，藤深入地下很長，互相競爭，葡萄才會好。

　　Christian提出四個釀酒最重要的部分：複雜、純淨、平衡、個性。這真是學習葡萄酒的圭臬，至理名言。

　　多明尼斯酒莊建築是由瑞士建築師所設計，和北京鳥巢是同一位建築師，當初Christian想建一座隱形的酒莊，但不能建在地底下，所以就建在莊園中心，因為這裡剛好是沙地，也不能種葡萄，酒莊靠這些石頭透氣，所以沒有裝冷氣，但卻能保持冬暖夏涼的溫度。

　　在酒莊品嚐了兩款酒：Napanook 2016，清涼薄荷、煙燻、礦物、青色木質、像個硬漢，不像美國酒甜膩；Dominus 2016，黑色果香、黑檀木、東方香料、咖啡、煙燻火腿、圓潤、結構完整、平衡、精準，也不甜膩，又比波爾多好喝，也不像美國酒，更有深度。🍾

2007年以後多明尼斯WA超過97分的年份：

2007:WA 98／2008:WA 98／2009:WA 99／2010:WA 100／2012:WA 98+／2013:WA 100
2014:WA 97／2015:WA 100／2016:WA 100／2017:WA 97+／2018:WA 99+／2019:WA 98

DaTa

地址｜ 2576 Napanook Road Yountville ,CA 94599
電話｜ 707 944 8954
傳真｜ 707 944 0547
網站｜ http://www.dominusestate.com
備註｜需要有人引薦才能參觀

Recommendation
Wine

多明尼斯
Dominus Estate 1990

ABOUT

分數：RP 95
適飲期：現在～2040
台灣價格：15,000 元
品種：82% 卡本內蘇維翁（Cabernet Sauvignon）、10% 卡本內
　　　弗朗（Cabernet Franc）、4% 美洛（Merlot）、4% 小維多
　　　（Petit Verdot）。
橡木桶：50% 全新法國橡木桶
桶陳：18 個月
瓶中陳年：12 個月
年產量：100,000 瓶

🍷 品酒筆記

1990的多明尼斯是個偉大的年份，充滿了不可能的驚奇，也是
美國酒中的異數，幾乎每個酒莊的分數都很高。漂亮的磚紅
色澤，提供了品嚐者想喝的慾望。濃郁而不肥膩，香氣集中，
單寧如絲，結構完整，厚實的酒體中仍能感受到細緻的內涵，
有波爾多松露氣息、雪松和明顯的加州李子，陸續報到的是
一群黑色水果：黑醋栗果醬、黑櫻桃、藍莓和黑莓，中段有微
微的紫羅蘭花香，東方香料，烘培咖啡豆和泥土芬芳，結束謝
幕時的餘韻令人陶醉，停留在口中的果味花香久久不散，這
款酒展現出優雅的韻味和豐富的複雜度，多層次的變化，已
經達到完美臻善的成熟度，以這款酒的強度來說，應該還有
十五年以上的潛力。

🍴 建議搭配

烤羊腿、上海紅燒肉、台式蔥爆牛肉、醬肉、乾煎牛排。

★ 推薦菜單　牛雜滷水拼

這是一道非常簡單又入味的平民下酒菜，在香港的大街小巷幾乎
都看的到，潮式的做法和港式有點不同，我們這道是屬於港式的
做法，一般會加在做好的米粉中，有些客人是單獨切盤配之。潮州
菜用滷汁和各種香料燜製後，晾涼後切片食用。香港人則將所有
牛雜在滷汁中滷煮，煮到熟透，客人點什麼就直接取出切片食用，
熱騰騰的牛雜端上桌，味道比起冷的潮式做法來的可口多了。港式
做法其滷味醇厚，香氣撲鼻，軟嫩可口。我們選擇了這款有波爾多
濃郁氣息的酒款來搭配滷水牛雜可達到前所未有的效果。紅酒中
的東方香料可以讓滷汁更加鮮美，豐富的黑色水果可以帶出牛筋
的彈滑，紅酒中的單寧可柔化牛腩中的肉質，紫羅蘭花香讓牛肚
達到鮮而不腥，口感活潑而不膩，酒與菜互相拉扯與平衡，使味蕾
產生多層次的變化，妙不可言，欲罷不能！

潮興魚蛋粉
地址｜香港灣仔軒尼斯道 109 號

64. *Heitz Cellar*

海氏酒窖

1961年海氏酒窖（Heitz Cellar）在聖海倫那（St.Helena）買下第一個葡萄園，剛成立時整個那帕山谷（Napa Valley）只有幾家零星的酒廠。在創辦人Joe & Alice Heitz 夫妻及其家族經營下，堅持傳統釀造高品質葡萄酒的信念，每款酒都是細心呵護，有如母親對孩子的關懷。自1961年Joe & Alice Heitz 夫妻以8英畝大小葡萄園創建起，到目前為止已經擴充到一千英畝的葡萄園，第三代掌門人哈里森（Harrison Heitz）告訴我：其中四百英畝是混種的葡萄，六百英畝則是單一葡萄園，分別用來釀製「路邊園」（Trailside Vineyard）和「瑪莎園」（Martha's Vineyard）兩種酒，1964年並在聖海倫納東方Taplin收購了160英畝的土地，作為新的酒廠腹地。而一開始的海氏酒窖（Heitz Cellar）土地產權是源自於1880年的Anton Rossi家族。其中有一個1898年用石頭所建的美麗酒窖，到

A
B | C | D

A . 瑪莎園Martha's Vineyard。B . 酒莊門口掛有一幅酒標標誌。C . 作者在酒莊門口與兩位莊主合影。D . 作者頭上戴的帽子，是酒莊特別贈送的。

現在仍繼續為Heitz Cellar海氏酒廠窖藏並陳年好酒。海氏家族成員皆對葡萄酒有強烈的熱愛，尤其長子大衛（David Heitz），不但拿到州立大學葡萄酒學位，並於1974年獨自成功的釀出舉世聞名的瑪莎葡萄園，這也成為海氏酒窖的招牌酒。大衛是一個非常敦厚木訥的釀酒大師，不太喜歡説話，他的兒子哈里森説：父親跟著祖父在酒莊內工作超過四十個年頭，從1970年開始學習釀酒，主要還是以傳統為主，他覺得對酒的認知要很足夠，對酒的堅持要很持續，完全以葡萄園來耕作，不迎合流行，不以分數為主，以傳統的釀酒方式來釀出最好的酒。他又説：他們和其他酒莊的不一樣，釀製波特酒的不一樣、種植的不一樣、沒有科技化。哈里森還告訴我二個小故事：因為祖母喜歡喝葡萄牙的波特酒（Port），所以父親特別從葡萄牙引進釀製波特酒的品種到美國來種植，並且買很多有關釀製波特酒

的書，目前已經生產了很多年的海氏酒窖波特酒，這真是一個令人感動的故事。另外一個是海氏酒窖酒標的故事，當時，父親看到爺爺在酒窖中工作，就拿起畫筆來畫爺爺釀酒的身影，後來經過家族討論，就成為今天酒瓶上的酒標了，又是一個美麗動人的故事。海氏酒窖總共釀製十一款酒，其中最為人津津樂道莫過於瑪莎葡萄園，1974年開始放上自己的葡萄園，在年份較好的時候會用特別的酒標，如1974、1985、1997和2007四個年份。瑪莎園必須在大的橡木桶陳年一年，小的橡木桶陳年兩年，瓶中再陳年十八個月，總共四年半的陳年才會問世，果然是一款不輕易出手的寶刀。值得一提的是美國《葡萄酒觀察家》雜誌在1999年選出上個世紀最好的十二款夢幻酒，而海氏酒窖的瑪莎園（1974）就是其中一款。名單如下：Château Margaux 1900、Inglenook Napa Valley 1941、Château Mouton-Rothschild 1945、Château Pétrus 1961、Château Cheval-Blanc 1947、Domaine de la Romanée-Conti Romanée-Conti 1937、Biondi-Santi Brunello di Montalcino Riserva 1955、Penfolds Grange Hermitage 1955、Paul Jaboulet Aine Hermitage La Chapelle 1961、Quinta do Noval Nacional 1931、Château d'Yquem 1921和Heitz Napa Valley Martha's Vineyard 1974。英國最具權威的葡萄酒雜誌《品醇客》也選出此生必喝的100支酒，海氏酒窖的瑪莎園（1974）也入選為名單之中。海氏酒窖的瑪莎園同時也是美國葡萄酒雜誌《Fine》所選出六款一級超級膜拜酒之一，這六款為：哈蘭酒莊（Harlan Estate）、嘯鷹園（Screaming Eagle Cabernet Sauvignon）、柯金酒莊（Colgin Cabernet Sauvignon Herb Lamb Vineyard）、布萊恩酒莊（Bryant Family Cabernet Sauvignon）、阿羅侯（Araujo Cabernet Sauvignon Eisele Vineyard）和海氏酒窖（Heitz Napa Valley Martha's Vineyard）。世界上能同時獲得這三項殊榮的唯有海氏酒窖。

2017年11月6日（上海浦東四季酒店）
波爾多1945品酒會（10款酒7個人喝，每人付48,000人民幣）──酒單：

◇ Krug 1990
◇ Haut Brion Blanc 1985
◇ Lafite Rothschild 1945
◇ Latour 1945
◇ Mouton Rothschild 1945（WS 上世紀最好的12款酒）
◇ Margaux 1945
◇ Haut Brion 1945
◇ Cheval Blanc 1945
◇ Heitz Cellar Martha's Vineyard 1974（WS 上世紀最好的12款酒）
◇ Yquem 1921（WS 上世紀最好的12款酒）

2017年波爾多1945品酒會酒款

2021年台北審判酒款

2021年11月22日（台北）

作者舉辦一場台北審判，經過45年的再度驗證──美法大戰酒單：

◇ Kongsgaard Judge 2010（白酒）（康士嘉法官園）（和主題有關）
◇ Haut Brion 1970（原1976年巴黎品酒會酒款）
◇ Mouton Rothschild 1970（原1976年巴黎品酒會酒款）
◇ Lafite Rothschild 1970（代替原1976年巴黎品酒會的Léoville Las-Cases）
◇ Château Latour 1970（代替原1976年巴黎品酒會的Château Montrose）
◇ Stag's Leap Wine Cellars 1974（原1976年巴黎品酒會為1973）
◇ Heitz Wine Cellars Martha's Vineyard 1974（原1976年巴黎品酒會為1970）
◇ Ridge Vineyards Monte Bello 1977（原1976年巴黎品酒會為1971）
◇ Freemark Abbey Winery 1990（原1976年巴黎品酒會為1969）
◇ Robert Mondavi Cabernet Sauvignon Reserve 1974（代替原1976年巴黎品酒會的Clos Du Val Winery）
◇ Beaulieu Vineyard Private Reserve 1974（代替原1976年巴黎品酒會的Mayacamas Vineyards）
◇ Sterling Vineyards 1974（加碼酒款）

票選結果

第一名還是美國酒，11票毫無雜音一致通過，給了上個世紀最好的12款酒之一的Heitz Wine Cellars Martha' Vineyard 1974。

第二名Haut Brion 1970。

第三名Mouton 1970和BV 1974並列。

Chapter 2 ──── 美國篇

391

酒莊裡的花園，莊主親自種了很多種花

特別
推薦

海氏瑪莎園

ABOUT

這四個年份是Heitz 酒莊最好的年份，所以特別用不同的酒標。分別是：1974、1985、
1997和2007年。

DaTa

地址｜500 Taplin Road St.Helena,CA94574
電話｜707 963 3542
傳真｜707 963 7454
網站｜http://www.heitzcellar.com
備註｜每天開放購買和試酒，上午 11：00 ～下午 4：30

Recommendation
Wine

海氏酒窖瑪莎園
Heitz Cellar Martha's Vineyard 1974

ABOUT
適飲期：現在～2033
台灣市場價：80,000 元台幣
品種：100% 卡本內蘇維翁（Cabernet Sauvignon）
橡木桶：100% 全新法國橡木桶
桶陳：36 個月
瓶陳：18 個月
年產量：50,000 ～ 60,000 瓶

品酒筆記

1974的瑪莎園這個世紀年份我總共喝了兩次，第一次是在
2017年的上海四季酒店，第二次是2021年在台北的紅廚義大
利餐廳。醉人的紅磚色當中散發著一股動人的黑色果香，紫
羅蘭的芬芳伴隨著森林中的杉木香，飄散在空氣中，令人心
曠神怡。入口後酒體豐厚，單寧細緻，平衡且飽滿，特殊的尤
加利香、薄荷香味、香草、藍莓、黑醋栗、黑櫻桃，水果蛋糕、
雪松和微微的煙絲，結尾的摩卡咖啡與巧克力的混調更是絕
妙，悠長的餘韻和複雜而多變的味道讓人午夜夢迴，有如一
位風情萬種的封面女郎。

建議搭配
燒烤羊排、牛排、烤鴨、烤雞和燒鵝。

★ 推薦菜單　香港鏞記燒鵝

香港鏞記的燒鵝可以說是去香港旅遊的遊客必訪的一家餐廳，尤
其是由創辦人甘穗煇一手燒製的金牌燒鵝，更是聞名中外，所有
華僑思鄉解饞的代表，而甘穗煇先生亦因此被稱譽為「燒鵝煇」。
1942年就創立的鏞記燒鵝，能歷經七十幾年而不墜，靠的就是這
道招牌菜，餐廳天天門庭若市都是為了金牌燒鵝慕名而來，如不
提早訂位，往往都會鎩羽而歸。這道金牌燒鵝只要端上桌絕對是
眾人的焦點，油油亮亮的黃金脆皮，汁多油滑的嫩肉，再淋上獨家
祕製的醬汁，一看之下就食指大動。今日我們以海氏酒窖的瑪莎
園1974年世紀年份頂級紅酒來配這道名菜，兩者東西方的撞擊立
即擦出火花，紅酒中的松木香可以去除燒鵝的油膩，使肉質更為
柔嫩，而黑櫻桃和藍莓的果香可以與醬汁相輔相成，讓肉汁更為
鮮美，咖啡與巧克力的焦香正好可以讓燒鵝的脆皮更具口感和香
氣，名酒與名菜相得益彰，完美無缺。

香港鏞記酒家
地址 | 香港中環威靈頓街 32-40 號

65. Continuum Estate

心傳酒莊

　　當2003年世界最大的葡萄酒生產商星座集團（Constellation Brands）以13.6億美元全盤收購了羅伯‧蒙大維酒莊之後，蒙大維家族又於2005年建立了新品牌心傳酒莊（Continuum Estate）。這也是提姆‧蒙大維（Tim Mondavi）2003年離開羅伯‧蒙大維酒莊後的第一項投資。提姆還準備在普理查山（Pritchard Hill）建立酒廠，已故加州葡萄酒教父羅伯‧蒙大維先生曾為心傳品牌合夥人，在2008年去世前與家人參觀過酒廠新址。羅伯和提姆又再一次打造新的品牌，他們曾共同創造出世界各地最耳熟能詳的品牌，父親羅伯親自指導，由兒子提姆擔任首席親釀的第一樂章（OPUS ONE）、義大利的露鵲（LUCE）、智利的神釀（Seña），最後兩人回到了此生最愛的那帕山谷，在那帕山谷（Napa Valley）一級黃金地理查山（最昂貴的奧克維爾山丘上）最後一次父子攜手打造的加州超級膜拜酒心傳酒莊。

　　心傳酒莊是一個代表蒙大維家族精神的酒莊，傾所有家族的力量一起投入，沒有回頭路，只許成功，不許失敗的一款酒。蒙大維家族四代，從種植葡萄到釀造出世界頂級的葡萄酒，這段路他們依然熟悉，經過世代相傳，羅伯‧蒙大維先生的兒子提姆和女兒瑪西亞帶領著他們的下一代，並以精緻、品質為目標，投入百分之百的心力，全心全意釀造出單支酒款──心傳（Continuum），象徵著蒙大維家族精神的貫徹與傳承，如同當初打造的第一樂章（Opus One）那樣，正寫著加州葡萄酒另一段經典傳奇故事。

　　2005年蒙大維家族在美國加州納帕谷東面的普理查山購置了原屬（Cloud View）酒廠的85英畝葡萄園，該產區擁有三十多種各不相同的土壤類型。從排水性良好的礫石土壤到220公尺深的岩石、礦石，酒莊行銷經理旺斯（Burke Owens）

A
B | C | D

A. Pritchard Hill葡萄園。B. 酒窖裡的發酵桶，印有作者的名字與日期。
C. 現任莊主Tim Mondavi 與作者兒子黃禹翰在台北合影。D. 作者與莊主Tim Mondavi在酒莊合影。

這些土壤和嘯鷹園（Screaming Eagle）完全相同，都具有不同的深度和結構。心傳品牌2005、2006年份葡萄酒皆採用租賃的加州橡樹村（Oakville）產地葡萄為原料. 據旺斯的介紹，從2007年以後心傳葡萄酒就移到普理查山裝瓶。目前酒莊占地大約是2000英畝，包含四間酒窖和一間用來接待賓客的豪華客廳，客廳上就掛著一張提姆的女兒卡瑞莎（Carissa）的畫，一株金黃色的葡萄樹，而這張畫就用來當成現在的酒標。葡萄園面積總共有350英畝，60英畝屬於心傳酒莊，其他的還沒畫分，用來種植55%卡本內蘇維翁、30%的卡本內弗朗，其餘種植美洛、馬爾貝克和小維多，完全是波爾多的品種。在酒窖外面我看到兩排非常漂亮的橄欖樹，好奇的問旺斯；他告訴我這兩排的樹都已經是百年老樹了，本來提姆建立酒莊時想用來慶祝羅伯·蒙大維先生的百歲壽誕，但是來不及等到，又一段感人的孝順故事。

2013年訪問酒莊時我曾提及流著相同血液的三款蒙大維的美國酒：蒙大維卡本內珍藏酒（Robert Mondavi Winery Cabernet Sauvignon Reserve）（RP 90+）、第一樂章（Opus One）（RP 95）和心傳酒莊（Continuum Estate）（RP 95）三款的2005年生產的酒，我在2010年所喝的感受，三款酒當中我最喜歡的是Continuum 2005。釀酒師卡莉女士（Carrie Findleton）表示感激，她同時告訴我說：目前心傳的產量只有3000箱，將來希望能提高到5,000箱，但是2011年整個納帕氣候都不好，減產了30%，產量不超過3,000箱，而他們每年賣給會員是300箱，其餘才分給世界各國的經銷商。她同時也告訴我現在酒莊並沒有生產白酒的計畫，仍然全心全力的釀心傳這款酒。午餐時，提姆的兒子卡洛（Carlo Mondavi）突然出現與我們共進午餐，一個

看起來像西部的牛仔大帥哥，他告訴我他剛到義大利佛瑞斯可巴第（Frescobaldi）的老城堡尼波札諾（Nipozzano）舉行婚禮，我也說四月份剛去過那裡訪問，並且也祝賀他新婚愉快，而我們一起拍照的時候我又告訴他，我在美國的納帕和你品酒拍照，而您的父親提姆先生卻在台灣的台北和我的兒子禹翰（Hans）一起吃飯合影，這真是不可思議的巧合。席間我們一起品嚐了2006和2011的心傳，兩款酒的葡萄品種比例一樣，釀酒師也一樣，但我還是比較喜歡2006成熟的果醬味道，還有帶著納帕卡本內輕輕的杉木味、藍莓味和巧克力。從2005年的首釀開始到今年剛上市的2011年，我總共品嚐了三個年份的酒：分別是2005、2006和2011年，我個人認為提姆所釀的心傳非常的成功，因為有破釜沉舟的決心，造就這款空前絕後的佳釀，而且我敢大膽的預言，心傳絕對會青出於藍勝於藍，將來的品質一定會超越蒙大維卡本內珍藏酒（Robert Mondavi Winery Cabernet Sauvignon Reserve）、第一樂章（OPUS ONE）、義大利的露鵲（LUCE）、智利的神釀（Seña）等世界佳釀，會成為美國第一級的名酒，如同哈蘭（Harlan）和柯金（Colgin）這樣的名莊，因為他是提姆先生用盡所有心力要流傳後世的一款稀世珍釀。由於提姆先生的決心與堅持，我決定接受他的邀請，成為他在台灣的品牌大使，並且繼續的推廣這款酒給台灣的酒友們品鑑。

　　2016年8月9日早上我再度來到Napa Helena深山中的心傳酒莊。開門迎接的是美國傳奇釀酒師Rabert Mondavi的兒子提姆（Tim Mondavi），他同時也是這個酒莊的莊主。我和Tim是第四次見面了，像是老朋友一樣，有如和Gaja老莊主安傑羅（Angelo）的交情深厚，帶來了他太太喜歡喝的高山茶和澎湖花生糖。他帶我們稍為講解一下Continuum地理和氣候，和我們拍照留念，這位風度翩翩的專業釀酒師在美國釀了第一樂章（Opus One）、義大利釀了鹿鵲（Luce）、智利釀了神釀（Seña），實際上他才是背後的第一代釀酒師，集畢生的精力只做一件事——「釀酒」。再來就由酒莊經理David開著吉普車載我們參觀陡峭的葡萄園，他也講述到了抵抗全球暖化的方法，就是剪葉，讓陽光不要照射太多，生長太快，減少糖度。Tim花了200萬美金來整地，爆破，搬開這些大巨石（如酒神Henry Jayer），只有8公頃的葡萄園，要花十年的時間，才能開始釀酒，真是當成家傳的事業來經營。我們在酒莊品嚐了2013的Continuum紅酒和2015的橄欖油（Olive Oil），都非常棒！🍾

以下是歷年來WA超過97分的年份：

2007：RP 98／2010：RP 97／2012：RP 97／2013：RP 98／2014：RP 97
2016：RP 99／2017：RP 97+／2018：RP 97+／2019：RP 98

DaTa

地址｜1677 Sage Canyon Road. St. Helena, CA 94574
電話｜707 944 8100
傳真｜707 963 8959
網站｜http://www.continuumestate.com
備註｜必須預約參觀

心傳酒莊

Continuum Estate 2005

ABOUT
分數：RP 95、WS 93
適飲期：現在～2045
台灣市場價：12,000 元
品種：65% 卡本內蘇維翁（Cabernet Sauvignon）、其餘卡本內
　　　弗朗（Cabernet Franc）和小維多（Petit Verdot）。
橡木桶：100% 全新法國橡木桶
桶陳：20 個月
瓶中陳年：9 個月
年產量：18,000 瓶

品酒筆記

這是一款提姆先生最喜歡的有著卡本內弗朗比例非常高的酒，卡本內弗朗需要經過熟成的階段；要不然他會帶有點草藥、青梗味，而且也會比較粗糙。

剛開始我聞到了西洋杉、些許的薄荷和輕微的泥土，酒體非常的豐厚飽滿，品嚐到的是黑莓、藍莓、櫻桃的果味，充滿活力而性感，有豐富的香料盒、巧克力、摩卡咖啡、香料味，單寧細緻如絲，整款酒均衡而協調，尾韻帶著迷人的花香和果醬芳香，讓我想起了幾天前所喝的哈蘭園（Harlan Estate）2009，將來一定是一款偉大的酒。

建議搭配

最適合搭配燒烤野味、醬汁滷味，西式煎牛排以及燒鵝。

★ 推薦菜單　野生烏魚子拼燒鵝

燒鵝在香港特別有名，而在台灣最富盛名的莫過於台中的「阿秋大肥鵝」，燒鵝是阿秋大肥鵝的代表作，用台灣式獨特的祕方醃製烘烤，做工繁複，色澤赤紅肉香皮嫩，汁濃骨脆，不油不膩，美味可口，非常誘人。烏魚子是台灣過年飯桌上必有的主角，家家戶戶視為高貴的象徵，經過輕烤過的烏魚子金黃軟Q，微微黏牙，酥軟適中，略有咬勁，風味絕佳。來自Continuum 2005年的首釀，果香豐沛，有黑莓、櫻桃和黑醋栗的濃郁果香，其間或有微妙的丁香和白胡椒味道，入口絲滑，醇厚豐滿，結構強大，與嫩滑豐美的燒鵝搭配，有如天作之合。誘人的花香與薄荷恰逢烤的酥軟金黃烏魚子，不慍不火，既保持了食材的原味，又不會掩蓋烏魚子本身的香醇，相得益彰，堪稱人生最大樂事。

阿秋大肥鵝
地址｜台灣台中市西屯區朝富路
　　　258 號

66. *Opus One
Winery*

第一樂章

1970年，分別是來自美國Robert Mondavi Winery酒莊的莊主羅伯‧蒙大維（Robert Mondavi）以及法國波爾多五大酒莊之一Château Mouton Rothschild的老莊主Baron Philippe de Rothschild（菲利普‧羅柴爾德男爵），他們在夏威夷第一次見面，蒙大維首先提出合作的計畫，並沒有受到菲利普男爵的正面回應。1978年，菲利普男爵邀請蒙大維來波爾多共商大計，討論如何釀出美國最好的第一支酒，於是第一樂章（Opus One）誕生了，從此他們改變了整個美國葡萄酒的世界。

1982年，菲利普男爵選用在音樂上表示作曲家第一首傑作的「Opus」作為酒莊名，兩天後他又增加了一個詞，將其改為現今酒莊名「Opus One」（第一樂章），代表著美法合作首釀的問世，酒標則以兩個側面的頭像交融的剪影為主，彷彿象徵著兩人堅定不移的友誼。

1984年，第一樂章酒莊發行了首釀酒──1979和1980年兩個年份，第一樂章從此作為美國第一個高級葡萄酒，改變了美國人在葡萄酒飲用上的習慣，建立了售價五十美元以上的葡萄酒模式，可說是美國膜拜酒的先驅。

A

B | C | D

A.在Oakville的葡萄園。B.作者與釀酒師一起在酒莊品嚐的Opus One 2005&2010。C.作者與釀酒師麥克在酒窖合影。D.麥克邀請我們在酒莊客廳敘述酒莊歷史。

　　1984年，菲利普男爵及其女兒菲莉嬪‧羅柴爾德女爵（Baroness Philippine de Rothschild）與羅伯‧蒙大維選擇了史考特‧強生（Scott Johnson）作為酒莊的建築設計師。1989年7月，新酒莊破土動工；1991年，酒莊建成，新建築融合了歐洲的典雅和加州的現代元素，算是新法式建築，展現了美法的自由精神，就如同他們的酒一樣，融合了新舊世界的。

　　1985年，首任釀酒師盧西恩‧西努退休後，羅伯‧蒙大維的兒子提姆‧蒙大維成為酒莊的第二任釀酒師。2001年又任命麥克‧席拉奇（Michael Silacci）為總釀酒師，麥克‧席拉奇也成為第一位全權負責酒莊葡萄培植和釀酒的人。這位曾經在鹿躍酒窖（Stap's Leap Wine Cellars）當過釀酒師的謙謙君子，才華橫溢，氣度非凡。他告訴我：2001年以前的釀酒風格比較傳統，以後就比較現代。他覺

得要釀好一支葡萄酒80%來自好的葡萄園，無論是風土、時間（收成）、天氣、土壤都是最關鍵的因素，20%才是釀酒師的專業，而他的釀酒哲學是讓每個人都參與，訓練釀酒團隊所有人以直覺來做決定，其要素有三：第一、過去的經驗決定未來怎麼做，第二、從頭教起，要有熱情要動腦，第三、活在當下，全心關注葡萄樹。在他的領導下第一樂章的品質和價格蒸蒸日上，早已成為世界上老饕餐桌上最有名氣的一款酒了。麥克繼續帶領我參觀整個地下酒窖，這是我參觀過最漂亮的酒

作者收藏六公升的Opus One 1985

窖之一，酒窖內放著一萬個「第一樂章」專用的法國全新橡木桶，一個橡木桶可以裝三百瓶750ml的酒，每個新橡木桶的價值約在兩千五百美金，成本之高令人咋舌！到了品酒室，麥克早就準備好2005&2010兩款美好的「第一樂章」讓我品嚐，他說：「第一樂章」在2001年他來之前總共分為三個時期；1979～1984稱為草創時期，1985～1990為第二時期（由木桐和提姆主導），1999～2000為第三時期，酒都在「第一樂章」酒莊內釀的。2005最能代表這三個時期，為何能代表這三個時期？他們三個時期各有Opus One的架構存在，也有他的內在結構如：巧克力、藍莓、黑莓和草本植物，這也是他要給我試2005的原因（RP 95分）。但是，我個人更喜歡的是2010年的現代感，完全擺脫法式波爾多的拘泥，展現出美國Napa的大格局風土，在這一點我覺得麥克已經成功了。

2005年，星座集團（Constellation Brands, Inc.）收購了羅伯‧蒙大維公司，並占有「第一樂章」酒莊50%的股份，該酒莊由羅柴爾德男爵集團和星座集團聯合控股，此後酒價節節高攀，平民老百姓無法一親芳澤，收藏家前仆後繼的買進，目前已成為全世界最受歡迎的膜拜酒。根據倫敦葡萄酒指數（Liv-ex）6月份的資料，Opus One 2005年份酒的市場價以18.4%的漲幅，2007年份酒的價格也上漲了9.7%。即便是漲幅最低的2009年份酒，其市場價也較之前上漲了1%，2010年份酒出廠價更高達三百美起跳，這樣的優秀表現也讓「第一樂章」成為（Liv-ex）平臺上5大交易明星之一，眾人關注的焦點，亞洲市場上的新寵兒。

OPUS ONE 大事表：

1970年 羅伯‧蒙大維和菲利普‧羅思柴爾德男爵在夏威夷首次見面。菲利普男爵提出創立合資企業。

1978年 菲利普男爵邀請羅伯·蒙大維到木桐酒莊。一個小時內，他們就擬定出計畫的框架。

1979年 木桐酒莊釀酒師盧西恩·西努（Lucien Sionneau）和提姆·蒙大維（Timothy Mondavi）釀出了雙方合作以來的第一種葡萄酒。

1979和1980年 標葡萄酒同時作為Opus One的首發產品推出。

菲利普男爵和女兒菲莉嬪，以及羅伯·蒙大維選擇Johnson, Fain&Pereira的Scott Johnson作為Opus One酒莊的設計工程師。

Opus One收購了占地49英畝的Ballestra葡萄園，該葡萄園緊挨River Parcel，向南延伸至Oakville Crossroad，使整個酒莊的占地達134英畝。

1980年 合作雙方正式宣布成立合資企業。

1981年 羅伯·蒙大維向合資企業出售其知名的To-Kalon葡萄酒的Q地塊，占地35英畝，做為第一個酒莊葡萄園。在納帕谷商協會（Napa Valley Vintner's Association）主辦的第一屆納帕谷葡萄酒拍賣會上，此合資企業所產的單箱葡萄酒賣到了24,000美元，創造了加州葡萄酒的最高價。

1982年 羅伯·蒙大維和菲利普·羅思柴爾德男爵開始設計商標。

1983年 為合資酒莊和額外種植購買了占地50英畝的「River Parcel」農場。農場位於29號高速公路旁的奧克維爾（Oakville）。

他們一致同意選用源自拉丁文的詞做為該合資企業的名稱，這樣無論說英語還是法語的人都能看得懂。菲利普男爵宣布他的選擇是在音樂上表示作曲家第一首傑作的「Opus」。兩天後他又增加了一個詞：「Opus One」。

1985年 盧西恩·西努退休後，木桐酒莊聘帕特里克·萊昂（Patrick Léon）擔任其下一任釀酒師。帕特里克則成為Opus One的合作釀酒師。

Opus One成為美國第一種超高級葡萄酒而聲名遠播，建立了售價50美元以上的葡萄酒分類。

1987年 葡萄酒產量增長到大約11,000箱。

1988年 1月份，完成了第63個波爾多葡萄酒年標後，菲利普男爵在法國去世，享年85歲。菲莉嬪·羅思柴爾德女爵接管家族葡萄生意。

Opus One將其1985年標的部分產品出口到法國、英國、德國和瑞士，這也是出口到這些地方的第一種超高級加州葡萄酒。

1989年 新Opus One酒莊於7月開始破土動工。

1991年 酒莊完成建造。菲莉嬪‧羅思柴爾德女爵和羅伯‧蒙大維家族在Opus One聚會慶祝第一次收穫。

River Parcel葡萄園在抗根瘤蚜蟲的根砧木間重新種植了低產量、高密度的葡萄品種。

1995年 Opus One栽培師在Q塊葡萄園的抗根瘤蚜蟲的根砧木間重新種植了低產量、高密度的葡萄品種。

Opus One的生產能力達到25,000箱，分銷到世界各地，其葡萄的90%以上是酒莊自產。

1999年 Opus One慶祝成立20週年，在Oakville、紐約、巴黎和倫敦分別舉行縱向品酒會慶祝活動。

2004年 酒莊董事會任命大衛‧皮爾森為首席執行官，第一位單獨負責管理Opus One的人。隨後任命邁克爾‧斯拉奇為釀酒師，第一位全權負責葡萄培植和釀酒的人。

星座品牌公司（Constellation Brands,Inc.）收購了羅伯‧蒙大維公司並占有Opus One 50%的股份。

Opus One宣布由精選的波爾多酒商負責執行國際銷售：它是第一款也是唯一一款在波爾多通過「La Place」的加州葡萄酒品牌。

2005年 菲莉嬪‧羅思柴爾德女爵和星座品牌公司總裁及首席營運官羅伯特‧桑茲（Robert Sands）宣布Opus One由菲利普‧羅思柴爾德男爵有限公司和星座品牌公司聯合控股。Opus One在以下三個方面具有獨立執行權：葡萄園管理、國內國際銷售管理以及經營管理。

2011年 隨著亞洲動態優質葡萄酒市場的崛起，Opus One在日本東京和香港設立了代表處。

2012年 為了監督不斷發展的國際業務和與波爾多酒商更緊密地合作，Opus One在法國波爾多設立代表處。

（以上大事表來自酒莊提供資料）

地址｜7900 St. Helena Highway Oakville, CA 94562 USA
電話｜707-944-9442
網站｜http://en.opusonewinery.com
備註｜參觀前請先預約，每天參觀時間上午 10：00 ～ 下午 4：00

第一樂章

Opus One 2005

ABOUT

分數：WA 95、WS 90、RP 95+
適飲期：現在～2040
台灣市場價：15,000 元
品種：88% 卡本內蘇維翁（Cabernet Sauvignon）、3% 卡本內弗朗（Cabernet Franc）、5% 美洛（Merlot）、3% 小維多（Petit Verdot）及 1% 馬貝克（Malbec）
橡木桶：100% 全新法國橡木桶
桶陳：18 個月
瓶陳：16 個月
年產量：25,000 箱

品酒筆記

一款華麗又充滿活力的酒，豐郁而又有深度。深紫紅寶石的亮麗色彩，香氣中有玫瑰花瓣、西洋杉、藍莓、巧克力、白松露、白胡椒、甘草味，仍保留著「第一樂章」特有的風格。舌尖上滑著天鵝般的絲絨單寧，黑醋栗、黑莓、黑橄欖、洋李、肉桂、摩卡咖啡，以及漫漫延長的一縷煙絲和香草味，餘韻細膩而悠長，令人非常嚮往。

建議搭配

燻烤牛羊排、台式滷肉、廣式臘味、紅燒牛腩牛肉也是不錯的選擇。。

★ 推薦菜單　上海紅燒子排 ─────────

這道菜是以上海式的方法烹調，帶點微甜的醬汁與細嫩的子排相結合，入口綿軟，不肥不柴，濃稠而不油膩，這款紅酒的單寧可以柔化子排肉的厚重口感，紅酒中的藍莓巧克力剛好和醬汁融合為一體，更增添了這道菜的新鮮度與平衡感，令人回味無窮！

徐州路 2 號台大會館
地址｜台北市徐州路 2 號

67. Ridge Vineyards

山脊酒莊

　　2014年5月25日受邀來到海拔750公尺的聖十字山（Santa Cruz），山勢十分陡峭，我們沿著山坡一路開上來，彎彎曲曲的山路要開二十分鐘才能到達山頂，「山脊」的意思。這天正逢一年一度山脊酒莊（Ridge）VIP的新酒試酒，有高達五百多位的會員上山來試酒順便也參觀賞舊金山灣的整個風景。這天酒莊準備了烤肉、三明治給大家配酒，酒款有：山脊夏多內白酒（Estate Chardonnay 2012）、山脊卡本內紅酒（Estate Cabernet Sauvignog 2011）、托雷小維多紅酒（Torre Petit Verdot 2011）、蒙特貝羅紅酒（Monte Bello 2013）、蒙特貝羅紅酒（Monte Bello2010）等五款酒，除了最後一款以外，其餘都是剛釋出來的新酒，尤其托雷小維多紅酒是第一次釀出來的酒，這款酒令我感到驚奇與驚嘆，雖然是用強悍不馴的小維多來釀製，但是絲毫不會感到有扎舌的不快或單寧太重的壓力，反而讓人喝出平衡細膩的藍莓、黑莓、櫻桃和香料的愉悅，這款酒將來絕對是酒莊中的奇葩，售價僅五十五美金而已。

A
B	C

A . Ridge酒莊可以俯瞰舊金山市區。B . 作者與釀酒師保羅‧德雷柏在酒莊合影。C . Ridge 四十五度斜坡葡萄園。

　　山脊酒莊（Ridge Vineyards）創建者是原本在史丹福大學從事機械研究的班寧恩（Dave Bennion）。1959年，班寧恩先生買下了一座建於1880年的荒廢葡萄園，自行釀酒，首批用於銷售的葡萄酒生產於1962年。到了1968年，在智利與義大利釀酒的釀酒師保羅‧德雷柏（Paul Draper）加入釀酒團隊，於是山脊酒莊開始走向四十五年的顛峰之路。雖然，1986年山脊酒莊易主給日本大眾製藥有限公司（Otsuka Pharmaceutical Co., Ltd.），但德雷柏先生仍管理釀酒事務，其葡萄酒品質仍保持原有水準。

　　目前，山脊酒莊共計擁有12塊大小不近相同的葡萄園，面積約20公頃，年產各式葡萄酒十七種酒產量六十萬瓶。酒莊最出色的葡萄園為蒙特貝羅（Monte Bello），這個葡萄園在法文中意為「美麗的山丘」。它屬於聖十字山（Santa Cruz Mountains AVA），是加州種植卡本內蘇維翁最冷的地區。園內土壤為排水性甚佳的石灰岩，主要種植卡本內和夏多內。

Judgment of Paris
MAY 24, 1976

the Original Tasting 1976
a new era for California wine

In 1976, Steven Spurrier, an Englishman running a wine shop and wine school in Paris, organized a tasting of six top California cabernets and chardonnays to celebrate the American Bicentennial. He added four Bordeaux wines and four white Burgundies to act as markers against which to evaluate the Californians. The judges were among the best tasters in France, and, to everyone's surprise, chose a California wine over the French for both the red and white flights. The tasting became known as the Judgment of Paris, and ended an era in which it was thought that fine wine came only from Europe. The response of the French judges to the results was that the California wines would not age and the French wines would win if tasted again in 30 years.

the Re-enactment 2006
California wines prove their longevity

On May 24, 2006, a 30-year re-enactment of the Judgment of Paris was organized by Steven Spurrier— this time with simultaneous tastings in London and in Napa. Paralleling the 1976 event, nine expert tasters at each location judged the original red wines, now over thirty years old. The winning wine in both the US and UK was the Ridge Monte Bello 1971. In the combined results, it was in a class by itself— eighteen points ahead of the second-place wine. We were very proud of this elegant Monte Bello's showing on both sides of the Atlantic— especially given the prestige of the tasters. In the UK these included such well-known experts as Michael Broadbent, Hugh Johnson, Jancis Robinson, and Michel Bettane

the Results 1976
points

points	
14.14	Stag's Leap Wine Cellars 1973
14.09	Château Mouton-Rothschild 1970
13.64	Château Montrose 1970
13.23	Château Haut-Brion 1970
12.14	**Ridge Vineyards Monte Bello 1971**
11.18	Château Leoville Las Cases 1971
10.36	Heitz Martha's Vineyard 1970
10.14	Clos Du Val Winery 1972
9.95	Mayacamas Vineyards 1971
9.45	Freemark Abbey Winery 1969

the Results 2006
points

points	
137	**Ridge Vineyards Monte Bello 1971**
119	Stag's Leap Wine Cellars 1973
112	Mayacamas Vineyards 1971
112	Heitz 'Martha's Vineyard' 1970
106	Clos Du Val Winery 1972
105	Château Mouton-Rothschild 1970
92	Château Montrose 1970
82	Château Haut-Brion 1970
66	Château Leoville Las Cases 1971
59	Freemark Abbey Winery 1967

上：Ridge酒莊門口。下：1976巴黎審判品酒會和2006倫敦盲品會成績，Ridge Monte Bello獲得冠軍

當大家都試酒試的差不多時，趁著空檔，我們趕快和釀酒師保羅‧德雷柏（Paul Draper）這位曾在英國葡萄酒雜誌《品醇客》獲得年度風雲人物的大師一起合照，順便請教幾個問題，我想問的是2000年以後的蒙特貝羅為什麼越來越好？有什麼重要的改變嗎？另外，為什麼1995和1996的聖十字山白酒（Santa Cruz Mountains Chardonnay）為什麼可以釀的這麼迷人？他只是淡淡的一笑回答第一個問題說：「蒙特貝羅從以前到現在都沒有改變，我們釀酒的方式就是一步一步的從頭做起，實實在在的種葡萄，照著傳統的釀酒方法，就是這樣。」一個在酒莊做過四十年的釀酒大師崇尚的仍是自然風土，令人肅然起敬。第二個答案是聖十字山白酒的葡萄園。屬於涼爽的氣候和碎石灰石土壤，造成葡萄比較晚熟，果味比較集中，釀出來的白酒具有複雜度和濃郁感。

2016年8月5日早上九點就來到2006年巴黎盲品會的冠軍山脊酒莊。1976年第一次比賽時他是第五名，經過三十年的歲月歷練，山脊蒙特貝羅（Ridge Monte Bello 1971）在2006勇奪冠軍，可見山脊蒙特貝羅的陳年實力，在酒莊裡可以看到當年的照片和排名。這次由高大的助理釀酒師麥可（Michael）在立頓春天園（Lytton Spring）接待和解說，他帶領大家看種在這裡的金芬黛老藤，大概都在80～100年左右，最老的是110年。我們在這裡也品嚐到五款酒，包括招牌酒RP 95+的Monte Bello 2013。當我詢問美國最著名的釀酒師Paul Draper時，麥可告訴我他去年已從山脊酒莊退休了，現在已高齡80歲了，這位值得尊敬的釀酒師在山脊酒莊足足釀了將近50年的酒，當然包括Monte Bello 1971，都是出自於他的手。兩年前我到蒙特貝羅採訪他時還和他合拍了一張照片，放在我的書裡，如今要再看到他就很難了。另外WA 97的Ridge Monte Bello 1991這張照片也特別出現在酒莊裡，這是當年特別紀念Monte Bella 100週年特製的酒標，也是酒莊最好的三個年份之一，十年前我將這款收藏十幾年的酒帶去上海和朋友一起分享，每個人都大為讚賞，真不愧為第一名。

這裡必須一提的是有名的「巴黎品酒會」經過三十年後，2006年的5月重新較量，1971年的蒙特貝羅（Monte Bello）打敗群雄，勇奪冠軍，手下敗將包括知名的五大酒莊，證明了蒙特貝羅這款酒寶刀未老。英國《品醇客》葡萄酒雜誌也選出1991的蒙特貝羅為此生必嚐的100支酒之一，真可說是實至名歸。

作者在Ridge酒莊百年老藤辛芬黛留影

2023年4月20日（台北）
美國膜拜酒品酒會 (1.5L) ── 酒單：

◇ Bollinger Grande Annee Champagne 1996（1.5L）
◇ Peter Michael "Mon Plaisir" Chardonnay 2005（1.5L）
◇ Sine Qua Non Blanc 2011（1.5L）
◇ Kongsgaard "The Judge" Chardonnay 2019（1.5L）
◇ Bond Vecina 2008（1.5L）
◇ Sine Qua Non Eleven Confessions Vineyard Grenache 2011（1.5L）
◇ Hundred Acre Cabernet Sauvignon 2000（1.5L）
◇ Ridge Monte Bello 2015（1.5L）

2016年在酒莊品酒的酒款

2023年4月20日品酒的酒款

山脊蒙特貝羅

Ridge Monte Bello 1991

ABOUT

分數：WA 96、WS 93

Ridge Monte Bello 1991是酒莊特別紀念加州卡本內回顧展酒標，與酒莊其他的Monte Bello不一樣，具有特殊意義。這款酒我已收藏了將近二十個年頭，覺得應該是開啟的時候了。當我帶到上海與酒友分享（同時還有一支Monte Bello 1998），喝下第一時，心中充滿激動，多麼美麗動人的一款酒啊！今天能喝到這款酒真是謝天謝地，而且保存的這麼完美。豐富有層次，優雅柔軟，濃郁飽滿，平衡有節制，不虛華不艷抹，鏗鏘有力。有薄荷、黑醋栗、礦物、香料、香草、森林芬多精、新鮮皮革、黑櫻桃和松露，餘韻帶有甜美的巧克力和波特蜜餞。這樣偉大的蒙特貝羅在最好的年份誕生，而我又有幸與友人分享，在人生喝酒的樂趣上又添加一筆，無怪乎《品醇客》雜誌選為此生必喝的100支酒。

特別推薦

DaTa

地址｜17100 Monte Bello Road Cupertino, CA 95014
電話｜408 868 1320
傳真｜408 868 1350
網站｜http://www.ridgewine.com
備註｜可以預約參觀

Recommendation
Wine

山脊聖十字山夏多內白酒
Ridge Santa Cruz Mountains Chardonnay 1995

ABOUT
分數：WS 93
適飲期：現在～2018
台灣市場價：4000 元
品種：100% Chardonnay（夏多內）
橡木桶：75% 美國橡木桶、25% 法國橡木桶
桶陳：9 個月
瓶陳：15 個月
年產量：1,800 箱

🍷 品 酒 筆 記

這款山脊酒莊（Ridge Vineyards Santa Cruz Mountains Chardonnay 1995）聖十字山夏多內白酒當我在2006年喝到時非常的驚訝！經過了十一年竟然有如此美妙的香氣與動人的口感，我很難以置信，這樣平價的一款酒裡面究竟藏著什麼樣的祕密。因為土壤為當地特殊綠色石塊混合黏土，而下層是石灰岩。1962就有的山坡葡萄園，產量很低，葡萄白天得到充份的日照，太平洋的海風霧氣降低夜晚的溫度，日夜溫差大，葡萄可以緩慢的成熟，有濃郁的複雜度，還有平衡的酸度。獨特的礦物質中夾有白蘆筍、海苔、白脫糖、奶油椰子、榛果、水蜜桃、椴花、抹茶味、菊花，一波未平一波又起，層層交疊，有如錢塘江觀潮的驚嘆，到了後段又展現出焦糖、柑橘、鳳梨同甘的甜美，真是令人拍案叫絕。在2013年時我又再度的喝到，仍然風韻猶存，不減當年，多麼奇妙的一款白酒啊！

🍴 建 議 搭 配

日式料理、生魚片、各式蒸魚、前菜沙拉、焗烤海鮮。

★ 推 薦 菜 單　海膽焗大蝦

聰明的台灣人將日本的海膽加上美乃滋與台灣的大蝦焗烤，造就了這道中日混血人見人愛的特殊鐵板菜系，大蝦的肉質結實彈牙，新鮮脆嫩，海膽的外酥內嫩，鹹中帶甜，層次多變，搭配這款以奶油椰子為主體的白酒，更顯得海膽圓潤飽滿，活潑的果酸也大大提昇了蝦子的自然鮮甜，酒與菜的結合可稱是門當戶對，將人間美味發揮的淋漓盡致。

饗宴鐵板燒
地址｜宜蘭縣羅東鎮河濱路326號

68. *Robert Mondavi Winery*

羅伯‧蒙大維酒莊

　　1936年來自義大利的Mondavi家族原本在納帕谷買下了Charles Krug Winery，於1965年史丹佛大學畢業的Robert對於經營酒莊的方向與弟弟理念不合，兩兄弟大打一架之後，Robert被逐出家門。1966年Robert在橡木村（Oakville）買下了第一個葡萄園，建立了自己的酒莊，就以自己的名字命名：羅伯‧蒙大維酒莊（Robert Mondavi Winery），並且陸陸續續買下許多葡萄園。Robert的目標是要讓自己的酒莊生產能與歐洲最好的葡萄酒匹敵的高品質葡萄酒，Robert在釀酒技術、企業經營和行銷手法上發揮自己的天分與創意。

　　Robert Mondavi Winery位於美國加州的納帕谷產區的公路上，該酒莊的主人Mondavi可謂是美國家喻戶曉葡萄酒釀酒教父，在羅伯‧蒙大維酒莊出現之前，多數人認為美國出產的葡萄酒不過是糖分高，果香濃，但是酒體輕盈，喝起來就

	A	
B	C	D

A．酒莊VIP餐廳看出去的美麗葡萄園。B．Robert Mondavi 門口有一座拱橋，成為酒莊最明顯的建築。C．酒莊接待大廳掛著創辦人Robert Mondavi 的照片。D．作者與酒莊釀酒師合影。

像是加酒精的葡萄汁。但Mondavi堅信加州納帕谷（Napa Valley）得天獨厚的氣候與土壤，必定可以釀造出影響全世界的葡萄酒，1966年建立蒙大維莊園不久後便一直引進世界各種先進釀酒技術及理念。

　Robert Mondavi Winery這幾年在葡萄園與釀酒設備上更投入了大筆資金和心力，接待我的是酒莊裡的教育專家印格女士（Inger），他非常專業仔細的介紹每個不同的葡萄園，細説著酒莊中最好的葡萄園（To Kalon），這塊葡萄園一直是用來做最高等級珍藏級（Cabernet Sauvignon Reserve）的主要葡萄，這款酒也是酒莊的招牌酒，在1979年出廠後，價錢就已經是30美元，與徽章（Joseph Phelps Insignia）同獲「美國加州有史以來最佳紅酒」的殊榮。To Kalon葡萄園排水性極佳，從1860到現在To Kalon葡萄園無論是新的舊的葡萄樹，只要覺得

左：當天酒莊招待的酒單與菜單。右：Robert Mondavi酒莊入口。

不好就重新栽種，成本相當高。酒窖中放了五十六個可以儲存五千加侖葡萄酒的橡木桶，分別在這裡發酵十天，停留三十天，只用來做發酵。聽到印格女士這樣說，我覺得非常不可思議，這麼大的一間酒窖和木桶只用來發酵，世界上真是看不到了，由此我們可以得知酒莊的雄心壯志。

　蒙大維酒莊也是美國葡萄酒旅遊業最先倡導者，羅伯‧蒙大維認為葡萄酒也是藝術、文化、歷史、生活的一部分，在飲食和藝術文化中最能被有效的闡述出來，他們也一直持續努力的做著。蒙大維酒莊部但是美國最先對參觀者開放的酒莊之一，同時也是最先提供旅遊服務和提供品酒的酒莊之一。他們也設立了自己的餐廳，聘請主廚為酒莊的酒來配上最好的菜，還有音樂會的舉行，每年夏天，蒙大維酒莊都會贊助一次音樂節，來為納帕谷的交響樂籌集資金。由於羅伯‧蒙大維夫婦都非常的熱愛藝術品，所以就酒莊內也會不定期的舉行藝術與畫作的展覽。今日中午Inger女士到酒莊的VIP餐廳用餐，配上珍藏級（Cabernet Sauvignon Reserve）的紅酒，欣賞餐廳牆上掛的色彩強烈的畫作，還有窗外加州陽光下的葡萄園，這個下午實在是非常的愜意。

地址｜7801 St. Helena Highway Oakville, CA 94562
電話｜707 968 2356
網站｜robertmondaviwinery.com
備註｜除復活節、感恩節、聖誕節和元旦放假外，其餘
　　　每天上午 9：00～下午 5：00 開放參觀

Recommendation:
Wine

羅伯蒙大維卡本內蘇維翁珍藏級紅酒

Robert Mondavi Winery Cabernet Sauvignon Reserve 2001（珍藏級）

ABOUT

分數：RP 94、WS 95
適飲期：現在～2040
台灣市場價：6,000 元
品種：88% 卡本內蘇維翁（Cabernet Sauvignon）、10% 卡本內
　　　弗朗（Cabernet Franc）、1% 小維多（Petit Verdot）、1%
　　　馬貝克（Malbec）
橡木桶：100% 全新法國橡木桶
桶陳：24 個月
年產量：50,000 瓶

🍷 品酒筆記

2001年的蒙大維珍藏級紅酒是這幾年我喝到最好的幾個年
份之一，活潑年輕而有活力。酒色是深紅寶石色，接近於紅褐
色。豐富的鮮花、白色巧克力、檜木和雪茄盒漸漸浮出，黑漿
果充滿其中。厚實有力的濃縮純度，層層多變的複雜度，都足
以證明這款酒的偉大。優雅的摩卡咖啡，口感有純咖啡豆、乾
果，黑醋栗和黑櫻桃和紅李等黑色水果濃縮味道，細膩如絲
的單寧，壯闊奔放的酒體，有如一幅巨大強烈的油畫，張力與
穿透力凡人無法擋，接近完美。

🍴 建議搭配

最適合搭配燒烤的肉類、千層麵、中式快炒熱菜以及燉牛肉。

★ 推薦菜單　脆皮叉燒

鏞記的叉燒，都是用肥瘦相間的豬頸肉片，最上面有紅透亮麗的
油脂，內層是甜脆爽Q的瘦肉，豐潤而有光澤，看起來是婀娜多
姿。蒙大維的珍藏酒酒色呈深寶石紅色，具有成熟黑色李子、黑醋
栗獨特香氣，花香與果香水乳交融，濃郁芬芳，優雅細膩，溫柔婉
約，絲絨般柔軟的單寧與口感結實的叉燒肉質互相吸引，而香醇
的摩卡與巧克力還能帶出這道粵菜的多層變化、酒中的煙燻木味
甚至能解油膩和達到開胃的效果，是非常完美的組合。

香港鏞記酒家
地址｜　香港中環威靈頓街
　　　　32-40 號鏞記大廈

69. *Stag's Leap Wine Cellars*

鹿躍酒窖

　　2014年春天剛過,我就來到創立於1970年的鹿躍酒窖(Stag's Leap Wine Cellars),加州的午後陽光特別辛辣,常常令人睜不開眼睛。我們走到專門放酒莊歷任釀酒師手印的一面牆,非常的特別,每一任的釀酒師都在酒莊留下了手印,從1973年第一任的Bob Sesslons到2013年的現任釀酒師馬庫斯先生(Marcus Notaro),這面牆敍述著鹿躍酒窖的釀酒風格和發展史。經過了這面牆,我們來到鹿躍區(Stag's Leap District)山腳下的葡萄園,這也是鹿躍酒窖最重要的產區,安娜告訴我們説:「因為山的地形和石頭的形狀看起來像幾隻鹿在跳躍,所以就叫鹿躍,這是印地安人的傳説。」這塊產區土壤以沖積土的黏土和火山土的粗礫為主,百分之九十葡萄品種為卡本內,其餘是美洛。

　　有關鹿躍酒窖是由希臘文化史教授維尼亞斯基先生(Warren Winiarski)於1972年創立。他曾經在蒙大維酒莊(Robert Mondavi)當過土壤分析師,對葡萄

A	A . 鹿躍葡萄園。B . 這面牆留著所有釀酒師的手印。C . 作者與釀酒師Marcus
B C D	Notaro在酒窖門口合影。D . 酒窖。

酒充滿著熱情，1972年在美國加州納帕谷東側山坡的央特維爾鎮（yountville）附近買了一塊18公頃的園地，就是印地安人所説的「鹿躍（Stag's Leap）」，之後又陸續購買了費（Fay）葡萄園，成為鹿躍酒窖。鹿躍酒窖於1972年開始種葡萄和釀酒，在第二年就釀出了1973年的S. L. V.，這款酒的問世也改變了美法葡萄酒的命運，從此開啟了鹿躍酒窖的光明之路。

參觀完葡萄園和酒窖之後，安娜繼續帶我們來到接待處的品酒室試酒，此時，釀酒師馬庫斯先生（Marcus Notaro）也到了現場準備和我們一起品嚐。他問我們想要喝哪幾款酒？我選擇了酒莊裡最好的三款紅酒和一款白酒，分別是：2012 Karia Chardonnay、2006 Fay、2005 S. L. V.和2010 Cask 23。四款酒當中我個人最喜歡的是2005 S. L. V，已經非常的成熟平衡，沒有青澀的草本植物，其中的

黑色果實有藍莓、黑櫻桃、果醬和一絲絲的煙燻木桶，些微的薄荷、甘草和黑咖啡巧克力，更重要的是細緻的單寧，喝起來很舒服。現任釀酒馬庫斯先生告訴我們，他一直在釀造一款能代表鹿躍區的風土的風格，是美國的風格，而不是外界說的波爾多風格。2010 年的23號桶（Cask 23）就是這樣剛柔並濟、層次複雜、優雅細緻的一款酒。就如同創辦人維尼亞斯基先生說過的話：「他想要生產一種有充分力量的酒，結合了風格與優雅，但又不會太厚重。」

　　說到釀酒這回事，世界上沒有釀酒人會用古希臘黃金矩形的概念來描述釀酒這件事。對希臘人而言，美是來自與對立力量動態的平衡。正方形四邊等長，因此是完美的，但卻缺乏動態的張力，所以沒什麼特別的趣味。希臘數學家畢達哥拉斯（Pythagoras）和阿基米德都指出，黃金矩形在智性上更吸引人。黃金矩形短邊與長邊的比例，和長邊與長短邊加總的比例是相同的，雅典的帕得嫩神廟（Parthenon）便是黃金矩形在建築上的典型。古典學家也在音樂裡看到對立關係的黃金比例，甚至在向日葵和海螺等自然生物裡也可見。維尼亞斯基的製酒哲學，他的想法和其他納帕製酒人有很大的差異。他始終強調酒的和諧與平衡，對其他人釀造所謂的厚重酒感到反感，他覺得那酒的酒精太強、口味太重。他認為23號桶（Cask 23）古典、細緻；整體風格柔美卻不鬆軟，柔中帶剛的氣勢表現，誠如莊主所言：「戴著絲絨手套的鐵拳，唯有被他一擊後才知其威力！」

　　1976年鹿躍酒窖在有名的「巴黎盲瓶品酒會」美法對決中一戰成名，第一個年份在10支參賽的美法酒款中奪得第一，打敗波爾多等五大名莊，連1970年份的木桐都只能屈居第二名的位置，從此，鹿躍酒窖站上世界舞台，美國五大也開始與法國五大分庭抗禮；2006年美法再度對決，仍然獲得第二名高名次的榮譽，再度證明了鹿躍酒窖的陳年實力跟潛力。另外，鹿躍酒窖23號桶（Cask 23）1985同時也被英國葡萄酒雜誌《品醇客》選為此生必喝的100支酒之一。

　　維尼亞斯基先生是酒界傳奇人物之一，他在義大利拿坡里作研究時，開始相信自己應該是位釀酒師，美法葡萄酒對決的宿命，竟然是決定他的義大利遊學之旅。高齡八十二歲的他，由於後代無意經營酒莊生意，鹿躍酒窖在2007年已經轉售給UST Inc.與Marchese Piero Antinori。

地址｜ 5766 Silverado Trail, Napa, CA 94558, USA
電話｜ 707 944 2020
傳真｜ 707 257 7501
網站｜ http://www.cask23.com
備註｜週一到週日上午 10：00 ～下午 5：00

DaTa

推薦酒款

Recommendation
Wine

鹿躍酒窖 23 號桶
Stag's Leap Wine Cellars Cask 23 1992

ABOUT
分數：WA 96、WS 92
適飲期：現在～2035
台灣市場價：10,000 元
品種：100% 卡本內蘇維翁（Cabernet Sauvignon）
橡木桶：90% 全新法國橡木桶
桶陳：21 個月
瓶陳：12 個月
年產量：12,000 瓶

🍷 品酒筆記
這款酒實在是讚嘆再讚嘆！本人已經嚐過多少個年份的Cask 23，無論是80年代或90年代，甚至是本世紀初的酒，從沒有喝過如此令人拍案叫絕的酒，紅寶石色澤仍保持著乾淨，有著波爾多黑色水果，煙燻木桶，巧克力及甘草味。另一面則是勃根地的紅色果實和花香，微微的松露菌菇、大地中的泥土，酒體是豐厚的，口感卻是細緻的，單寧如絲絨般的柔滑，而尾韻的甜美悠長，讓人久久難忘，有如虞姬撫琴清唱，而後腰枝搖擺，翩翩起舞，莫怪西楚霸王誰能與共啊！這款酒絕對是當今世上難得珍釀，有機會一定得一嚐為快！

🍴 建議搭配
紅燒肉、烤鴨、燒鵝、滷牛肚。

★ **推薦菜單　五香肉捲**

五香肉捲在台灣大小市場幾乎都有賣，但要找到正宗的閩式做法卻很難，大部分都是蝦捲、花枝捲和菜捲，偶爾在路邊攤賣米粉湯或鹹粥會見到，但也不是老師傅流傳下來的祕方。五香肉捲是閩南人逢年過節、婚宴喜慶必備的前菜，五香肉捲必須以五花肉、細洋蔥、豆腐衣等原料製成，備大油鍋，帶油溫升高至百度下鍋炸，此菜色澤紅潤，皮香肉酥脆，口感嫩滑，現炸現吃，時間過長就不好吃了。作者一日來到廈門中山路一帶老市場，本欲尋訪沙茶魚丸麵，未料見路邊一婦人正在包五香肉捲，一看正是老祖宗古法，馬上叫盤來嚐，熱騰騰一上桌馬上香氣四溢，卡拉酥脆，腐皮五花肉與洋蔥在口中的美味無法形容，只有大快朵頤四字。鹿躍Cask 23名不虛傳，有著波爾多的濃郁香氣又兼具勃根地細緻的單寧，口感豐滿柔順，搭配正宗五香肉捲，解膩去油，又能綜和酥脆鬆軟的肉質，使之平衡可口，餘味持久。葡萄酒的煙燻香料和五香肉捲的焦香合而為一，琴瑟和鳴，餘音嬝繞，綿延不絕。

廈門老街市場內五香肉捲攤
地址｜廈門市中山路老街市場

70. *Poderi Aldo Conterno*

阿多康特諾酒莊

　　如果你在無人的孤島上，只能帶一瓶酒，你會選哪一瓶？《華爾街日報》夫妻檔酒評人 Dorothy Gaiter 與 John Brecher 的一篇文章，便是以此開始。他們兩同時回答：巴羅洛（Barolo）！巴羅洛中一定要選大布希亞（Granbussia）！當然是阿多康特諾（Aldo Conterno）的「Granbussia」。

　　生於1931年的阿多康特諾（Aldo Conterno）是賈亞可莫‧康特諾（Giacomo Conterno）的第二個兒子。阿多和他的哥哥吉文尼（Giovanni Conterno）在1961年繼承了父親的賈亞可莫‧康特諾酒莊（Giacomo Conterno），但兩兄弟因為對巴羅洛葡萄酒的釀酒哲學相左而分道揚鑣，於是阿多康特諾在1969年建立了阿多康特諾酒莊（Poderi Aldo Conterno）。

　　受到安哲羅哥雅（Angelo Gaja）現代派的釀酒學影響，阿多康特諾在釀酒的風格及手法方面已經與其兄吉文尼堅持傳統的手法不甚相同；阿多康特諾不像許多現代的巴羅洛釀造者一樣使用許多小橡木桶，但在其他方面他也會採取現代的釀造方式，例如縮短發酵期間的浸泡期和比其他傳統巴羅洛釀造者提前對葡萄皮進

A　A.酒莊。B.皮蒙產區葡萄園。C.作者收藏每瓶都有編號的1.5公升Granbussia
B　C　D　　Riserva 1982。D.莊主Franco Conterno 在作者酒窖簽名。

行擠壓。在這種綜合的釀造方式下所產出的葡萄酒會融合傳統釀造方式所特有的強勁有力的結構及現代巴羅洛葡萄酒的具有厚實深度的果香味。但普遍來說，阿多康特諾所釀的酒除了在某些方面有例外之外，大部分來說還是較偏傳統。

　　一直以來，阿多康特諾都被公認為皮蒙產區（Piemonte）最有才華的釀酒師，他所釀造的葡萄酒也常因其完美的平衡而被列為該區之最。阿多康特諾酒莊曾被英國的《品醇客》雜誌選為義大利的頂級二級酒莊之一，同時也被義大利人公認為七個最好的皮蒙產區釀酒大師之一，其中包括：Bruno Giacosa、Giacomo Conterno、Luciano Sandrone、Giuseppe Rinaldi、Bartolo Mascarello、Angelo Gaja和Aldo Conterno。

冬天的葡萄園。

　　在1970年時，為了修正蒙佛特（Monforte）產區巴羅洛特有強大厚重的單寧，他縮短了浸皮發酵的時間，摒棄傳統採用浮蓋發酵的方式，進而使用幫浦抽取循環的方式來完成發酵過程，這些想法在當時被人認為極為瘋狂，後來證明他成功的釀出了讓人更容易親近的巴羅洛。雖然阿多康特諾酒莊使用較為現代的釀酒設備與釀法，但始終不能被歸為巴羅洛的現代派，只是採用讓巴羅洛更形完美的革新做法。

　　阿多康特諾酒莊擁有的25公頃葡萄園，位於蒙佛特阿爾巴（Monforte d'Alba）著名的布希亞（Bussia）斜坡上，被認定為朗格（Langhe）區最好的產區之一。三座葡萄園，分別為羅米拉斯可（Romirasco）、奇卡拉（Cicala）及科羅內洛（Colonnello），位於約海拔400公尺的山丘上，面朝南-西南方。土壤是含鐵的黏土及石灰岩，酒莊總共釀製出10種迷人的酒款。其中Barolo酒款，經過不等時間的浸皮發酵後，便各自於大型斯洛伐克維尼亞橡木桶中陳釀。

　　陳釀大布希亞（Barolo Granbussia Riserva）是阿多康特諾以最傳統的方法釀製的葡萄酒，這支酒能與其已故兄長所釀製的（Barolo Monfortino Riserva）角逐義大利最具代表性的巴羅洛的寶座。此酒係固定由科洛內、奇卡拉以及羅米可三個單一園混合，尤以羅米可為重（70%）。此酒僅在好年份生產，甚至普遍認為的好年份2004都不做，就是因為某一個單一園受冰雹影響。就釀法而言，大布希亞也幾乎與三個單一園一樣，差別在於它當然優先擁有三個園內的老藤果實，同時它在桶內熟陳的時間也比較長，必須是六年以上。這款酒沒有每一年生產，他們只有在最好的年份才釀製這支酒。值得一提的是，在1970年到2006年這35個年份之間，康特諾只有釀造16個年份的（Granbussia Riserva）。陳釀大布希亞的分

數通常也比較高，上市價格也最貴。1989 年份Granbussia Riserva被WA評為97高分，1978年份評為96高分，2005年份被評為95+分。1997年份被WS評為98高分，2006年份被評為97高分。1989年份和2000年份同時被評為96高分。2006年份被Antonio Galloni評為96高分。2005年份則被James Suckling評為滿分100分。台灣上市價約為12,000台幣。這款旗艦酒的年產量只有3,000瓶而已，事實上並不容易買的到，看到一瓶收一瓶。

　　阿多康特諾三個單一園分別是科羅內洛園、奇卡拉園以及羅米拉斯可園：科羅內洛園地勢在三者中最低，同時地理位置與土壤性質均偏巴羅洛，因此釀出的酒多花香，單寧如絲，具女性的陰柔特質。奇卡拉園可謂典型的布希亞風格，土壤含鐵、多礦物質，酒質富肌肉而強壯，有一點薄荷感，相對來説可説是較為男性化的酒款。至於羅米拉斯可園是阿多康特諾的精華，此園地勢最高，酒具結構而富層次，極具陳年潛力，可説是酒友窖藏的內行選擇。科羅內洛園WA的分數最高是2009年份95+分，2008年份的95高分。2010年份被WS評為98高分，2004年份評為97高分，2008年份評為96高分。台灣上市價約為5,000台幣。奇卡拉園2010年份被WA評為97高分，2008年份獲95 高分。2010年份被WS評為98高分，1996年份評為97高分，2000年份的96高分。2010年份被Antonio Galloni評為97高分。台灣上市價也是5,000台幣。羅米拉斯可園2010年份被WA評為98高分，2008和2009年份一起被評為97高分。2006和2010兩個年份一起被WS評為97高分，2008則獲得96高分。2010年份被Antonio Galloni評為96+高分。台灣上市價也是6,500台幣。阿多康特諾的基本款巴羅洛為布希亞（Bussia）。布希亞本就是Monforte d'Alba出名的產區，又是阿多康特諾大本營，別小看這「基本款」，它前身即是

酒窖。

第一個年份的Poderi Aldo Conterno Barolo Granbussia Riserva 1970&1971。

莊主Franco Conterno參觀作者酒窖，手中拿著酒莊1970 Granbussia Riserva。

酒友常在網路追尋的布希亞索拉納（Bussia Soprana），如有機會喝到它的老酒，就知此酒實力非凡。

　　阿多康特諾旗下各酒早已獲獎無數，幾乎所有酒款都是配額，大部分的酒一上市就進到藏家的酒窖，不然就流到佳士得或蘇富比等拍賣會場，現在不下手，以後就到拍賣會去搶標吧！阿多康特諾酒莊絕對是巴羅洛的首選，不論你將它定義成傳統派或現代派，在巴羅洛的路上，不可能不經過這間名門酒莊，否則你就不算喝過「Barolo」。

　　在阿多生命中的最後幾年，他已經是半退休的狀態，將酒莊的大權交給他的三個兒子——Franco、Stefano和Giocomo Conterno。Aldo Conterno於2012年5月30日過世，享年81歲。阿多康特諾一生心力全部奉獻給 Barolo，他離去無疑是 Barolo 產區的一大損失。這位巴羅洛的儒者也永遠存在酒迷的心中。

DaTa

地址｜ 12065 - MONFORTE D'ALBA Loc. Bussia, 48 - ITALIA
電話｜ +39 0173 78150
傳真｜ +39 0173 787240
網站｜ www.poderialdoconterno.com
備註｜ 接受專業人士參觀

Recommendation
Wine

阿多康特諾陳釀大布希亞

Poderi Aldo Conterno Barolo Granbussia Riserva 2005

ABOUT

分數：JS 100、WA 95+、WS 95
適飲期：2012 ～ 2025
台灣市場價：12,000 元
品種：100% 內比歐羅（Nebbiolo）
橡木桶：斯洛伐克維尼亞大型橡木桶
桶陳：32 個月
不鏽鋼：24 個月
瓶陳：12 個月
年產量：3,000 瓶

品酒筆記

酒色呈石榴紅光澤，有極佳的玫瑰花瓣、成熟莓果香氣及淡淡的香草豆氣息。口感複雜多變，酒體飽滿，櫻桃、椰子奶、香草、礦物在口中慢慢展開，持久而綿長。2005年的Riserva Granbussia是最好的年份之一。以純玫瑰花瓣為中心，對比甘草、陳皮和皮革的強勁香氣。酒體鮮明，厚大而不失細膩，豐富而集中。驚人的複雜度造就迷人的丰采，這是一款均衡而令人回味的偉大巴羅洛。

建議搭配

東坡肉、北京烤鴨、台式排骨酥、京都排骨。

★ 推薦菜單　大漠風沙蒜香雞

傳說曹操最喜歡大口喝酒、大口吃肉，尤其特別愛吃雞肉和鮑魚，其中「曹操雞」這道傳統名菜，從三國時期就開始廣為流傳。主廚嚴選來自台灣雲林花東的活體現殺仿雞（半土雞），先將整隻雞塗蜜油炸後，再以特製的滷汁滷煮至骨酥肉爛，起鍋上桌時皮脆油亮，光是色澤和蒜香味就已另人垂涎，皮酥肉汁緊鎖肉中，令人吮指回味。義大利這款巴羅洛酒王有著玫瑰花瓣般的迷人香氣，櫻桃、椰奶的滑細單寧，正好與蒜香雞的酥嫩結合，有如一場華麗的百老匯歌舞劇，令人陶醉！巴羅洛酒中的甘草和陳皮所散發出的甘甜，蒜香雞的香料與蜜糖，互相交融，一口大酒、一口大肉，遙想曹孟德征戰沙場英雄豪邁，「人生有酒須盡歡，莫使金樽空對月」。

古華花園飯店明皇樓
地址｜台灣桃園縣中壢市民權路
398 號

71. Bruno Giacosa

布魯諾·賈可薩酒莊

　　在歷史橫亙、名家無數的義大利皮蒙（Piemonte）產區，從巴巴瑞斯可（Barbaresco）甚至巴羅洛（Barolo），還有朗給（Langhe）與羅歐洛（Roero），布魯諾·賈可薩（Bruno Giacosa）是大家公認的教父，堪稱義大利「五大」酒莊之一。這位皮蒙的大師，對巴巴瑞斯可和巴羅洛每一片葡萄園都瞭若指掌，他的酒根本無需懷疑，葡萄酒評論家派克說：「全世界只有一種酒，無須先嚐試就會掏錢購買，那即是布魯諾·賈可薩（Bruno Giacosa）。」

　　儘管布魯諾·賈可薩不愛交際應酬，但他的酒總能說服酒評家與消費者，甚至深知當地風土的皮蒙鄰居們。所有能想到的讚譽，幾乎都繫於布魯諾·賈可薩。派克又說：「如果只准我挑一瓶義大利酒，則非布魯諾·賈可薩的酒不可。」

　　布魯諾·賈可薩發跡於朗給與羅歐洛，大本營在奈維（Neive）（也是他出生的地方）。它的酒分法略像是布根地的樂花（Leroy），可分成向別人買的葡萄（Casa Vinicola Bruno Giacosa），以及酒莊自己的葡萄園（Azienda Agricola Falletto di Bruno Giacosa）。兩者都極為精采，千萬不要小看他買葡萄自釀的實力，因為布魯諾·賈可薩就是靠這工夫起家，卡薩維尼卡拉布魯諾·賈可薩（Casa Vinicola Bruno Giacosa）的聖陶史塔法諾園（Barbaresco Santo Stefano）絕對不容忽視，是懂

A｜B｜C｜D

A．葡萄園的採收工作。B．葡萄園。C．Vigneto Falletto村葡萄園。D．莊主 Bruno Giacosa和女兒。

Giacosa的巷內選擇，其中2004、2005和2007都獲得《葡萄酒倡導家》WA 95高分。

　　至於Azienda Agricola Falletto的產品項內，幾乎旗下所有的巴巴瑞斯可和巴羅洛都在其中。以巴巴瑞斯可而言，知名的阿西里園（Asili）之外，還有眾所皆知的天王級陳釀（Riserva）紅標。巴羅洛方面，掛有紅標的羅稼園巴羅洛珍藏（Le Rocche del Falletto Riserva）絕對是嘆為觀止的酒款。在《葡萄酒倡導家》的評分中，每一個出產的年份都超過96分以上，其中2004年份更獲得99+，幾乎是滿分的評價，2007年份評為98高分。另外在美國《葡萄酒觀察家》也有很高的評價，2000年份獲得100滿分，2001年份和2007年份都被評為97高分，2007年份詹姆士‧薩克林（James Suckling）則評為100分滿分的最高榮譽。安東尼歐（Antonio Galloni）說：「內行人都知道Giacosa的酒，以世界頂級美酒的身價而言，實在是物超所值。」

酒莊。

　　即便如此，這間酒莊最令人尊敬之處，莫過於它可以同時生產頂尖的巴羅洛與巴巴瑞斯可之外，在羅歐洛以白葡萄阿妮絲（Arneis）釀的不甜白酒，地位一樣是領導群雄。翻開任何一本葡萄酒教科書，只要介紹阿妮絲這個品種，一定是以布魯諾・賈可薩的酒為經典。70和80年代以前，阿妮絲多半只是拿來軟化內比歐羅葡萄之用，基本上只是以量取勝的稱重型葡萄。直到布魯諾・賈可薩慎選栽培地點，減少單位面積產量，阿妮絲終於展現了它的實力，這段復興阿妮絲的歷史是留給真正享受酒的消費者，一瓶布魯諾・賈可薩的阿妮絲搭餐，價位合宜，更可了解布魯諾・賈可薩在酒史上的成就。

　　近半個世紀以來皮蒙區其他酒莊都只有做巴羅洛或巴巴瑞斯可的時候，唯有布魯諾・賈可薩同時在這兩個產區都釀出了傳奇性的酒款。尤其是布魯諾・賈可薩的紅標等級的巴羅洛和巴巴瑞斯可就等於是世界級的Grand Cru 特級酒莊的酒款，只有在最佳的年份才有生產，一上市的價格都在台幣一萬元起跳，雖然很高，但仍是一瓶難求。難怪《品醇客》雜誌2008年票選50支最頂尖的義大利酒中布魯諾・賈可薩的巴羅洛和巴巴瑞斯可同時上榜，都各占了一個席次。另外，布魯諾・賈可薩也是《品醇客》雜誌在 2007所選出來的義大利五大酒莊之一，能同時獲得兩種殊榮，放眼望去在全義大利酒界只有布魯諾・賈可薩。

DaTa

地址｜ Via XX Settembre, 52 - Neive（Cn）- Italia
電話｜ +39 0173 67027
傳真｜ +39 0173 677477
網站｜ http://www.brunogiacosa.it
備註｜ 可以預約參觀

Recommendation
Wine

羅稼園巴羅洛珍藏

Le Rocche del Falletto Riserva 2007

ABOUT

分數：JS 100、WA 98、WS 97
適飲期：現在～2050
台灣市場價：20,000 元
品種：內比歐羅（Nebbiolo）
橡木桶：法國橡木桶
桶陳：36 個月
瓶陳：24 個月
年產量：870 箱

品酒筆記

挑選自酒廠Falletto的最佳區域Serralunga d'Alba所種植的內比歐羅（Nebbiolo）葡萄，深紅寶石色澤帶著橘色光澤，乾燥花香、薄荷、可可粉、黑松露各種醉人的香氣，令人飄飄欲仙。入口後的單寧柔軟而平衡，酒體厚實飽滿，櫻桃、甘草、摩卡、深色水果如精靈般的一一在舌間跳動，結尾雖然帶著些許辛辣，但立即轉為甜美，有勁道但不失優雅，餘韻悠長，是一款難得的百年好酒。布魯諾·賈可薩透過這款紅標的頂級巴羅洛將義大利的葡萄酒表現得無懈可擊，時而勃根地時而波爾多，無怪乎能獲得如此高的評價，布魯諾·賈可薩絕對值得世人尊敬。

建議搭配

手撕羊肉、台灣紅燒肉、魚香肉絲、五分熟煎牛排。

★ 推薦菜單　揚州獅子頭

獅子頭這道菜據說隋煬帝時代就已誕生，當時稱之為「葵花斬肉」，後來因為形狀如獅頭而更名，更為平易近人。在用料上，豬肉的肥瘦比例是很重要的，肥瘦比大都是六比四，也有用五花肉的，適當肥肉能讓口感更加Q嫩，但不能太多。一定要用刀把肉剁成肉末，如此口感才佳，絕不能用絞肉機裡絞出來的肉末，這是因為絞肉機出來的肉末太細，絞出來的肉會沒彈性。有的加入大量剁碎的洋蔥，洋蔥煮久後亦會融化，讓肉丸更為鮮甜。而在肉丸的處理上，有的直接清蒸白煮，有的則輕煎後再蒸熟。肉丸做好後再加入高湯，然後將冬季的大白菜放入，湯滾就大功告成了。用這道獅子頭來配布魯諾·賈可薩（Bruno Giacosa）紅標的巴羅洛（Barolo Riserva）再適合不過了。因為巴羅洛既雄厚又溫柔，可以強烈亦可以細膩，恰巧獅子頭也是一道軟中帶Q，鹹中帶甘

揚州冶春餐廳
地址｜台北市中山區敬業三路1
23 號 3 樓

的經典菜。紅酒中的單寧柔化了肥肉中的油膩感，而黑色水果系列的味道能讓瘦肉不至於太為乾澀，整個肉丸子嚐起來就是軟嫩彈牙，汁液橫流，滿室生香。巴羅洛（Barolo）紅酒一貫有的獨特玫瑰花瓣香更提升了湯汁的鮮美。當巴羅洛遇到獅子頭絕對是一種美麗的結合，能在台灣的冶春揚州菜吃到這道菜又剛好喝到這款超級的巴羅洛真是千載難逢，如果有幸遇到，千萬別錯過了！

72. *Dal Forno*
Romano

達法諾酒莊

　　2014年的4月再次拜訪達法諾酒莊（Dal Forno），這是我第二次拜訪這家位於維尼托（Veneto）最好的酒莊，距第一次拜訪時已經有六年了，那時候達法諾酒莊還只是個規模不大的酒莊，正在興建新的電腦控制室和橡木桶儲存的大酒窖。如今，他已經是生產阿瑪諾尼（Amarone）最大最具有知名度的一家酒莊了。這天我們早上八點半就來到酒莊了，看到整個酒莊擴大了很多，連入口的廣場都立了新的門拱，上面刻了酒莊名。我們約好的酒莊老莊主羅馬諾‧達法諾（Romano Dal Forno）和少莊主米歇爾（Michele）早就在酒莊等候我們了。見了彼得後我們互相擁抱，有如多年不見的老朋友，我立刻將我從台灣阿里山帶來的高山烏龍茶遞給他。他也引領我們進到酒莊的小客廳，這是他父親和母親的起居室，老莊主也很親切地和我們寒暄並請夫人幫我們泡上咖啡，接受我的訪問和拍照。

　　達法諾酒莊位於義大利維尼托（Veneto）維羅納（Verona）東部的瓦爾迪拉西山谷（Val d'illasi）。酒莊在這裡已經有五代了，一直到現任莊主羅馬諾‧達法諾（Romano Dal Forno）管理，才將酒莊發揚光大。他於1983年開始釀酒，權衡之後他決定繼續家族傳統。1990年，他建立了新的酒廠和酒窖設備，這間新酒廠就成了他的新家。達法諾接手以後，開始增加葡萄園的種植密度，只有這樣才能增加葡萄的集中度。在他的實驗之下，葡萄園的種植密度開始增加至每公頃11,000株，現在已經達到每公頃13,000株種植密度，甚至比香檳區的種植密度還高，這是一項很令人吃驚的突破。1983年是酒莊最具代表性的一年，酒莊在這一年開始自己釀酒自己銷

A. 宏偉典雅的酒莊門口。B. 使用電腦化的風扇來風乾葡萄。C. 作者在酒莊門口和莊主父子合影。D. 酒窖中的洗杯槽也是名家設計。

售，得到非常好的評價，在世界酒壇上也開始嶄露頭角。1990年，他決定借貸資金，一口氣花了13億里拉（相當於三千萬台幣），打造全新功能電腦化的新酒莊，採用全新的法國橡木桶，並且建立新的酒窖。地下十一公尺的酒窖在1991蓋起來，長年恆溫14度，濕度80%，有如香檳區白堊圭石的天然酒窖，100%改以容量225公升的全新波爾多小橡木桶陳年；不只如此，所有酒款都要陳年五年以上才上市販售。

酒莊原本12公頃的葡萄園，陸續擴大為25公頃，園裡種植的主要葡萄品種是可維納（Corvina）、羅蒂內拉（Rondinella）、克羅迪納（Croatina）和歐塞雷塔（Oseletta）。葡萄樹的平均樹齡為18年，老葡萄園裡的種植密度為2,000～3,000株／公頃，新葡萄園裡的種植密度為11,000～13,000株／公頃。義大利阿瑪諾尼（Amarone）的作法是將葡萄樹最向陽的四串葡萄採下，然後置放在棚架上晾乾，等到三到四個月後再壓榨、發酵，放到100%新橡木桶，大約五年陳年時間，酒精濃度通常到達15度以上，這就是義大利有名的阿瑪諾尼作法。瓦波利希拉

（Valpolicella）的作法是和阿瑪諾尼一樣，在達法諾酒莊小莊主米歇爾告訴我們：兩個不一樣，第一個是樹齡的不一樣，阿瑪諾尼通常選擇的是十八年的老樹齡，瓦波利希拉用的是只有三年的樹齡，另外就是前者風乾一個半月，後者則風乾三個月之久。現在達法諾酒莊用的是電腦控制的風扇，採下來的葡萄放在盒子裡吹風扇，整排的風扇由電腦二十四小時自動控制來移動，通常窗戶會打開，溼度高時，窗戶會自動關閉，風速會變大，二十四小時不停地吹，瓦波利希拉要連續吹一個半月，阿瑪諾尼連續吹四個月之久。米歇爾介紹我們看了這自動電扇風乾以後說：由於都是電腦控制，所以不受氣候影響，讓葡萄風乾可以更精準，品質自然就更好了。

　　達法諾酒莊經過莊主羅馬諾二十五年來的努力終於有了不錯的成績，釀出相當前衛、醇厚可口、只要喝過都不會忘的一款美酒，不僅僅在義大利維羅納是最好的酒莊，也是全世界最知名的酒莊之一，一提到義大利阿瑪諾尼每個人所想到的就是「達法諾酒莊」。美國酒評家派克曾表示，羅馬諾是位謙遜、非常實在，且相當熱情的人。「只需和他相處幾分鐘，就不難理解他追求高品質那股堅定、甚至被有些人形容為『固執』的決心。我從不認識如此執著於酒窖乾淨程度的釀酒人；在這裡，所有元素都物盡其用，在葡萄園的管理上也不例外。達法諾酒莊的新地塊種植密度極高，每公頃將近12,800株葡萄藤，如手術室一般的精準。」英國葡萄酒雜誌《Decanter》2007年將達法諾酒莊評為義大利的「五大酒莊」之一；和歌雅（Gaja）、布魯諾‧吉亞可沙（Bruno Giacosa）、歐尼拉亞（Tenuta dell' Ornellaia）、薩西開亞（Sassicaia）齊名。另外，達法諾最招牌的旗艦酒達法諾阿瑪諾尼（Dal Forno Amarone），從1989～1997每一年派克都打了九十五分的高分以上，其中1996和1997兩個年份還評為接近滿分的九十九分，2001年以後，最會打義大利酒的安東尼歐（Antonio Galloni）也都評為九十三到九十八高分，可見達法諾酒莊的實力與功力了。還有一款招牌的甜紅酒西格納賽爾（Signa Sere）分數也都非常的高，價格都在四百美金左右，2003年安東尼歐評為九十八以上的分數。而二軍酒的瓦波利希拉（Valpolicella Superiore）則是物超所值的一款酒，價格大約在一百美金，安東尼歐從1991～2008都評為九十分以上，最高分數是2005達到九十五分。這些酒款如今在美國都是供不應求，除了在義大利和美國以外，想買達法諾的酒可說是一瓶難求啊！

　　最後，少莊主米歇爾告訴我，達法諾是一個家族酒莊，在酒莊工作的人總共八個，包括他的兄弟父母憨阿姨，從發酵、釀製、裝瓶到裝箱都是自己人，我們訪問酒莊時他還特別拉著兩位哥哥入鏡，並且說一定要將相片登上書中。我相信個酒莊在未來的品質一定是越來越好，很快的就會拿到第一個一百分，而且會有更多的一百分出現。

地址｜Località Lodoletta,137031 Cellore d'Illasi Verona-Italy
電話｜045 783 49 23
傳真｜045 652 83 64
網站｜http://www.eng.dalfornoromano.it
備註｜可預約參觀

DaTa

Recommendation
Wine

達法諾阿瑪諾尼

Dal Forno Amarone 1995

ABOUT

分數：WA 98、WS 94
適飲期：現在～2045
台灣市場價：21,000 元
品種：可維納（Corvina）、羅蒂內拉（Rondinella）、克羅迪納
　　　（Croatina）和歐塞雷塔（Oseletta）
橡木桶：100% 美國新橡木桶
桶陳：36 個月
瓶陳：36 個月
年產量：750 箱

品酒筆記

1995年的達法諾應該可以算是最好的阿瑪諾尼之一，而且非常的成熟，已經可以喝了。顏色深紅，香氣雄厚勁道十足。充滿野櫻桃、巧克力、香草和烘烤橡木。黑莓、摩卡香、甘油，與辛香料氣息。口感飽滿、柔順，而且充滿力量，經過三個小時的不同階段喝後，出現雪松、肉桂、甘草、八角等多樣中國香料，奶油香綿、咖啡醇厚、果醬甜美，一層又一層的剝開，純度加深度，在這裡，我見識到了阿瑪諾尼的偉大，豐富的藍莓和香草氣息做為結束，餘韻悠長而深遠。

建議搭配

炸排骨、滷大腸，煎烤牛排、煙燻鵝肉。

★ 推薦菜單　台式佛跳牆 ───────

台式活跳牆是一道豐富且變化多端的菜色，裡頭放著排骨、香菇、筍片、鵪鶉蛋、栗子、芋頭、魚翅、魚皮、鮑魚、干貝、海參、豬肚、蹄筋、白菜和蘿蔔。這一道菜製作繁複，內料也非常的多種，幾乎涵蓋了山珍海味，做得好不好就看材料與火候，而老牌的興蓬萊台菜是我品嚐過最好的少數餐廳之一，不像坊間在過年時宅配的冷藏包做法簡單又難以下嚥。這道菜既然囊括了山珍海味，可見其味道之強烈，香氣之濃郁，所以我特意挑選了一款可以和這道相配的重酒「阿瑪諾尼」。這款達法諾阿瑪諾尼非常的狂野與奔放，充滿了野櫻桃、香料和葡萄乾的味道，可以將蹄筋、魚皮和豬肚等種口味壓制住，而香草與水果的香氣正可以提升海鮮中的海參、鮑魚、魚翅、干貝等高級食材的鮮美，在口中散發出陣陣的酒香與鮮香，富咬勁，但卻入口即化，如此精采的演出，讓人很難相信台菜與義大利酒互相碰撞能擦出的火花，真是化腐朽為神奇！

興蓬萊台菜
地址｜台北市中山北路七段
　　　165 號

73. *Gaja*

歌雅酒莊

　　歌雅（Gaja）酒廠由吉維尼・歌雅（Giovanni Gaja）先生創立於1859年，自創立至今已流傳四代，目前由吉維尼・歌雅先生的曾孫安哲羅・歌雅（Angelo Gaja）先生管理，而歌雅家族也持續為了釀造出高品質的葡萄酒而努力。

　　1961年時，現任酒廠總裁安哲羅・歌雅先生正式進入家族事業，並專心致力於葡萄的種植與品質控管上。而1967年則是釀造索利——聖羅倫佐（Sori San Lorenzo）紅酒的葡萄在巴巴瑞斯可（Barbaresco）DOCG第一個收成的年份；值得注意的是在1981年時歌雅酒廠增添了現代化的不鏽鋼控溫發酵槽，並藉此更完整的設備以輔助釀造出絕佳品質的葡萄酒。

　　1994年時，歌雅酒廠更在蒙塔奇諾（Montalcino）的Pieve Santa Restituta購買下第一塊位於托斯卡尼（Toscany）的莊園。40英畝的莊園也成為培育精良葡萄的重點所在地。而在1996年，歌雅酒廠也在托斯卡尼買下了第二塊土地，200英畝的莊園中有150英畝的面積種植了包含卡本內蘇維翁、美洛、卡本內弗朗及希哈等不同的葡萄品種。

A
B | C | D

A.葡萄園。B.酒窖。C.作者致贈台灣茶葉給莊主。D.老年份的Gaja酒。

　　安哲羅‧歌雅曾在巴巴瑞斯可的精華區塊種卡本內，又將自己的巴巴瑞斯可（Barbaresco DOCG）降成朗給（Langhe Rosso DOC）。説他毀棄了北義傳統？可是和波爾多五大酒莊平起平坐，價格有過之而無不及的索利‧聖羅倫佐（Sori San Lorenzo）、柯斯達‧露西（Costa Russi）、索利‧提丁（Sori Tildin）等3款巴巴瑞斯可單一葡萄園名酒，卻是因他而生！保守的皮蒙區（Piemonte）沒有安哲羅‧歌雅，不知何時才會接受乳酸發酵與不鏽鋼溫控發酵設備。像是阿多‧康德諾（Aldo Conterno）等名家，可能也不知道如何精進他們的釀酒方式。

　　歌雅在皮蒙的成功經驗，已經延伸到集團在義大利中部的幾處酒莊。1994年安哲羅‧歌雅將觸角延伸到義大利中部的托斯卡尼（Tuscany），買下位於（蒙塔奇諾的布魯內羅（Brunello di Montalcino）產區的Pieve Santa Restituta酒莊，

左至右：很難得的與安哲羅先生夫婦合影。Gaja酒莊接班人Gaja Gaia小姐在百大酒窖與作者合影。作者在酒窖。

以傳統的山吉歐維斯（Sangiovese）品種釀出極高評價兩款紅酒，即蘇格拉利（Sugarille）與雷妮娜（Rennina）。

歌雅在托斯卡尼的物業，還包括了卡瑪康達（Ca'Marcanda），在經過17次的馬拉松式協商之後，又在1996年購下托斯卡尼西岸著名產區寶格麗（Bolgheri）的約60公頃園地，並將酒莊命為馬拉松協商之屋（Ca'Marcanda）。這裡想當然的是國際品種的一展長才的區域，尤其美洛在此區早已奠定了世界級地位。卡瑪康達推出3款紅酒，分別是卡瑪康達（Camarcanda）、瑪格麗（Magari）、普拉米斯（Promis）。其中以卡瑪康達（Camarcanda）評價最高，卡瑪康達是一款波爾多調配酒，50%美洛，40%卡本內蘇維翁，10%卡本內弗朗，紫羅蘭香氣，果香豐富而集中，但義大利酒特有的細瘦身形，卻依然清晰。

索利·聖羅倫佐（Sori San Lorenzo）首釀年份是1967年，歌雅首次釀造的單一葡萄酒款，Sori為「向陽」之意，因皮蒙區的最佳向陽地塊大略都朝向南方，酒名也可稱為「聖羅倫佐之向陽南園」。葡萄比例：95%內比歐露（Nebbiolo）和5% 巴貝拉（Barbera），葡萄園占地3.6公頃，年產量在2,000～10,000瓶。散發出礦物、花卉、莓果芳香，單寧均衡，餘韻帶有薄荷及成熟水果的味道。是歌雅單一葡萄園中，表現最為強烈的酒款。需要更久的時間才能充分顯現出。評價很高，《葡萄酒倡導家》從1996到2011大都評為96高分以上，2004、2007和2010三個年份更獲得98高分，美國《葡萄酒觀察家》雜誌的分數也都在91～98之間，最高分是1997和1989兩個年份都獲得98高分。台灣上市價格在台幣23,500元。

索利·提丁（Sori Tildin）首釀年份是1967年，葡萄來自為1967年購入的Roncagliette葡萄園裡的一塊。葡萄比例同樣是95%內比歐羅和5% 巴貝拉。色澤深沉，散發出黑莓、黑櫻桃、薄荷和辣橡木芳香。第一支義大利紅酒被WS評譽100滿分。除了1990年份被評為100分之外，1985和1997年份同時被評為97高分，WA分數也都在91～98之間，最高分是1989年份的98分。台灣上市價格在台幣23,500元。

柯斯達・露西（Costa Russi）意指向陽的斜坡，Russi為當地人對前任地主的暱稱，首釀年份是1967年，葡萄也來自Roncagliette 葡萄園，葡萄比例仍然是95%內比歐露和5% 巴貝拉。表現出內比歐羅（Nebbiolo）特有的典雅和果香，濃厚成熟的果香及些微的薄荷味。柔軟圓潤的結構，適當的單寧及扎實的酒體，完美的餘韻，是歌雅酒廠單一葡萄園的最佳代表作。《葡萄酒倡導家》WA從1988到2011大都評為91高分以上，1990和2007兩個年份更獲得98高分。《葡萄酒觀察家》WS1990、1997、2004和2007年份都獲得97高分，2000年份更獲得100滿分。台灣上市價格在台幣23,500元。

老年份的Costa Russi 1978。

巴巴瑞斯可（Barbaresco）其酒標僅印上「Barbaresco」，特級的葡萄酒，葡萄來自14處不同的葡萄園地，散發出果實、甘草、礦物及咖啡的芬芳。結構緊密，口感複雜，單寧柔軟，有超過30年的陳年能力。《葡萄酒倡導家》從1964到2011大都評為91高分以上，1989和1990兩個年份更獲得96高分。WS最高分是1985、1997、2000和2004都獲得95分。台灣上市價格在台幣11,000元。

達瑪姬！（Darmagi，原意為：這是如此荒謬、丟人的事情）在義大利的傳統上，皮蒙產區就是應該要種植內比歐羅（Nebbiolo）品種，是人盡皆知的事。但

作者舉辦的一套7瓶1997 Gaja品酒會。

安哲羅‧歌雅還是決定在皮蒙種出卡本內蘇維翁來證明他的判斷和遠見，雖然這樣的創舉還是讓他的父親忍不住驚呼：Darmagi！但是這支酒還是以它優異的品質在世界得到認同。1982首年份上市時，安哲羅便直接取此酒名為Darmagi。目前酒中的品種比例約為95% 本內蘇維翁、3% 美洛、2% 卡本內弗朗。《葡萄酒倡導家》評為最高分是2008年份和2011年份的94高分，WS最高分是1995年份的95高分。台灣上市價格在台幣12,000元。

思沛（Sperss）首釀年份是1988年，「Sperss」即「懷念」的意思，用以紀念父親的一款酒。這款酒是歌雅最具代表的巴羅洛（Barolo），也是最經典最好的巴羅洛，葡萄比例為94%內比歐羅、6% 巴貝拉。《葡萄酒倡導家》評為最高分是1989年份、2006和2007年份的97高分，WS最高分是2004年份的99高分，2003年份的98高分。台灣上市價格在台幣13,700元。

歌雅和蕾（Gaia＆Rey）1979年種下第一株夏多內，本來要用祖母蕾（Rey）的名字，可是很像喪禮的感覺，就轉換家族的名字，所以選歌雅（Gaia），因為1979也是第一個女兒Gaia的出生年份。1983是首釀年份，產量很少，和三個頂級園一樣，全世界都是採經銷制配量，每年都是供不應求。葡萄園位於海拔1380英呎高之Treiso村莊，此酒以其活潑的果香和優雅性聞名，是義大利第一支具陳年實力的夏多內白酒。呈現出麥稈色澤，散發出香草、吐司及柑橘芬芳，酒體厚實，餘韻悠長。WS最高分是1985年份的98高分，台灣上市價格在台幣12,000元。

蘿絲貝絲（Rossj-Bass Chardonnay）夏多內白酒，Rossj是以安哲羅的小女兒Rossana名字所命名，以夏多內為主，再加上少量的白蘇維翁（Sauvignon Blanc）。所有摘採下來的葡萄皆使用不鏽鋼發酵槽發

上至下：老年份的Sori San Lorenzo 1968。作者收藏莊主簽名1993年份的三個獨立園Sori San Lorenzo &Costa Russi& Sori Tildin。堆肥牛糞在葡萄園。

左：右：大小不同的酒。

左：大小不同的酒。右：安哲羅先生在品酒室介紹酒。

酵並經過6至7個月的陳年時間後才可裝瓶。是一款物美價廉的白酒，每次喝它都覺得很滿足，清新的滋味，迷人的果香，平民的價位。台灣上市價格在台幣2,900元，但也不好買。

安哲羅·歌雅今天能成為義大利釀酒教父，對他影響最大的是他的祖母。安哲羅説：「祖母的一番話，影響了我的一生。」安哲羅從小就有志繼承家業，祖母就對他説：「好孩子，釀酒可以讓你得到三件事情；第一，你會賺到錢，有了錢就能買更多的土地擴充酒莊規模；第二，你會獲得榮耀，得到家鄉酒農的稱讚與尊敬；第三點，也是最重要的，你將會擁有無窮希望。一年又一年，你都會想辦法釀出比之前更好的酒，你的希望及夢想時時刻刻在心中，無論工作或人生都是如此，能夠同時回報你以錢財、榮譽、希望，這樣美好的工作上哪去找？」

直至今日，Gaja歌雅酒廠在皮蒙擁有包含位於巴巴瑞斯可與巴羅洛法定產區中共250英畝的葡萄園，幅員遼闊，風景優雅，品質更是精良不在話下。歌雅酒廠也力求精進，除了盡心照護美麗的莊園，也著眼於釀酒技術與品質的管理，並期許能以最嚴謹的方式釀造出獨一無二的極致典藏。歌雅三個獨立葡萄園──索利·聖羅倫佐（Sori San Lorenzo）、柯斯達·露西（Costa Russi）、索利·提丁（Sori Tildin）表現出其優雅的酒體、細膩的單寧、層次感豐富的結構令所有義大利及至全歐洲的酒評家刮目相看，義大利葡萄酒在國際市場的地位亦都從此登上一個新的里程碑，無論是在蘇富比或佳士得拍賣會上都可以看見歌雅的蹤跡。

關於歌雅酒莊的故事實在太多，安哲羅作風也許引人爭議，但成就無庸置疑！他1997榮獲《葡萄酒觀察家》雜誌傑出成就貢獻獎，1998獲得《品醇客》年度風雲人物，《品醇客》在2007年選出「義大利五大酒莊」，歌雅（Gaja）也名列其中；這些重要註腳的背後，其實是他引領皮蒙產區走向現代的不懈精神。

我個人曾拜訪過三次歌雅酒莊，而安哲羅的女兒也到過我的公司拜訪，我們建立很深厚的感情，安哲羅先生的溫文儒雅、專業熱情我非常的敬佩，我不得不承認我是他的粉絲。以下是我在2014年的春天和他的對談內容整理：

葡萄酒專家有四個步驟

1.做。2.怎麼做。3.完全的貢獻，要往深度專業做。4.要傳承

兩個責任

1.要退休、傳承立下好榜樣，身教言教。2.如何培養熱情，貢獻他的熱情在工作上。

Gaia and Rey白酒為何會釀，相同的葡萄酒的區域，可釀紅也可釀白，展現釀造白酒的潛力，想釀造原生種白葡萄（Arneis），但很難有陳年，他相信這樣一個計畫，賣的是一個夢想，對他來說，好的釀酒師為何要釀少量的白酒，因為其他紅酒品種比較重要，皮蒙產區的夏多內不存在，對地區變化上會有一些影響，這款白酒也改變了整個產區。

當安哲羅聽到我要用中國的語言觀念來寫這本書，他說：中國菜博大精深，非常的好，酒剛開始不好配中國菜，但慢慢會習慣，就像酒和音樂搭配一樣。安哲羅先生給了我很大的鼓勵和支持，不但祝福我的新書能成功出版，還答應我會到台灣來祝賀，同時也送了我兩瓶懷念（Sperss 1999），真是感動萬分。

上：博物館內收藏不同的開瓶器。左：安哲羅先生特別推薦歌雅酒莊旁的餐廳。右：巴羅洛Barolo酒博物館。

DaTa

地址｜ Via Torino, 18 12050 Barbaresco（cn）Italia

電話｜ +39-173-635-158

傳真｜ +39-0173-635-256

備註｜ 可以預約參觀

Recommendation
Wine

歌雅酒莊

Gaia and Rey 1999

ABOUT

分數：WS 91
適飲期：2004 ～ 2020
台灣市場價：16,000 元
品種：100% 夏多內（Chardonnay）
橡木桶：法國橡木桶
桶陳：6 ～ 8 個月
瓶陳：6 個月
年產量：1,650 箱

品酒筆記

義大利第一支具陳年實力的夏多內白酒，當我第一次在歌雅酒莊喝到的時候，驚為天人，我不敢相信我的眼睛和鼻子，怎麼可能？但是安哲羅‧歌雅（Angelo Gaja）先生就坐在我的身邊，這是一款不折不扣的義大利夏多內白酒。安哲羅先生非常慷慨的給我們這些朋友喝了很多款紅酒，其中還包括兩款三大頂級園，但我的心思還停留在這款1.5公升的大瓶白酒。金黃色的麥稈色澤，晶瑩剔透，剛入鼻的鮮花花束和活潑的果香，優雅不做作，有如剛出浴的楊貴妃。接著散發出香草、吐司及柑橘芬芳，熱帶水果一一的較勁，好像是馬戲團表演著空中飛人，目不暇給。烤蘋果的漿果味和新鮮誘人的蘆筍香氣，酒體飽滿，酸度均衡，悠長的尾韻，停留超過六十秒以上，難得，喝過一次將永難忘懷！

建議搭配

生蠔、龍蝦、蒸魚、鮑魚等海鮮類食物、白斬雞。

★ 推薦菜單　海戰車

海戰車分布在印度洋、西太平洋和澳洲及台灣沿岸一帶。身體稍高並略為隆起，覆蓋有絨毛並滿布圓形顆粒，看來又點像龍蝦又不怎麼像，但又沒有長長的龍蝦鬚，肉質味美媲美龍蝦，海戰車產量不高，大都是野生於岩礁，靠潛水員捕撈，價格很高，批發價900一斤左右，非高級餐廳不會進貨！台灣野生海戰車肉質緊實彈牙，扎實甜美的口感絕對不輸給龍蝦。這天因為杭州的朋友來台訪問，我特別在海世界設宴接風，當然不能不點這個台灣最特別的海鮮，每人來半隻，讓大陸同胞了解台灣美食的名不虛傳。這款義大利最好的夏多內白酒來搭配台灣的野生海戰車真是天作之合，酒中的柑橘酸度恰巧可以提昇蝦肉的甜度，清甜的汁液在口中散開，香氣迷人，鮮美爽脆，蝦肉的Q嫩細緻，酒的清涼舒爽，大陸朋友們一口接一口喝，果然是人間美味啊！

海世界餐廳
地址｜台北市中山區農安街 122 號

74. Giacomo Conterno

賈亞可莫‧康特諾酒莊

　　當今世界如果要我只選一支巴羅洛（Barolo），我絕對毫不考慮會選賈亞可莫‧康特諾陳釀蒙佛提諾巴羅洛（Giacomo Conterno Monfortino Riserva）。傳說第一支官方出售的蒙佛提諾（Monfortino）是在1924年。這款蒙佛提諾的葡萄是買自Monforte d'Alba和Serralunga d'Alba兩村的上等葡萄園。到了1970年代，第二代掌門人吉凡尼‧康特諾（Giovanni Conterno）意識到全世界和皮蒙（Piemonte）的酒莊正急速的變化，葡萄酒農也開始裝瓶，成為新的葡萄酒商，上等葡萄的供應量開始萎縮，如此一來也造成土地價格上漲，所以如果要確保在未來都有高品質的葡萄，唯一的方法就是擁有自己的葡萄園。在1974年，吉凡尼毫不猶豫買下了卡斯辛那‧法蘭西亞（Cascina Francia），這是一個位在沙拉朗格（Serralunga）的十四公頃的土地。雖然當時的卡斯辛那‧法蘭西亞是以種植小麥為主，這塊地之前也曾種植過葡萄。吉凡尼重新種植了Dolcetto、Freisa、Barbera和Nebbiolo，這四種是皮蒙區當地最主要的葡萄。傳奇的1978年份是吉凡尼在卡斯辛那‧法蘭西亞園所產的第一支蒙佛提諾，這支酒直到今日仍是有史以來最傑出的巴羅洛。

　　康特諾家族釀酒的歷史可以追溯到1908年，當時由老康特諾先生開始釀造葡

A	B
C	D

A.Roberto Conterno在酒窖解說。B.一瓶難得的1958 年Giacomo Conterno Monfortino Riserva。C.作者收藏的Giacomo Conterno Monfortino Riserva 1997。D.酒莊內品嚐酒。

萄酒，然後傳給一次大戰回來的賈亞可莫・康特諾。在1961年後由他的兩個兒子吉凡尼（Giovanni）和阿多（Aldo）共同經營。1969年阿多和其兄吉凡尼由於釀酒理念不同，離開康特諾家族，另行成立阿多・康特諾酒莊（Poderi Aldo Conterno），成為新派巴羅洛頂尖的酒莊之一。

康特諾家族是皮蒙區傳統主義堡壘葡萄酒釀造者。它是保守、傳統釀酒廠的典型，不會為了迎合現代口味而對自己的底線作出任何讓步。例如1975～1977連續三年完全沒有巴羅洛酒款出產，但這不是上好年份才生產。事實上，當葡萄的質量達不到要求時，他根本不會釀製任何葡萄酒。在1991年和1992年，他也沒有釀製陳釀蒙佛提諾巴羅洛和卡斯辛那・法蘭西亞園巴羅洛。甚至在一些巴羅洛產

區被認為相當差的年份如1968、1969、1987和1993等，反而都有蒙佛提諾的生產，而且品質都很好。而近代沒有生產陳釀蒙佛提諾巴羅洛的年份為2003和2007兩個年份。值得一提的是2002年，賈亞可莫‧康特諾決定生產陳釀蒙佛提諾巴羅洛。這個年份在皮蒙產區被公認為是潮濕多雨氣候不好的年份，很多酒莊都不生產頂級酒款，但卡斯辛那‧法蘭西亞園所生產的葡萄在成熟度與優雅度都都能達到發表的標準，於是他們宣布生產陳釀蒙佛提諾巴羅洛（Giacomo Conterno Monfortino Riserva）。

　　吉凡尼先生在釀造陳釀蒙佛提諾巴羅洛時非常用心，當葡萄採收下來後，先經過挑選才開始五個星期的發酵與浸皮，在發酵過程中刻意的不控制發酵的溫度，讓溫度直接爬上30度以上，這樣的高溫必須冒著極大風險，如果溫度過高就會使發酵中斷，葡萄汁因為沒有發酵完就得丟棄；但相對因為這樣極端的溫度，所以蒙佛提諾是在極限的高溫下發酵完成，比起其他巴羅洛更具風格，也更傑出。發酵過程結束後，葡萄酒被轉移到斯洛伐克維尼亞橡木大酒桶中或大木桶中陳年，其中基本款巴貝拉陳年2年，卡斯辛那‧法蘭西亞巴羅洛陳年4年，而陳釀蒙佛提諾巴羅洛則須陳年7年以上。陳年後裝瓶，裝瓶後接著窖藏1到2年，然後釋放到市場。一般陳釀

上：Roberto專心倒酒。下：斯洛伐克維尼亞橡木大酒桶。

上：難得一見的Giacomo Conterno Monfortino Riserva 1945。下：作者收藏的Giacomo Conterno Monfortino Riserva 1943。

蒙佛提諾巴羅洛總共要10年才會在市場公開銷售。

1971年到1979年之間，Conterno並沒有將Monfortino裝入大酒瓶中。在1970年代，大酒瓶是採取手工裝瓶的，這也造成每瓶常常都有些微的不同。Giovanni Conterno在1970年後暫停使用大酒瓶裝瓶，直到1982年開始有了現代裝瓶儀器、讓大酒瓶可以在生產線上裝瓶後，Conterno才繼續生產大酒瓶裝的酒。因此，Monfortino最棒的兩個年份——1971年和1978年並沒有生產大酒瓶。

賈亞可莫·康特諾大家長吉凡尼老先生（Giovanni Conterno）不幸在2004年仙逝，這對於義大利的皮蒙產區是一大損失，甚至整個世界上巴羅洛酒迷來說都不能接受，畢竟它所釀製的陳釀蒙佛提諾巴羅洛（Giacomo Conterno Monfortino Riserva）已經深植人心，沒有人可以取代。尤其1974年吉凡尼買下卡斯辛那·法蘭西亞葡萄園是對康特諾家族的最大貢獻，之後有很多個精采的陳釀蒙佛提諾巴羅洛都出自於它。他的兒子羅貝托（Roberto Conterno）在2008年購入這塊同樣位於沙拉朗格村（Serralunga Alba）三公頃的切瑞塔（Cerretta）葡萄園，這三公頃的葡萄園，其中兩公頃種植內比歐羅（Nebbiolo），另外一公頃種植巴貝拉（Barbera），在購入後兩年的整頓期間，只有生產兩款酒；巴貝拉（Barbera Alba）和朗格內比歐羅（Langhe Nebbiolo），到了2010才開始正式生產酒莊的第二款單一葡萄園巴羅洛，取名為切瑞塔巴羅洛（Barolo Cerretta），一上市就獲得AG的96+高分。

陳釀蒙佛提諾巴羅洛這款頂尖好酒個人總共品嚐了7次之多，其中包括：1937、

1990、1997、2000、2002、2004和2005，每一次都是經典，從來沒失望過。1990年份是非常美好的一年，喝起來細緻多變，而且充滿樂趣。紅色水果和玫瑰花香，隨著摩卡，皮革，甘草和煙草的散發，更多的複雜性令人著迷。這一年WA 98高分。1997年份現在剛進入高峰期，一開始就散發出迷人的魅力。酒體豐滿，不愧是皮蒙區好年份。帶有甘草、玫瑰花瓣、可可和皮革，口感中具有超甜美黑色水果的尾韻，你永遠會記得。這一年WA 95高分。2000年份現在喝起來還是比較年輕，感覺不出巴羅洛的力道，但卻非常的細膩。有著大量水果香氣，微微的紫羅蘭花香，夾雜著煙燻和皮革，具有相當雄厚的單寧，需要長時間的窖藏。WA 97高分。2002年份的酒因為在酒桶中多待上一年，所以現在喝可能會比其他新年份上市還更容易喝。2002年份的酒是一個有深度、廣度及繁複度的年份。在大家都不看好的年份當中，吉凡尼先生獨排眾議宣布出產最頂級的陳釀蒙佛提諾巴羅洛，我們只能說現代的傳奇人物正在塑造新的傳奇年份，歷史會證明。這款氣勢磅礴的酒散發出來的是深紅玫瑰、秋天剛掉落的新鮮樹葉、大紅李子、野櫻桃、樹莓、新皮革、摩卡咖啡、甘草和印度香料，豐富而複雜。據吉凡尼和羅貝托父子說，這個年份非常像偉大的1971和1978兩個不朽年份。WA 98高分。2004年份的特色是非常和諧，果香味集中，最具感官享受，非常傑出的一年。這支酒香味芬芳細緻，剛柔並濟，渾厚圓潤，充滿力量。這個偉大年份帶著水果的香甜，花香、木香與香料，單寧柔滑，令人興奮。WA 100分。2005年份的酒體較結實，最近才開始柔化。其果香味非常香醇、細緻，距離適飲期還有一段時間。酒中帶有花香、櫻桃、黑醋栗、煙絲、皮革和甘草，豐富而有層次感，華麗登場，具有深度和感性。WA 96高分。在幾個最好的年份當中還有；1971和1978兩個傳奇年份的98分，還有最近AG重新打的1970和1999兩個年份的100分，2006和剛上市的2010也都有接近100滿分的實力。總之，陳釀蒙佛提諾巴羅洛這款酒是當今最具傳奇性也是最偉大的巴羅洛。上市價大約是新台幣30,000元一瓶。

地址｜ Località Ornati 2,12065 Monforte d'Alba(CN), Italy
電話｜ +39 0173 78221
傳真｜ +39 0173 787190
網站｜ www.conterno.it
備註｜ 參觀前必須預約；只接受 7 人以內團隊來訪

DaTa

Recommendation
Wine

陳釀蒙佛提諾巴羅洛

Giacomo Conterno Monfortino Riserva 1997

ABOUT

分數：WA 98
適飲期：現在～ 2060
台灣市場價：40,000 元
品種：內比歐羅（Nebbiolo）
橡木桶：法國橡木桶
桶陳：84 個月
瓶陳：24 個月
年產量：12,000 瓶

品酒筆記

這款1997 Monfortino Riserva 我已經喝過兩次，酒體比較結實，必須長時間的醒酒，最近才慢慢的開始柔化。其果香味非常香醇、細緻，雖然距離適飲期還有一段時間，但酒中帶有花香、櫻桃、黑醋栗、黑李、煙絲，皮革和甘草，這些美好的味道漸漸的浮出，豐富而有層次感，有如一位超級巨星華麗登場，具有深度和感性。建議買幾瓶放在酒窖中陳年，可以慢慢的三五年後享受。

建議搭配

紅燒牛肉、煎牛排、滷牛筋牛肚、烤山豬肉。

★ 推薦菜單　煎豬肝紅糟鰻

這道菜是非常道地的閩菜，尤其煎豬肝這樣的家常菜在台灣重要的老台菜都有做，一定要煎的兩面嫩，不能過熟但也不能見血，否則就太腥或太老。紅糟鰻更是台灣路邊攤都有在賣的台式老菜系，小時候常常見到，現在已經不多了。這支強壯的巴羅洛確實需要這道細致的菜來搭配。因為蒙佛提諾巴羅洛非常雄厚的酒體，配上煎豬肝和紅糟鰻肉質細膩，而且兩者在喉韻上都能回甘，天衣無縫。當葡萄酒黑色水果的香醇遇到豬肝的鮮嫩，鰻魚的細緻，可謂是人間美味。巴羅洛（Barolo）紅酒的特有花香讓在場的文韜雅士一口接一口的喝下，而且能在福州這樣別緻的餐廳享受到這麼正統的閩菜，雖然這款酒已經醒了六小時之久，這才是精采的開始。

福州文儒九號餐廳
地址｜　福州市通湖路文儒坊
　　　　56 號

75. *Tenuta dell'Ornellaia*

歐尼拉亞酒莊

　　歐尼拉亞（Tenuta dell'Ornellaia）酒莊由義大利三大超級托斯卡納薩西開亞（Sassicaia）莊主尼可拉（Niccolo）的表弟、索拉亞（Solaia）莊主皮歐·安提諾里（Piero Antinori）的弟弟，也就是拉多維可·安提諾里（Lodovico Antinori）創建於1981年，從一開始，他便請來有「美國葡萄酒教父」之稱的安德爾·切里契夫（André Tchelistcheff）做酒莊的顧問，1985首釀年份誕生。過了十年後，1991年切里契夫離開了酒莊，換上了「空中釀酒師」米歇爾·羅蘭（Michel Rolland）和湯瑪斯·杜豪（Thomas Duroux），但是後來，杜豪離開歐尼拉亞酒莊，回到法國波爾多超級三級酒莊的寶馬酒莊（Château Palmer）工作。

　　歐尼拉亞酒莊於利瓦諾省（Livorno）的寶格利（Bolgheri）地區，在托斯卡納的西邊，葡萄園離海邊只有五公里之遠，由100公頃的葡萄園組成。由於靠近大海，土壤曾經被掩沒過，周圍有火山，還有地中海氣候的影響，使得葡萄園裡的葡萄獲得更好的種植條件。酒莊的葡萄來自兩個葡萄園：一個是歐尼拉亞的葡萄園，就是酒莊現在的位置；另一個是貝拉利亞（Bellaria），位於寶格利小鎮的東方。

　　從托斯卡納我們開了將近三個小時的車程終於抵達了寶格利的歐尼拉亞酒莊，進到大門看到一大片的葡萄園，綿延不絕，一直到海，非常的漂亮。門衛告訴我們酒

A　A.酒莊葡萄園。B.酒莊大廳藝術設計造型。C.作者和酒莊總經理。
B | C

莊辦公室還要往前開，我們又開了一陣子，大約是十分鐘吧，到了門口，酒莊總經
理李奧納多‧瑞斯皮尼（Leonardo Raspini）非常親切的接待我們。進大門以後
像是一個美術館，充滿藝術氣息，展覽著2006～2011的九公升特殊藝術酒標的歐
尼拉亞，周圍也都是藝術家設計的藝術空間。入口變成釀酒的一種介紹，不是只有
喝酒的感觀問題，而是葡萄園一年四季的變化。2006年開始，歐尼拉亞開始和義
大利著名藝術家合作，每一年選擇一個畫家，根據該年份酒的風格設計藝術酒標在
不同的畫廊舉辦拍賣會、發表會，所得一百六十萬歐元全部捐給畫廊的基金會。此
舉一出，立刻引起了葡萄酒拍賣市場的劇烈反響。在2013年初的一場拍賣會上，
一瓶由著名藝術家Michelangelo Pistoletto設計酒標的9升裝2010年份歐尼拉亞拍
出了120,400美金的高價，這也創造了單瓶義大利酒的拍賣會成交記錄。

上：酒莊酒窖。下：酒莊試酒。

　　李奧納多非常專業仔細的介紹我們歐尼拉亞的歷史和釀酒哲學，也讓我們參觀了裝瓶作業、酒窖、講解葡萄園，最後，還讓我們品嚐了酒莊所生產的五款酒。他告訴我們：旗艦酒款馬塞多（Masseto）有7公頃的葡萄園，每年生產3萬瓶，歐尼拉亞和馬塞多釀酒方式基本都一樣，不同的是來自不同的葡萄園。2012歐尼拉亞生產 600桶，2014年6月裝瓶，2015年5月釋出。我請教他：羅伯派克打的分數對他們影響如何？他開玩笑的説：不重要，因為大部分的義大利酒都是安托尼歐（Antonio Galloni）在打，分數對生意是重要的，但是釀酒更重要。要釀出非常好的結構、單寧，葡萄園愈來愈老，水果味會更好，釀出更好的葡萄酒，天

氣、葡萄園，不變又瞬息萬變。這是他的釀酒哲學，他曾經也是歐尼拉亞的總釀酒師。他又告訴我説：2006年用不同的方式詮釋，這個年份是非常飽滿的，很難被控制的。這是一個極佳的好年份，馬塞多（AG 99、WS 98），歐尼拉亞（AG 97、WS 95），算是歐尼拉亞最出色的年份之一了。而2010在寶格麗雨量是2倍，注重是在熟成，果實香味非常漂亮，兼顧現代和未來，泡皮的時候、時間都很細心精算。這一年的分數也不錯，馬塞多（AG 98、WS 95），歐尼拉亞（AG 97+、WS 94）。我請教他説中國大陸的紅酒熱潮對他們的市場有沒有影響？他説：2008到2014新的策略，他們有兩個代理商，60%在波爾多手中，剩下的銷到美國和其他國家，就像波爾多柏圖斯酒莊（Pétrus）的行銷方式，都沒有改變。他們對大陸代理商ASC覺得還有進步空間，也會緊盯中國市場，如拉菲（Lafite 2008）酒瓶上的「八」、木桐（Mouton 2008）由中國畫家來畫酒標、歐尼拉亞（Ornellaia 2009）推出孔夫子肖像，這都是一種行銷方式。其實歐尼拉亞2011年才進入中國市場，中國+香港才占2%的市場，他們還有很大的市場值得開拓，就怕產量不夠。

　　歐尼拉亞酒莊在1987年釀出一款旗艦酒款馬塞多（Masseto），以100%美洛葡萄釀成，年產量僅約三萬瓶，是世界上最好的三款美洛之一，同時也是美國《葡萄酒觀察家》雜誌、英國《品醇客》雜誌、羅伯·派克所建立的《葡萄酒倡導家》特別推薦收藏的紅酒，2001年份的馬塞多更獲得《葡萄酒觀察家》給予100滿分的評價，而且是2004年度百大第六名。自1987年推出以來，除了2000年

酒莊裝瓶作業。

以外，《葡萄酒倡導家》（WA）每一年的分數幾乎都超過95分。當波爾多最好的酒莊柏圖斯酒莊（Pétrus）莊主參訪歐尼拉亞時，也不禁讚嘆：「這是義大利的『Pétrus』」！此後，這一稱號就不逕而走了。歐尼拉亞本身也都有不錯的成績，自1985推出以來，除1989外，每一年的成績都不錯，尤其2001年以後到2011年每一年幾乎都超過95分，在義大利已經是排名前十名的酒款，在《葡萄酒觀察家》雜誌，歐尼拉亞1998年份為2001年度百大第一名，分數96分，2004年份為2007年度百大第七名，分數97分。一個酒莊能有兩款這樣世界級的酒款，證明了這家酒莊經過三十年的努力，已經成功了。

1999年，美國羅伯‧蒙大維（Robert Mondavi）入主歐尼拉亞（Ornellaia），買下50％的股份，並將歐尼拉亞推向世界級舞台，2001年羅伯‧蒙大維買下整個歐尼拉亞，成為唯一的擁有者。在歷經四年後，2005年由佛瑞斯可巴第家族（Marchesi de'Frescobaldi）全部買下股份，目前是歐尼拉亞的新主人。以這個家族來說，在義大利釀酒已經幾個世紀了，旗下的一些酒莊都可以釀出代表義大利風土的好酒，相信歐尼拉亞也是如此。

值得一提的是，在酒莊第一次喝到歐尼拉亞的白酒（Poggio Alle Gazze 2011），這是一款白蘇維翁（Sauvignon Blanc）所釀製，在義大利很少見到。有著蜂蜜、葡萄柚、油桃和礦石。年產量僅一萬瓶而已，從來沒有出口，只在義大利銷售，真是難得啊！晚餐時我們到寶格麗的小鎮用餐，李奧納多將剩下的酒讓我們帶走，到了餐廳，我們請餐廳老闆喝一杯，老闆告所我們：他是歐尼拉亞的經銷商，這支白酒一年只配給他們36瓶而已，全部賣給他們的VIP客戶，他自己都沒喝過，想不到是遠從台灣來的我們請他喝了，除了高興以外，還念念有詞的説：歐尼拉亞的總經理對我們太好了，也讓我們感到很溫暖！🍾

歐尼拉亞2009特殊孔子畫像設計。

地址｜ Via Bolgherese 191, 57020 Bolgheri（LI）
電話｜ +39 0565 718242
傳真｜ +39 0565 718230
網站｜ http://www.ornellaia.com
備註｜ 參觀前要先預約

DaTa

馬塞多

Masseto 2001

ABOUT
分數：WS 100、WA 98
適飲期：現在～2050
台灣市場價：45,000 元
品種：100% 美洛（Merlot）
橡木桶：100% 法國新橡木桶
桶陳：18 個月
瓶陳：12 個月
年產量：10,000 瓶

品酒筆記

酒色呈深紅色，有多層次的香氣，黑色的水果味，細緻單寧有
如絲絨般的柔順，口感充滿各式莓果的熟成風味、包括藍莓、
黑莓、黑醋栗和小紅莓。溫和的石墨、草本植物、辛香料、皮
革，還有白巧克力的誘人氣味，全都交織的在一起。餘韻非常
的綿長，均衡華麗，結束時口中所留的果味完整而強烈，縈繞
心中久久不散。

建議搭配

滷牛肉、紅燒蹄膀、烤雞、燴羊雜。

★ 推薦菜單　香茅烤羊排

剛端上桌熱騰騰的羊排咬一口下去，油嫩出汁，鹹香合宜，肉汁隨
著口腔咬入而發出滋滋的悅耳聲，這道烤羊排真是有水準，比起
西方人所煎的羊排還來得軟嫩，咬起來又具口感。歐尼拉亞這款
單寧非常的細緻，正好可以柔化肉排的油膩，讓肉汁更為鮮美。搭
配藍莓和黑醋栗的果香，讓肉咬起來更為香嫩可口。白巧克力的
濃香也帶動和延續這支羊排更多的層次，讓美酒與肉排加完美
的演出。

龍都酒樓
地址｜台北市中山北路一段
　　　105 巷 18 之 1 號

76. Giuseppe Quintarelli

昆塔瑞利酒莊

　　吉斯比昆塔瑞利（Giuseppe Quintarelli）是一個傳奇性的人物，在義大利的維納托（Veneto）更是無人不曉，尤其是所有釀製阿瑪諾尼（Amarone）的酒莊更是以他為師，所以他也被稱為「維納托大師」（the Master of the Veneto）。2014年的4月17日午後我們來到了昆塔瑞利酒莊（Quintarelli），這是一個很不起眼的酒莊，酒莊不設任何招牌，也沒有門牌，我們開車來來回回錯過了幾次，最後還是問了他們的鄰居才來到這個別有天地的酒莊。這一天是由吉斯比的外孫法蘭西斯哥先生來接待我們，一個非常靦腆的義大利帥哥，現在由他來管理酒莊的各種業務和行銷。

　　昆塔瑞利酒莊是整個阿瑪諾尼最低調也是最古老的酒莊之一，有一家著名阿瑪諾尼的莊主告訴我：吉斯比昆塔瑞利是他們的中心人物，也是傳說中的釀酒師，所有釀製阿瑪諾尼的酒莊都在學習他們的釀酒方式，包括著名的達法諾（Dal Forno Romano）。昆塔瑞利酒莊每年的產量並不多（僅約六萬瓶），但昆塔瑞利所釀出的酒是葡萄酒大師學院（IWM）最尊崇的葡萄酒，他的釀酒功力有如大師般完美到無法挑剔，可以說是義大利的一代宗師，稱為義大利一級膜拜酒當之無愧。雖然不是著名的義大利五大酒莊，不需要和布魯諾・賈可薩（Bruno Giacosa）或歌雅（Gaja）等名莊來比較，因為吉斯比昆塔瑞利本身的魅力已超越了整個義大利。有人將其

A		
B	C	D	E

A.在酒莊可以眺望美麗的阿爾卑斯山。B.酒窖。C.酒標手抄的紙本。
D.法蘭西斯哥在酒窖很專注為我們倒酒。C.作者致贈台灣高山茶給莊主
夫婦。

酒莊比為「義大利的伊肯堡（Château d'Yquem）」，或推崇為「義大利的瑪歌堡
（Château Margaux）」，這些不同的讚美，都不足以代表他在葡萄酒世界的偉大。

　　吉斯比曾經告訴一位義大利記者說：「我釀酒的祕密只按照我的規則，並不是去追
求流行」。法蘭西斯哥還說：瓶身上手寫字體以前都是由他的祖父、媽媽和阿姨一張
一張抄寫的，現在還流傳下來這個傳統，成為酒莊的另一種風格，這也代表了酒莊認
真的對待每一瓶酒，這是世界上最用心的酒莊。

　　在維納托昆塔瑞利酒莊是最早引進國際品種的酒莊，1983就開始釀製第一款卡本
內弗朗、卡本內蘇維翁和美洛的「阿吉羅」（Alzero）。其他尚有幾款不同的酒款：經
典瓦波麗希拉（Valpolicella Classico Superiore）、經典阿瑪諾尼（Amarone della
Valpolicella Classico）、頂級阿瑪諾尼（Amarone della Valpolicella Classico
Riserva）。每一個酒款都有不同的特色，而且也獲得各界酒評家的肯定。每一款酒
價格都在台幣萬元起跳，世界上的收藏家還是趨之若鶩，見一瓶收一瓶。

　　法蘭西斯哥帶我們進到昆塔瑞利酒窖，這裡放置了各式各樣的大小橡木桶，其中

最大的是一萬公升斯洛伐克大橡木桶，酒桶上刻著家族的家徽，「十字架代表宗教意義、孔雀代表勞作、葡萄藤代表農耕。」在酒窖裡我們品嚐到了六款酒，有三款比較特別：Armarone della Valpolicella Classico 2004：年產量：12,000瓶，4個月風乾，8年陳年新舊橡木桶，早上就打開醒酒，非常的優雅與均衡，首先聞到的是藍莓、甘草和薄荷，感到非常的舒服，也有奶油、杉木和花香不同層次上的變化，最後喝到的是烘培咖啡，熟櫻桃，餘韻悠長，可以陳年三十年以上。Alzero 2004 ：建議和起司、鵝肝一起享用。年產量：3,000～4,000瓶。完全與阿瑪諾尼做法一樣，只是全放在小橡桶，40%卡本內蘇維翁、40%卡本內弗朗、20%美洛，薰衣草、水果乾、沒有青澀植物味、成熟果醬味、巧克力。Recioto della Valpolicella 2001：羅馬時代就有了，Recioto是阿瑪諾尼（耳朵）葡萄最上面那兩串，沒有每年生產，10年中才釀出3～4個年份，也是吉斯比的最愛，假日他們都會喝，一點點波特香氣，還有蜜餞和梅子味。很遺憾的是我們沒有喝到頂級阿瑪諾尼（Amarone della Valpolicella Classico Riserva），在最好的年份才會挑一些去釀（Riserva），10年之中只有2～3次能釀出來，最近的年份有1990、1995、2000、2003，下個年份是2007。

　　吉斯比昆塔瑞利（Giuseppe Quintarelli）於2012年1月15日過世。現在由他的女兒費歐蓮莎（Fiorenza）夫婦和他們的孩子法蘭西斯哥（Francesco）與勞倫佐（Lorenzo）一起管理酒莊。不改過往低調的作風，因為毋庸置疑的，昆塔瑞利酒莊所生產的葡萄酒已經是公認的義大利傳奇，雖然價格不斐，但卻還是一瓶難求，就如同法蘭西斯哥所說：「他們的酒就像雕刻在酒莊大酒桶上之孔雀與葡萄藤的圖案，每喝一口昆塔瑞利的佳釀，都是烙印在酒迷心中最美麗的驚嘆與回憶！」大師雖然仙逝駕鶴歸去，但留給後人博大精深的美酒，已到達無窮無盡的完美境界。

後記：

　　作者於2023年帶了一團酒莊之旅來到Veneto的昆塔瑞利酒莊，受到莊主費歐蓮莎夫婦的歡迎，每個團員看到酒莊美麗風景，手機拍個不停。座落於阿爾卑斯山下的酒莊，美不勝收，令人流連忘返。酒莊人員帶領著我們導覽酒莊，這是疫情前剛完成的新建築，我們從展覽室一直到酒窖，最後在酒窖品酒，我們總共品嚐了六款酒，包含一款經典阿瑪諾尼（Amarone della Valpolicella Classico）。

地址	Via Cerè, 1 37024 Negrar Verona
電話	045 7500016
傳真	045 6012301
網站	http://www.kermitlynch.com/our-wines/quintarelli
備註	參觀前必須先預約

DaTa

經典阿瑪諾尼

Amarone della Valpolicella Classico 1985

ABOUT

適飲期：現在～2045
台灣市場價：$30,000
品種：55% 可維納（Corvina and Corvinone）、30% 羅蒂
　　　內拉（Rondinella）、15% 卡本內蘇維翁（Cabernet
　　　Sauvignon）、內比歐羅（Nebbiolo）、克羅迪納（Croatina）
　　　和山吉維斯（Sangiovese）
橡木桶：新舊大小斯洛伐克維尼亞和法國橡木桶
桶陳：96 個月
瓶陳：3 個月
年產量：12,000 瓶

品酒筆記

這款經典阿瑪諾尼紅酒，必須醒酒兩個小時以上，醒酒後非常的優雅與均衡，是可以讓您輕鬆飲用的一款好酒。單寧非常的細緻，有如天鵝絨般的絲綢，聞到的是藍莓、甘草和薄荷，令人愉悅。也有奶油香、杉木和花香不同層次上的變化，最後品嚐到的是烘培咖啡，熟櫻桃和杏仁，口感和諧，餘韻悠長，在充滿香料味道中畫下美麗的句點。

建議搭配

滷牛肉、煎烤牛排、烤鴨、東坡肉。

★ 推薦菜單　八寶鴨

上海老站餐廳主廚史凱大師一大早就幫我們準備了「八寶鴨」這道招牌大菜，因為這道菜製作非常費工，所以要提早預訂。選用的是上海白鴨，每隻大小控制在2公斤～2.5公斤之間、肥瘦均勻，先將鴨子整鴨拆骨，備好蒸熟的糯米、雞丁、肉丁、肫丁、香菇、筍丁、開洋、干貝一起紅燒調好味塞進拆好骨的鴨子裡，再將填好八寶的鴨子上色後入油鍋炸一下，上籠蒸3～4個小時就好了。最後淋上特製醬汁加清炒河蝦仁就大功告成。用這道菜來搭配義大利經典阿瑪諾尼紅酒可以說是絕配；紅酒中的藍莓、櫻桃和糯米的微鹹甜味相結合，有如畫龍點睛般的驚喜，而奶油和杉木的香氣正好和蒸過的內料交融，香氣與味道令人想起小時候的正宗台灣辦桌菜，那就是媽媽的味道。最後烘培咖啡和杏仁味提昇了軟嫩的鴨肉質感，讓鴨肉嚐起來更為美味，水乳交融，有如維梅爾（Jan Vermeer）的名畫《倒牛奶的女僕》那樣的溫暖與光輝。

上海老站本幫菜
地址｜上海市漕西北路 201 號

77. *Sassicaia*

薩西開亞酒莊

　　英國葡萄酒雜誌《品醇客》2007年將薩西開亞（Sassicaia）評為義大利的「五大酒莊」之一；和歌雅（Gaja）、布魯諾·賈亞可沙（Bruno Giacosa）、歐尼拉亞（Tenuta dell Ornellaia）、達法諾酒莊（Dal Forno Romano）齊名。薩西開亞酒莊是義大利托斯卡納最富盛名的酒莊，也是義大利四大名莊之一，和索拉雅、歐納拉雅和歌雅三個酒莊並列，常與法國五大酒莊相提並論。

　　20世紀二十年代，馬里歐侯爵（Marquis Mario Incisa della Rocchetta）是一個典型的歐洲貴族公子，他最大的嗜好就是賽車、賽馬、飲昂貴的法國酒，他甚至還自己養馬馴馬，參加比賽。他鍾情於昂貴的、充滿馥鬱花香的波爾多酒，夢想著釀出一款偉大的佳釀。後來與妻子克萊莉斯的聯姻，為他帶來了一座位於佛羅倫斯西南方100千米處、近海的寶格利地區的聖瓜托酒園（Tenuta San Guido）作為嫁妝——此處即是薩西開亞誕生的地方。

　　剛開始馬里歐侯爵採用法國一流酒園常用的剪枝方式，在單寧量偏高的南斯拉夫小橡木桶中陳釀，使得釀出來的酒單寧極強，剛釀出的酒單寧太重、味道太澀、難以入喉。每年產出的600瓶酒連家人都不願喝，只能堆積在酒窖中。家人力勸馬里歐放棄釀酒，並建議不如改種牧草餵馬來得實惠些。馬里歐仍不死心，他決定改變方法，既然要在義大利釀制「純正」的波爾多酒，就必須向法國人取經。在葡萄種苗方面，除部分選擇本地與鄰近各園優秀的種苗外，在養馬場認識的法國木桐酒莊主人菲利普男

A
B | C | D

A.酒莊門口。B.酒窖門口。C.在酒窖內品酒。D.不同年份的Sassicaia。

爵對他創建酒莊也鼎力支持,他從木桐酒莊獲得了葡萄種苗,同時還改用法國橡木桶進行釀酒。醇化所用的木桶也捨棄廉價的南斯拉夫桶,改以法國橡木桶。同時在遼闊的莊園中重新找到了一塊朝向東北的坡地,義大利人稱這塊山坡地為「Sassicaia」,就是小石頭的意思。他又找到了兩塊新的更適合葡萄生長的土地,開始種植卡本內蘇維翁和卡本內弗朗。經過這一系列的變革,薩西開亞的酒開始躍上國際。

1965年薩西開亞釀成並在本園開始販賣。1968年,馬里歐侯爵的外甥——彼德·安提諾里侯爵(Marchese Piero Antinori)為它廣做宣傳,當年度的薩西開亞便正式在市面上銷售。1978年,英國最權威的《品醇客》雜誌在倫敦舉行世界葡萄酒的品酒會,包括著名品酒師Hugh Johnson、Serena Sutcliffe、Clive Coates等在內的評審團一致宣布1972年薩西開亞從來自11個國家的33款頂級葡萄酒裡脫穎而出,是世界上最好的卡本內蘇維翁(Cabernet Sauvignon)紅葡萄酒。

薩西開亞曾被人懷疑它不是真正的義大利酒,這是因為它沒有使用傳統的義大利葡萄品種進行釀製,薩西開亞的現任莊主尼可(Nicolo)為此說:「好酒就像好馬,他們需要混種而產生最優秀的,薩西開亞當然是最好的義大利酒。」當時薩西開亞不願遵守官僚所訂下的「法定產區管制」(DOC),所以酒只標明了最低等的「佐餐酒」(Vino da Tavola)。但是由於酒的品質實在太精采,反而顯得義大利官方品管分類

的僵化和官僚主義，讓義大利政府頗失面子。無奈之下，官方只好懇請薩西開亞掛上DOC的標誌。因此從1994年起，薩西開亞開始被正式授權使用DOC標誌。

提起薩西開亞，有一個名字賈亞可莫・塔吉斯（Giacomo Tachis）絕對不能遺忘。他是薩西開亞的創始釀酒師，擔任義大利托斯卡納釀酒師協會的會長，也是義大利近代最著名的釀酒師。薩西開亞在新法國橡木桶中陳釀24個月，瓶中熟成6個月。最終釀製出的佳釀讓人聯想到優雅的波爾多酒。這要得益於賈亞可莫・塔吉斯經常造訪波爾多，並有機會向波爾多鼎鼎有名的一代宗師艾米爾・佩諾（Emile Peynaud）學習討教。著名葡萄酒作家理查（Richard Baudains）寫道：「回想薩西開亞在1978年倫敦品酒會上奪冠的時刻，那的確象徵著義大利葡萄酒進入一個新時代」。2011年他被評為《品醇客》年度風雲人物，可以說是現代「義大利葡萄酒之父」。

在2004年上映的尋找新方向（Sideways）一片中，男主角邁爾斯（Miles）雖然對黑皮諾釀的酒情有獨鍾，但是女主角瑪雅（Maya）卻是因為一瓶1988年的薩西開亞而迷上了葡萄酒。電影原著小說作者雷克斯・皮克特先生（Rex Pickett）的啟蒙之酒也是1988年的薩西開亞，他曾在接受美國葡萄《酒愛好者》雜誌（Wine Enthusiast）採訪時透露：「我從1990年開始對葡萄酒非常感興趣，當時我和一個義大利女孩交往，我們在佛羅倫斯與她的家人共享聖誕晚餐，喝了一瓶1988年的薩西開亞。我簡直不敢相信還有什麼東西可以有那麼好的味道，恍若神示。」可見薩西開亞的魅力所及，連美國也有廣大的酒迷。

薩西開亞最好的年份在1985和1988兩個年份，1985年份獲派克評為100分，WS評為99高分。1988年份WS評了兩個98 高分和一個97高分。再來比較高分的就是2000年以後的2006年份的WA 97高分，2008和2010都獲評為WA 96高分。台灣上市價約為7,500台幣一瓶，好的老年份一瓶要10,000台幣以上。較新年份的2016得到WA的100 分，一瓶約台幣15000元以上。而最新年份的2019年得到WA98分，價格逼近10000元台幣。

2004年，薩西開亞家族加入了世界最頂尖的Primum Familiae Vini（PFV，頂尖葡萄酒家族），成為PFV的成員，與世界知名且仍由家族控制的10間酒莊平起平坐（西班牙國寶Vega Sicilia、波爾多五大酒莊Mouton Rothschild、德國桂冠Egon Müller……等等）。薩西開亞就如同他的酒標，散發著光芒，成為真正的義大利之光。

DaTa

地址｜ Località Le Capanne 27,57020 Bolgheri,57022（LI）,Italy
電話｜ 39 0565 762 003
傳真｜ 39 0565 762 017
網站｜ sassicaia.com
備註｜ 參觀前要先預約，參觀前必須和世界各地的經銷商預約

薩西開亞

Sassicaia 1988

ABOUT

分數：WS 97、WA 90
適飲期：2002 ～ 2028
台灣市場價：15,000 元
品種：85% 卡本內蘇維翁（Cabernet Sauvignon）、15% 卡本內
弗朗（Cabernet Franc）
橡木桶：法國橡木桶
桶陳：24 個月
瓶陳：6 個月
年產量：180,000 瓶

🍷 品酒筆記

酒色呈深紅寶石色，具有黑醋栗，薄荷和香草的味道，飽滿，黑醋栗、覆盆子、桑葚、松露、烤麵包香和與眾不同的香料，芬芳濃郁，高貴典雅，豐富而有層次，和諧典雅，登峰造極！雖然這不是最極致的薩西開亞1985年，但已經超越任何世界上的好酒。堅若磐石的力道，令人難以置信的尾韻，醇厚而性感的果實，濃郁而飽滿的單寧，讓許多人會想起拉圖酒莊，不愧為托斯卡納酒王。

🍴 建議搭配

湖南臘肉、蔥爆牛肉、烤羊排、煎松阪豬。

★ 推薦菜單　紅燒豬尾

紅燒豬尾在處理上必須先洗淨，然後再下去川燙去羶，撈起再加一些酌料紅燒。最重要是加米酒和好的醬油，以小火慢慢的熬煮，要煮到入味。義大利托斯卡納酒王來搭配這道老式經典菜，真是令人刮目相看。因為薩西開亞的雄厚香醇，強烈的黑色紅色水果，可以淡化豬尾的油膩感。紅酒中的單寧正好可以柔化偏鹹的口感，豬尾肉的軟中帶Q遇到酒王應該是一種美麗的邂逅，我們不禁為這迷人的紅酒陶醉，而且能享受到新醉紅樓大廚為我們特別招待的經典老菜喝采！

新醉紅樓餐廳
地址｜台北市天水路 14 號 2 樓

78. *Case Basse Di Gianfranco Soldera*

卡薩貝斯酒莊

　　一款偉大的酒因其和諧優雅、複雜自然而脫穎而出,偉大的酒給人滿足感和幸福感,並給我們帶來再度飲下的欲望:「它創造並發展了社交和友誼。它是獨一無二,稀有,典型並長壽的。我們可以從酒中識別出它所來自的微型風土和葡萄園。譬如來自印提斯提迪(Intistieti)和卡薩貝斯(Case Basse)的酒就截然不同,儘管這兩個葡萄園非常鄰近。」卡薩貝斯酒莊(Soldera Case Basse)前莊主吉安法蘭克·索德拉(Gianfranco Soldera)這樣說。

　　酒莊其實不叫索德拉,那是莊主的姓,酒莊正式名稱是卡薩貝斯酒莊(Case Basse),只是因Soldera太有名了,大家索性幫酒莊改名。

　　蒙塔奇諾(Montalcino)可以說是整個義大利除了巴羅洛(Barolo)與巴巴瑞斯可(Barbaresco)之外,名氣最響亮的精英產區。這裡酒價已突破20,000元台幣,不過能達到這個水準的大概只有3至5家,不像勃根地一樣遍地都是黃金。

　　在蒙塔奇諾早早就有膜拜酒之稱的即是索德拉,它早期在宗師級的釀酒顧問甘貝利(G. Gambelli)指導下,酒的水準已是當地龍頭,大概20年前即有150~200美元的出廠價。要知道當時五大酒莊的酒也才多少,勃根地根本還沒漲起來,此酒早年之盛名絕不簡單。

左至右：作者收藏的Case Basse Di Gianfranco Soldera Riserva 1990&1991。Case Basse Di Gianfranco Soldera Riserva 2001。Case Basse Di Gianfranco Soldera Riserva 1998。

　　若要列舉蒙塔奇諾布魯內羅地區（Brunello di Montalcino，簡稱BdM）乃至義大利全境的偉大名家，毋庸置疑，卡薩貝斯酒莊必將出現在榜單前列。因其極具辨識度的酒標，酒友們親切地稱其為「大龍」。建立於1972年，卡薩貝斯酒莊有著驚人的品質，其出品比其他任何酒莊的都更能展現BdM的和諧優雅和細膩變化，複雜而又頗具生命力，正是前莊主吉安法蘭克·索德拉所說的偉大之作。「大龍」其實不是龍，而是古希臘神話中「酒神」狄奧尼索斯聖物——海豚。

　　蒙塔奇諾產區雖然製酒甚早，但主要是在90年代受美國酒評家影響崛起。它因聲勢看漲在2003至2008年左右出現假酒事件，於是整體知名度並未隨著其它產區一路上揚，再加上索德拉本身2007－2012年份的酒，又被離職員工惡意放流，許多年份幾乎有行無市，因此這酒名聲雖大，但實際遇到的機會卻是有限，價格更是愈來愈高。

　　莊主吉安法蘭克·索德拉本是位保險經紀人，賺了滿滿的錢就開始弄酒，他的成功實在是件極有趣的事。無論葡萄園選址，從米蘭來到蒙塔奇諾（Montalcino）的西南部，他在Tavernelle周圍略微朝南的斜坡上發現了自己理想中的地塊——卡薩貝斯，並在此建莊。這裡位於霧線之上，海拔320米，常會被微風吹拂，保證葡萄能夠完全成熟。自己的釀酒工夫（有機種植，手工採收，使用自然酵母幾乎無干預地發酵），外界對他都是充滿一堆問號，唯一認定的是G. Gambelli在酒莊早期確實鋪好了未來的路，至於索德拉本人呢，脾氣不好之外，也很少細論他的酒到底為何可以有此奧妙。其實吉安法蘭克對品質的要求已經到達一種極致，傳聞在收成不好的年份，酒莊產量只有正常產量的十分之一。不幸的是，2019年2月，吉安法蘭克·索德拉老先生心臟病發作，開車撞上路肩身亡，由他出品的年份自此成為絕響。

　　能說話的就只有結果！就品飲經驗而言，索德拉就是頂級的存在，價格自有其道理。它有點「古典式張揚」，近似Piggio di Sotto但更有傳統感。它不似90年代許多高分的蒙塔奇諾一般，充滿新桶的焦糖與香草味G. Gambelli的影響絕對存在。

　　當然，莊主本身固執的性格，特別是早年即已走向有機種植的理念，讓此莊的酒水

準向來穩定而突出，少數可以喝出蒙塔奇諾深度的經典酒款，而不僅是為迷人的果香所誘惑。索德拉大概每年出個10,000瓶上下，酒價向來是蒙塔奇諾的領頭羊之一。即使偶爾釀的低階酒款，像是特別年份才有的印提斯提迪（Intistieti）或是佩加索斯（Pegasos），也都是款款獨當一面。

　　酒莊的第一個年份是1975年，此時僅出品Rosso di Montalcino一款酒。1982年起Brunello di Montalcino面世，並逐漸成為知名酒評家、收藏家競相追捧的對象。2006年起，這款BdM更名為Toscana IGT或IGP Soldera Case Basse 100% Sangiovese，年產量約10,000瓶，真可謂是一瓶難求。

Case Basse Di Gianfranco Soldera國際價格：

◇ Case Basse IGT 2018 價格23,000元台幣
◇ Intistieti 1992 價格30,000元台幣
◇ Pegass 2005 價格35,000元台幣
◇ Riserva 均價43,000元台幣

現在，卡薩貝斯酒莊索德拉珍藏（Case Basse Di Gianfranco Soldera Riserva）與馬塞多（Masseto）、陳釀蒙佛提諾巴羅洛（Giacomo Conterno Monfortino Riserva）被稱為義大利最傑出的三款好酒，號稱「義大利三雄」。因其超高的收藏價值而被全世界的葡萄酒收藏家所追捧，常見於各大拍賣會場上。

2015年8月16日（台北）品酒會心得：

這次的酒總體來說還不錯，第一款出場的Chablis 2011一級園確實已經到了特級園的水準，好喝且餘韻長。兩款香檳也表現出應該有的特性，尤其是Piper-Heidsieck 更加凸顯出來香氣與豐厚的底蘊，綿密細緻的口感更加迷人。紅酒中的Palmer 1981有點撐不住，比起Ch.Margaux 1981就真的沒得比了，可以說是從來沒喝過這麼脆弱的Palmer 81，也沒喝過這麼強壯的Margaux 81，形成強烈的對比。90的Clos Des Pape稍稍弱了點，感覺不對，純粹只是好喝，沒有表現出來90年應該有的教皇新堡的特色。Mouton 2001反而讓我個人覺得驚訝，一開始有點艱澀，認為他比Vega 2000還差點，但是慢慢的綻放，越來越美麗，所有的木香、花香、果香蜂擁而至，比我最近喝過的01、03、04、05、06、07、08、09都好，甚至勝過於95和94。Vega 2000在台灣是由我第一個販售的，當時我是台灣的總經銷，為此莊主還特地來百大參訪。這個年份我也喝過不下五次，這次喝的第一感覺比以前豔麗、果香更濃、餘味也很持久，但是層次變化沒有以前多，Vega的壽命是很長的，我相信我們還有20年以上的時間來等它變化。最後一款紅酒的Soldera Riserva 2001可說是今晚的主角，萬眾矚目，一登場就有著他應該有的水準，紅色果實、紅茶、高山樹木等香氣，喝下去的是細緻而高貴的絲絨手套口感，應該是最好的Brunello，可惜後續的變化並不多，比起以前喝過的1985和1995少了點刁鑽。最後兩款有名的德國甜白，差異太大。Egon Muller Auslese 1999（750ml）的青澀嬌羞和Fritz Haag BA 2006（375ml）的成熟撫媚也成了對比。Egon這也太厲害了，經過16年的歷練，還像年輕小夥子，只有果味，沒有酸度，下次要再品嚐它時恐怕還得等上10個年頭了。反觀Fritz的BA經過不到十年，已經是魅力四射，令人無法擋了，未來的這十年將是品嚐它的好時機，真是花開堪折直須折啊！

地址｜ Localita' Case Basse,, 53024 Montalcino SI,
電話｜ +39 0577 848567

DaTa

卡薩貝斯酒莊索德拉珍藏

Case Basse Di Gianfranco Soldera Riserva 1997

ABOUT
分數：WA 93
適飲期：現在～2040
台灣市場價：35,000 元
品種：100% 桑吉維斯（Sangiovese）
橡木桶：法國橡木桶
桶陳：24 個月
瓶陳：36 個月
年產量：10,000 瓶

🍷 品酒筆記

在2016年時，我在拍賣市場上拍得一瓶Case Basse Di Gianfranco Soldera Riserva 1997，立即想起要和我的好友陳新民大法官分享，剛好在上海馮記小館有個酒會，於是就帶了這瓶卡薩貝斯酒莊索德拉珍藏，那是我第一次喝。第二次喝是2023年的九月份，我在台北主辦的一個義大利頂級酒品酒會，由一位金融家帶來分享。當晚的酒款有；三款作者帶的Angelo Gaja 親筆簽名1993年份的Sori San Lorenzo、Gaja Sori Tildin、Costa Russi、Aldo Conterno Barolo Granbussia Riserva 1970、Biondi-Sandi Brunello di Montalcino Riserva 1977、Sassicaia 1986等名酒，Case Basse Di Gianfranco Soldera Riserva 1997還是令人印象深刻。果香厚重，帶有深磚紅色，及黑醋栗甜酒、菸草葉、灌木叢、石墨、薰衣草、烤肉和黑莓味。香氣逼人且強而有力，深沉，悠長，複雜，層次分明的風味與美麗的和諧。這支酒體厚重的酒在往後的10至15年都是高峰期。

🍴 建議搭配

湖南臘肉、蔥爆牛肉、烤羊排、煎松阪豬。

★ 推薦菜單　柚皮大腸

豬大腸在處理上必須先洗淨，然後再下去川燙去羶，撈起然後冷水沖涼，再以潮汕滷水小火慢慢的熬煮兩小時，要煮到入味，必須讓大腸又嫩又有彈性，肥而不膩。加上洗淨的柚皮，也是用滷水熬煮到軟糯即可。這款義大利蒙塔奇諾酒王來搭配這道老式經典順德菜，意外的融合，不做作、不矯情，你儂我儂。索德拉珍藏酒的東方香料、煙燻雪茄、黑醋栗甜酒，柔化了滷水豬大腸的油膩感，還有神來之筆的滷水柚皮，更是各大菜系少有的做法，這樣的搭配，只有廣東順德才能發揮到極致。

順德水滸粵廚
地址｜廣東省佛山市順德區大
良街道近良路 13 號

79. *Egon Müller*

伊貢慕勒酒莊

伊貢慕勒酒莊（Weingut Egon Müller）是位於摩澤河（Mosel）產區精華地塊的28英畝（約11.3公頃）葡萄園，擁有排水良好的板岩地層，大部分種植麗絲玲（Riesling），將當地風土條件發揮得淋漓盡致，因此被評選為摩澤河地區最頂尖的酒廠之一，這裡出產的麗絲玲享有「德國麗絲玲之王」的美譽。同時伊貢慕勒酒莊所產的貴腐甜白酒（TBA）也和勃根地的沃恩·羅曼尼（Vosne Romanée）村中的羅曼尼·康帝酒園（Domaine de La Romanée-Conti 簡稱DRC）的紅酒齊名，並列世界上最貴和最好的兩款酒，一白一紅，獨步酒林，一生中如能同時喝到這兩款酒，將終生無憾！

伊貢慕勒的歷史可從6世紀建成的聖瑪麗修道院（Sankt Maria von Trier）說起。該院建在維庭根鎮附近一座名為沙茲堡（Scharzhofberg）的小山上。後來，法國軍隊占領了整個盛產美酒的萊茵河地區，教會與貴族所擁有的龐大葡萄園被充公拍賣。1797年，慕勒（Müller）家族曾祖父趁機購得了此酒莊。此後，酒莊一直歸慕勒家族所有，至今傳承至第五代後人。

伊貢慕勒的釀酒方法就是以傳統、天然、簡單的方式進行。11.3公頃的葡萄園，土壤多為片岩、板岩層層的堆疊，透水性佳，在雨季時排水也很順暢，板岩有保溫與排熱的功能，能提高葡萄藤的生長。他們深信他們的葡萄園有實力種植出最好的葡萄和釀製出最有潛力的葡萄酒。

釀製貴腐甜酒，必須等到葡萄已被黴菌侵蝕，吸收葡萄水份，讓整顆葡萄萎縮乾扁，才開始採收、榨汁，且逐串逐粒挑選，而每串葡萄也不一定同時萎縮，必須分次

A	
B	C	D

A. 酒莊外觀。B. 作者2015年所喝過最好的三個年份1976、1995、2005 的 Scharzhof Scharzhofberger TBA。C. 酒窖藏酒。D. 作者與莊主Egon Müller 四世在葡萄園合影。

採收，極為費時費力。因此每株葡萄樹往往榨不出一百公克的汁液。同時，葡萄皮不可有破損，否則汁液流出與空氣接觸會變酸發酵而腐壞掉，否則前功盡棄矣！由於產量稀少且費工，自然將貴腐甜酒的品質和價格推升到最高點。

伊貢慕勒採用自有葡萄園栽培的麗絲玲來釀酒，釀成的葡萄酒酒香優雅，細膩精緻，具有經典德國麗絲玲風格，是德國以至世界最出色的麗絲玲葡萄酒之一。除此之外，這裡出產的冰酒和枯萄精選（TBA）也尤為珍貴。這裡出品的冰酒有一般冰酒及特種冰酒之分，即使是一瓶新年份的普通冰酒，目前在德國的市場價也超過了1,000歐元，是德國最昂貴的冰酒。該酒莊的枯萄精選酒並非每年都有釀製，即使老天幫忙，其產量也是極其稀少，每年最多生產200～300瓶。物以稀為貴，每年拍賣會上，慕勒酒莊所出品的枯萄精選都拍出了令人驚歎的高價。

伊貢慕勒的酒有多好呢？我們來看看派克網站（Wine Advocate，簡稱WA）和美國雜誌（Wine Spectator，簡稱WS）的分數；2005年份沙茲佛格拉斯維廷閣園的金頸精選級（Scharzhof Le Gallais Wiltinger Braune Kupp Riesling

Auslese Gold Capsule）獲得WA 97高分。2008沙茲佛山堡園的金頸精選級
（Scharzhof Scharzhofberger Riesling Auslese Gold Capsule）獲得WA 98
高分。台灣上市價一瓶大約15,000台幣。1988年份沙茲佛山堡園的逐粒精選
（Scharzhof Scharzhofberger Riesling BA）獲得WS接近滿分的99高分。台灣
上市價一瓶（375ml）大約70,000台幣。1989年份沙茲佛山堡園的冰酒（Scharzhof
Scharzhofberger Riesling Eiswein）獲得WS 97高分。台灣上市價一瓶大約80,000
台幣。2010沙茲佛山堡園的枯萄精選（Scharzhof Scharzhofberger Riesling
TBA）獲得WA接近滿分的99高分，同款2005年份和2009年份獲得98高分。1989年
份獲得WS的100滿分。1990年份獲得了的99高分。台灣上市價一瓶（375ml）大約
150,000台幣。慕勒酒莊的酒可謂是款款精采，無與倫比。從最基本的私房酒（K級）
到枯萄精選（TBA）都有很高的分數與評價，如果能嚐到一瓶老年份的精選級以上
伊貢慕勒酒，已經是快樂似神仙了，何況是最招牌的貴腐甜酒（TBA），基本上是消
失在人間，一瓶難求，求之不得！難怪1976的沙茲佛山堡園的貴腐甜酒（Scharzhof
Scharzhofberger Riesling TBA）會被英國葡萄酒權威雜誌《品醇客》選為此生必
喝的100支酒之一。

　　伊貢慕勒四世曾説過：「一要相信葡萄園。」第一瓶枯萄精選（TBA）在1959年問世，
僅在十多個極佳的年份生產（每年只有200～300瓶），至今總量不超過4,000瓶。伊貢
慕勒開玩笑説過：「如果每年我們都能釀TBA的話，那我其他的酒都可以不用釀了。」

　　在2016年8月，作者帶一團德法酒莊之旅，德國酒莊只安排世界甜酒之王伊貢慕勒
（Egon Müller）。當天一早，每位團員都懷著朝聖的心情前往，接待我們的是Egon
Müller四世莊主本人，雖然我已見過他兩次，但還是覺得他很靦腆，而且很低調。到
了酒莊之後，他先接受我致贈的書和禮物，然後帶領我們一路參觀葡萄園，一面解
説他自己的葡萄園都是老藤居多，包含最好的獨立園──沙茲堡。最後，他招待我們
在酒莊的庭院，也是Egon Müller家族在假日聚會的場所，原來他早就為我們準備了
10款酒，其中還包括一瓶1976 Scharzhof Scharzhofberger Riesling Auslese給我
們品嚐，真是令人感動。我們這群團員慢慢的喝著滴滴珍貴的黃金酒，慢慢的聽著莊
主娓娓道來，訴説著這偉大的酒莊幾百年來的歷史和傳説，還有欣賞這天下第一園
的景色，這樣的享受，應該是這一輩子都令人難以忘懷。更令人意想不到的是莊主還
從酒窖中拿出加碼酒──1989 Scharzhof Scharzhofberger TBA，所有團員馬上
歡呼「萬歲」，這真是一個美麗的結束，也讓這次酒莊之旅畫下美麗的句點。

DaTa

地址｜ Mandelring 25, 67433 Neustadt-Haardt,
　　　 Germany
電話｜ +49 65 01 17 232
傳真｜ +49 65 01 15 263
網站｜ www.scharzhof.de
備註｜ 參觀前必須預約

沙茲佛山堡園的金頸精選級

Scharzhof Scharzhofberger Riesling Auslese Gold Capsule 1989

ABOUT
分數 WS 97
適飲期：2005 ～ 2050
台灣市場價：美金 $600
品種：麗絲玲（Riesling）
年產量：20 箱

🍷 品酒筆記

伊貢慕勒的精選酒（Auslese）已經算是非常昂貴的一款酒了，一般人只喝到晚摘酒（Spatlese）就要花4000元台幣，精選級以上很少人喝到，更何況是一款老年份的長金頸精選酒（Gold Capsule），而且是德國上世紀最好的年份，還是一瓶大瓶750毫升的容量，這支酒稀奇又難喝到，可謂是一款稀世珍釀啊！2009年的一個夏天，我私下邀請日本最知名的侍酒師木村克己到台灣訪問，在台北的華國飯店設宴為好友木村先生接風，在座的有部落格人氣最旺的葡萄酒評論領袖，人稱T大的張治，還有世界級的大師《稀世珍釀》作者陳新民教授，華國飯店的老闆廖總經理。陳新民教授特別攜來這支罕見的佳釀，1989年份伊貢慕勒長金頸精選級大瓶裝，這款號稱黃金酒液的酒立即成為萬眾矚目的焦點。餐宴中喝了幾款波爾多的二級莊老酒，到了結束前甜點端上桌，同時也是今天的主角上台了，真是千呼萬喚始出來啊！當我打開這瓶酒時，醉人的香氣，迷人的風采，甜美的笑容，有如奧黛麗赫本在《羅馬假期》中所主演的小公主般清純模樣，令人愛不釋手。在拔出瓶塞後，首先聞到的是橙花香和桂花蜂蜜香，淡淡的柑橘馬上跟來，還有著鳳梨和水蜜桃，香氣不斷的散出，大家已經迫不及待的想嚐一口了。入口後好戲才開始，在舌尖肆意遊走的是芒果乾、杏桃乾、楊桃乾等各種乾果，明亮的礦物、辛香料、葡萄柚、百香果也陸續登場，層次複雜而分明。最後謝幕的是蜜餞、野花蜂蜜、李子醬、話梅和鳳梨的甜美和果酸，千姿百態。這樣完美的演出，有如欣賞一段川劇變臉，生旦淨末丑，酸甜苦辣鹹，人生極致，無話可說，只有感謝天了！

🍴 建議搭配

蓮蓉月餅、木瓜椰奶、巧克力派、冰淇淋蛋糕。

★ 推薦菜單　金屋藏嬌

金屋藏嬌常出現在粵式的點心當中，外型渾圓小巧，吃的時候一定要小心，以免一咬噴漿而燙傷嘴唇和舌頭。熱呼呼的流質內餡，採用上選牛油、鹹蛋黃搭配而成，儘管材料簡單，要做得好吃的過程卻相當繁複。

外皮是新鮮南瓜泥揉合的麻糬皮，中間是蛋黃奶油流沙餡熱融的奶油和著細沙般的鹹蛋黃，還有輕輕的椰奶味，香味四溢。

新葡苑粵菜
地址｜台北市內湖區成功路四段
188 號 2 樓

新葡苑的老闆波哥特別端出他們的招牌甜點來搭配這款好酒，入口前我先叮嚀日本清酒與葡萄酒大師木村先生要小心，先以筷子剝開後再品嚐。冰鎮後的精選酒散發著誘人的鳳梨和柑橘香，流沙包的外皮軟嫩綿密，內餡香熱爽口，兩者互相交融，讓口感提升到最高境界，整款酒的酸甜和流沙包的鹹香發揮得淋漓盡致，鹹中有甜，甜中有酸，這是最完美的結束，多美好的夜晚啊！

80. Weingut Joh.
Jos. Prüm

普綠酒莊

　　普綠酒莊（Weingut Joh. Jos. Prüm）位於德國莫塞爾（Mosel）產區內的衛恩（Wehlen）村，是德國最富傳奇色彩的酒莊之一。普綠酒莊的創立者是普綠（Prüm）家族。該家族和慕勒家族的祖先一樣，在教產拍賣會上買下了一塊園地，之後，該家族的所有成員便遷移到該園地。後來普綠家族逐漸擴充園地，子孫也不斷繁衍。1911年，在分配遺產時，家族的葡萄園被分為了7塊。其中一塊叫做「日晷Sonnenuhr」的園區被分配給了約翰·約瑟夫·普綠（Johann Josef Prüm），當年他便自立門戶，創立了普綠酒莊。不過酒莊聲譽的建立多歸功於其兒子塞巴斯提安·普綠（Sebastian Prüm）的功勞。塞巴斯提安從18歲開始就在酒莊工作，而且在1930年代和1940年代時候發展了普綠酒莊葡萄酒的獨特風格。1969年，塞巴斯提安·普綠逝世，他的兒子曼弗雷德·普綠博士（Dr.Manfred

A ── A.酒莊門牌。B.Joh. Jos. Prüm酒莊。C.Joh. Jos. Prüm莊主Dr.Manfred Prüm和女
B │ C │ D 兒Katharina Prüm。D.目前酒莊由莊主女兒Katharina Prüm經營。

Prüm）開始接管酒莊。如今，酒莊由他和他的弟弟沃爾夫·普綠（Wolfgang
Prüm）共同打理，女兒卡賽琳娜（Katharina Prüm）也開始進入酒莊經營。

　　普綠酒莊的葡萄園佔地43英畝（約17.4公頃），這些葡萄園分佈在4個產區，
均位於土質為灰色泥盆紀（Devonian）板岩的斜坡上。園裡全部種植著麗絲玲
（Riesling），樹齡為50年老藤，種植密度為每公頃7,500株，葡萄成熟後都是經
過人工採收的。

　　普綠的精選酒也可區分為普通的精選及特別精選，後者又稱為「長金頸精選」
（Lange Goldkapsel）。這是德國近年來一種新的分級法，「長金頸」是指瓶
蓋封籤是金色且比較長。之所以要有這種差別，是因為葡萄若熟透到長出寶黴菌
時，也有部分葡萄未長黴菌。此時固可以將之列入枯葡精選，而部分未長黴菌似

乎不妥，但其品質又高過一般精選，故折衷之計再創新的等級，有的酒園亦稱為「優質精選」（Feine Auslese）。普綠園在第二次大戰後就使用此語，到了1971年起才改為金頸。這種接近於枯萄精選（Trockenbeerenauslese）的「長金頸精選」酒，目前世界上的收藏家們將他們當作黃金液體般收藏。

普綠酒莊的酒屢創佳績，尤其在美國雜誌酒觀察家（Wine Spectator）創下兩個100滿分，這不僅在世界上少見，在德國酒裡也從來沒有一個酒莊可以有此殊榮，就連麗絲玲之王伊貢慕勒（Egon Müller）都無法辦到。得到100滿分的世紀之酒為1938 年份的衛恩日晷園枯萄精選（Wehlener Sonnenuhr Trockenbeerenauslese）和1949年份的衛恩塞廷閣日晷園枯萄精選（Wehlener-Zeltinger Sonnenuhr Trockenbeerenauslese）。這現在已是天價，無法購得，新年份在台灣上市價一瓶約新台幣60,000元。得到99分的有1971年份衛恩日晷園枯萄精選，還有精選酒格拉奇仙境園2001年份（Graacher Himmelreich Auslese）和1949年份的衛恩日晷園精選酒，新年份台灣上市價在8,000元台幣。得到98分的當然是最招牌的金頸精選酒，1988、1990和2005年份的衛恩日晷園金頸精選酒（Wehlener Sonnenuhr Auslese Gold Cap），新年份台灣上市價在10,000元台幣。就連衛恩日晷園的晚摘酒也都有很高的分數，1988年份的晚摘酒（Wehlener Sonnenuhr Spätlese）得到98的超高分評價，這在整個德國酒莊也是少見的高分。新年份台灣上市價在台幣3,000元。

普綠酒莊從晚摘酒（Spätlese）、精選酒（Auslese）、金頸精選酒（Auslese Gold Cap）一直到枯萄精選都有相當高的品質，也是德國市場上的主流，在美國更是藏家所追逐的對象，枯萄精選通常是一瓶難求，永遠是有進無出，藏在深宮，難見天日。作者建議讀者們有一瓶收一瓶，因為這種酒不但可以耐藏而且日日高漲。美國《葡萄酒觀察家》雜誌1976年將「年度之酒」的榮譽頒給了普綠酒莊的精選級，從此成為愛酒人士競相收藏的對象。英國《品醇客Decanter》葡萄酒雜誌將1976年份的衛恩日晷園枯萄精選選為此生必喝的100款酒之一，在世界酒林之中，難出其右。

地址｜ Uferallee 19 ,54470 Bernkastel-Wehlen,Germany
電話｜ +49 6531 – 3091
傳真｜ +49 6531-6071
網站｜ http://www.jjPrüm.com
備註｜ 參觀前必須預約

格拉奇仙境園精選級
Graacher Himmelreich Auslese 1990

ABOUT
分數：WS 93
適飲期：現在～2025
台灣市場價：6,000 元
品種：麗絲玲（Riesling）
年產量：2400 瓶

品酒筆記

當我在2010年的一個聖誕節前喝到這瓶酒時，我相信了！我相信普綠酒莊（Weingut Joh. Jos. Prüm）的精選級（Auslese）為什麼世上有這多的酒友喝？為什麼有這麼多的收藏家珍藏它？答案是它真的耐藏而且好喝。1990的格拉奇仙境園精選級（Graacher Himmelreich Auslese）麗絲玲以呈黃棕色彩，接近琥珀色。打開時立刻散發出野蜂蜜香味，花香，葡萄乾和番石榴味，整間房間的空氣中都是瀰漫著這股迷人的味道。在眾人的驚叫聲中，酒已經悄悄的被喝下，酒到口裡的瞬間陣陣多汁的水果甜度，豐富的香料，油脂的礦物口感，誘人的烤蘋果、奇異果、蜂蜜、烤鳳梨，大家都說不出話了，剎那間的舒暢實在無法形容，有如戀愛般的滋味，想表達又表達不出，酸甜苦辣鹹，五味雜陳。最後有橘皮、蜜餞和話梅回甘，更加微妙且回味無窮。

建議搭配

烤布雷、驢打滾、紅豆湯圓。

★ 推薦菜單　蜜汁叉燒酥

蜜汁叉燒酥是一道最受歡迎的廣東點心，在香港的港式茶樓裡一定有這道菜單，而在台灣的飲茶餐廳也常出現這道點心。正宗蜜汁叉燒酥，外層金黃酥脆，裡面是又鹹又甜的叉燒肉餡，鹹甜交融，每咬一口，都能感受到酥皮的軟嫩綿密，叉燒肉餡蜜汁緩緩的流出，多層次堆疊的口感，溫暖人心。這支德國最好的精選級酒配上這道點心，有如畫龍點睛般的活現，沁涼的酸甜度讓熱燙的蜜汁叉燒肉稍稍降溫，入口容易，而麗絲玲白酒中特有的蜂蜜和鳳梨的甜味也可以和外層的酥皮相映襯，顯現出甜而不膩，軟中帶綿，讓人吃了還想再吃。

龍都酒樓
地址｜台北市中山北路一段 105 巷 18-1 號

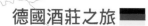

81. Fritz Haag

弗利茲海格酒莊

　　話說1810年前後，有一次拿破崙在前往德勒斯登（Dresten）的途中，經過了萊茵河支流的莫塞爾的中段，一個名叫「杜塞蒙」（Dusemond）的谷地，這個名稱是由拉丁文（mons dulcis），轉成德文，意思為「甜蜜的山」。弗利茲海格酒莊（Fritz Haag）的兩個葡萄園：布蘭納傑夫日晷園（Brauneberger Juffer Sonnenuhr）和布蘭納傑夫園（Brauneberger Juffer）被拿破崙大讚為：「莫塞爾的珍珠」！布蘭納傑夫日晷園在德國白酒排名第二名，目前僅次於伊貢米勒的沙茲堡（Egon Müller Schazhofberg）。

　　來自法國美食指南米高樂（Gault Millau）的德國酒指南（Wein Guide Deutschland），一向是穩定而值得信賴的德國酒評分，它審查標準極嚴，像是德國白酒主要產區的莫塞爾-莎爾-盧爾（MOSEL-SAAR-RUWER）產區，僅伊貢

A
B | C | D

A．葡萄園。B．作者和老莊主還有大兒子Thomas Haag一起合影。C．葡萄園土壤灰色板岩。D．作者和老莊主Wilhelm Hagg在酒莊合影。

米勒（Egon Müller）、普綠（J.J.Prüm），以及弗利茲海格（Fritz Haag）等少數酒莊拿到最高的「五串葡萄」頭銜，目前被視為德國前三大酒莊之一。英文版中，弗利茲海格布蘭納傑夫園（Fritz Haag Brauneberger Juffer TBA）2007勇奪99分，布蘭納傑夫日晷園（Brauneberger Juffer-Sonnenuhr Auslese）2007也有97分，至於該廠的2003 TBA，更是知名的100分（滿分酒）。講究CP值（物超所值或價格合理）的酒友，都知道弗利茲海格（Fritz Haag）是「五串葡萄」的內行選擇。

弗利茲海格酒莊（Fritz Haag）目前由少莊主奧利佛（Oliver）接管，這個小夥子從德國酒學校蓋森漢畢業不久後便開始在酒莊工作，跟著父親威廉（Wilhelm）學釀酒，2005年，年事已高的威廉交棒給奧利佛，酒莊開始邁向新

的里程碑。2009年七月奧利佛初次來台舉辦品酒會，我們一見如故。在台北華國飯店的這一場品酒會80個名額早已秒殺，坐無虛席，而他所帶來的酒也讓台灣的酒迷沒有失望，從最基本的小房酒（Kabinett）、晚摘酒（Spatlese）、精選酒（Auslese）、逐粒精選（Beerenauslese）、到枯萄精選（Trockenbeerenauslese），全部一路喝到爽。這場品酒會也讓台灣的酒迷大開眼界，終生難忘！酒會結束後奧利佛當面邀約我前往酒莊拜訪，遂在2012年我再度前往德國參訪，當然也見到了老莊主威廉海格（Wilhelm Hagg），老先生還帶領我們參觀他們最好的葡萄園布蘭納傑夫日晷園（Brauneberger Juffer Sonnenuhr），並且喝到一系列的弗利茲海格酒莊（Fritz Haag）和大兒子的史克勞斯利澤酒莊（Schloss Lieser），總共品嚐了十一款美酒，讓我們一群人醉在酒鄉，留下美麗的回憶！

弗利茲海格酒莊（Fritz Haag）這幾年屢創佳績，囊括所有的金牌以及滿分的TBA，2007年度的「金頸精選級」（Brauneberger Juffer Auslese Gold Capsule），被葡萄酒倡導家《WA》評為97分，雖然是精選級，但其中5至6成為貴腐葡萄。酒觀察家雜誌評《WS》評為95分。2004、2006和2008「金頸精選級」布蘭納傑夫日晷園13號（Brauneberger Juffer Sonnenuhr Auslese Gold Capsule#13）都被《WA》評為97分。台灣上市價750毫升一瓶約台幣6,000元。2005年和2011的布蘭納傑夫日晷園逐串精選（Brauneberger Juffer Sonnenuhr Beerenauslese）都被《WA》評為98分，而2005年份同樣酒款也被酒觀察家雜誌《WS》評為98分。台灣上市價375毫升一瓶約台幣10,000元。2006布蘭納傑夫日晷園枯萄精選（Brauneberger Juffer Sonnenuhr TBA）被《WA》評為99高分，2007年份和2011年份同樣酒款則被評為將近滿分的99～100分。2001年份的（Brauneberger Juffer Sonnenuhr TBA）被《WS》評為99高分。台灣上市價375毫升一瓶約台幣16,000元。弗利茲海格酒莊（Fritz Haag）同時也是派克（Robert Parker）所著世界156偉大酒莊德國僅有的七個酒莊之一。1976布蘭納傑夫日晷園枯萄精選（Brauneberger Juffer Sonnenuhr TBA）曾被英國《醒酒瓶》雜誌選為此生必喝的100支酒之一。

地址｜ Dusemonder Str.44,D-54472 Brauneberg/ Mosel, Germany
電話｜（49）6534 410
傳真｜（49）6534 1347
網站｜ http://www.weingut-fritz-haag.de
備註｜可以參觀，必須先預約

布蘭納傑夫園枯萄精選

Brauneberger Juffer TBA 2010

ABOUT

分數：WA 97、WS 96
適飲期：2013 ～ 2047
台灣市場價：18,000 元
品種：麗絲玲（Riesling）
年產量：300 瓶

🍷 品酒筆記

酒色已經呈金黃色澤，近乎狂野的烤鳳梨、乾杏仁、丁香花、核果油，還有貴腐甜酒香，如蜜般的野蜂蜜香，清爽與令人驚豔的深度。中間帶有水蜜桃、蘋果風味顯得更加濃郁，細緻、爽口易飲。尾端陸續出現葡萄柚、芒果、牡丹花以及核果油的香氣，有如說書者的抑揚頓挫，一段又一段的令人神往。甜度跟酸度在口中達到完美的平衡，喝一口就讓你心頭為之一震，酸酸甜甜，舒暢無比。適合搭配最後的甜點飲用，不管是歐美法式甜點；馬卡龍、巧克力蛋糕、水果慕斯、焦糖布丁，台灣鳳梨酥或廣式波蘿包，都非常適合。

🍴 建議搭配

焦糖布丁、草莓慕斯、水果糖、冰淇淋。

★ 推薦菜單　反沙芋頭

反沙芋頭是中國潮州的一道很講究烹調功夫的甜點，屬於潮州菜。做法是芋頭去皮蒸熟後，再下油鍋炸至表面有點硬就行了，起鑊候用。準備糖漿，鍋裡先下半碗水，再下白糖，中火煮，用鍋鏟不斷攪拌，特別要注意糖漿的火候，能不能反沙就看糖漿了，糖漿煮好後，趕緊熄爐火，把準備好的芋頭倒入糖漿中，用鍋鏟不斷翻拌均勻，讓每塊芋塊都能均勻地粘上糖漿，糖漿遇冷會在芋塊上結一層白霜，這樣就完成了。這是一道外酥內軟的飯後中式甜點，今日我們用這一款德國相當經典的貴腐甜酒來搭配，精采絕倫。芋頭的甜度與酒的酸度剛好平衡，不會產生甜膩，也不會過於搶戲，有如鴛鴦戲水般的自在。酒中的蜜餞和鳳梨乾氣味正好可以抑制油耗的味道，而優雅的蘋果水蜜桃甜味也可以和芋頭上的糖霜融合，互相呼應，清爽不膩，尾韻雅緻且悠長。

頂粵吉品餐廳
地址｜台中市西屯區市政南一路
　　　288 號

82. *Robert Weil*

羅伯威爾酒莊

　　羅伯威爾（Robert Weil）是德國萊茵高（Rheingau）區的知名酒莊，它在德國屬於最頂級的五串葡萄莊園，也是派克（R. Parker）所列世界最偉大酒莊之一。陳新民教授所著的《稀世珍釀》，更將其列入百大之林。喝德國麗絲玲（Riesling）甜白酒的朋友，要想不知道羅伯威爾還真是不太容易；但要想徹底瞭解羅伯威爾，只怕也是很難──因為此酒莊的酒，拍賣會上經常屢創佳績，價格一度超越五大的拉圖（Ch. Latour）。羅伯威爾（Robert Weil）也因此獲得萊茵高地區伊甘堡（Château d'Yquem）的稱號，並且與伊貢米勒（Egon Müller）及普綠園（Joh. Jos. Prüm），三雄並立，成為德國最頂級酒尊稱的「三傑」。

　　羅伯·威爾酒莊擁有德國最頂尖的名園之一的「伯爵山園（Gräfenberg）」，關於此園的紀錄早在12世紀就已經出現在文獻上，從那個時候起，"Berg der Grafen"（意為Hill of the Counts）一直是貴族所擁有的尊貴葡萄園。伯爵山園是威爾博士最早購置下來的葡萄園，從1868年份起就一直用以生產本酒莊的招牌產品。所以只要掛有基德利伯爵山園（Kiedrich Gräfenberg）絕對是品質保證，這個山園所產的酒無論是金頸精選級（Auslese）、逐粒精選（Beerenauslese）、冰酒（Eiswein）和枯萄精選（Trockenbeerenauslese）都是最貴的。羅伯·

A

B | C | D | E

A.酒莊門口。B.酒莊。C.作者在酒莊內看到大瓶裝酒。D.酒窖內收藏著老年份的酒。E.酒莊展示Kiedrich Gräfenberg葡萄園的土壤。

威爾酒莊的基德利伯爵山園金頸精選級（Kiedrich Gräfenberg Auslese Gold Capsule）2004年份被《WA》網站最會評德國酒的酒評家大衛史奇德納切（David Schildknecht）評為96高分，上市價大約新台幣6,000元。伯爵山園冰酒（Eiswein）2001年份也被評為接近滿分的99分、2002和2003年份都被評為98高分，上市價大約新台幣10,000元。伯爵山園枯萄精選（TBA）2002和2004年份一起被評為99高分。1995年份和2003年份伯爵山園枯萄精選（TBA）也都被德國酒年鑑評為100滿分的酒。1997年份的伯爵山園金頸枯萄精選（TBA）被美國葡萄酒雜誌酒觀察家《WS》評為98高分。上市價大約新台幣12,000元。1997年份和1999年份伯爵山園金頸逐粒精選（Beerenauslese）也都被評為97分。上市價大約新台幣8,000元。1997年份和1999年份伯爵山園冰酒（Eiswein）也

都被評為97分。2005年份伯爵山園金頸精選級（Kiedrich Gräfenberg Auslese Gold Capsule）也被評為97分。羅伯·威爾酒莊的基德利伯爵山園（Kiedrich Gräfenberg）已經成為酒莊的招牌酒了。

2007年的一個初春，我第一次來到德國拜訪了羅伯·威爾酒莊，受到酒莊的國際業務經理非常熱烈的招待，他帶領了我們參觀酒莊古老的地窖、葡萄園、自動裝瓶廠和品酒室，我們一群人也在酒莊內品嚐了五款酒莊最好的酒，從私房酒（Kabinett）到枯萄精選（TBA），支支精采，尤其是2002年份的伯爵山園枯萄精選（TBA）令人拍案叫絕，我與同行的台灣評酒大師陳新民兄異口同聲的的説：「好!太好了!」真的是直衝腦門，舒服透頂，其中的甜酸度平衡到無法形容，鳳梨、芒果、蜂蜜、甘蔗、蜜餞、柑橘、花香，清楚分明，十分醉人，永生難忘！2012年夏天我再度到訪這個酒莊，接待我們的還是業務經理，這次我們和他已經非常熟悉了，他滔滔不絕的介紹葡萄園給我們的團員，而且欲罷不能，大家也非常配合的聆聽他講完，終於開始品酒。這次給我們品嚐到的是從不甜（Trocken）到金頸逐粒精選（Beerenauslese），最好喝的當然是2010年份的（BA）金頸，讓我們這團的女性朋友們驚叫驚奇，直呼值回票價！2009年在台北國賓飯店的川菜參加羅伯·威爾品酒會上再度遇到莊主威廉·威爾（Wilheim Weil），他非常熱情地過來與我寒暄了幾句，而且還當面邀請我能到德國拜訪他的酒莊指點他的酒，對於這樣的盛情，才會促使我在2012年和新民兄一起帶團前往參觀羅伯·威爾酒莊。

威廉的努力讓本酒莊的聲譽迅速地屢創高峰。德國最具影響力的葡萄酒評鑑書籍 Gault Millau The Guide to German Wines）在1994年評選本酒莊為明日之星（Rising star），1997年評選為最佳年度生產者（Producer of the year），2005年他的酒又被評選為年度最佳系列（Range of the year）。這樣的殊榮幾乎沒有其他的酒莊能出其右，其他知名酒評家或媒體給予的好評也是多不勝數；事實上，羅伯·威爾酒莊現在被公認是萊茵高產區最具代表性的生產者，甚至是被視為世界級水準的酒莊，威廉·威爾已經將本酒莊帶領到前所未有的高峰。▮

地址｜ Mühlberg 5, 65399 Kiedrich, Germany
電話｜ +49 6123 2308
網站｜ http://www.weingut-robert-weil.com
現任莊主｜ Wilhelm Weil
備註｜ 可以預約參觀

DaTa

Recommendation
Wine

基德利伯爵山園枯萄精選

Kiedrich Gräfenberg Trockenbeerenauslese 2006

ABOUT

分數：WA 99、WS 97
適飲期：現在～2050
台灣市場價：18,000 元
品種：麗絲玲（Riesling）
年產量：240 瓶

品酒筆記

這款深黃琥珀色的TBA貴腐酒，已呈現出優良的成熟度和濃郁度。聞起來有明顯的杏桃乾等成熟果香和蜂蜜味。口感帶有相當多層次的香味，芒果乾、楊桃乾、檸檬皮等水果香混合了礦物質油脂味道，加上鮮活的酸度，使甜味不會膩人，酒體高雅而均衡，整體表現非常迷人。這款酒層次複雜多變，葡萄乾、強烈的芳香香料、水果蛋糕和糖漬橘子皮，塗滿蜂蜜焦糖醬麵包，薑糖和橘糖的香濃，一層一層的送進口中。整款酒表現出活潑的結構和有力的強度，雖然需要時間來展現更好的酸度，但是能喝到如此稀有的美酒，也算是一種幸福的奢侈。

建議搭配

鳳梨酥、綠豆椪、椰子糕、紅豆糕。

★ 推薦菜單　豌豆黃

豌豆黃是北京春夏季節一種傳統小吃，一般在北方的館子會吃到這道點心。原為回族民間小吃，後傳入宮廷。清宮的豌豆黃，用上等白豌豆為原料，色澤淺黃、細膩、純淨，入口即化，味道香甜，清涼爽口。豌豆黃是宮廷小吃，還說西太后最喜歡吃了，這麼一宣傳，它的身價更不可一世。這道簡單的飯後點心，自然爽口不做作，我們用德國最好的貴腐酒來搭配是為了不讓這支好酒過於浪費，因為這支酒本身就是一種甜點，可以單獨飲用。貴腐酒的酸度反而可以提升碗豆黃的純淨細膩和香甜，慢慢的品嚐咀嚼，別有一番滋味在心頭。只要酒好、人對了，配什麼菜都是美味。

徐州會館
地址｜台北市徐州路 2 號

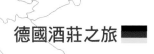

83. DR. LOOSEN

路森博士酒莊

德國釀酒事業在上世紀二十年代登峰造極，當時許多德國白酒的佳釀，賣價甚至比法國波爾多一等葡萄園還要來的昂貴，但是七十年代來自德國的廉價酒大軍衝擊全球市場，德國葡萄酒市場因此崩潰，自此，德國酒莊一直在努力掙脫平價甜酒的國際形象，路森莊主巡迴各國就是為了找回愛酒人士對於優質德國白酒的傳統印象。路森家族於萊茵河流域Mosel地區種植葡萄來釀酒已經二百年，莊主爾納路森（Ernst Loosen）1988年接手後開始停施化學肥料及減產以降低葡萄樹生長期間的人力與技術干預，然而最重要的是，他轉向溫和的地窖做法，使葡萄酒靠著自然的力量發揮到淋漓盡致。

出生於1959年9月，1977年就讀於蓋森漢（Geisenheim）葡萄酒學院，1981就讀門茲（Mainz）大學，主修考古，1986年接手家族酒莊，1996年租借JL Wolf莊

A．DR. LOOSEN 酒莊門口。B．作者和莊主Ernst Loosen在台北合影。
C．DR. LOOSEN品酒室。D．作者致贈台灣高山茶給莊主Ernst Loosen

園，1999年創立合資企業與美國華盛頓州的聖密歇爾（Château St. Michelle）合資。雖然出生於一個釀酒世家，但是路森並不想投入釀酒這個事業。1977年，他被送進了德國最頂尖的葡萄酒學院蓋森漢，1986年父親病況嚴重，沒辦法繼續經營酒莊，母親考慮把酒莊賣掉，爾納（Ernst）鼓起勇氣接下這個重擔，1987年是他的第一個收成年份。剛開始生意並沒有起色，一直到1993年，洛森才有信心銷售他全部的產品。他賣力推銷自家的葡萄酒，至今還是如此。現在他所生產的路森博士酒莊葡萄酒行銷到43個國家。莊主說：「不過，我希望我的酒可以國際化，而且我發現，這些國家的人們會對進口產品產生忠誠度，只要能受到他們喜愛，花再多的時間是值得，不過這段路花了20年時間才做到。」

從法蘭克福開車到這美麗的酒市大約要兩個鐘頭，遊客來來往往在萊茵河的兩畔遊梭，有些人是來旅遊欣賞風景，有些人則為了找尋美酒，我是為了拜訪酒莊。在伯恩卡斯特（Bernkastel）村莊，一座美麗的莊園孤立於人來人往的莫塞爾（Mosel）河旁，來到路森博士酒莊，也是路森家族居所，酒窖也在裡面。我們一群人被請進到一個很大的圖書室，裡面敘述著酒莊的點點滴滴和各式各樣大小不一的酒瓶。參觀完酒窖後，我們在圖書室的桌子上試酒，路森介紹每一款路森的酒，從小房酒（Kabinett）到逐粒精選（Beerenauslese），這次我們沒有喝到枯萄精選（Trockeneerenauslese）。每一支都是精采絕倫，絲絲入扣。這是我第二次見到路森本人，第一次是我在台北主辦路森博士酒莊品酒會的時候。

有關路森本人在世界上的名氣眾所皆知，名酒評家休強森（Hugh Johonson）：「路森（Ernie Loosen）帶領莫塞爾河谷與此地的麗絲玲葡萄酒成功進入21世紀。他的思考是全球性的，鮮少有德國釀酒人跟他一樣。」葡萄酒大師Jancis Robinson：「路森（Ernie Loosen）靠一己之力將德國葡萄酒帶進21世紀的世界舞台。這是他不拘泥於傳統、不斷旅行與對品質不妥協所得到的成果。」倫敦國際葡萄酒挑戰賽年度最佳甜酒釀酒師、品醇客雜誌評鑑Ernst Loosen為世界前10名白酒釀酒師、品醇客雜誌評鑑Ernst Loosen為世界上對酒最有影響力的人……，太多的讚美與榮譽，這是路森一路辛苦走來的代價。

路森博士酒莊（DR. LOOSEN）面積有15公頃，主要生產德國白酒，葡萄品種100%麗絲玲，葡萄樹齡60至100年（未接枝）。主要產區：

教士莊園（ErdenerPrälat） 特級葡萄園（Grand Cru）

毫無疑問的，這是Dr. Loosen酒莊中最佳的葡萄園，教士莊園為百分之百南向坡面的紅色板岩地質，並具備相當溫暖的微氣候環境，果香味十足的葡萄酒，與令人無法抵抗之魅力。本園位於河流與大岩壁之間，保留熱能的陡峭岩壁，確保所有的葡萄都可以達到充分的成熟。

艾登莊園（Erdener Treppchen）特級葡萄園（Grand Cru）

本園位於Erdener Pralat教士莊園的東面，莊園內的紅色板岩生產出口感飽滿、複雜綿密且富含礦物質的葡萄酒，需較長時間在瓶內熟成。由於本園地形相當陡峭，百年來農人必須完全依賴石梯，才能到達莊園工作。

烏齊格莊園（Urziger Würzgarten）特級葡萄園（Grand Cru）

紅色的火山岩及板岩地質的烏齊格莊園，生產除莫塞爾河地區獨一無二的葡萄酒，雖然本園直接緊鄰Erden地區最好的葡萄園，但卻生產出風味迥異的葡萄酒，帶有熱帶香料的特殊風味與令人著迷的土質口感，這是莫塞爾河其他區域的葡萄酒所缺乏的熱帶風味。

衛恩日晷莊園（WehlenerSonnenuhr）特級葡萄園（Grand Cru）

本區地形極為陡峭，而且充滿板岩。直接位於莫塞爾河岸邊，生產出世界上最優雅、風味最佳的白葡萄酒，灰藍色的板岩賦予葡萄酒美妙而清爽的酸度與有如成熟水蜜桃般的香味，兩者均勻的調合，造就出本酒莊裡風味最迷人的葡萄酒。

伯恩卡斯特（Bernkasteler Lay）優級葡萄園（Primer Cru）

Bernkasteler Lay（唸做Lie，是Slate的古字）與Dr. Loosen酒莊毗鄰的莊園，主要是板岩構成，而且比附近的莊園Wehlen及Graach更為深層。相較其他葡萄園坡度較為緩和，所釀製的酒層次豐富且分明。小房酒（Kabinett）是德國麗絲玲酒款等級中最為輕快爽口的，是由最早收成的葡萄所釀製。沒有比莫塞爾（Mosel）流域所釀的麗絲玲更加優雅細緻、香氣集中。蘋果及礦石味道中隱隱散

左：作者和莊主Ernse Loosen在酒莊品酒室合影。右：酒莊特別生產2006 逐粒精選BA級187ml迷你小瓶，產量稀少。

發出水蜜桃香氣，在口中甦醒，草本植物的清新風格令人心曠神怡。

　　小小的教士莊園（Erdener Prälat）園區是令他得意與快樂的地方。這座占地1.44公頃的葡萄園位於河流彎曲之處，可以將熱氣留住。這座園區並非只屬他一人，不過他擁有最大一部分。Prälat生產的是莫塞爾河谷當地最有異國風味、最奢華的麗絲玲白酒，而且一向是最後採收的葡萄。路森在Prälat生產的晚摘精選級葡萄酒精選酒（Auslese）是德國最好的葡萄酒之一，緊接在後的是他伯恩卡斯特（Bernkasteler Lay）園區所釀造的冰酒，以及其它園區所生產的濃郁又芬芳的麗絲玲。

　　要喝麗絲玲白酒（Riesling），就會想起德國白酒的榮耀──路森博士酒莊，這是目前萊茵河流域莫塞爾（Mosel）地區少數仍舊堅持傳統，以頂尖葡萄園裡所種出最好的麗絲玲葡萄來釀造白酒的酒廠，麗絲玲在摩澤地區享有完美條件的土壤和氣候條件，因此能夠產出獨特地區風格的德國白酒。🍾

左：酒莊致贈給作者DR. LOOSEN所在的Urziger Würzgarten特級葡萄園海報，海報上有莊主Ernst Loosen本人簽名。右：酒莊特別生產2006 逐粒精選BA級187ml迷你小瓶，產量稀少。三種不同尺寸的包裝，非常有趣。

DaTa

地址｜St. Johannishof D-54470 Bernkastel/
　　　Mosel, Germany
電話｜（+49）6531-3426
傳真｜（+49）6531-4248
網站｜http://www.drloosen.com
備註｜可以預約參觀

教士莊園枯萄精選

DR. LOOSEN Erdener Prälat TBA Gold Capsule 1990 750ml

ABOUT

分數：Jacky Huang 100
適飲期：2010 ～ 2060
台灣市場價：48,000 元
品種：麗絲玲（Riesling）
年產量：120 瓶

🍷 品 酒 筆 記

2013年的一個秋天，德國美酒收藏家熱克（Dr.Sacker）教授從德國帶了幾瓶葡萄酒來到台灣與酒友們分享，其中這瓶德國的1990年DR. LOOSEN Erdener Prälat TBA我最感興趣。白袍教士的酒標（Erdener Prälat）是路森博士酒莊中最好的地塊，況且是已經超過二十年的世紀最佳年份的1990，而更難得的是大瓶裝的750毫升的，這款酒在世上已經很難見到了，何況是再超過兩級的TBA。在冰桶裡冰鎮過一小時後。當酒一打開時，我已經聞到鳳梨、楊桃乾和百合花的濃濃香氣。我開始將這瓊漿玉液為大家一一斟上，每個人迫不及待的想一親芳澤。這酒已經呈深金黃色澤，一股野蜂蜜香逼近，緊接跟來的是烤杏仁、鳳梨汁、荔枝蜜等不同的香氣。酒送進口中時，酸酸甜甜，像是吃蜜餞和蜂蜜般的濃郁，中間還帶有蜜棗、糖漬蘋果、芒果乾和百香果汁的天然滋味，甜度跟酸度達到完美的平衡，每個人都發出讚嘆的聲音，也捨不得一口氣就喝完宗，因為一生中要再嚐到這樣的美酒，就得看各人造化了。

🍴 建 議 搭 配

草莓慕斯、巧克力、馬卡龍、奶油波羅包。

★ 推 薦 菜 單 　公主雪山包

公主雪山包其實就是奶油波羅包，是港式點心中的超人氣產品，外層表面的脆皮，一般由砂糖、雞蛋、麵粉與豬油烘製而成，是菠蘿麵包的靈魂，為平凡的麵包加上了口感，要熱熱的吃才好吃。菠蘿麵包經烘焙過後表面金黃色、凹凸的脆皮狀似菠蘿因而得名，實際上並沒有菠蘿的成分。皇朝尊會港式餐廳股東曹會長宴請朋友時，最後一定會上這道甜點來配甜酒。公主雪山包，裡面加了奶油，具有皮脆餡香，外酥內嫩的特色，用這款路森博士教士莊園（TBA）貴腐酒來相配，有如天雷勾動地火般的強烈，貴腐酒的沁涼和酸甜，雪山包的軟嫩酥香，酒喝起來有如神仙般的快活，雪山包吃起來也會有回家的溫暖。

皇朝尊會
地址｜上海市長寧區延安西路
1116 號

84. *Schloss*
Johannisberg

約翰尼斯山堡

　　約翰尼斯山堡（Schloss Johannisberg）地處德國萊茵高（Rheingau）產區，是該產區最具代表性的酒莊，也是一個充滿傳奇故事的酒莊。尤其他的晚摘酒（Spatlese）更是酒莊的一絕，在整個德國幾乎是打遍天下無敵手，就連德國最好的酒莊伊貢慕勒（Egon Muller）也甘拜下風，俯首稱臣。

　　據說早在西元8世紀，有一次查理曼大帝（742～814）看到約翰山附近的雪融化得較早，覺得這裡天氣會比較溫暖，應該適合種植葡萄，就令人在這裡種植葡萄。不久，山腳下就建立了葡萄園，並歸王子路德維格（Ludwig der Fromme）所有。後來曼茲（Mainz）市大主教在此地蓋了一個獻給聖尼克勞斯（Sankt Nikolaus）的小教堂。1130年，聖本篤教會的修士們在此教堂旁加蓋了一個獻給聖約翰的修道院，因此酒莊正式有了「約翰山」之名。之後，酒莊一直由修士們

A
B C D E

A.葡萄園。B.酒莊招牌。C.送晚摘酒信函的信差雕像。D.酒莊內的露天餐廳。
E.酒窖內的藏酒。

管理。1802年，修士們被法國大軍趕走，歐蘭尼伯爵（Furst von Oranien），就
成為此地的新莊主。到了1816年奧皇法蘭茲送給梅特涅伯爵（Furst Metternich-
Winneburg），但必須有一個條件，每年要進貢給皇家十分之一的產量。目前，
雖然梅特涅伯爵家族仍擁有約翰山酒莊，但本酒莊的經營權已經交給食品業大亨
魯道夫·奧格斯特·歐格特（Rudolf August Oekter）。

　　另一個晚摘酒的傳奇故事，發生在1775年，酒莊的葡萄已接近成熟採收期，正
巧富達大主教外出開會，修士們趕緊派信差去請示大主教能否採收?不料信差在
中途突然生病，就耽誤了幾天的行程。等到回酒莊出示主教可以如期採收的手諭
時，所有的葡萄都已過了採收時間，有部分已經長了黴菌，修士們仍進行採收，
照常釀製，竟發現比以前所釀製的酒更香更好喝，晚摘酒（Spatlese）就這樣歪

橡木桶刻有歌頌酒莊的各種文字。

打正著的誕生了，所以約翰尼斯山堡酒莊也是晚摘酒的發源地，也造就了全德國的酒莊都生產這樣招牌的晚摘酒。

約翰尼斯山堡的葡萄園裡主要種植麗絲玲（Riesling）葡萄，種植歷史可追溯至西元720年。現在各國所種的麗絲玲全名即是「約翰山麗絲玲」。目前，酒莊葡萄園種植密度十分高，每公頃種植1萬株葡萄樹。葡萄土壤多為黃土質亞粘土。每年總共可生產約2.5萬箱葡萄酒。葡萄樹的平均樹齡為30～35年之間。在葡萄園管理方面，一半的葡萄園以鏟子除草，另外一半不除草，以使土壤產生更多的有機質。這裡的葡萄在成熟後，也是分次採收、榨汁，經過4週的發酵後移入百年的老木桶中靜存，時間約半年之久。到了次年春天的三四月這些葡萄酒即可完全成熟，隨後裝瓶上市。

2007年的一個初春我和稀世珍釀作者新民兄第一次訪問了約翰尼斯山堡，那是一個非常濕冷的傍晚，到達酒莊時剛好下著細雨，酒莊女釀酒師帶領我們去到旁邊的葡萄園，從這裡可以俯瞰煙雨濛濛的萊茵河。釀酒師很仔細地介紹葡萄藤如何過冬？在春天剛長出新芽，然後怎麼嫁接?處處皆學問。他接著帶我們到有900多年歷史的老酒窖參觀，在這個陰暗的酒窖裡，除了看到許多老年份的酒之外，其中還有一個大橡木桶，上面寫著各種不同的語言，都是在讚美著約翰尼斯山堡酒莊。當天品嚐六款酒之一的2005年份的逐粒精選（Beerenauslese）被《WS》評為97高分，1947年份的逐粒精選則被評為96分。一瓶上市價大約是台幣7,000元。1993和2009年份的枯萄精選（Trockenbeerenauslese）一起被評96分。一瓶上市價大約是台幣10,000元。而最有名氣的晚摘酒（Spatlese）一瓶上市價約為1,800元台幣。2012年的夏天我又再度拜訪了約翰尼斯山堡酒莊，當天中午我們在餐廳裡用餐，面對著萊茵河，特別的詩情畫意。因為適逢暑假，人山人海的遊客，都是為了來參觀這個歷史名園，也為了嚐一口世界上最有名的晚摘酒，更是為了瞻仰立在門口的信差，因為當年有他，我們才能喝到現在的晚摘美酒。

地址｜65366 Geisenheim, Germany
電話｜+49（0）6722-7009-0
網站｜www.schloss-johannisberg.de/en
備註｜可以預約參觀，有餐廳可供餐

DaTa

約翰尼斯山堡晚摘酒

Schloss Johannisberg Spatlese 2012

ABOUT
分數：WS 92
適飲期：2014 ～ 2035
台灣市場價：2,100 元
品種：麗絲玲（Riesling）
年產量：24,000 瓶

品酒筆記

2012的約翰尼斯山堡晚摘酒（Spatlese）有著鮮明的熱帶鳳梨果香，同時也有成熟桃子的甜美，挾帶著多層次的水果香甜味，剛開始的口感有芒果、百香果、柑橘和檸檬味，豐沛而多汁，伴隨著特殊的岩石氣息，優雅甜美的果酸，散發出經典德國白酒的貴族氣息，每次喝都很好喝，品質非常穩定，是我喝過最好的一款晚摘麗絲玲酒款。開瓶後會有麗絲玲特有的白花香，幽幽的花香會在濃郁的果香後散出。整支酒酸度均衡，甜中帶酸，冰鎮後喝起來更是暢快淋漓。

建議搭配

麻婆豆腐、麻辣火鍋，生魚片、豆瓣鯉魚。

★ 推薦菜單　剁椒魚頭

剁椒魚頭是湖南湘潭傳統名菜，屬中國八大菜系中的湘菜，在台灣是一道很受歡迎的家常菜。火紅的剁椒，佈滿在嫩白的魚頭上，香氣四溢。湘菜特有的香辣誘人，在這盤剁椒魚頭上得到了最好的詮釋。蒸製的方法可以讓魚頭的鮮香封存在肉質之內，剁椒的香辣也能滲入到魚肉當中，色澤紅亮，魚頭糯軟，肥而不膩，鮮辣適口。2014年的9月，好友新民兄適逢珍珠婚三十年，幾位酒友在台北龍都酒樓藉這個理由喝幾盅。我帶了兩瓶新民兄在德國留學時最喜歡的約翰尼斯山堡晚摘酒，這款酒也是讓他踏上葡萄酒不歸路的一款酒。在這世界上如果要找一支可搭配中國川菜、湘菜的酒，只有德國麗絲玲甜白酒可以辦到。因為德國甜白酒的冰涼酸甜正好可以中和這樣又麻又辣的重口味，這道剁椒魚頭配上這款晚摘酒真是完美，魚頭的香辣碰撞白酒的酸甜，少一分則太甜，多一份則太辣，酸甜香辣在口中四方遊走，有如神仙般的悠哉，快活！

龍都酒家
地址｜　臺北市中山北路一段
　　　　105 巷 18 號之 1

85. *Bodegas Vega Sicilia*

維加西西里亞酒莊

　　1864年，富裕的艾洛伊‧雷坎達（Eloy Lecanda）家族在西班牙西北部斗羅河谷地區收購了一塊葡萄園，取名為雷坎達酒莊（Bodegas de Lecanda），從此開始一段複雜而精采的傳奇。19世紀末，維加西西里亞酒莊（Bodegas Vega Sicilia）開始釀產自己的第一款葡萄酒，但只在里奧哈（Rioja）地區裝瓶並出售，產量也非常有限，直到20世紀才開始好轉。維加西西里亞酒莊最初是叫雷坎達酒莊，後來又更名為安東尼歐‧赫雷羅（Antonio Herrero），直到20世紀初期才最終確定了現在的酒莊名。

　　從20世紀40年代至60年代期間，由西班牙一位極富影響力和傳奇色彩的釀酒師唐‧傑斯‧阿納唐（Don Jesus Anadon）負責釀製了很多優質的年份酒。1982年，阿瓦雷斯（Alvarez）家族購買了維加西西里亞酒莊的酒廠和葡萄園，從此，維加西西里亞酒莊由阿爾瓦雷斯家族接管，同時還聘請了當時已經小有名氣的年輕釀酒師馬瑞安諾‧加西亞（Mariano Garcia）擔任阿納唐的助手。

　　維加西西里亞酒莊被世界酒評家派克選為世界最偉大的156支酒之一，維加西西里亞珍藏級（Vega Sicilia Uncio 1964）被英國《品醇客》選為此生必喝的100支酒之一，也有西班牙拉圖（Ch. Latour）之稱，位列世界頂尖名酒之列，只要出場，永遠都會吸引眾人目光。這座國寶級酒莊，座落於斗羅河谷（Ribera del Duero），以Tito

A
B	C	D

A.夜幕時分的酒莊。B.遠眺葡萄園。C.Vega Sicilia Uncio大小瓶裝D.作者與莊主合照。

Fino為主要葡萄品種，也就是田帕尼羅（Tempranillo），混有少許的波爾多品種。酒莊目前僅出三款酒，但三款都是赫赫有名的佳釀：分別是珍藏級（Unico）、特別珍藏（Unico Reserva Especial），以及麗谷（Valbuena 5°）。

旗艦酒珍藏級單一年份酒，早在1912～1915年便面世。此酒僅好年份生產，2001年份就沒有生產。酒莊的傳統是沒有硬性規定酒的上市日期，著名的1968年酒，便等到1991年才上市，同時上市的是1982年，平均而言，珍藏級在十年後上市。珍藏級可以說西班牙釀酒工藝的極緻精華，桶陳工夫各國名酒無出其右。珍藏級的維加園酒會在榨汁、發酵後置於大木桶中醇化一年，而後轉換到中型木桶中繼續儲放。木桶中七成是由美國橡木桶、三成是法國橡木製成。醇化三年後，再轉入老木桶中繼續醇化六年至七年。裝瓶後會至少待一至四年才出廠。算起來一瓶珍藏級必須在收成後

十年才能上市。有些年份甚至可以拖到25年後才出廠,酒莊對於酒的嚴格要求,可見一斑。

　　珍藏級年產量雖然有60,000瓶左右,但是需求名單極長,全世界愛酒人士均瘋狂收集,每年得以分到少數配額的客戶名單上其實僅4,000名貴客,而等待名單則有5,000名。有幸每年分到配額者當然不乏名人在列,如當年的英國首相邱吉爾、西班牙抒情歌王胡立歐;而得以每年獲本莊免費贈酒珍藏級大瓶裝(1.5L)者,唯有崇聖的梵諦岡教宗,可以稱之為西班牙紅酒代表作。此酒從1920年份到2014份,在派克的網站(WS)大都評為90分以上,最高分數是1962年的100滿分。新年份在台灣上市價約為16,000元台幣。國際最佳拍賣價格是45瓶垂直年份的珍藏級,拍得22.3萬元人民幣(約合新台幣110萬元)。維加西西里亞酒莊最近拍賣包括一瓶非常罕見的1938年珍藏級白酒,成交價格5萬元人民幣(合新台幣25萬元)。維加西西里亞酒莊不僅是西班牙最貴的葡萄酒之一,同時也是倫敦紅酒指數(Liv-ex100)指數中唯一的一款西班牙葡萄酒。在過去的兩年中,它的市場表現可圈可點,在Liv-ex100排名中:2008年排名第27位,2009年排名第16位,2010年排名第68位,2011年排名第36位。

　　至於特別珍藏,酒如其名,是一款少見而極其特殊(Special)的非年份酒款:由酒莊選定三個年份的珍藏級混合而成,可說是最貴的無年份葡萄酒。酒莊表示,年份是為了展現年份特色,但是經由調配的特別珍藏,才真正表現了Unico風格。此酒產量甚少,結構扎實,風格獨具,由於調配年份多已超過15年以上,較珍藏級更適於即飲,珍藏級好酒,珍貴的磨砂瓶裝,陳年空間巨大。

　　麗谷經常被當成珍藏級二軍,即收成後五年上市,是比較早熟的酒,以前有一段時間,有三年酒(Valbuena 3°),但1987年之後已經停產。不過酒莊認為稱它是年輕版的珍藏級比較妥切,畢竟它的葡萄園與珍藏級不同,混調方式也不同,桶陳與窖陳時間也明顯較短,通常經三年半桶中熟成以及一年半瓶中熟成後在第五年上市,故名「Valbuena 5°」。此酒氣味飽滿,陳年實力極佳,新酒香氣封閉,長時間醒酒後方能慢慢開展。果香濃郁,單寧厚實,黑莓為主的香氣層層交疊,豐滿而不肥美。就價

左至右:莊主簽名。莊主參觀百大酒窖。莊主在百大酒莊簽名。

酒窖

格與適飲等待期而言，都是珍藏級的替代品。一般玩家樂於納入酒窖！搭烤羊肉，烤蝦均可，高級牛排館良伴。

以上三款酒多年來均盛名不墜，珍藏級更毫無疑問地屬於收藏級珍品。至於醒酒過後的麗谷，在任何場合皆可單挑高級好酒，徹底展現西班牙酒的精采力量。

西班牙酒王維加西西里亞酒莊，今年建莊恰逢150週年（1864～2014）。也許葡萄酒本身就非常像莊主帕勃羅‧阿瓦雷斯（Pablo Alvarez）的個性，現在掌管家族酒莊群。2013年，他帶了酒莊總經理和釀酒師來到我的酒窖參觀，並接受好朋友張治（T大）的採訪，晚間我們舉辦了一場盛大的維加西西里亞酒莊餐酒會。他是個害羞和不張揚，話不太多，具有深刻的藝術與美的敏感度的人。他的珍藏級是一個崇高的美，帶著優雅與迷人的勁氣，酒體脆弱微妙，但充滿活力和永恆。

2014年莊主經營的酒莊繽帝亞（Pintia）要回收及更換100,000瓶2009年的酒，原因是酒有很多懸浮物，一直查不出原因，可能是澄清時出現問題。為了保衛酒莊聲譽，決定向客人回收，客人可以更換為2008或2010年的酒。試想這需要多少的時間和金錢的投入，而又需要多大的勇氣去承擔？做為西班牙酒的領頭羊，他們做到了。🍾

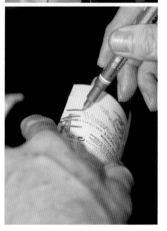

上至下：作者贈送台灣高山茶給莊主。莊主Pablo Alvarez。莊主簽名。

2016年4月28日（台北）
Vega Sicilia品酒會──酒單：

◇ Vega Sicilia Uncio 1960
◇ Vega Sicilia Uncio 1964
◇ Vega Sicilia Uncio 1970
◇ Vega Sicilia Uncio 1980
◇ Vega Sicilia Uncio 1982
◇ Vega Sicilia Uncio 1990

2016年4月29日（台北）
Vega Sicilia品酒會──酒單：

◇ Vega Sicilia Uncio 1968
◇ Vega Sicilia Uncio 1975
◇ Vega Sicilia Uncio 1985
◇ Vega Sicilia Uncio 1989
◇ Vega Sicilia Uncio 2004X2

2016年4月28日品酒會酒單。

2016年4月29日品酒會酒單。

以下是特別珍藏，通常用三個年份收成混合調配而成，酒標上註明上市日期和調配酒的年份：

- 2014年上市的Unico Reserva Especial，三個年份酒是1994、1995、2000
- 2013年上市的Unico Reserva Especial，三個年份酒是1994、1999、2000
- 2012年上市的Unico Reserva Especial，三個年份酒是1991、1994、1999
- 2011年上市的Unico Reserva Especial，三個年份酒是1991、1994、1998
- 2010年上市的Unico Reserva Especial，三個年份酒是1991、1994、1995
- 2009年上市的Unico Reserva Especial，三個年份酒是1990、1994、1996
- 2008年上市的Unico Reserva Especial，三個年份酒是1990、1991、1996
- 2007年上市的Unico Reserva Especial，三個年份酒是1990、1991、1994
- 2006年上市的Unico Reserva Especial，三個年份酒是1989、1990、1994
- 2005年上市的Unico Reserva Especial，三個年份酒是1985、1991、1996
- 2004年上市的Unico Reserva Especial，三個年份酒是1985、1990、1991
- 2003年上市的Unico Reserva Especial，三個年份酒是1985、1990、1991
- 2002年上市的Unico Reserva Especial，三個年份酒是1985、1986、1990
- 2001年上市的Unico Reserva Especial，三個年份酒是1985、1990、1994
- 2000年上市的Unico Reserva Especial，三個年份酒是1981、1990、1994

DaTa

地址｜ Carretera N 122, Km 323 Finca Vega Sicilia
　　　 E-47359 Valbuena de Duero, Spain
電話｜ +34 983 680 147
傳真｜ +34 983 680 263
網站｜ www.vega-sicilia.com
備註｜ 專業人士，須先預約

維加西西里亞珍藏級

Vega Sicilia Uncio 1962

ABOUT

分數：WA 100
適飲期：2012 ～ 2030
台灣市場價：80,000 元
品種：田帕尼羅（Tempranillo），混有少許的波爾多品種
橡木桶：法國橡木桶、美國橡木桶
桶陳：84 個月以上
瓶陳：12 個月～ 48 個月
年產量：60,000 瓶

🍷 品酒筆記

這款酒第一次喝到時是已故廣豐董事長賀鳴玉先生帶來的。在2012年的4月6日，賀董事長邀約我到台北的亞都麗緻酒店天香樓吃飯，席中，賀董帶了一瓶1962年的Vega Sicilia Uncio，我心裡撲通了一下，為何賀董知道1962年是我出生年份？經賀董解說，原來我們共同的朋友陳新民大法官曾經提起過。這次賀董請我喝這款酒除了是我的出生年份外，這個年份還Vega Sicilia Uncio的滿分酒，實屬難得。此酒色呈棕紅色，經過五十幾年的陳年，絲毫看不出疲憊，仍然炯炯有神，充滿力量，單寧如絲，優雅且複雜，純淨而有條理，飲來有一層神祕的黑色果香、煙燻、野莓、黑巧克力、雪茄盒、飽滿而厚實，但又讓人覺得深不可測，難以想像，不愧為世界頂級佳釀，無與倫比。難怪派克創立的葡萄酒網站（WA）會評為100滿分，堪稱當今世界1962年份葡萄酒最佳典範。個人覺得應該能繼續再放20年以上。

🍴 建議搭配

烤羊腿、紅燒排骨、滷牛腱、煎牛排。

★ 推薦菜單　烤乳豬

烤乳豬是傳統食品的一種。製法是將二至六個星期大，仍未斷奶的乳豬宰殺後，以爐火燒烤而成。中國在西周時相信便已有食用燒豬。烤乳豬在廣東已有超過二千年的歷史。在南越王墓中起出的陪葬品中，便包括了專門用作烤乳豬的烤爐和叉。

乳豬的特點包括皮薄脆、肉鬆嫩、骨香酥。吃時把乳豬剁成小片，因肉少皮薄，稱為片皮乳豬。西班牙的南部烤乳豬也是一絕，大部分用來搭配西班牙酒。今日我們也以這款西班牙酒王的維加西西里亞（Vega Sicilia Uncio 1962）來搭配這道菜。這支酒經過60幾年的陳年，仍然勇猛如虎，充滿活力，散發出難以形容的新鮮味，還有亞洲胡椒粉，明顯的黑巧克力，輕描的煙燻木桶，優雅的森林芬多精。乳豬的皮和酒相搭，甜美而不膩，果香與乳豬皮的焦香互不干擾，而且可以同時發揮實力，提升至最美味的境界。細緻的單寧甚至可以柔化乳豬肉的乾澀，這是我第二次喝到這款美酒，能再度喝與自己同年齡的酒，實在妙不可言。

上海皇朝尊會
地址｜上海市長寧區延安西路 1116 號

86. *Dominio de Pingus*

平古斯酒莊

　　如果比價錢是某種指標，那西班牙最貴的酒，不是VEGA SICILIA "UNICO"
（維加西西里亞），也不是Alvaro Palacios "L'ERMITA"（帕拉西歐斯），而是
PINGUS（Dominio de Pingus，平古斯），一款來Ribera del Duero（斗羅河
岸），每年僅有300～500箱左右的世界珍品。平古斯是由100%老藤田帕尼羅
（Tempranillo）釀造。當地人叫費諾紅（Tinto Fino），差別是這些Tinto Fino不
是來自里歐哈（Rioja）的外地移入品種，而是幾代以來與土地共同成長的老樹。

　　平古斯的釀酒師是丹麥籍的彼得西謝克（Peter Sisseck），他在波爾多與加州
都受過專業訓練，過去曾在斗羅河岸知名的Hacienda Monasterio酒莊服務，最
後選擇自立門戶，人家問他為什麼不去法國釀酒，他說「法國該做的事都做了，
西班牙的大地上，還有許多值得開拓的事」。1995年平古斯初試啼聲，派克大
師就打出98高分，派克說；平古斯是「One of the greatest and most exciting
wines I have ever taste.」（這是我品飲過最棒、最令人興奮的葡萄酒之一。）
從此，平古斯就是人間逸品。

<table>
<tr><td>A</td></tr>
<tr><td>B</td><td>C</td><td>D</td></tr>
</table>

A . 莊主Peter Sisseck。B . Pingus 1998。C . Pingus 2006。
D . Flor de Pingus 1996。

西謝克是一位非常講究地力的釀酒師，他選擇費諾紅，特別是那種沒有經過施肥與使用殺蟲劑的老藤，以傳統園藝方式管理，每公頃僅收600～1200公升（波爾多的1/4），就是希望展現出西班牙風土的極致，就近幾年WA的成績來看，總共有六個年份都獲得了100分，05&08獲得了99分，這種超高分的評價，真的完成了西謝克追求「極致」的要求，當然酒價就更不用説。

平古斯的二軍是平古斯之花（Flor de Pingus），嚴格來説，它有點像Les Forts de Latour／Latour或 Clos du Marquis／Léoville Las Cases，它不能説是副牌，而是有自己的靈魂與個性。這朵「平古斯之花」，2004&2009年的WA也直上98！要知道，大部分的二軍酒都不受評，要不就是拿個89～90，你要去哪裡找一款二軍酒能有95+以上？連五大二軍酒都做不到（五大二軍市價都在6,000～17,000之間），但平古斯之花辦到了！

平古斯酒莊葡萄都是手工去梗的，這樣就能選出大量完美而且沒有破皮的漿果。發酵是在容積為 2,000 升的木製小發酵器中進行的，發酵器是上端開口的。因為發酵器的空間較小，所以發酵溫度從不會高過 28°C。平古斯葡萄酒還會進行長時間（14 天左右）的冷浸處理，發酵時使用天然酵母。每天進行兩到三次翻揉踩皮（pigeage，就是用一根杆把葡萄皮壓入葡萄酒中，以取得細緻釋放的顏色，使酒味更加和諧）。發酵後還會進行短時間的分離和長時間的酒糟接觸，但是不會進行微氧化處理。葡萄酒會在酒桶中陳年 20到23個月。裝瓶前不進行澄清和過濾。

平古斯的酒屬於膜拜酒，一般都是產量極低、特點鮮明，且價格極高的葡萄酒。年產量只在4,000～6,000瓶之間，真是一瓶難求！目前價格也極為驚人，普通年份行情在33,000台幣，2004年好年份，價格在50,000台幣。首釀年份1995年，價格則在48,000台幣。

DaTa

地址｜Calle matador s/n,47300 Quintanilla de Onesimo (Valladolid), Spain
電話｜+34 639 833854
郵箱｜pingus@telefonica.net
備註｜只限專業人士

Recommendation
Wine

平古斯

Dominio de Pingus 1996

ABOUT

分數：WA 96
適飲期：現在～2040
台灣市場價：80,000 元
品種：費諾紅（Tinto Fino）
橡木桶：法國橡木桶、美國橡木桶
桶陳：20 個月以上
瓶陳：12 個月
年產量：3,700 ～ 6,800 瓶

品酒筆記

1996 年的平古斯紅葡萄酒呈不透明的紫色，散發出黑色水果、野莓、巧克力、雪茄盒、烤吐司風味。這款酒厚重、巨大而且強勁，層次多變，結構集中和美妙甘甜的單寧。是一款出色而令人敬佩的佳釀，西謝克的釀酒功力，絕非等閒之輩，每個年份都是酒中精品，難怪派克大師會給Pingus六次的100分。個人認為最佳巔峰應該是現在開始到2040年。

建議搭配

紅燒肉、滷牛腱、滷豬腳。

★ 推薦菜單　珍菌滿罈香

這是全球唯一的一家米其林三星素菜餐廳，座落在北京市皇宮寺廟的雍和宮對面，建築非常的幽靜與古典，極度符合品嚐素菜的淡雅與悠閒。我是第一次來，建航兄一聽說我要帶拉魯女士後花園的（d'Auvenay）騎士蒙哈謝，幾天前就已經透過關係訂好這個餐廳了，因為米其林三星餐廳，至少得排三個月以上才能一償夙願。這家米其林三星餐廳素菜真的讓我顛覆素菜的觀念，食材珍貴、創意十足、擺盤精美、服務親切、環境優美，難怪能得到米其林三星的最高榮譽。

這道珍菌滿罈香也是人間美味，裡頭有各式各樣的菌菇，包含松茸、羊肚菌、竹蓀、牛肝菌、干巴菌、日本香菇……等，一起燉出來美味的鮮湯。每種菌類都能顯現不同的鮮美與甘甜，與這款西班牙得分王美酒搭配，有如熊貓吃脆竹，服服貼貼，目無旁人，一杯美酒，一口鮮湯，快樂似神仙。

京兆尹素菜餐廳
地址｜北京市東城區雍和宮大街五道營胡同東口

87. *Quinta do Noval*

諾瓦酒莊

　　諾瓦酒莊（Quinta do Noval）是葡萄牙出產波特酒最古老、最好的頂級酒莊，其葡萄採摘自單一葡萄園而令其更顯得卓越不群。酒莊以釀造出葡萄牙最佳的波特酒（Quinta do Noval Naciona），產自國產圖瑞加（Touriga Nacional）老藤單一葡萄園的混釀葡萄酒而聞名。同樣，酒莊亦出產葡萄牙高品質的紅葡萄酒，在斗羅河（Douro）地區出產的表現出無可比擬的深度和集中度，以及豐沛果味與辛香料的特質。「Douro」在葡萄牙語裡面是黃金、金色的意思，所以斗羅河也被叫做黃金河谷，諾瓦酒莊坐落在斗羅河區域的最中心的平哈歐（Pinhao）村，酒莊現在有大約247英畝的葡萄園。

　　諾瓦酒莊於1715年創建，最初由瑞貝羅‧瓦連特（Rebello Valente）家族擁有並經營超過百年，19世紀初由於聯姻而傳給威斯康‧維拉‧達連（Viscount Vilar

美麗的斗羅河出口波特酒

D'Allen）。維拉‧達運子爵以在諾瓦舉辦瘋狂的宴會而出名，這些宴會是為了以巴黎歌舞場（the Folies bergère）引進舞女。19世紀80年代由於根瘤蚜危害，如同當地的其他酒莊一樣，諾瓦酒莊搖搖欲墜面臨倒閉。1894出售給葡萄牙著名商人安東尼歐‧喬瑟‧希瓦（Antonio Jose da Silva），安東尼歐重新栽植整理葡萄園，諾瓦酒莊開始嶄露生機。後來由女婿路易士‧瓦斯孔凱絡‧波特（Luiz Vasconcelos Porto）經營管理酒莊將近30年。路易士大力進行改革，加寬梯田寬度，增加光照以及田間操作的便捷性，即使用今天的技術標準來看，也是了不起的改革，並藉助劍橋、牛津等等俱樂部進行推廣，提升酒莊的知名度。諾瓦酒莊的聲譽不斷獲得提升，其中1931年份是標誌性的，由於當時世界經濟不景氣，波特酒的定單嚴重下降，在這一年僅有3個酒商還在繼續進行業務，諾瓦酒莊是當時唯一的在英美市場連續不斷出口的葡萄牙生產商。酒莊的聲譽也是由1931年份酒的出產，這款酒可以被看做是20世紀最美好的波特酒，《葡萄酒觀察家》（WS）

波特港

評為100滿分，英國《品醇客》雜誌選為此生必喝的100款酒之一。

　　諾瓦酒莊在20年代第一次使用印刷圖文的酒瓶，而且在波特酒酒標上標明10年、20年和40年以上，如同威士卡那樣標明酒的陳年時間。在1958年，它又成為第一個製造遲裝瓶年份（LBV）波特酒的酒莊，裝的是1954年份諾瓦爾酒莊LBV波特酒。1963年，路易士的兩個孫子費南多（Fernando）和路易斯·文·澤樂（Luiz Van Zeller）接管了公司。開始大規模的更新釀酒設備、栽植設備和大多數葡萄酒在酒莊內裝瓶。1963年只有15%的酒在這裡裝瓶，但是在15年後已經超過85%以上在酒莊裝瓶。

　　諾瓦酒莊1981年發生了一場大火，這場大火不但吞噬了酒廠的裝瓶設備，還燒毀了許多波特年份酒，以及兩個多世紀以來最有價值的酒莊記錄。1982由路易士的曾孫克利斯蒂安諾·文·澤樂（Cristiano Van Zeller）和圖麗莎（Teresa Van Zeller）接管酒莊，諾瓦酒莊開始重新建造更大的廠房和新設備。葡萄牙政府於1986年更改了法律，允許波特酒直接從鬥羅河谷出口到海外，諾瓦酒莊是第一個受惠的主要酒莊。

　　1993年5月，路易士家族把公司賣給了法國梅斯集團（AXA），該集團是世界上最大的保險集團之一。梅斯集團在法國已經擁有兩個波爾多級數酒莊；碧尚女爵酒莊（Pichon-Lougueville Comtesse de Lalande）、康田布朗酒莊（Cantenac Brown）和位於匈牙利托凱產區（Tokay）的豚岩酒莊（Disznoko）（在本書百大酒莊匈牙利篇）。

　　諾瓦酒莊生產各種不同種類的波特酒，其中最好的兩款酒是諾瓦酒莊年份波特酒（Quinta do Noval Vintage Port）和諾瓦酒莊國家園年份波特酒（Quinta do

夜間的鬥羅河岸是戀人們約會的好去處

Noval Nacional）。最珍貴的當屬國家園，它的不尋常之處是，有一個種滿非嫁接葡萄樹的小塊葡萄園，占地面積只有2公頃。諾瓦酒莊國家園年份波特酒就是釀自於這裡，這款獨特的年份波特酒有著出色的品質和壽命，但由於這塊葡萄園的產量極小，而且酒莊極其珍視這塊葡萄園超高品質的名聲，只在很少的年份才有出產，年產量僅僅2000瓶而已。WA的分數大都在96分以上，1997年份和2011年份分別獲得了100滿分，1963年份、1966年份和1994年份都獲得了接近滿分的99高分，1962年份年也有98高分。WS的分數也都不錯，世紀年份的1931年份毫無意外的獲得100分，1963年份和1994年份也同樣獲得了100滿分。有四個年份獲得了98高分，分別是：1966、1970、1997和2011年。千禧年2000年份則獲得了97高分。這酒並不好買，通常一瓶在台灣上市價是50,000台幣起跳，而且買不到。另一款是諾瓦酒莊年份波特酒（Quinta do Noval Vintage Port），每年的品質也都超越其他波特酒莊，產量也相當的少，年產量只有

Quinta do Noval
Vintage Port 1997

10,000〜20,000瓶。WA的分數雖然沒有國家園來得好，但是優異的1997年份同樣獲得了100滿分的喝采。2000年份、2004年份和2011年份也都獲得了96高分。世紀年份的1931年獲得了WS接近滿分的99高分，1934年份獲98高分，1997年份和2011年份獲得了97分，2000年份和2003年份也獲得了96分的成績，表現優異。

在台灣的出價大約是30,000元起跳，1997年份的100滿分可能要80,000元才能買到一瓶。

有關1931諾瓦酒莊年份波特酒（Quinta do Noval 1931）這個被稱為兩世紀以來最好的年份，其中有一個故事是這樣的，Luíz Vasconcelos Port是諾瓦酒莊的老闆，為慶祝酒莊的倫敦代理商羅斯福（Rutherford Osborne & Perkins）的兒子大衛（David）出生，他打算送一桶年份波特酒聊表心意。偏偏1930是非常糟糕的年份，所以Vasconcelos Porto想1931可能會比較適合。所以1933年就將一個Octave桶（小型橡木桶，容量比Pipe少）從波特市（Oporto）送至英國代理商的酒窖去裝瓶，這即是傳奇的1931年佳釀。這些裝瓶的酒就這樣安穩地放在羅斯福（Rutherford）家族的酒窖中，靜靜的等待80年的歲月，在大衛的80歲生日才被打開來！

也許有人會問，為什麼像1931年這麼棒的年份竟然沒有被公開、也沒上市？大約有兩個原因：全球經濟大蕭條，所有酒商都囤積過量的1927年而滯銷、諷刺的是1927年份是破天荒有33家波特酒莊共同宣布的超級好年份。很少有酒莊釀造1931年份。1927年後，許多酒莊釀的應該是堪稱優良的1934年，之後是1935、1942、1943、1945到1950年以後的好年份，但是都無法超越1931年。

2013年的夏天我在葡萄牙的一家大型百貨超市看到了1927和1931諾瓦酒莊國家園年份波特酒（Quinta do Noval Nacional），兩瓶價格都超過3,000歐元，雖然心動過，但終究還是沒下手，如今難免有點遺憾！

作者在波特港留影

DaTa

地址｜ Av. Diogo Leite, 2564400 - 111 Vila Nova De GaiaPT
電話｜ 351 223 770 270
傳真｜ 351 223 750 365
網站｜ www.quintadonoval.com
備註｜ 必須預約參觀

Recommendation
Wine

諾瓦酒莊年份波特酒

Quinta do Noval Vintage Port 1963

ABOUT
適飲期：現在～2040
台灣市場價：60,000 台幣
品種：國產多瑞加（Touriga Nacional）、弗蘭多瑞加（Touriga Franca）、羅茲（Tinta Roriz）、卡奧（Tinto Cao）、巴羅卡（Tinta Barroca）
橡木桶：3 年
年產量：10,000 瓶

品酒筆記

諾瓦酒莊1963年份波特酒是一款最好的波特酒之一，酒色呈咖啡色，帶有波特酒中常有的蜜餞、濃咖啡、黑莓、甘草、仙楂、百合花瓣的氣息，相當集中而出色的香氣，層次是多變的，廣度和深度非常的豐富。1963這個傳奇年份帶來了燦爛而明亮的芳香，強勁而扎實，經過近六十年的考驗，仍然年輕有活力；帶著醃漬蜜果味、甘草、黑巧克力、菸絲與黑漿果的強烈口感；緊緻甜美，單寧和酸度也很適中，風韻絕佳。諾瓦酒莊的產量一般都是接近30,000瓶，但1963年只有15%裝入瓶中，數量很少，非常不好買，尤其老年份，更是一瓶難求啊！遇到絕佳年份和好酒廠的波特酒，只有少數的波特愛好者有足夠耐心和金錢，能體驗到波特長時間陳年後美麗的轉變。

建議搭配

烤布丁、黑巧克力、紅豆糕、甜粽、雪茄。

★ 推薦菜單　澳洲和牛荷花酥 ──────

叉燒和牛肉放入千層的酥皮內，鹹甜平衡，兩者完美的互相融合，看似一體的外觀，入口後有著獨立卻不衝突的好滋味。這款傳說中的1963年份波特酒，配上這款創意的甜點，兩者有著共通點，澳洲和牛荷花酥的濃情蜜意，立刻被吸引。酒中的蜜餞和果乾，還有烏梅與巧克力緊密的結合，令人無法拒絕。脆香綿密的荷花酥飄散著叉燒和牛肉香氣，波特酒中黑咖啡、雪茄湧出陣陣的濃香，兩者互相較勁，誘惑迷人，讓人忍不住一杯再一杯！

華爾道夫酒店明皇樓中餐廳
地址｜北京市東城區金魚胡同 5-15 號

88. *Kracher*

克拉赫酒莊

將進酒，杯莫停……人生得意須盡歡，莫使金樽空對月。
……古來聖賢皆寂寞，惟有飲者留其名。
——紀念奧地利一代釀酒宗師・ALOIS KRACHER（1959～2007）

　　一提起貴腐酒，每個酒友都會聯想到世界三大產區：匈牙利托凱的艾森西亞（Tokaji Essencia）、德國的TBA（Trockenbeerenauslese）、法國索甸（Sauternus），從沒有人認真看待奧地利的貴腐酒。這裡就有一支奧地利葡萄酒的救世主，也是奧地利貴腐酒之王——克拉赫酒莊（Kracher）。

　　1985年的醜聞讓奧地利的葡萄酒從此一蹶不振。當時，阿羅斯・克拉赫（Alois Kracher）以極佳的釀酒技術和奮鬥不懈的精神，讓奧地利的葡萄酒從谷底翻身，重新走向世界。1985年，這個地區所出口的枯萄精選（TBA）竟然是當地產量的四倍。雖然每個人都知道出了問題，但並沒有人真正了解，實際上是有一些公司在葡萄酒中摻了乙二醇（glycol）。這是一種欺詐的行為，並且損害到一些有良知的奧地利酒商和酒農，葡萄酒業也因為當時人才外流而遭受到很大的損失。

　　在1995年時，阿羅斯・克拉赫決定依果味濃郁度由低到高為他的酒編號，從1號到14號編制，除了2號是紅酒（TBA）外，其餘都是貴腐白酒，13和14號沒有每年出產。這個概念包含了萃取以及剩餘糖分兩部分。克拉赫酒莊的釀酒方式有兩種：第一種是傳統的德奧匈，榨完汁液後不刻意放進新的橡木桶，故獲得了酸度高、糖

A．酒窖一景。B．酒莊。C．難得見到的#1-#10號套酒。
D．作者和莊主Gerhard Kracher在台北百大葡萄酒合影。

	B
A	C
	D

味足及濃稠香氣皆飽滿的優點,此種類型的酒命名為「兩湖之間」(Zwichen den Seen)。第二種採取了法國索甸貴黴酒的釀法,靠著移汁入新橡木桶的方式,使酒液萃取桶香、淡煙燻的炭焦及宛如太妃糖的結實感。這是目前國際酒市鍾情的口味,極討好市場,所以園主特別以法文「新潮」(Nouvelle Vogue)命名此系列。自1995年起,最具有各個年份代表性格的葡萄酒會被標為「Grand Cuvée」,此系列為克拉赫酒莊的招牌酒款之一。克拉赫的才智與求知若渴的特質與眾不同。為了將奧地利的葡萄酒推上國際的領導地位,他結交了當時在狄康堡(Château d'Yquem)的釀酒師比爾馬斯里爾(Pierre Meslier),從那裡他學到索甸甜酒的釀造方法。他也認識了德國薩爾(Saar)附近的沙茲佛(Scharzhof)的伊貢慕勒(Egon Muller),並學到如何釀造上好的麗絲玲(Riesling)TBA。而且還與加州膜拜酒辛寬隆(Sine Qua Non)酒廠的莊主Manfred Krankl一起合作,他們共同釀造出了K先「Mr. K」這款令人目眩神迷的貴腐酒。阿羅斯克拉赫(Alois Kracher)更是一位相當難得的釀酒師,他常與各地的米其林主廚討論各種菜餚與葡萄酒的搭配,使他在短時間內成為世界頂尖的甜白酒釀酒大師。

　　2008年的台灣春節剛過,我第一次來到酒莊,距離阿羅斯克拉赫過世才三個月。

來迎接我們的是他的遺孀蜜雪拉克拉赫（Michaela Kracher）和新任莊主吉哈德克拉赫（Gerhard Kracher）。傍晚時，他們從酒窖拿出五、六款酒來招待我們，除了一瓶BA以外，其餘四瓶都是TBA，分別是4、7、11，還有一支沒年份，這對於我們的團員來說算是非常難得，能一次喝到這麼多的TBA，可說是一件幸福的事了。當時的少莊主非常的靦腆，可能是父親剛過世的原因，話並不多，只是和我們拍照，介紹每一款酒的特性，臨走前還特地送我和新民兄一人一瓶難得的TBA紅酒，每年產量只有900瓶而已。在2013年的三月份吉哈德克拉赫來台參加我所主辦的品酒會，事隔五年，這位年輕人已經成熟了許多，談起他們家的酒頭頭是道，同時他對我說：他每個月都會到世界上各個經銷商做推廣，而克拉赫酒莊在他的手中也獲得了世界各國的肯定與讚賞，看來克拉赫酒莊已經成為奧地利在國際上最知名的品牌了。

克拉赫酒莊的TBA貴腐甜酒從1號到14號幾乎都獲得了WA網站90分以上，95以上的分數也多到難以一一介紹；2000年份的兩湖之間8號酒（#8 Welschriesling Z D S Trockenbeerenauslese）獲得98高分，1999年份的兩湖之間9號酒（#8 Welschriesling Z D S Trockenbeerenauslese）獲得98高分，2000年份的兩湖之間10號酒（#8 Welschriesling Z D S Trockenbeerenauslese）獲得99高分，2002年份和2004年份的兩湖之間10號酒（#10 Scheurebe Trockenbeerenauslese Zwischen）共同獲得98高分，2002年份的兩湖之間11號酒（#11 Welschriesling Z D S Trockenbeerenauslese）獲得99高分，1995年份的兩湖之間11號酒（#11 Scheurebe Trockenbeerenauslese Zwischen）獲得98高分，2002年份的12號酒（#12 Kracher Trockenbeerenauslese）獲得98高分，1995年份的新潮12號酒（#12 Trockenbeerenausleses #12, Grande Cuvee）獲得98高分，1998年份的新潮夏多內13號酒（Trockenbeerenausleses #13, Chardonnay Nouvelle Vague）獲得98高分。每款酒出廠價在台灣價格為3,000到5,000新台幣不等，最高的是12、13和14號酒，而且不一定能買到。

奧地利已成為世界四大貴腐酒產區之一，不但品質穩定，價格更是平民化。德國人是一個最會釀貴腐酒的民族，但可能有80%以上的德國人一輩子沒喝過德國的枯萄精選（TBA），原因是一瓶難求且價格昂貴。現在我們有更好的選擇，來自奧地利的國寶級克拉赫酒莊貴腐酒（TBA），絕對是物超所值，而且是派克所欽點的世界156個最偉大的酒莊之一！ ▲

地址｜ Apetlonerstraße 37 A-7142 Illmitz
電話｜ +43（0）2175 3377
傳真｜ +43（0）2175 3377-4
網站｜ www.kracher.com
備註｜ 可以預約參觀

克拉赫 12 號酒

Alois Kracher#12 2002

ABOUT

分數：WA 98
適飲期：現在～2050
台灣市場價：5,000 元
品種：80% 斯考瑞伯（Scheurebe）、20% 威爾士麗絲玲
　　　（Welscheriesling）
橡木桶：2 年以上
年產量：240 瓶

品酒筆記

這款2002年份克拉赫12號酒，不到5%的酒精度，而且也沒有貼上TBA的字眼，但是這已經達到TBA的標準，可是酒莊拒絕貼上。酒色已呈琥珀色，有紅李、花香，以及蘋果醬的氣息。酒體濃郁，香氣豐沛、結構完整、光滑細緻。另外也有橙皮、白色花朵，以及杏仁香氣。這是一款豐腴與清爽兼具的TBA，芒果、白葡萄乾、桃和杏的酸甜交雜，酒液黏稠，令人驚訝，一點都沒有老化的感覺，反而像一支銳利的劍，隨時等待對決，再陳年30年以上說不定會更好。

建議搭配

焦糖布丁、糖醋魚、香草奶油蛋糕、蘋果派。

★ 推薦菜單　潮州滷水

潮州滷水聞名天下，是潮州菜中考驗大廚功力的功夫菜。「滷水」本身利用丁香、八角、桂皮、甘草等數十種藥材與香料，最重老滷汁，滷汁越滷越香。傳統滷味為了要求軟爛，採的是「時間戰術」，儘管食材經久滷後入味軟爛，卻也犧牲了其本身的口感與原味。為了不讓食材在滷鍋中因「徘徊」太久而致口感改變、原味流失，潮州滷水鵝要求滷製時間恰到好處：精選約四公斤的肥碩大鵝，完全浸入祕方滷汁中，邊滷還得邊定時翻動，讓肥鵝能快速均勻入味，待滷汁滲透至鵝肉後，切成薄片，淋上一點滷汁即可享用，也因此潮州滷水鵝能呈現滷汁清香、鮮嫩多汁、夾起一片鵝肉入口，肉絲纖維內蘊含的滷汁肉汁汩汩流出，二者相得益彰的完美口感，是深諳品味潮州料理的行家們必點的經典菜色。加上選取鮮嫩的鵝血和豆腐滷製，其鹹嫩香綿的口感，絕對是下

汕頭富苑
地址│廣東省汕頭市龍湖區朝
　　　陽街朝陽莊北區 12

酒的良伴。這款貴腐酒只有4%的酒精度，濃郁香甜，潮滷中的鵝肉軟嫩多汁，鹹香細膩，兩者一起結合，甜酸的滋味融入香鹹的汁液中，香味四溢，滿口芬芳，十分暢快。

89. *Château Pajzos*

佩佐斯酒莊

　　佩佐斯酒莊（Château Pajzos）是Sarospatak的羅可奇（Rakoczi）王子城堡中最好的酒窖。羅可奇王子把此不凡的美酒獻給凡爾賽宮的法王路易十四，法國國王極度讚賞此酒將它稱為：「Wine of Kings and King of Wines」（酒中之王，王者之酒）。而這個酒窖也已列入聯合國的世界遺產中。匈牙利拓凱之王——佩佐斯酒莊（Château Pajzos）在1737年就擁有皇室欽定的特級園（Grand Cru）。位在托凱（Tokaji）的佩佐斯酒莊，這裡的火山土裡富含黏土與黃土，南方坡地上有令人驚嘆的景致，蒂薩河（Tisza）及博德羅格河（Bordrog）則共同構成適合貴腐黴菌熟成的微氣候，可以讓葡萄完全貴腐化。此地的酒窖以石頭排列出一條條的凹槽，這些凹槽構成了一個巨大的系統，由於酒窖終年都保持在12℃與95%的濕度下，因此相當適合用來進行發酵。《稀世珍釀》將它列入唯一百大的匈牙利酒。

　　早在1650年之前，匈牙利東北部 Tokaji-Hegyalia 小鎮（簡稱托凱）就開始生產貴腐甜酒。以生產貴腐甜酒聞名的法國波爾多區索甸（Sauternes），則到西元18世紀才開始生產貴腐甜酒，因此匈牙利托凱是最早生產貴腐甜酒的地區。正因為托凱貴腐甜酒極珍貴稀有，因此托凱小鎮於1737年被匈牙利皇家宣布為保護

A	
B	C	D

A.夜光下的Château Pajzos酒莊。B.作者在酒窖內留影。C.古老的壓榨機。D.長年的濕度，酒瓶都長黴了，這是最好的儲存環境。

區，當時成為世界上第一個封閉式的葡萄酒生產地。幾百年來托凱貴腐甜酒以精緻優雅的姿態出現在歐洲餐桌上，各國皇室推崇它為最高酒品，俄國沙皇時代也視托凱貴腐甜酒為至寶，竟然在產地租用葡萄園，還派遣軍隊駐守，釀成的貴腐甜酒，還得要由騎兵一路護送到聖彼得堡。托凱當地傳說，在彌留的人所躺的四個床角，分別擺上四瓶托凱貴腐甜酒，會讓引領靈魂的天使們都戀戀不捨。而在歌德的作品《浮士德》中，魔鬼梅菲斯特給學生布蘭德的那杯酒正是托凱甜酒，希特勒再自殺身亡之前，床頭上也擺了一瓶托凱貴腐甜酒，可見托凱貴腐甜的魅力，凡人無法擋。

　　貝多芬、大仲馬、法王路易十四，這些歐洲的歷史人物留名百年，但是他們共同之處在於全都是匈牙利托凱（Tokaji）酒的愛好者，特別是來自赫赫有名的佩佐斯酒莊（Ch. Pajzos）。聯合國教科文組織也將佩佐斯酒莊的酒窖列入世界遺產。這

種殊榮，絕非偶然！上世紀最佳年份1993年的佩佐斯酒莊伊森西亞（Ch. Pajzos Esszencia）極為稀有，象徵米歐爾侯蘭（M. Roland）與克利耐酒莊（Ch. Clinet）的技術與資金進駐後的成果展現，年份特佳。酒評家派克表示，佩佐斯酒莊的伊森西亞（Esszencia 1993）是「美酒珍饌的美好夜晚中最完美的結束。」分數評為接近滿分的99+；《葡萄酒觀察家》雜誌，也評為99～100分。此酒極為稀有，市場多視為收藏級品項，連一向挑剔的馬利歐（Mario Scheuermann），也欽點Ch. Pajzos Esszencia 1993為「世界最偉大的酒」之一。在陳新民教授的《稀世珍釀》中，就對佩佐斯的伊森西亞有相當多篇幅的介紹。書中寫到：「我在2007年11月有幸品嚐到了這一款真正的夢幻酒。不可思議的黏稠中散發了野蜜、淡淡的花香、巧克力以及檸檬酸，十分優雅，入口後酒汁似乎賴在舌尖不走，讓人感覺每滴佩佐斯都有情感，捨不得與品賞者分離。果然是神妙的一刻。」

上：在古老的酒窖品嚐托凱酒，桌上還有中華民國國旗。下：一團人受到酒莊熱烈歡迎。

佩佐斯伊森西亞（Esszencia）每年產量不定，而且並非每年生產，每一公頃只能夠生產100至300公斤的阿素葡萄。1993年只有生產出2,500公升，罐裝成500毫升才5,000瓶，目前一瓶在歐洲的市價為400歐元，近20,000台幣一瓶。美國市場對匈牙利托凱貴腐酒的寵愛已超過一般紅白酒，價格節節高昇，尤其是老年份的1993算是匈牙利好年份中的最佳年份之一，另外2002是匈牙利開放市場的第一個年份，也是應該收藏之一。

DaTa

地址｜Pajzos Zrt., Sárospatak, Nagy L. u. 12. Hungary
電話｜212 967 6948
傳真｜212 967 6986
備註｜參觀前須先預約

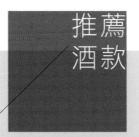

Recommendation
Wine

佩佐斯伊森西亞

Ch. Pajzos Esszencia 1993

ABOUT

分數：WS 99 ～ 100、WA 99+
適飲期：現在～ 2050
台灣市場價：21,000 元
品種：70% 以上福明（Furmint）
橡木桶：3 年以上
年產量：40 箱

🍷 品酒筆記

這款本世紀最好的匈牙利伊森西亞，我第一次在2007年的春天到過佩佐斯酒莊的酒窖品嚐過，喝到這款「天使之酒」時，實在難以置信，當下拍案叫絕的說：好酒！好酒！這款酒酒精非常的低，只有4度，一點酒精都沒有，散發出來的是野花蜂蜜、楊桃乾、紅茶和蜜棗的香濃味道。酒入口中，馬上有著杏桃、醃漬水果和焦糖咖啡的濃香，接著而來的是芒果乾、檸檬乾、李子乾等眾多水果乾在口中盤繞不去，一陣酸一陣甜，舒服到極點，每喝一口，細膩的酸度就直衝腦門，如入天堂，令人沉醉，欲罷不能！

🍴 建議搭配

鵝肝料理或是冷的鵝肝醬、中式烤鴨、乳鴿、香煎小牛胸腺佐杏桃醬、焦糖水果甜點及布丁

★ 推薦菜單　麻打滾 ────────

這道麻打滾是根據驢打滾而來，做法是比較像台灣的麻糬，表面裹上花生粉。做好的「驢打滾」外層沾滿豆麵，呈金黃色，豆香餡甜，入口綿軟，別具風味，是老少皆宜的傳統風味小吃。北京稱驢打滾，是滿洲以及北京小吃中的古老點心之一，源於滿洲，緣起於承德，盛行於北京。

祥福樓
地址｜台北市松山區南京東路
　　　四段 50 號 2 樓

據說有一次，慈禧太后吃煩了宮裡的食物，想嘗點兒新鮮玩意兒。於是，御膳大廚左思右想，決定用江米粉裹著紅豆沙做一道新菜。新菜剛一做好，便有一個叫小驢兒的太監來到了御膳廚房，誰知這小驢兒一個不小心，把剛剛做好的新菜碰到了裝著黃豆麵的盆裡，這可急壞了御膳大廚，但此時重新做又來不及，沒辦法，大廚只好硬著頭皮將這道菜送到慈禧太后的面前。慈禧太后一吃這新玩意兒覺得味道還不錯，就問大廚：「這東西叫什麼呀？」大廚想了想，都是那個叫小驢兒的太監鬧的禍，於是就跟慈禧太后說：這叫「驢打滾」。從此，就有了驢打滾這道小吃。

麻打滾這道點心通常在宴會結束前享用，所以也必須用一款甜酒來搭配，否則再好的酒遇到這樣甜的點心也會變成苦酒。今晚好友帶來這款匈牙利最好的貴腐酒是我第二次喝它，搭配麻打滾上的花生粉非常有趣，酥酥麻麻，甜甜酸酸，有時候還會感受到一點點鹹，那是糯米做的麻糬鹹香。這樣一款好酒果然千變萬化，可以和北方民間的小點相處融洽，也算不簡單，莫怪被稱為世上最好的貴腐甜酒。

90. *Henschke*

漢斯吉酒莊

　　隨著歷史推移，澳洲酒再也不是初嚐國際市場的新鮮人，人們也不再沉緬於南澳希哈輝煌的過去。精益求精的澳洲酒業追溯家族歷史，站在前人的腳步上開展未來，像是2009年成立的澳洲葡萄酒第一家族（AFFV, Australia First Families of Wine）就是其中一例，它包含了12間以家族為主導的精英酒莊，個個身手不凡，大名鼎鼎的漢斯吉（Henschke）即是其中之一。

　　喝澳洲酒不知漢斯吉，就像喝波爾多不知五大。漢斯吉的「恩寵山」（Hill of Grace）是澳洲名酒，甚至稱之為世界名酒也不為過。此酒來自一塊獨特的歷史名園，它的葡萄樹1860年即已種植。先代的Cyril Henschke在這座葡萄園採用無蓋發酵槽，以手採葡萄釀造，首年份為1958年。換句話説，此酒第一個年份用的即是「百年老藤」。「恩寵山」歷年來成績傲人，在澳洲最知名的拍賣會Langton上，分類為最高級的Exceptional，也就是與名酒葛蘭傑（Grange）並駕齊驅。

葡萄園

恩寵山自首釀1958年以來，有幾個非常好的年份得到高分1965（WA 98）、1991（WA 97）、1994（WA 98）、2002（WA 98）、2005（WA 99）、2009（WA 97+）、2010（WA 99）；1996（WS 98）、2002（WS 98）、2003（WS 99）、2005（WS 98）、2006（WS 98）、2009（WS 98）。以上都是酒友們值得收藏的好年份。

「恩寵山」以細緻見長，多呈黑櫻桃色，略有紫調，香氣以黑色莓果主導，些許杉木香味烘托出紅黑莓果香甜，充滿芬芳及異國風味香氣。層次複雜，帶粉狀般的單寧，尾韻悠長豐盛。

漢斯吉的大本營在巴羅沙谷Eden Valley的Keyneton，自Johann Christian Henschke在1800中葉隨路德教會自西里西亞區域（約在波蘭）移民定居後，歷代約150年的努力，已讓此莊成為國寶。目前主採自然動力法，加上不干預的釀酒方式，甚至奉行日月陰陽之說。它的旗艦除了恩寵山之外，「寶石山」（Mount Edelstone）也是名酒。這是澳洲第一款單一葡萄園的shiraz紅酒，葡萄園植於1912年，未嫁接的老藤與不灌溉的施作，讓此酒自1952年第一個年份後，已幽幽

走過一甲子。尤其莊主媳婦Prue Henschke自90年代加入葡萄栽植隊伍，此酒更是扶搖直上，寶石山可說是恩寵山的兄弟，每一年都有非常高的分數，大概都在95～97+高分，尤其是2012年份的寶石山，除了WA 97、JH 98、JS 96等高分加持外，每一瓶還附贈一個60年紀念的特殊禮盒，極具收藏價值！

　　Henschke的品項眾多，高階酒款可收藏外，中價版的漢斯吉酒莊／坎尼頓低音號（Henschke Keyneton Euphonium）可說是一支常勝軍。該酒以6成希哈為主，搭配2成多的卡本內，最後再補上其它波爾多品種。此酒通常有著暗石榴紅，紫羅蘭、黑莓、桑椹及李子香氣，口感多汁而佳，單寧富層次，尾韻長，實力明顯勝於同級酒款。🍾

左：作者與莊主Stephen Henschke及其妻子Prue在台北合影。右：作者在Henschke葡萄園。

DaTa

地址｜1428 Keyneton Road Keyneton SA 5353
電話｜+61 8 8564 8223
網站｜www.henschke.com.au
備註｜可預約參觀

Recommendation
Wine

漢斯吉酒莊恩寵山

Henschke Hill of Grace 1991

ABOUT
分數：WA 97、JS 98
適飲期：現在～2040
台灣市場價：35,000 元
品種：100% 希哈（Shiraz）
橡木桶：100% 新美國桶
桶陳：18 個月
年產量：6,000 瓶

品 酒 筆 記
1991年的恩寵山有著濃烈的黑色水果，台灣李子、純黑巧克
力、熟櫻桃、煙燻香料和甘草。非常純淨，飽滿豐富，濃郁而
誘人，變化複雜，單寧完美。現在喝起來也不覺得老，再繼續
陳放10年應該沒問題。

建 議 搭 配
紅燒牛腩、羊肉煲、三杯杏苞菇松阪豬、萬巒豬腳。

★ 推 薦 菜 單　上海紅燒肉

金華兩頭烏豬種又叫「熊貓豬」，這種豬非常的珍貴，一般豬只
要養4～5個月就能長到200多斤，而兩頭烏養8～9個月也只長到
120斤左右，而且瘦肉比例僅僅45%，這也就是為何兩頭烏常常被
用來當紅燒肉的原因，因為紅燒肉用的豬肉比例最好是肥瘦3比
7。致真老上海菜的兩頭烏紅燒肉是我在大陸吃過最好的豬肉料
理，濃油赤醬，表皮光亮，酥而不爛，肥而不膩，甜醎鹹香，三七分
的肥瘦比例恰到好處，真是多一分則太肥，少一分則太瘦。配上
1991年的澳洲恩寵山希哈紅酒，有著濃烈的黑色水果，台灣李子，
鹹鹹甜甜，水果味將豬肉的油膩感中和，提升紅燒肉的香氣，相輔
相成，互不奪味，飽滿而豐富。

致真老上海菜
地址｜上海市淮海中路 1726 號
　　　7 號樓

91. Penfolds

奔富酒莊

澳洲葡萄酒王的經典代表

　　如果要選出一款最具澳洲代表性的酒，那絕對是非奔富酒莊（Penfolds）莫屬。對於世界上的收藏家而言，奔富酒莊已經不用再多做介紹了，而在這紀念酒莊建立170年的日子裡，我們可以回頭來檢視奔富酒莊還是不是澳洲第一酒莊。奔富是澳洲最著名，也是最大的葡萄酒莊，它被人們看作是澳洲紅酒的象徵，被稱為澳洲葡萄酒業的貴族。在澳洲，這是一個無人不知，無人不曉的品牌。奔富酒莊的發展史充滿傳奇，有人說，它其實是歐洲殖民者在澳洲開拓、發展，澳洲演變史的一個縮影。

　　創辦人克裡斯多夫奔富醫生（Dr. Christopher Penfold）於170多年前由英國來到萬裡之外的澳洲，當初為了救人治病而種植葡萄釀酒；1844年，他從英國移民，來到澳洲這塊大陸。奔富醫生早年求學於倫敦著名的醫院，在當時的環境下，他跟其他的醫生一樣，有著一個堅定的信念：研究葡萄酒的藥用價值。因此，他特意將當時法國南部的部分葡萄樹藤帶到了南澳洲的阿德雷德（Adelaide）。1845年，他和他的妻子瑪麗（Mary）在阿德雷德的市郊瑪吉爾（Magill）種下了這些葡萄樹苗，為了延續法國南部的葡萄種植的傳統，他們也在葡萄樹的中心地帶建造了小石屋，他們夫婦

A
B C D

A. 位於Magill Estate的原址，少數位於市中心的酒窖及葡萄園之一，170年歷史。B. 葡萄園。C. 作者在品酒後與行銷經理合影。D. 1991~1006 Penfolds Grange。

　　把這小石屋稱為Grange，在英文中的意思為農莊，這也是日後奔富酒莊最富盛名的葡萄酒格蘭傑（Grange）系列的由來，這個系列的葡萄酒有澳洲酒王之稱，格蘭傑可比做奔富酒莊的柏圖斯（Pétrus），其中1955年份的格蘭傑，更是《葡萄酒觀察家》（WS）選出來20世紀世界上最好的十二支頂級紅酒之一，1976年份的Grange也被派克選為心目中最好的12款酒之一，評為100分，2008年份的Grange更獲得世界兩大酒評WA與WS 100滿分的讚譽，在市場中成為眾多葡萄酒收藏家競相收購的一個寵兒。不只Grange是顆亮麗明星、1957稀有年份的St Henri 也在2009年時以25萬元台幣高價賣出，證實此系列任一酒款已儕身精品代表。奔富2004 Block 42年份酒是一款極珍貴稀少的酒款，僅在好年份才會釋出；其葡萄選自世界上最古老的卡本內蘇維翁葡萄藤，1950年首次上市。結合頂尖極致工藝、全程純手工打造全球限

百年老藤

量12座安瓿、內蘊Block 42 的酒液，一體成型；當貴賓決定開啟時，奔富將會請資深釀酒師親臨現場，完成這獨特的開瓶儀式，售價約五百萬台幣（168,000澳幣）。

1880年，奔富醫生不幸去世，妻子瑪麗接管了酒莊。在瑪麗的細心經營下，奔富酒莊的規模越來越大，從酒園建立後的35年時間內，存貯了近107,000加侖折合500,000升的葡萄酒，這個數量是當時整個南澳洲葡萄酒存儲量的1/3。此後，在瑪麗去逝之後，他們的子女繼續經營奔富酒莊，一直到第二次世界大戰。根據當時的統計，平均每2瓶被銷售的葡萄酒中，就有一瓶來自奔富酒莊。在20年代，奔富酒莊正式使用「Penfolds」作為自己的商標。

一提到奔富酒莊，收藏家腦海中必定會馬上聯想到頂級酒款（Grange）；這款曾在拍賣會上創下150萬台幣的夢幻逸品，當初卻曾面臨被迫停產的危機。格蘭傑釀酒師馬克斯·舒伯特（Max Schubert）先生在歐洲參訪酒莊歸國後，受了法國級數酒釀造的影響，了解到橡木桶的使用藝術及乾葡萄酒的香醇，於是在1952年Grange正式上市、卻因風格迥異而被高層禁釀；幸好馬克斯·舒伯特 先生深具遠見、堅持不懈，仍舊私底下釀製，因此出現了1957、1958及1959年，市面上看不到的——俗稱「消失的年份」。格蘭傑系列在1990年由於和法國法定產區AOC Heritage艾米達吉有同名之嫌，而產生訴訟上的困擾，因此將名稱後面的艾米達吉部分刪去。

卡林納葡萄園（Kalimna Vineyard）位於著名的巴羅沙山谷（Barossa Valley）之中，1888年時種下了第一株卡本內蘇維翁枝藤，平均年齡都超過50年，其中Block 42 區更擁有世界最悠久的百年老藤、最初時做為釀製Grange的來源之一。目前是Grange、Bin 7070、RWT、St Henri和Bin 28的果實來源。瑪吉爾（Magill Estate）是奔富酒莊的首創園，1951年時種下第一株希哈品種葡萄藤，1844年時被奔富醫生買

上個世紀最好的12款酒之一：Penfolds Grange 1955

下，占地僅5.34公頃，已經成為澳洲非常重要的文化遺產保護園區。目前僅供Magill Estate Shiraz及Grange的使用果實來源。

作者在酒窖留影

在奔富酒莊我們可以看到很多酒以Bin的數字來命名，Bin原義為「酒窖」，奔富酒莊依每款酒存放的酒窖號碼為命名，如酒莊旗艦款的Grange Hermitage Bin 95，1990年以後改為Grange，領頭羊的Bin707，還有出色的Bin 389與Bin 407，以及Bin 28及Bin128等酒莊代表性的酒款。酒窖系列為消費者提供了眾多選擇，展示Bin系列的混合能力和風格，這一系列的酒不會相似，這也是奔富酒莊的釀酒哲學。Grange是Bin系列的旗艦酒，分數也很高，例如2008年份得到WS和WA的雙100分，破歷史紀錄，而1971、1976、1986和1998年都曾被派克評為99～100分。1986、1990、2004、2006和2010年都被WS評為98高分。以希哈90%為主，加上少量的卡本內，年產量不到100,000瓶，目前上市價都在新台幣20,000元以上。Bin707的分數也都不錯，2004和2010都得到WA的95高分，2010年份獲得WS97高分。100%卡本內製成，年產量大約120,000瓶而已，台灣上市價台幣12,000元。Bin 389也都在90以上，這款酒是Bin系列在中國大陸最紅的一款酒，以希哈和卡本內各一半左右釀製而成，台灣上市價台幣3,000元。Bin 407算是小一號的Bin707，1990為第一個年份，分數大都在90之間，100%卡本內製成，台灣上市價台幣3,000元。上20世紀90年代，最新推出的珍釀RWT Shiraz，更被酒評家定位為自Grange以來的另一支超級佳釀。RWT是Red Winemaking Trial的簡稱，喻意「釀製紅酒的考驗」。它是奔富酒莊的一個新的風格，使用了法國橡木桶而放棄美國橡木桶，新舊桶比例各半，以希哈為主釀製，是一支酒體豐滿，強勁有力，濃鬱醇厚的紅酒，以前酒莊的總釀酒師約翰杜威（John Duval）評為一級佳釀，曾經當過諾貝爾頒獎典禮用酒。2006年份被派克評為96高分，台灣上市價台幣5,000元。另一款高級酒款聖亨利（St Henri），是Grange釀造者舒伯格（Max Schubert）力挺之作，可說是Grange的孿生兄弟，100%希哈釀製，誕生於相同的釀造宗旨與實驗背景之下、並都是以同樣型態風味為主，在當時雙雙被公認為澳洲最具代表性的經典葡萄酒。初創於1950年代，使用大容量的舊橡木桶熟成、聖亨利延續著最原始的古典雅致的風格，以具窖藏實力的優勢和討喜迷人的滋味，在頂級酒拍賣會上贏得不輸Grange的超高人氣！2010年份

獲WA 97高分，WS 95高分，台灣上市價台幣4,000元。

　　170年以來，奔富酒莊依然保留著其始終如一的優良品質和釀酒哲學，因此，直到今天，奔富酒莊仍舊是澳洲葡萄酒業的掌舵人之一，尤其Bin系列的酒，幾乎已經成為酒莊的代名詞，而Grange更是澳洲人引以為傲的一款酒，沒喝過奔富酒莊的Bin，不算真正喝過經典澳洲酒的滋味。另外，值得一提的是，奔富酒莊很在意品質的延續，特有的Cork Clinic換塞診所，定期為15年以上老酒評估，必要時開瓶換新軟木塞。奔富的故事還沒有寫完，還有新的一頁，世世代代還會繼續下去。🍾

上：作者在酒莊餐廳，後面四張照片是歷任釀酒師。
下左：作者在酒莊門口。
下右：1844年就建立的酒窖。

DaTa

地址 | Penfolds Magill Estate Winery, 78 Penfold Road, Magill, SA, 5072, Australia
電話 | （61）412 208 634
傳真 | （61）8 882391182
網站 | www.penfolds.com
備註 | 每天上午 10：30 到下午 4：30 對外開放（除聖誕節、元旦和受難日當天外）

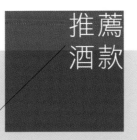

Recommendation
Wine

奔富格蘭傑
Penfolds Grange 1990

ABOUT
分數：WS 98、WA 95
適飲期：2012 ～ 2025 卡本內
台灣市場價：21,000 元
品種：95% 希哈（Shiraz）和 5%（Cabernet Sauvignon）
橡木桶：100% 美國新橡木桶
桶陳：18 個月
瓶陳：12 個月
年產量：120,000 瓶

🍷 品酒筆記
1990的（Grange）這款酒在陳年後由深紅色轉化為瓦片般
的紅棕色。就像在嘴裡放了煙火，五彩繽紛，散發出咖啡、巧
克力和桑椹果醬等香氣，黑加侖、櫻桃、山楂以及梅子的味道
也滲透其中。煙燻和薄荷香味，伴隨著眾多香料混合的氣息。
這款佳釀的口感具有複雜的變化度，滑潤豐富，非常濃稠且
餘味在口中纏繞，久久不去。

🍴 建議搭配
烤羊排、燉牛肉、回鍋肉、北京烤鴨。

★ 推薦菜單　手抓羊肉

手抓羊肉是西北回族人民的地方風味名菜。各地的做法基本一
樣：事先將羊肉切成長約3寸、寬5寸的條塊，加了一勺料酒的清水
浸泡一個小時去除血水鍋中放水，將羊肉放入燒開煮幾分鐘。撈
出用清水清洗乾淨。鍋內放水淹過羊肉。將花椒，桂皮，丁香，小
茴香裝進調料盒內。將生薑片，調料盒，一片橙皮放入燒開後用小
火壓半個小時肉爛脫骨即可。記住：吃之前一定不能忘了最能提味
的花椒鹽，只要撒上一點點，羊肉的香味立馬呈現出來其味鮮嫩
清香。這是牧民待客之上品，大陸各地普遍喜愛。熱情好客的牧人
便到羊群裡挑選出膘肥肉嫩的大羯羊；這一盤羊肉，細細品味，油
潤肉酥，質嫩滑軟，滋味不凡。我以澳洲酒王Grange來搭配，是
因為這款酒在大陸非常的有名氣，甚至超越波爾多五大酒莊，這
支酒的薄荷味高貴典雅，藍莓和櫻桃的甜美，與羊肉的丁香、花椒
和芝蘭粉能夠互相提味，煙燻烤木桶和摩卡咖啡可以使鮮嫩的羊
肉爽而不膩，肥而不膻，軟嫩多汁，鮮甜的滋味更讓人一口接口，
欲罷不能！

六盤紅私房菜
地址｜寧夏市銀川市尹家渠北街
　　　15 號

92. Torbreck Vintners

托布雷克酒莊

托布雷克酒莊 (Torbreck Vintners) 莊主大衛包威爾 (David Powell) 出生在澳洲最好的葡萄酒產區巴羅沙 (Barossa Valley) 附近的阿德雷德，受到叔叔的影響開始對葡萄酒產生興趣。大學畢業之後，他開始踏上葡萄酒學習之路，到歐洲、澳洲和加州各個酒莊打工，為了就是學習更多的釀酒技術，做為將來釀酒的基礎。大衛在歐洲各酒莊打工並無薪水，為了到更多酒莊觀摩學習，必須存夠旅費，大衛就成了蘇格蘭森林中的伐木工。為了紀念伐木工人生涯，大衛將他工作過的蘇格蘭森林托布雷克 (Torbreck) 做為酒莊的名字，這就是酒莊命名的由來。

20世紀90年代，大衛開始接觸當地的土地所有者，了解大多已經死氣沉沉、雜草叢生、幾近凋零的幾塊老藤葡萄園無人照顧。隨著時間的推移，大衛使它們重新煥發，出現生機。葡萄園主為感謝大衛的自發努力，於是餽贈幾公頃的老藤葡萄收成，讓大衛有機會首次釀出屬於自己的想要的酒。從此之後，大衛開始以葡萄園契作方式，與擁有優秀地塊的園主簽約。這些園區擁有人，大都對葡萄酒不了解，而且也沒時間管理，委託大衛全權實際管理葡萄園，並在採收後，以當年葡萄市價的40%付予葡萄園主當作回饋，這種四六分的形式，有如新的另類承租方式，於是大衛在1994年建立了托布雷克酒莊 (Torbreck Vintners)。現在的托布雷克酒莊已擁有約100公頃的葡萄園，但還仍繼續以高價收購面積約120公頃的老藤葡萄。種植的葡萄品種有格那希 (Grenache)、希哈 (Shiraz)、慕維德爾 (Mourvedre)、維歐尼耶 (Viognier)、

<table>
<tr><td>A</td></tr>
<tr><td>B</td><td>C</td></tr>
</table>

A．葡萄園。B．作者在酒莊品酒酒款。C．作者與釀酒師在葡萄園合影。
D．80年老藤葡萄樹

瑪珊（Marsanne）、瑚珊（Roussanne）、芳蒂娜（Frontignac）和卡本內蘇維翁（Carbernet Sauvignon）等。葡萄樹的平均年齡為60年，種植密度為每公頃1,500株，產量每公頃僅2,300公升。

托布雷克酒款支支精采，除了好年份才生產的「領主」（The Laird）限量酒款外，領銜主演的超級卡司就是「小地塊」（RunRig）紅酒，還有「友人」（Les Amis）、「傳承」（Descendant）和「元素」（The Factor）。托布雷克在2005年首次推出全新旗鑑酒「領主」就獲得派克100分評價。這款酒只有在好年份生產，年產量僅僅1000瓶以內。100%希哈品種，種植於1958年，葡萄園向南，以深色的黏土質為主，不經灌溉。陳年木桶使用法國Dominique Laurent製桶廠所製作的「魔術橡木桶」進行，桶板是一般桶的兩倍厚，且橡木板經過48～54個月的戶外風乾（一般的橡木桶只需要18個月），並採慢速烘烤，以使桶味煙燻氣息不過重，36個月的桶中熟成。酒色深紅，以紫羅蘭、藍莓、杉木為主；單寧絲滑細膩，以黑醋栗果醬、香料、甘草、皮革、等複雜口感取勝。九個年份中2005、2008、2012年份派克網站WA的分數是100分，屬於天王級的酒款，價格不斐，台灣市價一瓶將近35,000台幣。「小地塊」是以約97%的希哈以及3%的維歐尼耶白葡萄釀成，所用葡萄都來自老藤葡萄樹，其中有些已經超過140年，不過，維歐尼耶是裝瓶前不久才混調添入，而不像法國羅第丘（Côte-Rôtie）紅酒是採紅白兩品種同時發酵釀成。「小地塊」並非單一葡萄園酒

款，其原料來自巴羅沙北邊的8塊葡萄園。從第一個年份1995年開始到最近的2010年，派克網站WA大部分的分數是98分到100分，其中1998、1999、2001到2004都獲得99高分，2010年份更得到100滿分。台灣市價一瓶將近10,000台幣。「友人」是用100%格納希釀製而成，採自100年以上的葡萄，法國新橡木桶陳年18個月，2001為首釀年份，產量只有250箱，被葡萄酒大師珍絲羅賓森（Jancis Robinson）稱為新世界格那希（Grenache）品種的標竿。從2001年到2010年，派克網站WA大部分的分數是97分到98分，其中2001到2005、2009都獲得98高分，台灣市價一瓶將近8,000台幣。另一款以希哈和維歐尼耶釀成的優質紅酒為「傳承」，採取同羅第丘一般以兩品種共同發酵而成；其希哈約占92%，維歐尼耶占8%。「傳承」為單一葡萄園酒款，葡萄藤源自「小地塊」老藤葡萄園之植株，樹齡約11歲。希哈葡萄破皮後與維歐尼耶葡萄酒渣共同發酵，之後在「小地塊」使用過的兩年半舊桶熟成18個月。從1997年到2010年，派克網站WA大部分的分數是95分以上，其中2001和2004都獲得98高分，台灣市價一瓶將近6,000台幣。此外，由100%希哈所釀成的「元素」使用20%～30%的新桶進行陳年。每年的分數也都不錯，從1998年到2010年，派克網站WA大部分的分數是90分以上，其中2002獲得99高分，2001獲得98高分，台灣市價一瓶將近6,000台幣。一個剛好二十年的酒莊，每一款酒都能獲得如此高分，令人難以想像是如何辦到的？真有如帽子戲法般的精采、驚奇！

美國葡萄酒收藏家大衛·索柯林所著的《葡萄酒投資》一書裡，全澳洲的「投資級葡萄酒」（Investment Grade Wines；簡稱IGW）的38款紅酒裡頭，托布雷克酒莊（Torbreck Vintners）的酒就占了四款：分別是小地塊紅酒，還有友人紅酒、傳承紅酒和元素紅酒。其中，小地塊已列世界名酒之林，也成為現代澳洲經典名釀的代表作。此外，日本漫畫《神之雫》也特別提及初階酒款伐木工希哈紅酒（Woodcutter's Shiraz），更讓托布雷克大名耳熟能詳於酒迷之間。這款酒以巴羅沙產區的多個葡萄園希哈老藤之手摘葡萄釀成，在法國舊大橡木桶裡熟成12個月，未經過濾或是濾清便裝瓶。此為酒莊中最佳優質入門款，WA酒評都在90分以上，台灣市價一瓶將近1,500台幣，極為物超所值。

酒莊創辦人大衛包威爾有兩個兒子，父子三人每年都會共同釀造「凱特人」（The Celts）酒款（單一葡萄園希哈紅酒，量少未出口），以培養兩個兒子對葡萄酒的愛好與熱誠。看來，接班的意味濃厚，酒莊的「傳承」已然舖妥，大衛準備邁向更高的高度，向不可能的任務挑戰。🍷

地址｜ Roennfeldt Road, Marananga, SA, 5356, Australia
電話｜ +61 8 8562 4155
傳真｜ +61 8 8562 4195
網站｜ www.torbreck.com
備註｜ 上午 10：00 ～下午 6：00，聖誕節和受難日除外

托布雷克領主

The Laird 2005

ABOUT

分數：WA 100
適飲期：現在～2050
台灣市場價：50,000 元
品種：100% 希哈（Shiraz）
橡木桶：法國新橡木桶、美國新橡木桶
桶陳：法國 Dominique Laurent 新橡木桶 36 個月
瓶陳：6 個月
年產量：600 瓶

品酒筆記

這款稱為「領主」的旗鑑酒2005首釀年份甫推出就獲得派克滿分評價。使用法國Dominique Laurent製桶廠所製作的「魔術橡木桶」進行，桶板是一般桶的兩倍厚，且橡木板經過48～54個月的戶外風乾，並採慢速烘烤，36個月的桶中熟成。當我在2014年的夏天剛過喝到時，馬上被它誘人的紫羅蘭花香吸引，連奢華的異國香料也在眼前一一浮現。酒色是石榴深紫色，聞到乳酪、黑醋栗、黑李和黑巧克力，單寧極為絲滑，酸度均衡和諧，香氣集中，層次複雜。華麗的煙絲、果醬、黑色水果、丁香，醉人而煽情。濃濃紅茶香和淡淡的薄荷，具有挑逗性的肉香和成熟的紅醬果，讓人難以置信，應該可以窖藏30年以上。

建議搭配

紅燒肉、紅燒獅子頭、羊肉爐、乳鴿。

★ 推薦菜單　松露油佐牛仔肉

松露油佐牛仔肉這道菜靈感來自於紅燒牛腩，四川省傳統名菜，屬於川菜系。加入來自義大利知名松露產區阿爾巴（Alba）白松露油，是將上等白松露浸漬於頂級初榨橄欖油中，等到白松露氣息長時間完整萃取、融入橄欖油中後，再過濾出純淨的油品而成。松露有一種特殊的香氣，自古便有許多人為之著迷。松露油佐牛仔肉主要食材是牛腩、蒜、薑、八角、醬油、酒、胡蘿蔔、洋蔥和松露油。滷汁稠濃，肉質肥嫩，滋味鮮美。營養價值較高，一般人都適合食用。加入松露汁的牛腩肉，肉嫩鮮香，不油膩，又有洋蔥和胡蘿蔔的鮮甜，整道菜非常適合厚重的紅酒。澳洲這款滿分酒價格驚人，應該是要很專心的細細品嚐，使用非常原始的五十年以上老藤，果然非比尋常，帶著乳酸、藍莓、黑莓和白胡椒等複雜香氣，讓軟嫩的牛腩一時間變的可口香甜，酒中的木質單寧可以去除油膩的味道，進而豐富整道菜的風格，鹹甜合一，膾炙人口，滋味曼妙。

遠企醉月樓
地址｜臺北市大安區敦化南路
　　　二段 201 號 39 樓

93. Clarendon Hills

克萊登山酒莊

世界最著名的酒評家羅伯・派克:「克萊登山(Clarendon Hills)這是澳洲最傑出的一款酒,他的表現甚至比兩個南澳傳奇酒莊恩寵山(Henschke)與奔富(Penfolds)更加出色!」

南澳大城阿德雷德(Adelaide)附近的克萊登山,酒廠創立於1990年,自學出身的莊主羅曼・布拉卡瑞克(Roman Bratasiuk)以單一品種、單一葡萄園和老藤等原則,寫下澳洲葡萄酒史新的一頁,被派克選為世界最偉大的156個酒莊之一,星光園(Clarendon Hills Astralis)被收集在陳新民教授所著《稀世珍釀》世界百大酒莊之一。德國名酒評家蘇勒曼(Mario Scheuemann)在1999年出版了一本《本世紀的名酒》(Die grossen Weine des ahrhunderts),公布二十世紀每年發生之大事及一瓶當年傑出的名酒。1994年便選中「星光園」為代表,並給予98分

A	
:-:	
B	C	D

A.葡萄園。B.Clarendon Hills Astralis星光園不同年份。C.星光園二軍酒
Domaine Clarendon Syrah。D.莊主Roman Bratasiuk。

的評價！而Roman Bratasiuk形容自己的酒莊就像是葡萄栽培的「侏羅紀公園」。

身為酒廠最難取得也是最稀有的珍藏，星光園在莊主Roman Bratasiuk 心中代表著「不朽的潛力，如星星般的光芒」，因此特以星光為名，酒標上更繪上南半球最著名的代表星座──南十字星。陳新民教授特別挑選此款星光園作為其著作《稀世珍釀》第三版的封面酒款。

星光園紅酒以100%希哈葡萄釀成，葡萄種植自1920 年，接近百年的老藤生長在卵石、黏土混合覆蓋，下層為含鐵礦石的45度面東斜坡上。培育出精緻優雅，具有陳年潛力的頂級希哈。在星光園，每公頃更只精挑細選出1,000 公斤極為精良的葡萄。和勃根地酒王Romanée-Conti一樣每年僅有不到8,000瓶的產量供應給全球的藏家。

星光園不惜成本，在法國全新橡木桶培養18個月，未經澄清過濾即裝瓶。百年老藤希哈的經典香氣融合著複雜細膩的礦物風味，並伴隨著難得一見的烤肉香、亞洲辛香料與紅色莓果氣息。口感結構均衡，細膩柔滑如天鵝絨般的單寧，包覆著扎實強健的骨架，尾韻驚人悠長，是款經典又深富內涵的難得稀世珍釀。

2000年以來，星光園每一年均由WA給予97～100分的驚人高分，2010年份的星光園更上層樓榮獲WA 100分的滿分評鑑，十年努力終於開花結果。大家耳熟能詳的頂級澳洲希哈至尊Penfolds Grange 2010 獲得WA 99分，進口商價格每瓶31,000元台幣定價，水貨每瓶

難得一見的1.5公升Clarendon Hills Astralis 2007

20,000元台幣。滿分的星光園價格只要奔富格蘭傑（Penfolds Grange）或恩寵山（Henschke Hill of Grace）二分之一不到的價格即可入手，您還等什麼？這樣的一款酒有多少就要收多少，否則就不是錢可以解決了。

Clarendon Hills Astralis WA歷屆分數（由分數可以看出星光園的實力）：
Vintage 1996：WA 98／Vintage 1997：WA 98／Vintage 1998：WA 98
Vintage 1999：WA 95／Vintage 2001：WA 98～100／Vintage 2002：WA 98～100
Vintage 2003：WA 99／Vintage 2004：WA 98／Vintage 2005：WA 98～100
Vintage 2006：WA 99／Vintage 2007：WA 97／Vintage 2008：WA 97
Vintage 2009：WA 97／Vintage 2010：WA 100

DaTa

地址｜363 The Parade, Kensington Park, SA, 5068, Australia
電話｜+61 8 8364 1484
傳真｜+61 8 8364 1484
網站｜www.clarendonhills.com.au
備註｜只接受預約訪客

克萊登山酒莊星光園

Clarendon Hills Astralis 1996

ABOUT
分數：WA 98
適飲期：現在～2040
台灣市場價：12,000 元
品種：100% 希哈（Shiraz）
橡木桶：100% 新法國桶
桶陳：18 個月
年產量：8,000 瓶

🍷 品 酒 筆 記
1996年的星光園希哈有如積架慕林園（Guigal La Mouline）和夏芙凱薩琳（Chave Cathelin）的合體，既厚實又優雅。紅紫色的顏色，像小時候的烤香腸煙燻、甜鹹肉味，肉桂，黑莓，黑松露，黑櫻桃、黑莓、甜蜜餞，奶油蛋糕。已經非常成熟誘人，既性感又挑逗，豐富的口感，柔和的單寧，一層一層的變化，虛幻莫測，飄渺無間，迷人的韻味更是無法形容。顛峰期可以達到20 年以上，現在到2040年。

🍴 建 議 搭 配
廣式臘味、湖南臘肉、東坡肉、港式燒鵝。

★ 推 薦 菜 單　廣式蘿蔔糕

蘿蔔糕（Turnip cake）是一種常見於粵式茶樓的點心。蘿蔔糕在台灣、新加坡及馬來西亞等國家，甚至東亞地區為普遍。當地華人以閩南、潮汕語稱之為菜頭粿，客家語稱之為蘿蔔粄或菜頭粄。製作蘿蔔糕的方法一般以白蘿蔔切絲，混入以在來米粉和粟米粉製成的粉漿，再加入已切碎的冬菇、蝦米、臘腸和臘肉後蒸煮而成。傳統粵式茶樓的蘿蔔糕一般分為蒸蘿蔔糕和煎蘿蔔糕兩種。蒸煮好的蘿蔔糕，加上醬油調味。而煎蘿蔔糕則是將已蒸煮好的蘿蔔糕切成方塊，放在少量的油中煎至表面金黃色即成。這道簡單的點心來搭這支高貴典雅的澳洲酒，雖然看起來有些突兀，但是蘿蔔的濃濃的臘味香氣與紅酒的香料交織，反而更能凸顯紅酒的渾厚與香醇，只要放手嚐試，就有無限可能。

兄弟飯店港式飲茶
地址｜台北市松山區南京東路
三段 255 號

94. Almaviva

智利王酒莊

　　1979法國五大酒莊之一的木桐酒莊（Mouton Rothschild）莊主菲利普・羅思柴爾德男爵（Baron Philippe de Rothschild）在美國創造了第一樂章（Opus One）旋風之後，食髓知味，便加緊腳步在南美洲開始布局。木桐酒莊在詳細考察了智利當地的情況後，發現孔雀酒莊（Concha y Toro）的葡萄園地理位置非常好，具有得天獨厚的自然條件，於是萌生合作的意向。本身具有非常豐富釀酒經驗的孔雀酒莊也感到很榮幸能得到這位葡萄酒大老的垂青，大家不謀而合，共同建立了南美洲第一支與歐洲合作的佳釀，1996年智利王（Almaviva）首釀終於誕生了。雙方採用了一個富有歐洲和美洲文化特點的圖案，象徵著法國的傳統釀酒技術加上智利原住民的宇宙觀所釀造出來的葡萄酒。

　　智利王酒莊位於梅依坡谷（Maipo Valley），智利王的中文翻譯為「膨脹的靈魂」。從字面來看，在西班牙文中（alma）是「靈魂、生命」的意思，那麼合起來翻譯成「膨脹的靈魂」並不難理解，所以在中國翻譯成「活靈魂」。然而在莫札特所做的三大歌曲中的《費加洛婚禮》也有一個靈魂人物叫做Almaviva公爵，可見雙方對歌劇藝術的愛好。智利王酒莊為什麼會取這個名字呢？據說，智利有著得天獨厚的氣候、水土，是釀造葡萄酒的天堂、樹齡有20年以上，同時也擁有獨特的礫石土壤，但釀出的酒卻無法擺脫廉價的標籤，孔雀酒莊決心打破這一怪論。他們清楚認識到智利葡萄酒的質量沒有問題，缺少的就是那畫龍點睛般的

A

B | C | D | E

A. 酒莊。B. 酒窖。C. 首釀年份Almaviva 1996 1.5公升。D. 印有酒莊標誌
從2000～2006原箱木板。E. Almaviva 二軍Epu 2019。

靈魂。於是，孔雀酒莊邀請了葡萄酒界獨一無二的「靈魂人物」羅斯柴爾德男爵
（Baron Philippe de Rothschild）來智利一起共同釀造舉世聞名的好酒，於是雙
方很快便達成一致，創建智利王酒莊。

　　智利王的專屬葡萄產地從修枝至采摘的每個步驟，均有專人提供無微不至的照
料。該產地更安裝了革命性的地下滴水灌溉系統，精確提供每株葡萄藤所需水份。
酒莊共有60公頃的土地遍植葡萄，用作釀制的主要葡萄酒品种包括卡本內蘇維翁、
卡門內爾、卡本內弗朗、小維多及美洛。

　　智利王誕生之後，掀起了購買的熱潮，《葡萄酒觀察家》雜誌對2009年的智利王
也打出了96分的高分。Almaviva被稱為「智利酒王」，由波爾多經典的葡萄品種混
釀而成，以卡本內蘇維翁為主。可以說，智利王是歐美兩種文化巧妙的融合：智利提

供土壤、氣候及葡萄園，而法國貢獻出釀酒技術和傳統，最終釀造出極致優雅和複雜的葡萄酒。智利王酒莊的酒標也很特別，酒標上的圓形圖案表示的是馬普徹人時代的地球和宇宙，這個標識出現在一種宗教典禮時所用的鼓上，表現了酒莊對智利歷史和文化的尊重。在這個很像西瓜棋的圓形圖案兩旁，寫著兩個莊主名字：菲利普・羅思柴爾德男爵（Baron Philippe de Rothschild）和孔雀酒莊（Vina Concha y Toro）。

大概是從2007年底開始，酒界捲起了一股小小旋風，台灣幾家酒商都舉辦了智利王垂直品飲，加上漫畫主角遠峰一青又將首釀的1996智利王潑在西園寺真紀身上，潑一瓶少一瓶，本來就是智利四王之首的智利王，更成為酒友之間的話題。喜歡挑戰味蕾與挑戰分數的朋友，可以做個垂直品飲。派克曾經說過：智利王是智利一個偉大的酒莊，在世界上囊括了所有的大獎和百大首獎，包括英國《品醇客》雜誌，美國《葡萄酒觀察家》雜誌以及《葡萄酒愛好者》雜誌，還有派克所創《葡萄酒倡導家》雜誌等高分的肯定。2003年份的智利王獲WA評為95高分、2005年份獲評為94高分，2009年份獲WS評為96高分、2005獲評為95高分。能獲得兩個最重要的評分媒體這樣高的評價，在新世界裡的智利實在很難！

由於這幾年的智利王酒莊開始走國際市場的營銷方式，挾著超高的知名度，價格屢創新高，從50美元一瓶推升至200美元一瓶的價格，雖然價格節節高升，但是消費者仍然捧場，每年150,000瓶的產量全數售罄，可見智利王的魅力，稱為智利王當之無愧！

特別介紹Epu 是Almaviva的二軍酒，EPU由於產量非常稀少，所以主要銷售市場是在南美。隨著國際對EPU感興趣的買家越來越多，Almaviva酒莊開始決定2019年份將出口外銷，面向全球市場，也就是說，2019 年份將是我們國內可以買到的EPU第一個年份，頗具意義。也正因為這一年的特殊性，2019 年份的酒標一改往年的灰黑風格酒標，採用與Almaviva一致的純白底色，圖案選用神似正牌的具有智利傳統文化意味、象徵原住民 Mapuche 對大地及宇宙尊崇的圓形宗教儀式鼓的圓點圖案，開啟全新的旅程！

地址｜ Viña Almaviva S.A. - Puente Alto, Chile
電話｜ +56-2 270 4200
傳真｜ +56-2 852 5405
網站｜ www.almavivawinery.com
備註｜ 可以預約參觀

Recommendation
Wine

智利王
Almaviva 2003

ABOUT
分數 WA 95、WS 94
適飲期：現在～2043
台灣市場價：5,500 元
品種：73% 卡本內蘇維翁（Cabernet Sauvignon）、23% 卡門內
　　　爾（Carmenere）、4% 卡本內弗朗（Cabernet Franc）。
橡木桶：100% 法國新橡木桶
桶陳：18 個月
瓶陳：6 個月
年產量：150,000 瓶

🍷 品 酒 筆 記
酒色於中央呈現深石榴紅色，飽滿的黑漿梅子味，充滿著森林
果莓、木莓、可可、野花等各種迷人香氣。酒體厚實飽滿，單寧
滑細如絲。口感有蜜桃果子、杏仁果仁、藍莓、巧克力和橡木
燻香等多重變化，整款酒喝起來比較像法國酒，比起其他年份
來得優雅迷人，尾韻非常綿長。陳年窖藏5～10年會更佳。

🍴 建 議 搭 配
日本和牛、日式炸豬排、蒜苗臘肉、沙茶牛肉。

★ 推 薦 菜 單　稻草牛肋排
說到張飛，即讓人聯想到其草莽魯夫的形象，主廚特別設計此道
「稻草牛肋排」作為他的代表菜。採用江浙菜的作法，嚴選長25公
分的台塑單骨牛肋排，挑出油脂豐厚的第6到第8支牛肋骨，以稻
草捆綁後一起長時間滷製，將稻草的特殊香味充分滷進牛肉中，
入口肉嫩多汁，飄香四溢。搭配這款智利最奔放的智利王，充分表
現出豪放的性格，香噴噴的牛肋排和濃郁的紅酒互相較勁，不需
隱藏，完全渾然天成，有如張大千大師的一幅潑墨畫作品，展現出
偉大的氣勢與格局。

奇岩一號川湘料理
地址｜台北市中山區樂群二路
　　　199 號 2 樓

95. *Seña*

神釀酒莊

　　1985年美國葡萄酒教父羅伯‧蒙大維第一次前往智利尋找釀酒之地時，認為智利是一個擁有無限釀製絕佳葡萄酒潛力的地方，因此在6年後與伊拉蘇酒莊（Vina Errazuriz）莊主愛杜多‧查維克（Eduardo Chadwick）分享彼此對葡萄酒熱忱及釀酒哲學，最後決定合作，並於1995年創建了神釀酒莊（Seña）。「Seña」在西班牙文的意思就叫做「簽名」（signature），這個名稱代表了兩個家族共同的自我風格和製酒經驗，在酒標上，更可以看到兩個酒莊莊主的簽名。這是一個發自內心的重大決定。雙方憑藉直覺和靈感，攜手精心打造了一款世界級的智利葡萄酒，神釀酒莊是二人遠見卓識的結晶，堪稱優異品質和獨特性格的完美展現。

　　神釀酒莊地處智利阿空加瓜山谷（Aconcagua Valley）西側，距離太平洋41公里，氣候環境對於葡萄的栽種相當適合。在種種完美條件的搭配下，1995年開始生產的神釀葡萄酒一經推出就得到各界好評，並且連續多年得到派克網站WA高分的評價。2004年羅伯‧蒙大維決定賣掉股權，於是伊拉蘇酒莊買回了所有股權，從此以後神釀酒莊將是百分之百智利血統。莊主愛杜多‧查維克也發誓將持續釀製頂級夢幻酒款。

　　神釀是一款道地的智利佳釀，以最好的卡本內蘇維翁、卡門內爾、美洛、卡本內弗朗和小維多混合製成。在1995～2002年之間使用了70%以上的卡本內蘇維翁，其餘為卡門內爾和美洛，卡門內爾增強了智利葡萄酒的顯明特性。在2003年以後加入少許的卡本內弗朗、小維多和馬貝克，完全是波爾多的混釀風格了。神釀酒莊為了最

A		
B	C	D

A. 莊主Eduardo Chadwick和Mondavi一起品嚐Seña。B. 美麗的葡萄園。
C. 酒莊。D. 作者和莊主Eduardo Chadwick在香港酒展合影。

大限度提高品質,將精選的手摘葡萄裝在12公斤的箱子裡在早晨運達酒廠。葡萄在分類臺上經過精心篩選,所有雜物、葉子、根莖,確保在最終汁液的純正果味。葡萄大多在不銹鋼罐中發酵,溫度範圍從24°到30°C不等,以達到理想的提取程度。有6%必須在全新法國橡木桶中發酵,來強化汁液的豐富性。總浸泡時間為卡本內蘇維翁、美洛、卡門內爾:20至33天;卡本內弗朗和小維多:6至8天,根據每一地塊的情況而定。新酒隨後裝進100%品質最優的新法國橡木桶中陳年22個月。

神釀酒莊在2004年1月23日舉辦「柏林盲品會」。包括1976年巴黎盲品會主持人史蒂芬·史普瑞爾在內的三十六位歐洲最有名望的葡萄酒記者、作家和買家齊聚柏林,對16款葡萄酒進行盲品,包括6款智利葡萄酒,6款法國葡萄酒和 4款義大利葡萄酒,均為2000和2001年份的葡萄酒。以國家和年份劃分,則有3款2001年份智利葡萄酒,3款法國2001年份葡萄酒,4款義大利葡萄酒,以及另外來自智利和法國的2000年份酒各3款。在這場歷史性的盲品中,品酒師評定來自伊拉蘇酒莊

（Viña Errázuriz）的查維克旗艦酒（Viñedo Chadwick）2000年份酒高居榜首，神釀（Seña）2001年份酒位居第二，而拉菲酒莊（Château Lafite Rothschild）2000年份酒則位居第三，其後尚有瑪歌酒莊（Château Margaux）2001年份和2000年份，還有拉圖酒莊（Château Latour）2001年份和2000年份，第10名則是來自義大利的索拉亞（Solaia），這樣的結果讓柏林的葡萄酒專家滿地找眼鏡，不敢置信，有如1976年巴黎盲品會翻版。同年10月28日在香港進行的首次神釀（Seña）垂直品鑒之旅的第一站，40位當地的專業品酒師十分驚訝地發現，不同年份的神釀葡萄酒囊括了前五名，排名第六的有拉菲酒莊（Château Lafite Rothschild）2000年份、第七是瑪歌酒莊（Château Margaux）2001年份、第八是木桐酒莊（Château Mouton Rothschild）1995年份，和拉圖酒莊（Château Latour）2005年份。同樣的結果在11月1日的台北品鑒會上再次出現，60多位最知名的葡萄酒專業人士和台灣記者出席了此次品鑒。在10月31日的首爾品鑒會上，40位韓國葡萄酒專業人士和記者將三款Seña年份酒列入最喜愛的葡萄酒前五名，2008年份和2005年份的神釀（Seña）分別獲得冠亞軍，第三名是拉菲酒莊（Château Lafite Rothschild）2007年份，第四名才是瑪歌酒莊（Château Margaux）2001年份。在這四場盲品會上，愛杜多·查維克（Eduardo Chadwick）表示，神釀（Seña）及其他許多智利頂級葡萄酒展現的品質、血脈傳承和陳年能力，已經可與世界最佳葡萄酒相提並論。

25週年紀念版Seña 2019

神釀酒莊（Seña）自1995年首釀年份上市以來，一直獲得各界很高的評價，Seña 1996年份獲得《葡萄酒觀察家》WS 92高分。2007年份獲羅伯·派克《葡萄酒倡導家》WA 96高分，評鑒為有史以來得分最高的智利葡萄酒。2006年份和2008年份一起獲得95高分，2012年份更獲得資深酒評家詹姆士·薩克林JS 98高分。這位酒評家是這樣形容的：「像是在對我低吟呢喃般，口感綿長，相當迷人，歷年以來『Seña』之頂尖佳作。」神釀（Seña）無疑是智利酒中最好的一款酒。🍷

DaTa

地址｜ Av. Nueva Tajamar 481
電話｜ +56-2339-910
傳真｜ +56-2203-6035
網站｜ http://www.Seña.cl/en/wine.php
備註｜ 參觀前須先預約

Recommendation
Wine

神釀酒莊

Seña 2010

ABOUT

分數：WA 94、JH 95
適飲期：現在～2040
台灣市場價：4,500 元
品種：54% 卡本內蘇維翁（Cabernet Sauvignon）、21% 卡門內爾（Carmenere）、16% 美洛（Merlot）6% 小維多（Petit Verdot）、3% 卡本內弗朗（Cabernet Franc）。
橡木桶：100% 法國新橡木桶
桶陳：22 個月
瓶陳：6 個月
年產量：80,000 瓶

🍷 品 酒 筆 記

2010年的神釀是我喝過最好的一款智利酒之一。酒色是深紫羅蘭色澤，高貴深沉。開瓶後撲鼻而來的是黑胡椒與煙燻木頭氣息，隨著清楚而成熟的黑莓、樹莓和石墨，盤繞交纏而上，和諧地混合新鮮黑色與紅色水果味，轉換成橡樹、胡椒香料、百里香、和菸葉等草木香氣。入口後充滿豐富的成熟水果，如草莓、李子、黑醋栗、藍莓、黑莓與櫻桃，在口中不斷彈跳，隨之而來的黑巧克力、植物凝膠、黑胡椒與黑咖啡在口中散發，層次多變，酒體醇厚，是一款無可挑剔的佳釀。應可再陳年二十年以上。

🍴 建議搭配

煎羊排、台式滷肉、廣式燒臘、蒜炒牛肉。

★ 推薦菜單　筍絲焢肉

筍絲焢肉是台灣媽媽的拿手菜，以前只要過年，家裡就會滷一鍋來嚐嚐！尤其是老爺爺和奶奶最喜歡吃，入口即化，軟嫩Q彈，綿密細滑，香氣四溢。這時候一定要一碗白飯才能綜合一下味蕾，尤其肉汁澆在熱騰騰的白飯上，聞起來胃口大開。2010年的Seña喝起來有較濃的黑色水果和煙燻木頭及香料味，所以可以壓住筍絲的酸香氣息，並且果味可以和筍絲融合，滑細的單寧也能使焢肉吃起來不油膩，兩者非常和諧，香醇順口，餘韻綿長。

欣葉台菜
地址｜台北市大安區忠孝東路
四段 112 號 2 樓

96. *Celebre Winery &*
Dan Sheng Di

寶莊＆誕生地

【寶莊】

　　我們相信中國風土必能釀出世界頂級佳釀，並為此堅定地邁出第一步。「寶莊源於信心、期待與激情，在象徵自然、純淨與神奇的喜馬拉雅高地，懷著對大自然的敬畏和感恩，用虔誠的雙手釀造藝術，成為喜馬拉雅獨一風格的存在。

　　寶莊，從一個對葡萄酒滿懷熱情的家族而來，他們來自潮州，出生於中國精品茶葉行家家庭，詹皇潤和詹皇恩兄弟便是寶莊的創始人。 他們從世界各地學習，熟知風土，懂得釀造出一款偉大作品的重要元素，土壤、氣候、精細的工作、愛惜土地的農民以及尊重大自然的循環便是寶莊的哲學。讓倆兄弟感到興奮的是，他們確信在自己的國家有著無限的可能。

　　歷經4年多，詹氏兄弟對喜馬拉雅各村落進行探尋，深受這裡的土壤、陽光，純淨的空氣、千年的冰川、壯麗的河流以及尊重土地的人們所震撼。他們確信，這將是一個偉大的產區！

　　寶莊葡萄種植在被積雪覆蓋的梅裡雪山　下，瀾滄江、金沙江和千年冰川滋養著葡萄園裡的土地，葡萄樹因純淨泉源的灌溉彰顯出活力與生機。 葡萄園裡的野生動物隨處可見，石榴樹、核桃樹、小麥田環繞四周，在尊重自然的良性價循環中維持和保護著喜馬拉雅土地的純淨和生態平衡。 土壤是傑出的，遠古海洋沉積

Ａ.篳路藍縷的詹氏兄弟。Ｂ.作者和二莊主詹皇恩在蘇魯葡萄園合影。Ｃ.作者致贈著作給二位莊主。Ｄ.在酒莊試的四款酒。

帶來豐富的礦物結構,礫石、石灰岩、片岩和鹼性粘土形成平衡的完美比例。

寶莊種植師每日和藏民一起以手工方式在葡萄園裡工作,對大自然心懷敬畏,對土壤和葡萄樹細心呵護,彼此聆聽,細緻觀察,這些細膩的工作幫助著我們產出最佳品質的葡萄。 寶莊採摘在10月初開始,由藏區女性純手工採摘,使用小容量採摘框,目的為了保護葡萄顆粒免受過度擠壓而發生氧化。

葡萄採收後在低溫下開始發酵,並通過發酵前的浸泡來保留更多果香,發酵時間持續一個月,在緩慢的發酵過程中,寶莊獲得如絲般的單寧。

寶莊夏多內白酒,來自喜馬拉雅高原藏區村莊,海拔 2,550 米,葡萄園周圍雪山環繞,氣候涼爽,微風徐徐;獨特的微氣候和多樣性土壤造就了寶莊夏多內白酒豐富的礦物質感與優美的酸度。

寶莊的三位靈魂人物

作者在酒窖試酒

左至右：作者和葡萄園管理阿布在蘇魯葡萄園合影。作者與二莊主詹皇恩在酒莊門口留影。作者和大莊主詹皇潤在布村葡萄園合影。

542

Recommendation
Wine

寶莊卡本內蘇維翁紅酒

Celebre Winery Cabernet Sauvignon

ABOUT

海拔：2,000 ～ 2,450 米
品種：100% 卡本內蘇維翁（Cabernet Sauvignon）
樹齡：10 ～ 19 年
年產量：35,000 瓶
桶陳：法國新橡木桶 18 個月
瓶陳：12 個月
價格：7,500 台幣

 品 酒 筆 記

寶莊卡本內蘇維翁紅酒，來自喜馬拉雅高原藏區，由不同村莊、不同山谷、不同海拔的葡萄園混釀而成。我們目的為了表達多個不同喜馬拉雅村莊混合而來的神祕感，採用嚴謹的種植、釀造和陳釀方式，意在打造一款表達巍峨群山之間獨特風土的典範。

寶莊夏多內白酒

Celebre Winery Chardonnay

ABOUT

海拔：2,550 米
品種：100% 夏多內（Chardonnay）
樹齡：10 ～ 17 年
年產量：4,000 瓶
桶陳：法國新橡木桶 12 個月
價格：7,500 台幣

品 酒 筆 記

2021年寶莊夏多內白酒，在法國新橡木桶陳年12個月，顏色呈金黃色，榛果與奶油吐司、柑橘、白花香。入口後有迷人的酸度與細膩的口感，餘韻也非常長，實在是很討喜的一款白酒。

【誕生地】

　　誕生地是一支偉大的喜馬拉雅葡萄酒的誕生之處、是人類冒險的起始之誕生地；仿佛從恩典而來，帶著聖潔，帶著祝福。

　　來自精品茶葉家族，出生於中國潮州的倆兄弟詹皇潤和詹皇恩是誕生地的莊主，他們對葡萄酒充滿熱情，是誕生地夢想的點燃者。另一位則是擁有國際專業知識的法國人Patrick Valette（派翠克‧瓦雷德），曾是聖愛美隆Ch.Pavie（帕維酒莊）的莊主，今天是誕生地的首席釀酒師，為了釀造這款傑出的葡萄酒，他們聘請了認識多年的 派翠克‧瓦雷德為主的法國團隊，派翠克在最極致的法國分級制度中成長，對頂級酒的釀造有著豐富的經驗，對中國葡萄酒滿懷熱情。

　　來自當地的藏族人阿布，2018年開始加入誕生地團隊，成為誕生地的種植師，他每天都和農民一起在葡萄園裡工作，對葡萄園的管理工作專業、細心並充滿熱情，成為誕生地本土化重要成員之一。

　　誕生地的葡萄園，被全世界最高和炫目的神聖山峰所環繞，在卡瓦格博雪山和白馬雪山的懷抱之中。蘇魯和布村，理想般地位於藏區的腹地，喜馬拉雅山脈之中，一共延展超過27公頃，又細分為387個地塊。在藏區高原梯田之上，種植著一小塊一小塊的赤霞珠，在此邂逅的，是我們手工、精細而珍重的葡萄園打理方式，我們如花園園丁般對待我們的葡萄。這些地塊之小，以至於葡萄園中的工作都是以手工方式進行，耕耘的方式以最接近藝術的形式完成。

誕生地大事記：

2015年：詹皇恩開始萌發想像，希望在中國尋找絕佳風土，釀造一款世界級佳釀，開始對中國產區進行探索。

2016年：詹皇恩的想法得到哥哥詹皇潤的全力支持，兄弟決定一起去實現這個夢想；詹皇恩在西藏、雲南、四川藏區開始風土探尋，發現喜馬拉雅是一個具備無限潛力的產區。

2017年：8月，詹氏兄弟聘請國際知名釀酒師Patrick Valette加入團隊，並一起參與考察和探索。10月，詹氏兄弟聘請法國地質學家Yannis Araguas加入考察團隊，再次對喜馬拉雅部分村莊土地進行分析。12月，團隊邀請法國種苗專家來到中國。

2018年：5月，誕生地開始接管葡萄園，並對接管的葡萄園進行專業的管理，藏族人阿布成為葡萄園的種植師。7月，在奔子欄小鎮發現建設酒莊的土地，奔子欄的酒莊開始建設。9月，誕生地首次採摘和第一年份開始釀造。10月，誕生地酒標開始設計。

2019年：開始接管斯永貢村夏多內葡萄園，對斯永貢葡萄園進行全新的種植管理。

2020年：蘇魯開始高密度葡萄園種植，每公頃密度是12,500棵。

2021年：3月，誕生地開始裝瓶。8月，誕生地2018年份開始接受預定。

2022年：5月，Vianney Jacqmin在疫情中參與項目，成為技術總監。11月，誕生地酒標在中國完成設計。

2023年：5月，誕生地酒標在法國完成印刷。6月，誕生地參與國際評分。9月，世界範圍的新酒發布。

蘇魯

Sulu

ABOUT

品種：100% 卡本內蘇維翁（Cabernet Sauvignon）
海拔：2300 米
面積：8.5 公頃
樹齡：15 年
年產量 ：6,000 瓶
陳釀：法國新橡木桶 24 個月
裝瓶：酒莊裝瓶
瓶陳：24 個月
價格：80,000 台幣

布村

Bucun

ABOUT

品種：100% 卡本內蘇維翁（Cabernet Sauvignon）
海拔：2,200 米
面積：19.3 公頃
樹齡：19 年
年產量 ：12,000 瓶
陳釀：法國新橡木桶 24 個月
裝瓶：酒莊裝瓶
瓶陳：24 個月
價格：30,000 台幣

左：藏族女性採收葡萄。右：孕育葡萄園的梅里雪山。

　　2023年的八月盛夏，深圳虎哥聽說我要去香格里拉採訪敖云酒莊，他馬上告訴我說，您何不也去寶莊誕生地看看，這個酒莊現在是中國討論度最高最貴的酒莊，而且又順路。不到一秒鐘的反應，就請虎哥幫我聯繫，立即和寶莊的莊主詹皇恩聯絡上，就這樣開始踏上雲南香格里拉之旅。

　　由於作者本身有先天性高血壓，對於這一路上的高海拔確實有點忐忑不安，基於對葡萄酒的喜愛與熱誠，還是硬著頭皮往前衝，沒有到酒莊去實地採訪和試酒，如何寫出精彩準確的內容？

　　我先從廣州進入昆明，昆明已經是海拔2,000米了，漸進式的往高海拔走，在昆明待一晚，隔天再飛香格里拉，到達香格里拉後莊主的助理阿茸初已經在機場等我們，馬上接我們往酒莊所在地的奔子欄方向去，路上他告訴我們，住在奔子欄的酒店海拔只有2,300米，而香格里拉酒店平均海拔是3,200米，晚上比較不好睡。寶莊莊主真是貼心的安排，給我們留下第一個好印象。

　　從香格里拉到奔子欄已經是中午了，莊主詹皇恩早就訂好餐廳，而且還特別交代阿茸初去買一隻藏豬，要讓遠方來的貴賓嚐嚐看。吃完午餐，放好行李，我們馬上出發去酒莊參觀試酒，因為我們這次停留的時間太短暫，行程會比較趕。

　　酒莊的腹地非常大，視野也很開闊，前面就可以看到洶湧的江水奔流，非常壯觀。詹總告訴我說；這是一個臨時的酒莊，新酒莊的地已經找好，等忙完之後，就準備找設計師設計，開始動工建立。詹總先帶我們參觀酒窖中號稱世界上最貴最先進的壓汁機，據進口公司說全中國只有兩家有。

　　緊接著好戲上場，期待已久的誕生地兩款酒，終於可以喝到了。莊主給我們喝的第一款是2021年寶莊夏多內白酒，在法國新橡木桶陳年12個月，顏色呈金黃色，榛果與奶油吐司、柑橘、白花香。入口後有迷人的酸度與細膩的口感，餘韻也非常長，實在是很討喜的一款白酒。第二款酒是還在桶子裡的2022年寶莊夏多內白酒，杯子一搖，鼻子靠近後，天啊！這不就是最近喝了幾次的雙雞和老太太的感覺嗎？我開始納悶了。當我喝下第一口時，真的是愣住了，全身舒暢，有說

左：斯永貢葡萄園。右：梯田式的葡萄園。

不出來的愉悅感。花香、橘皮、葡萄柚、蜜香、水蜜桃、椰子、白蘆筍還有最令人陶醉的奶油爆米花。簡直是太完美了，我馬上說，我先預訂一箱。這應該是我喝過最高海拔的夏多內白酒，平衡的酸度和細膩的優雅度，實在很難超越。第三款是寶莊卡本內紅酒，寶莊的首釀年份，黑櫻桃與黑醋栗的香氣，入口後有奶油香草和大紅李子味，巧克力和煙薰荳蔻，柔軟的單寧恰好處，酒體飽滿，收尾也很悠長。第四款是誕生地布村紅酒，這酒一喝，完全顛覆我對中國卡本內蘇維翁葡萄酒的觀感，怎麼可以如此優雅與細緻？單寧如天鵝絲絨般的滑細，完全沒有甜膩感、不是美國風味，這不但是中國最好的葡萄酒，甚至可以和美國頂尖的膜拜酒相抗衡，我算是最有資格說出這樣的話，因為我喝的美國膜拜酒不計其數。這款誕生地布村紅酒，讓我想起了第一次在哈蘭（Harlan）酒莊喝的酒。難怪詹氏兄弟敢賣這麼高價位的價格，信心十足，品質能證明一切。最後一款上場的是今天最貴的一款酒，市場公開價格是18,800人民幣。這款酒很明顯的是必須陳年的酒，濃郁飽滿、結構堅挺、層次多變、酒體強勁、單寧絲滑，入口後是黑色水果和東方香料、煙絲、黑巧克力，多重深色水果與森林原木的香氣，將來絕對是一款偉大的酒，可以陳年三十年以上。

　　第二天早上一早，我們吃完早餐立即出發前往葡萄園參觀。從奔子欄開車到蘇魯村，需要兩個多小時的車程，光從山底下一直開到海拔2,300米的山頂，就需要花30分鐘，而且都是彎彎曲曲S型的山路，一邊是懸崖，一邊是峭壁，實在是很恐怖。一路上詹總告訴我們他當初來這裡開疆闢土、篳路藍縷的辛酸點滴，為了尋找最好的土地種植，他真是不顧一切的付出生命，有兩次都是高山症缺氧而送到醫院急救，這樣的精神實在令人敬佩。他還告訴我們說，以前他來找土地時，這段路都是石頭爛泥巴路，是後來他們在這裡種了新葡萄樹以後，政府才來蓋出這樣的路。一路上邊開邊聊，比較不知道害怕，很快就到山頂了。詹總和阿茸初帶領我們導覽整個葡萄園，葡萄園正面對著梅里雪山，從葡萄園可以一窺長年積雪的山峰，在天氣好的季節裡可以看到日照金山。在葡萄園裡我看到了各種花果

斯永貢夏多內葡萄

布村的老藤葡萄

寶莊粉紅酒

在斯永貢野餐

樹，有桃子、橘子、蘋果、梨子和石榴，還有熱帶植物仙人掌，還有幾片玉蜀黍。詹總告訴我們，這些植物本來就有的，他們留著不再翻種葡萄，是因為一切都歸於大自然互相共生的理念，這樣葡萄也會長得很好。在這裡有很多不同的鳥類，在葡萄成熟時會來吃葡萄，所以這段期間會用網蓋住，等採收以後再收網。這裡也有很多野生動物會來觀光，比如熊、蛇、老鷹，自然生態非常好。當然人口外移也是一大隱憂，村裡只剩下老人，所以越來越

蘇魯的葡萄

難請到種植葡萄的農民，現在葡萄園管理大部分都由阿布的家族在負責。

第二天由大莊主詹皇潤先生帶我們去另外兩個產區，一個是夏多內白葡萄產區、一個是誕生地布村產區。我們兩部車從奔子欄出發到斯永貢，到山頂時已經接近中午了，天氣非常的好，可以看到白馬雪山的山峰，雖然是夏天，但還是很舒服。這裡的夏多內葡萄樹已經接近15年，剛好是最年輕有力的階段，長得好又長得多，莊主看到今年的收成也相當滿意。我們也看到阿布和他的弟弟在葡萄園巡視，葡萄即將採收，可不能出甚麼意外，今年夏多內將是第一批採收的葡萄。這樣的高海拔、日照充足、冷空氣，葡萄可以慢慢成熟，釀出來的白酒當然是最好的。中午我們就在斯永貢野餐，莊主請當地的同事準備了牛排、藏豬、松茸、大餅，當然還有寶莊的紅白酒。在這裡野餐，彷彿是來到了另一個世界，只有在外國才能享受到，但是今天是在中國。吃完午餐，我們繼續往另一個產區走，那就是布村。海拔2,200米，位於梅里雪山主峰（卡瓦格博）對面，日照充足，平均溫度15度，日夜溫差大，葡萄可以保持冷涼，緩慢生長。這樣得天獨厚的喜馬拉雅產區，將是中國最有希望、最令人期待的產區。

最後，我要說的是，中國國家主席習近平先生一再強調的中國夢，有些人只是說說而已，並沒有付諸實行。而寶莊誕生地的詹氏兄弟，因為他們的勇氣與毅力、熱情與堅持，釀出了中國最佳品質的葡萄酒，證明中國可以釀出世界頂尖的葡萄酒，他們也實現了中國夢。

以下就是世界酒評家給出的答案：

Today, I tasted another wine produced by the Zhan brothers：Célèbre. This cuvée has radically overturned my views on the potential of China to produce world-class fine wines. People following my social media know I rarely publicly praise wines unless they are worth it. Well, here, I feel like I've witnessed history! The brothers have produced the best wine ever made in China, a wine that will leave people speechless. According to my personal scoring scale, I never had a Chinese wine worth more than 92 points. I don't understand how so many average wines got 94 or 95 points! Of course, scales differ from one to another. But if there is a wine I would be willing to grant 95 points, that would be one of the Zhan Brothers ! ——Julien Boulard MW

譯文：今天品嚐了詹氏兄弟的一款葡萄酒——寶莊，顛覆了我之前的認知。朋友圈裡的人都知道我不會輕易誇讚我認為一般的葡萄酒，但我必須得說，他們創造了歷史！他們釀造出了中國最好的葡萄酒，品質遠遠超出了大家耳熟能詳的「大酒」，絕對會讓大家意想不到！在我品到的所有中國葡萄酒中，我從來沒有喝過按照我的標準92分以上的葡萄酒，一直不明白那些94、95分是怎麼來的。當然，每個人都有不同的標準，但是如果有一款中國葡萄酒能達到我心目中95分的水準的話，那就是詹氏兄弟的葡萄酒！——葡萄酒大師‧朱利安）

誕生地 Bucun 2018，絕對是中國第一梯隊。絕對不是加州卡本內蘇維翁，而是歡快愉悅的風格。——葡萄酒大師‧凱斯帝（Cassidy Dart MW）

雲南可以釀造出一些中國最佳的卡本內蘇維翁；而其完美的成熟度，酸度、單寧，酒精度和風味的深度之間的結合，這看起來是整個國家最佳的種植地。

　這肯定已經是中國最引人入勝的酒莊。——WA/RP評委、葡萄酒大師‧杜慕康（Edward Ragg MW）

左至右：蘇魯村的石榴。蘇魯村的仙人掌。面對著白馬雪山的布村。

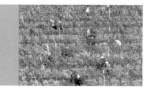

DaTa

地址｜雲南省迪慶藏族自治州德欽縣奔子欄鎮角瑪村
電話｜400807060

布村卡本內蘇維翁紅酒

Bucun Cabernet Sauvignon 2018

ABOUT

品種：100% 卡本內蘇維翁（Cabernet Sauvignon）
年產量：12,000 瓶
桶陳：法國新橡木桶 24 個月
瓶陳：12 個月
價格：30,000 台幣

品酒筆記

顏色是強烈的深紅色，布村2018的顏色是清澈和光亮的。香氣有著紫羅蘭花香、鉛筆芯、煙絲和香料、新鮮黑色水果。在口腔中的平衡與誕生地葡萄酒的質量是一脈相承的，我們在力量感與優雅的極致平衡去探尋。布村2018年份酒體是飽滿的，新鮮度突出。這個新鮮度是蘇魯和布村兩個村莊共有的一條主線。
誕生地布村紅酒，這酒一喝，完全顛覆我對中國卡本內蘇維翁葡萄酒的觀感，怎麼可以如此優雅與細緻？單寧如天鵝絲絨般的滑細，完全沒有甜膩感、不是美國風味，這不但是中國最好的葡萄酒，甚至可以和美國頂尖的膜拜酒相抗衡，我算是最有資格說出這樣的話，因為我喝的美國膜拜酒不計其數。這款誕生地布村紅酒，讓我想起了第一次在哈蘭（Harlan）酒莊喝的酒。難怪詹氏兄弟敢賣這麼高價位的價格，信心十足，品質能證明一切。

建議搭配

伊比利火腿、台式廣式香腸、碳烤羊小排、酥炸排骨。

★ 推薦菜單　台式煎豬肝

台式煎豬肝雖然只是一道簡單的台灣料理，但是可以做到恰到好處的並不多，而台南知味台式料理就是全台最好的一家。台式煎豬肝做法要先將一塊粉肝漂水，將血水沖洗出來，然後切為0.5長方形厚片再醃製，以米酒、烏醋、醬油、砂糖加上地瓜粉一起拌勻，醃大約十分鐘後就可以了。醃好的豬肝必須以熱油煎之，大約間至五分熟即可撈起濾乾，等豬乾稍微熱縮就可上桌了。這道菜最重要的是控制火候和時間，就是要煎到外嫩內軟，不能太生也不能太老，咬下去要又脆又Q，也不能太甜，太甜就會膩，必須要一口接一口的越吃越想吃。布村的卡本內蘇維紅酒有著絲綢般的滑細單寧，正好與豬肝的柔嫩結合，讓人嚐起來備加溫暖，很有媽媽的味道。紅酒中的香料和花香可以帶出醃製過的濃重醬汁，讓醬汁的香氣更加飄香迷人，雖然看似簡單的一道菜餚，卻能和中國第一美酒搭配得如此密切，可說是顛覆了一般傳統思維，令人一新耳目。

台南知味台式料理
地址｜台南市中成路 28 號

97. Helan Qingxue Vineyard

賀蘭晴雪酒莊

　　英國《品醇客》一年一度的世界葡萄酒大賽是國際上最具影響力的葡萄酒賽事之一，向來是國際酒界必爭之地，也是世界上所有酒莊一展手腳的舞臺。在2011年，共有來自12,252款葡萄酒參賽，評選之後的結果令人跌破眼鏡，賀蘭晴雪的2008年份的加貝蘭紅葡萄酒獲得銀獎，2009年份的加貝蘭特別珍藏（Grand Reserve）紅酒獲得「國際特別大獎」，這是中國葡萄酒首次登上世界最高殿堂。英國銷量最高的報紙《每日電訊報》（The Daily Telegraph）在頭版刊登「中國葡萄酒正在挫敗法國」的標題。

　　600多年前，明太祖朱元璋第十六子慶王朱栴選出了「寧夏八景」，並分別賦詩一首，第一景是《賀蘭晴雪》。賀蘭晴雪酒莊名稱也是根據這八景而來，創辦人容健先生曾經在酒莊園內拍下這樣的美景，這幅作品就放在酒莊的入口處供來訪者欣賞。酒莊註冊的品牌是加貝蘭，談起加貝蘭的由來，容會長笑稱當時註冊的品牌名稱是以賀蘭開頭的，但是審核沒通過，索性把賀蘭山的「賀」字的上下兩部分拆開，於是就有了現在的加貝蘭。

A.葡萄園。B.酒莊內百花盛開，非常美麗。C.酒窖。D.作者在品酒室與張靜合影。

賀蘭晴雪酒莊離西夏王陵只有十分鐘，做為賀蘭山東麓葡萄酒的領頭羊，為了探索寧夏的風土氣候下能夠適應的釀酒葡萄品種和栽培方式，釀造出優質葡萄酒，曾經是寧夏自治區黨委副祕書長現任自治區葡萄產業協會會長的容健和王奉玉祕書長在賀蘭山腳下創建了這家示範酒莊，酒莊同時也是寧夏葡萄酒產業協會的所在地。酒莊初創時面積很小，葡萄園只有100多畝，誰也不會想到這間小酒莊日後會成為賀蘭山東麓的一顆明珠。酒莊引種法國16個品種的葡萄，種植面積200多畝，擁有地下酒窖1,000平方公尺，年產量僅僅50,000瓶。張靜為酒莊的釀酒師，是名列「世界十大釀酒顧問」李德美的弟子，2008年正式聘請他為賀蘭晴雪的釀酒顧問。

2009年釀酒師張靜為即將出生的女兒專門釀造了一款紅葡萄酒,並在橡木桶上刻上了女兒名字和初生時的腳印,取名「小腳丫」。2012年,珍西·羅賓森大師品嚐了小腳丫之後十分驚歎,認為比獲大獎的加貝蘭2009更具特色,並將這款酒收錄在最新的第七版《世界葡萄酒地圖》中。

2014年的5月和6月份我分別拜訪了酒莊,受到容健會長和釀酒師張靜的親自接待。容老先生特別告訴我:「寧夏土壤貧瘠,產量低而成本高,所以生產日常酒品是沒有出路的,只有做優質酒才是正確路線。」並且決定將得到大獎的2009年份特別珍藏作為一級標準,只有在最好的年份,用最優質的葡萄才可以釀造這個等級的酒。然而從2010年至2013年,足夠優秀的天氣條件尚未出現,酒莊已經連續四年放棄「特別珍藏版」的釀造,只好用來釀製加貝蘭珍藏級(Reserve)。在酒窖的品酒室我分別品嚐了2010、2011、2012三個垂直年份的加貝蘭珍藏級;對2011年特別喜歡,筆記上是這樣寫著:「結構扎實、果味強、香草、藍莓、奶油、西洋杉、餘韻長,單寧柔軟,紫羅蘭花香、橄欖味在其中。」

最後值得一提的是:賀蘭晴雪酒莊2013的加貝蘭珍藏級紅酒已經列入國際著名酒評家貝丹和德梭的《2015～2016貝丹德梭葡萄酒年鑑中文版》。這又再一次證明了酒莊的實力,絕不是靠運氣而來。

2015～2023《世界酒莊巡禮》新書補記:

再經二十年波瀾壯闊,到了寧夏賀蘭山東麓風土百花齊放的爛漫時代裡,Decanter終究在場。

2023年9月6日,由Decanter世界葡萄酒大賽、中國葡萄酒資訊網共同主辦的Decanter世界葡萄酒大賽(DWWA)20週年紀念慶典暨中國金牌酒莊頒獎典禮在長沙君悅酒店舉行。在與來自葡萄酒行業的各酒莊莊主、總經理、釀酒師、經銷

左:得到國際特別獎2009年份的加貝蘭特別珍藏級。右:加貝蘭珍藏級三個年份。

商們濟濟一堂之際，張靜作為賀蘭晴雪酒莊代表，獲得賽事頒發「中國葡萄酒金牌酒莊」獎項，同時獲得「優秀釀酒師」個人榮譽。

在此次20週年的慶典上，釀酒師張靜接過來自賽事代表「中國葡萄酒金牌酒莊」和「優秀釀酒師」獎狀，說了這麼一段話：「感謝大家，感謝每一個耕耘在中國葡萄酒的從業者們。我們身在祖國遼闊的腹地，因諸位而變得繁榮璀璨。「葡萄酒不說謊，風土不說謊。我相信沒有人能比今天在座的各位更懂這句話的含義。」

賀蘭晴雪歷年來得獎無數，本書以最重要的大獎做紀錄：

2014年：加貝蘭2011榮獲RVF中國優秀葡萄酒2014年度大獎金獎

2017年：加貝蘭2014獲得第24屆布魯塞爾葡萄酒大賽金獎；6月13日賀蘭晴雪酒莊獲得RVF評委會特別大獎

2019年：5月28日加貝蘭珍藏2015獲得2019年度Decanter世界葡萄酒大賽金獎；5月28日加貝蘭2016獲得2019年度Decanter世界葡萄酒大賽銀獎

2021年：7月1日加貝蘭特別珍藏2016獲得第28屆布魯塞爾葡萄酒大賽金獎

2022年：5月29日加貝蘭珍藏2018獲得第29屆布魯塞爾葡萄酒大賽金獎；8月8日張靜被評為發現中國2022中國葡萄酒發展峰會年度最佳釀酒師

2023年：5月26日加貝蘭珍藏2019獲得第30屆布魯塞爾葡萄酒大賽金獎，6月7日小腳丫馬爾貝克2019獲得2023年Decanter世界葡萄酒大賽銀獎

2021.2.18 JS團隊評分：
- 加貝蘭特別珍藏2016，94分
- 加貝蘭珍藏2017，93分

2021.12.31 JS團隊評分：
- 加貝蘭特別珍藏2017，94分
- 加貝蘭特別珍藏2018，93分
- 加貝蘭珍藏2018，92分

2023.1.6 JS團隊評分：
- 加貝蘭珍藏2019，95分，百大第二

2023.1.21 派克團隊評分：
- 加貝蘭特別珍藏2018，95分

加貝蘭小腳丫馬爾貝克

目前賀蘭晴雪的酒款市場價格：

- 加貝蘭特別珍藏 8,800台幣
- 加貝蘭珍藏 3,100台幣
- 加貝蘭小腳丫馬爾貝克3,500台幣
- 加貝蘭桃紅1,200台幣

　　對於酒莊這二十年來的堅持與進步，我想以下這句話說得最貼切：「感謝Decanter在過去的二十年來，以其專業、公正、權威與包容的視野，為我們平凡瑣碎的勞動，做出精準的注解。」這是賀蘭晴雪釀酒師張靜在Decanter世界葡萄酒大賽20週年，紀念慶典上作為金牌酒莊代表發言。

左:作者與酒莊創辦人容健、釀酒師張靜在酒莊門口合影。右：作者與張靜在園內加貝蘭石碑合影。

地址｜寧夏銀川公園街 24 號 317 室葡萄產業協會
電話｜0951-5023809
備註｜必須預約參觀

DaTa

Recommendation
Wine

賀蘭晴雪酒莊加貝蘭珍藏級紅酒

Jia Beilan Reserve 2011

ABOUT
適飲期：現在～2040
台灣價格：2,500 元
品種：100% 卡本內蘇維翁（Cabernet Sauvignon）
橡木桶：法國新橡木桶
桶陳：12 個月
年產量：10,000 瓶

🍷 品 酒 筆 記

2011年份的加貝蘭珍藏級紅酒是我喝過最好的兩個老年份之一，這個年份是在酒莊喝到的。筆記上是這樣寫著：「結構紮實、果味強、香草、藍莓、奶油、西洋杉，餘韻長，單寧柔軟，紫羅蘭花香、橄欖味在其中。」加貝蘭珍藏級紅酒 一向色深豪邁，發展緩慢而有張力，它並不適合即飲，但耐心會讓飲者知其為何是賀蘭山產區的代表作。整支酒有著濃郁的深紫紅色，聞來豐富，入口強壯有力，有微微的花束香，集中飽滿的藍莓香氣後，轉而出現煙燻與煙草味，最後是美妙的木桶香草香和松露氣息，經典的波爾多風格，單寧柔和，有力而節制，餘韻悠長且迷人，不愧是英國Decanter的常勝軍。

🍴 建 議 搭 配

牛肉煲、滷味豆干、紅燒五花肉、紅燒豆腐。

★ 推 薦 菜 單　烤羊腿

據傳，烤羊腿曾是成吉思汗喜食的一道名菜。由於烤羊腿肉質酥香、焦脆、不膻不膩，他非常愛吃。以後，他每天必食，逢人還對烤羊腿讚賞一番。隨著時間的流逝，居住在城市裡的廚師，吸取民間烤羊腿的精華，逐漸成為北方經典名菜。作者在北京胡同嚐到的是正宗道地的烤羊腿，來自呼倫貝爾大草原的羊，以炭火慢烤，皮脆肉酥，軟嫩生香。這款足以媲美波爾多級數酒莊的加貝蘭珍藏級紅酒，配上巨大美味的烤羊腿，不腥不膻，肉質鮮嫩，皮香酥脆，果香與肉香在空氣中飄散，近悅遠來。紅酒中的細緻單寧使得羊肉更為順口軟嫩，羊腿瞬時變為小鳥依人，溫柔婉約，入口即化。此時，一手撕著羊腿肉，一手端著美酒，遙想當年蒙古大帝成吉思汗征戰遠方，不禁燃起思鄉之情！

北京胡同內私廚
地址｜北京市

98. Silver Heights

銀色高地酒莊

　　國際葡萄酒大師珍西‧羅賓森（Jancis Robinson）在金融時報就她的中國之行發表《中國葡萄酒的清新酒香》一文，稱「中國葡萄酒產業出現的一顆新星。」羅賓森所指的新星，就是寧夏的銀色高地酒莊。珍西‧羅賓森並給銀色高地的酒打分，在其20分制的評分當中2007年的酒打了16分，2008打了16+分，2009年份的艾瑪私家珍藏打了17分，算是相當於法國的列級酒莊甚至是二級酒莊以上的分數，這對於一個剛萌芽的中國酒莊來說相當不容易。

　　銀色高地酒莊創辦人高林先生從1997年開始種葡萄，高林在賀蘭山海拔等高線1,300米的半山腰找了一大片3,000畝的沖積扇地塊，開始種植葡萄。

　　莊主女兒高源在父親的安排下在法國接受了六個月培訓。在波爾多第二大學三年學習葡萄酒釀造，隨後又在波爾多第四大學讀了一年的市場營銷。並且獲得進入波爾多三級酒莊的卡農西谷酒莊（Calon Ségur）實習。回國後高源在新疆的香都釀了三個年份的酒，2007年到上海桃樂絲公司做訓練師。這些經歷都為他日後的釀酒事業打下基礎。

　　2007年是酒莊的首釀年份。那一年高源嘗試性釀10桶酒，其中包括5個法國橡木桶，在院子裡挖了一個地下酒窖儲存橡木桶，開始釀酒，這就是酒莊的前身。

A
B C D

A.葡萄園。B.早期像車庫酒莊。C.2023年春節品酒酒款。D.作者與老莊主高林和釀酒師高源在院內合影。

　　2014年的5月7日我第一次拜訪銀色高地酒莊，酒莊離市區不遠，汽車沿著賀蘭山中路行駛，15分鐘以後就來到這個「小院」。這個小酒莊和我在波爾多、勃根地甚至是義大利看到的車庫酒莊很相似，一間小小的院子和兩三個由磚塊砌成的房子，還有幾棵白楊樹和一些葡萄藤，連門口掛的都是鐵製的酒莊招牌，就如同一間小型加工廠（就像波爾多車庫酒鼻祖Le Pin樂邦酒莊），這就是銀色高地酒莊，高源一家人也住在這裡。

　　當時高源與父親高林特別親自迎接，帶我參觀了酒窖，也看看她在這裡所試種的幾十株葡萄樹，最後，又請我們在院子裡進行品酒，品嚐的是2011銀色高地家族珍藏、2011銀色高地闕歌和2009艾瑪私家珍藏，在我來之前已經先放再醒酒瓶醒過。其中闕歌和艾瑪私家珍藏表現相當優異，不愧是當家作品。尤其是艾瑪私家珍

藏酒色呈墨紫色不透光，有藍莓、黑醋栗、紫羅蘭、紅色漿果和雪松的味道。

　　如今位於賀蘭山東麓銀川產區賀蘭縣金山產區的銀色高地酒莊所在地，才是銀色高地最終紮根的地方。2012年，高源和高林成了金山產區最早開始種葡萄的人，銀色高地也成為了金山產區的第一家酒莊。2014年，銀色高地第一次用金山葡萄園的葡萄釀酒，種植、釀造、接待都在這裡完成。現在的銀色高地酒莊有兩個葡萄園：金山葡萄園和夏營子葡萄園，共70公頃。兩個葡萄園都擁有歐盟有機認證，並且在申請生物動力法Demeter認證。葡萄園之間距離不算遠，大約9公里，15分鐘車程。年產量將近150,000瓶酒。總共生產幾款包含旗艦酒艾瑪私家珍藏的酒：入門級「昂首天歌」，並不進桶，只在寧夏市場銷售。「銀色高地家族珍藏」，在50%的美國舊橡木桶和50%的法國舊橡木桶中陳年12個月。售價新台幣1,500元一瓶。「銀色高地闕歌」在100%的法國新橡木桶中陳釀20個月。售價新台幣2,500元一瓶。艾瑪私家珍藏，以高源女兒艾瑪（Emma）命名，100%卡本內蘇維翁，100%新桶，橡木桶陳年24個月，售價新台幣8,800元一瓶，產量僅僅1,000瓶1.5公升裝，售價新台幣16,800元一瓶。另外新增加的酒款有「家園」系列三款酒，售價新台幣2,100元一瓶。最新嘗試作品橙酒「沙湖之月」，售價新台幣950元一瓶。

這裡特別介紹銀色高地實驗性酒款橙酒：

沙湖之月

　　對於橙酒最初的設想，是做一款單一品種的「沙湖之月」，用夏多內來做。然而釀造過程中，發現僅用夏多內釀造橙酒，其表現並沒有預期那樣好。改進的方法在於決定加入一些芳香的小品種進行調配，最後加入了格烏茲塔明那（Gewürztramine）、麗絲玲（Riseling）、白蘇維翁（Sauvignon）等，來釀酒有一個更好的表現。經過調配的「沙湖之月」像一支和諧的樂曲，作為基酒的夏多內本身酒體很好，複雜度也高。而芳香品種的香氣特別好。當調配在一起的時候，彼此的長處得到了發揮，互補又和諧。於是銀色高地第一個年份的橙酒——2020年份的「沙湖之月」誕生了。

　　「沙湖之月」的葡萄品種全部來自於酒莊賀蘭山東麓金山產區夏營子葡萄園，葡萄園海拔1,200

2009沙湖之月

米，南北朝向。夏營子葡萄園的土壤類型主要以灰鈣土為主，表土下有深厚的洪積礫石層，土壤通透性好，有機質和養分含量低

陳釀過程會在陶罐和橡木桶中進行。根據酒液的情況，會調整兩種容器的比例。酒莊用來陳釀橙酒的橡木桶是225 L的勃根地舊桶。它能很好地表達品種本身香氣的同時，增加香氣的飽滿度複雜度。將新鮮的果香通過桶的熟化，變得更加扎實。而陶罐材質中具有的元素會對酒有一定的影響，同時也能為酒創造一個緩慢氧化的條件。整個熟化過程會經歷一年多的時間，而後進行調配。對於沙湖之月來說，關鍵字是：乾淨、易飲、既有新奇，又給人熟悉的感覺，並不會非常「野」。

2023年6月份，酒莊全新推出「沙湖之月」橙酒2021這是沙湖之月的第二個年份，也是酒莊在釀造橙酒的道路上，繼續探索和積累的第三年。新年份延續了一貫的優雅、以突出葡萄品種的特點為主，而沒有太多干預和修飾，很好入口。對於喜歡橙酒和想要嘗試橙酒的朋友來說，都是很好的選擇。

沙湖之月2021的葡萄品種以白蘇維翁（80％）為主，調配以格烏茲塔明那（10％）和麗絲玲（10％），全部來自於海拔1200米的賀蘭山東麓金山產區夏營子葡萄園。年產量：3,000瓶。

作者品評：

海邊煙火般燦爛的一款橙酒。香氣上肆意散發著柑橘、熱帶水果和香料氣息，鳳梨、血橙、陳皮、香脯、鹽漬檸檬，還有新曬的稻草和淡淡的麵團芬芳。喝到口中，她辛辣而熱情，勁道的酸度裏挾著濃郁的風味，久久地在餘味中徜徉。

家園系列馬瑟蘭：

酒標上「家園」的毛筆字，是請寧夏本土的書法家創作的。「NINGXIA」的拼音靈感來自酒莊總經理馬可（Marco）。當時他説：「家園系列一定要把寧夏的拼音寫上，因為我們要出口，外國人能讀懂這個拼音，知道我們來自這個地方，這片閃閃發光的土地。」於是酒標上的「NINGXIA」，用漂亮的金色，寫得大大的。

銀色高地的馬瑟蘭全部種植於夏營子葡萄園，有15年種下的，還有18年新種的小葡萄樹。種植面積一共32.6畝，是葡萄園裡的主要品種之一，全部採用有機&生物動力法種植，馬瑟蘭是卡本內蘇維翁和格瑞納許的雜交品種，誕生於1961年。是被稱為「馬瑟蘭之父」的法國葡萄品種學家Paul Truel培育出來的。和銀色高地葡萄園裡卡本內蘇維翁相似，馬瑟蘭在寧夏的適應性很好，不容易染病，也比較好養活，不需要太多額外的照顧。

釀造：

馬瑟蘭會經歷多次分選、除梗，然後進入不銹鋼罐中整粒發酵。這個過程中，天然酵母自然發酵，酒莊不會人為添加任何物質。經過1～2週的發酵之後，轉入法國小橡木桶陳年。一部分會使用新橡木桶，而另一部分則會使用1～2年的舊桶進行陳年。

作為家園系列的其中一款，馬瑟蘭在誕生的3年裡，用出色的表現俘獲了眾多消費者和行家的心，在今年5月的第六屆發現中國CWS中國葡萄酒發展峰會上，更是拿到了大金獎的榮譽。著名酒評家Ian D'Agata作為參賽樣酒評審主席，給家園馬瑟蘭2021年份打出了95分的高分。

Ian D'Agata評分 95：

偏紫的寶石紅色，紅色和藍色水果的清香中夾雜著甜香料、煙草和草藥的味道。入口集中度高，整體喝起來卻十分輕盈，充滿了成熟的果香，回味比較長且富有層次感。這不是Emma Gao釀造的首款令人驚歎的馬瑟蘭葡萄酒，恰恰進一步證明了寧夏非常適合這一品種。

很多中國評論家議論高源釀酒是在模仿法國風格，但是高源說，她所做的「只是把法國釀酒師的精神帶到了銀色高地。」但是不可否認銀色高地的誕生對中國葡萄酒確實有絕對性的影響。酒莊所生產的酒幾乎囊括國內外大獎；銀色高地家族珍藏2009年份榮獲2011年中國本土最佳葡萄酒獎，銀色高地闕歌2009年份、銀色高地家族珍藏2009年份榮獲2012年法國葡萄酒評論RVF中國葡萄酒大賽金獎，高源榮獲中國最佳釀酒師榮譽。2011年份的銀色高地闕歌，也出現在漫畫《神之雫》的最終篇。2017年份的銀色高地闕歌獲得R.Paker 91高分。2018年份的銀色高地闕歌獲得R.Paker 92高分。2019年份的銀色高地闕歌獲得James Suckling 92高分。銀色高地闕歌也已經列入國際著名酒評家貝丹和德梭的《2015～2016貝丹德梭葡萄酒年鑒中文版》。以上這些殊榮都足以證明銀色高地在中國舉足輕重的地位。

2011家族珍藏

/DaTa

地址｜寧夏銀川市賀蘭縣洪廣鎮金山村棗園西
電話｜0951-5085639
備註｜必須預約參觀

Recommendation
Wine

銀色高地艾瑪私家珍藏 1.5 公升紅酒

Silver Heights "Emma's Reserve" 2009 (1.5L)

ABOUT

適飲期：現在～2040
台灣價格：16,800 元
品種：100% 卡本內蘇維翁（Cabernet Sauvignon）
橡木桶：法國新橡木桶
桶陳：12 個月
年產量：1,000 瓶

🍷 品酒筆記

在2023年的春節，作者粉絲團拜宴會上，我打開了收藏將近十年的銀色高地艾瑪私家珍藏1.5公升紅酒，這也是我在2014年採訪銀色高地酒莊時，莊主送給我的紀念酒，上面還有莊主高林先生的簽名。當晚除了兩款法國香檳外，還有九款來自世界各地的名酒，其中包含銀色高地艾瑪私家珍藏1.5公升。而其中，我最喜歡的就是DRC La Tâche、美鈔（Band 1.5L）、和艾瑪私家珍藏這三款佳釀，能夠一次品嚐這11支名酒實在是一段令人難忘的回憶。

銀色高地艾瑪私家珍藏有著深沉不透光的紫羅蘭酒色，伴隨著驚人的桑葚、礦物味、雪松木、咖啡和炭培香氣。入口後，它顯露出與眾不同，具有細緻層次感的果香，純粹且馥郁的芬芳，餘韻長達30秒以上。

🍴 建議搭配

滷豬腳、烤羊排、湖南臘肉、金華火腿。

★ 推薦菜單　上海紅燒肉

上海紅燒肉是一道美食，由五花肉、醬油、酒、糖等材料製作而成。這道菜能體現出上海菜的濃油赤醬特色，絕對是上海菜的代表。靠火候功夫，可以做出肥而不膩、嫩而不爛、甜而不粘、濃而不鹹的味道來。這道菜搭配銀色高地艾瑪私家珍藏，濃郁的黑色果香和迷人的香料味可以去掉五花肉的油膩感。細緻的單寧可以提升燒蛋Q嫩的口感，並且充分表現出整道菜濃油赤醬味，香噴噴的紅燒肉吃來別有一番好滋味！

老吉士上海餐廳
地址│上海市徐匯區天平路 41 號

99. Domaine de Long Dai

瓏岱酒莊

「在中文裡，繁體的『瓏』字具有琢石成玉的含義，而其所指代的玉在農耕時期的中國往往特指勞作農民大旱求雨時專用的龍紋玉匾。『岱』不僅泛指孕育優質葡萄的青山峻嶺，同時也是我們身處的五嶽之首──山東泰山的古稱，以對齊魯大地光輝歷史的致敬。由此，我們選擇了『瓏岱』（Long Dai）二字。」──拉菲羅斯柴爾德集團主席／ 薩斯基亞・羅斯柴爾德（Saskia de Rothschild）

2009年，拉菲羅斯柴爾德集團（以下簡稱「拉菲集團」）踏上華夏大地，希望藉由此處大自然的樸質饋贈締造矜貴珍品。歷經光陰荏苒，於十年後，融合拉菲集團150多年的精湛釀酒技藝和中國五千年文明史的酒莊 – 瓏岱酒莊（Domaine de Long Dai），以10年歲月的傾心締造為沉澱，終在2019年7月正式揭幕。拉菲集團和瓏岱酒莊團隊將充分的耐心融入酒莊的發展，並在中國開啟一段豐富悠長的釀造精品美酒之旅，旨在創造平衡於自然風土與細心耕耘的高品質佳釀。

作為拉菲集團在中國釀造葡萄酒的第一章，已被守護了10年的「瓏岱」，位於中國山東半島丘山河谷地區，基於集團對丘山風土經歷十載春秋、無懼時間的鑽研，酒莊就好似一篇篇等你翻開慢讀的精彩故事，也如瓏岱酒莊首款中國產高級年份葡萄酒──瓏岱紅葡萄酒，靜候你的「細品」。

A ｜ A.酒莊餐廳建築。B.酒莊。C.瓏岱酒窖。D.作者在酒莊門口與張女士合影。
B｜C｜D

　　2023年7月26日透過我的好友楊立奇教授和欒總經理的安排，來到瓏岱酒莊參觀採訪，瓏岱酒莊知道我即將出版新書《世界酒莊巡禮》，特別女排專業的酒莊侍酒師張旭為我做導覽與解說。他首先帶領作者參觀酒莊，介紹酒莊歷史、文化、理念等各個方面的內容，最後是品酒。

　　想要深入一覽酒莊特色，首先需要沉浸於幾乎看不到路面的美麗葡園，瓏岱酒莊的葡園由團隊與附近木蘭溝村莊的村民共同建造而成，分佈於360級梯田之上。穿梭於此，感覺就像是在梯田中開了一道「縫隙」般的小徑，沿著這道蹊徑一直遊覽，便將你從葡萄園一路帶到了酒莊以及酒窖中，酒莊的大門用石磚堆砌成牆，高雅而壯觀，牆上雕著兩個字也就是酒莊的名字「瓏岱」。

　　張旭侍酒師繼續帶我來到酒窖，告訴我說，陳列橡木桶的儲藏室呈一個圓形的空間，這樣的設計雖然是效仿了拉菲集團於1987年在法國拉菲羅斯柴爾德古堡建造的酒窖設計，但是特別加入的八根紅木廊柱卻靜訴著瓏岱酒莊的中國特色，廊柱的靈感來源取自道教中的八柱建築風格。而酒莊別墅的室內設計，則從中國書

法藝術中獲取靈感，進行精心搭配。如此精雕細琢的整體設計，也許只有置身於此，才能真正領略這裡的別具一格。

呈現於世人的不止於瓏岱酒莊的別致建築，酒莊精心釀造的第一款年份葡萄酒也於今天全新上市。瓏岱紅葡萄酒誕生的背後，是拉菲集團和酒莊團隊從挑選理想風土、挖掘400多個土坑、探索土壤以尋找此處理想葡萄種植區域開始，經過精準的栽培、減產，在360級梯田上投入更多人力和改良機械，分次採摘以獲得高品質果實，之後根據傳統波爾多工藝釀造，將酒液靜置於來自波亞克產區 Tonnellerie des Domaines 定制的法式橡木桶中陳年18個月，最終在瓏岱酒莊內完成裝瓶而創。

最後張旭侍酒師帶我來到酒莊的品酒室試酒，我們總共品飲了三款酒：瓏岱 2020、琥岳2020、小木蘭2022。

作者品評：

瓏岱2020

2020年份的瓏岱紅酒是非常完美的年份，比起我去年喝的2019年份的同款酒還要優雅與細膩。2020年用了高比例的卡本內弗朗和馬瑟蘭兩種葡萄，讓我想起上個月才喝過的白馬堡1995 & 1996 有礦石和檜木的香氣。這個年份是我第一次喝，顏色是深紫色而不透光，比海水還深的湛藍。倒入杯中馬上散發紫羅蘭、鉛筆芯、礦物、黑醋栗、山渣、和些許薄荷。結構扎實、層次分明、優雅而細緻，令人印象深刻。雖然年輕，但是仍能喝出其驚人的實力，相信在未來的20年當中，必定能更加精彩與美妙。

琥岳2020

比起瓏岱2020年，琥岳的2020年份更容易親近、更討喜。一開始，酒就充滿了果香和花香，紅櫻桃、紅醋栗、東方香料和肉桂的香氣，單寧絲滑，醇厚芳香。入口清爽，口感圓潤，餘韻悠長。

瓏岱年份介紹：

瓏岱2017

品種：50%卡本內蘇維翁（Cabernet Sauvignon）、25%馬瑟蘭（Marselan）、25%卡本內弗朗（Cabernet Franc）。

瓏岱酒莊總種植面積30公頃，首款年份2017年瓏岱由卡本內蘇維翁、馬瑟蘭和卡本內弗朗混合釀造，所用葡萄均採自丘山河谷下花崗岩質土壤的340級層層梯田。橡木桶陳年18個月。

瓏岱2018

品種：75%卡本內蘇維翁（Cabernet Sauvignon）、17%馬瑟蘭（Marselan）、8%卡本內弗朗（Cabernet Franc）。

在2018年份的瓏岱葡萄酒中，馬瑟蘭的比例為17%，為美酒增添了一份標誌性的山楂與紫羅蘭花香。

瓏岱2019

品種：卡本內蘇維翁（Cabernet Sauvignon 85%）、馬瑟蘭（Marselan 6%）、卡本內弗朗（Cabernet Franc 9%）。

而在2019年份中，馬瑟蘭的比例降低到6%，是因為當年溫暖氣候讓卡本內蘇維翁與卡本內弗朗非常飽滿成熟，馬瑟蘭則很好地為酒液提供了一絲新鮮優雅。

瓏岱 2019

瓏岱2020

品種：56%卡本內蘇維翁（Cabernet Sauvignon）、20%馬瑟蘭（Marselan）、24%卡本內弗朗（Cabernet Franc）。

2020年份，馬瑟蘭的比例增加到了20%，是為了讓當年涼爽濕潤氣候下的葡萄酒獲得更多濃郁度與結構感。馬瑟蘭在自然風土下的獨特芬芳和柔和的單寧質感，也為配餐增添了友好度和多樣的維度，搭配魯菜中經典的蔥燒、油爆類濃郁菜品可謂相得益彰。

據瓏岱酒莊總經理查理・特爾特納（Charles Treutenaere）介紹：「琥岳這一名字的靈感源自一個想法，希望能夠揭示出在中國文化、對元素的尊重以及人自然不可控之輪迴三者之間的神聖聯繫。沒有比『琥』更棒的字了，『琥』字左半邊為玉，是古代農民在祈求豐收時會用到的一種重要禮器！」

在與另外一個字（珀）組合在一起時，則組成了在中國具有重要文化意義的「琥珀」。此外，「琥」字還會令人聯想到中國的第二大神獸──「虎」。第二個字「岳」則代表中國的五大名山，並引申回酒莊名稱中所引用的岱宗。

琥岳年份介紹：

琥岳2018

品種：65%卡本內蘇維翁（Cabernet Sauvignon）、5%馬瑟蘭（Marselan）、13%卡本內弗朗（Cabernet Franc）、13%希哈（Syrah）、4%美洛（Merlot）。

琥岳釋放出濃郁的黑果香，如黑莓和黑醋栗，酒莊佳釀典型的香料感緊隨其

後，不禁令人聯想到黑胡椒，為葡萄酒賦予一種醇厚又力道十足的香氣特徵。入口清爽，隨後讓位於圓潤感，強而有力。顆粒細膩的單寧支撐起綿長的口感，如甘草和白胡椒一般的甜香料為口中錦上添花。略接觸空氣後，我們還可以感受到淡淡的烘烤香，成為這款葡萄酒平衡度的絕佳補充。

琥岳2019

品種：57%卡本內蘇維翁（Cabernet Sauvignon）、17%馬瑟蘭（Marselan）、11%卡本內弗朗（Cabernet Franc）、15%希哈（Syrah）。

2019年份琥岳的典型特徵是如紅醋栗和櫻桃一般的紅果香，之後，甘草和白胡椒的香料感緊隨而來，展露出一種複雜又精緻的芳香風格。入口清爽，結構平衡，口感圓潤飽滿。絲滑的單寧支撐起葡萄酒悠然的長度，淡淡的可可香充分詮釋出這款葡萄酒的和諧感。

琥岳2020

品種：53%卡本內蘇維翁（Cabernet Sauvignon）、12%馬瑟蘭（Marselan）、21%卡本內弗朗（Cabernet Franc）、8%希哈（Syrah）、6%美洛（Merlot）。

琥岳充滿了櫻桃和紅醋栗的紅色果香，還有香料和甘草的香氣，塑造出醇厚而強勁的芳香風格。入口清爽，口感圓潤，十分悠長，單寧顆粒細膩，彌漫出香草一類的甜香料氣息。略與空氣接觸後，又出現淡淡的烘烤香氣，詮釋出這款酒的和諧風範。

目前瓏岱的新年份2020年，價格為12,500元台幣、相當於美國膜拜酒莊價格。琥岳的新年份2020年，價格為7,000元台幣，相當於波爾多二級酒莊價格。由於是拉菲集團在中國的第一個酒莊，品質相當穩定，也有一定的信賴度與知名度，所以受到中國市場的支持與肯定。🍾

琥岳2020

地址｜山東省煙臺市蓬萊區大辛店鎮丘山山谷
電話｜0535 5781166#809

DaTa

瓏岱酒莊

Domaine de Long Dai "Long Dai" 2020

ABOUT

適飲期：現在～2040
中國市場價：12,500
品種：56% 卡本內蘇維翁（Cabernet Sauvignon）、20% 馬瑟蘭（Marselan）、24% 卡本內弗朗（Cabernet Franc）。
木桶：100% 法國新橡木桶
桶陳：18 個月
瓶陳：6 個月
年產量：30,000 瓶

🍷 品酒筆記

2020年份的瓏岱紅酒是非常完美的年份，比起我去年喝的2019年份的同款酒還要優雅與細膩。2020年用了高比例的卡本內弗朗和馬瑟蘭兩種葡萄，讓我想起上個月才喝過的白馬堡1995 & 1996 有礦石和檜木的香氣。這個年份是我第一次喝，顏色是深紫色而不透光，比海水還深的湛藍。倒入杯中馬上散發紫羅蘭、鉛筆芯、礦物、黑醋栗、山渣、和些許薄荷。結構紮實、層次分明、優雅而細緻，令人印象深刻。雖然年輕，但是仍能喝出其驚人的實力，相信在未來的20年當中，必定能更加精彩與美妙。

🍴 建議搭配

生牛肉、烤羊排、香酥肥鴨、紅燒獅子頭。

★ 推薦菜單　羅漢肚

在推薦這道菜之前我先說說這道菜的故事據孔府檔案記載，乾隆36年乾隆皇帝到山東的曲阜祭祀，品嚐到了這道光澤透明、肉皮層次分明、內部紋理又似花崗岩似的涼菜，這是八寶肚並非羅漢肚，乾隆吃了一口覺得口感鹹鮮、適口不膩、醬香醇厚的羅漢肚，頓時龍顏大悅，隨口就賦詩道：羅漢大肚容天下，入口鹹鮮果不凡，莫道禦廚功夫好，孔府佳肴勝一籌！
羅漢肚是魯菜中的一道傳統代表性涼菜，其大致做法是在豬肚內塞入大量調味的肉皮和肉粒，煮熟後壓結實，寓意「大肚能容天下之事」，所以得名。緊固不散，光澤透明，口感鹹鮮，適口不膩，醬香醇厚，軟嫩醇香、鮮鹹味美、回味悠長。
傳統魯菜其實讓很多老饕級的食客趨之若鶩，因為它是最好的下酒菜，但很多師傅已經不會做了，所以漸漸的失傳。所以今日我們就以這道越來越少吃到的傳統魯菜來配五大之首拉菲在山東釀的酒。瓏岱2020年也算是經典酒款，配上豬肚片醬香醇厚、口感鹹鮮、略帶甜味、適口不膩，可說是一絕。瓏岱酒的獨特果味和香料，羅漢肚的鹹鮮甘美，瞬間口感生香，垂涎三尺。

聚德樓
地址｜北京市朝陽區東三環南路乙 52 號

100. Ao Yun

敖云酒莊

在中國偏遠的地區之一，雲南省神聖的梅里雪山腳下，孕育著優質葡萄酒的新疆土——敖云葡萄園。詹姆斯·希爾頓（James Hilton）在其1933年的科幻小說《消失的地平線》（Lost Horizon）中將香格里拉描述為神祕的烏托邦，而敖云酒莊正與美麗的香格里拉毗鄰。這裡是自然的樂園，有著白雪皚皚的山峰、壯闊的峽谷，而敖云便於此誕生。敖云意為「遨遊雲上」，這一名稱與周邊山脈上空的壯美流雲相呼應，寓意遨遊香格里拉曠達天空的祥瑞之雲。

2008年初，酩悅軒尼詩葡萄酒事業部邀請享譽國際的澳大利亞釀酒師和科學家託尼·喬丹（Tony Jordan）來到中國，尋找具有釀造出世界知名葡萄酒潛力的風土條件。於是，喬丹博士踏上了這段未知的旅程。他向中國釀酒領域的權威人士請教，查看了衛星資料，並安裝了氣象台。第一年裡，在遍訪數十個地區後，他發現中國大部分的地區都不是理想之選，得天獨厚的葡萄園是千載難逢的。隨後，他開始改變策略，在南方尋找理想的微氣候。

四年後，喬丹博士終於來到梅里雪山腳下，這裡是中國雲南省的三江匯流區，是聯合國教科文組織世界自然保護區，海拔高達6,740米的梅里雪山也坐落於此。儘管面臨道路和電力資源有限等物理條件的阻礙，但他依然在風景秀麗的阿東村觀測到了理想的微氣候。釀酒的夢想正是在這些山腳下的土地上成為現實。

農耕文明在這些陡峭的梯田上已經有超過一個世紀的歷史。19世紀末，耶穌會傳教士首先在山上種植了葡萄藤。2000年，中國地方政府鼓勵當地農民種植從法

A	
B	C	D

A．酒莊。B．梯形葡萄園。C．作者與營運廠長Mark在酒莊合影。D．敖云酒莊2018年的一套限量酒：包含敖云旗艦酒、阿東村酒、西當村酒、說日村酒，總共四款酒，限量200盒。。

國進口的葡萄藤，以促進當地經濟發展並減緩農村人口外流。

2013年，來自波爾多的釀酒師馬克桑斯·杜魯（Maxence Dulou）懷著對這個世界偏遠地區的好奇與探尋新風土的夢想，與家人一起遷居雲南，踏上了敖云的探險旅程。在敖云酒莊的建設期間，馬克桑斯面臨了眾多不可預測的挑戰，例如保證電力供應、從法國引進橡木桶等。經過了一年的努力，敖云的第一款年份珍釀2013在他手上誕生，並於2016年上市。這款葡萄酒面世即獲得了來自權威人士的廣泛讚譽。

來自波爾多的釀酒師

馬克桑斯 ·杜魯出生於法國蘇岱地區。後在波爾多大學攻讀釀酒和葡萄園管理專業，並於2001年獲得了法國國家釀酒師文憑。畢業後，他加入了波爾多當地的葡萄酒實驗室，為該地區30多個酒莊提供專業的建議和支持。在結束波爾多這段工作

後，他開啟了一段更廣闊的葡萄酒世界探索之旅。首先前往南非，負責一家葡萄酒實驗室的相關事宜；之後輾轉到勃根地，最後又遠赴智利，於一個家族酒莊任職。

滿載著這段旅途中的收穫，他於2005年回到了法國，加入了聖艾美儂產區的君豪酒莊（Château Quinault），負責葡萄栽培和釀造的工作。該酒莊於2008年被收購，並由白馬酒莊團隊（Château Cheval Blanc）負責管理。在與他們合作的同時，馬克桑斯也在研讀農學工程師的課程，更進一步的提升他的專業能力。

2013年，他又開啟了對自己新一輪的挑戰，與妻子和兩個孩子一同，舉家遷往與香格里拉毗鄰的敖云酒莊，負責葡萄栽培和釀造的工作，並於2015年得到晉升，任敖云酒莊總負責人一職。

2023年的8月份由酩悅軒尼詩品牌大使也是我的好友Tim安排我前往採訪，為我即將出版的《世界酒莊巡禮》100大好酒作記錄。當天下午由酒莊接待的Peter來接我們上山，一路上經過説日村、斯農村來到西當村。敖云酒莊特別派了一位導覽員為我們解説這個村的葡萄園生態、微氣候與種植。這裡種植了卡本內蘇維翁、卡本內弗朗、小維多和美洛。有著高海拔的優勢、三流匯聚的濕氣、梅里雪山的冷空氣，使得葡萄可以緩慢的生長，釀出來的酒更具變化性與優雅度。這個村實在是非常的寧靜、聽説只住了不到200人，聽到的牛羊聲比人的聲音多，站在山的制高點，可以看到金沙江的遼闊，抬頭可以看到梅里雪山的白雪皚皚。我們大約走了一小時以後，才看完整個葡萄園，此時的葡萄已接近成熟，都是深紫色，還有一個多月就會採收了。

接著Peter再開半個小時的車程來到敖云酒莊的所在地阿東村，營運廠長兼助理釀酒師毛葉凌霄先生（Mark）已經在等著我們試酒了，Mark是個年輕的帥哥，釀酒經驗豐富，之前也在法國酒廠參與釀酒。他告訴我們説：總釀酒師剛好回法國度假，所以由他來為我們導覽與試酒。我們首先試喝了第一款2021阿東村的夏多內白酒，這個酒還在不銹鋼桶裡，再過一星期才會裝瓶。阿東村海拔2600米，為4個村落最高，海拔也位全球葡萄園前列，算是世界上少有的高海拔夏多內白酒。顏色是淺綠黃色的色彩，迷人的桃子、榛子與白花香味在酒體緩緩打開，呈現出恰到好處的發酵程度與精緻花香。每年產量僅有2,000多瓶。緊接著喝的是2021年阿東村的紅酒，具有新鮮度與純淨度，醇厚的酒體和乾淨的單寧，非常平衡。此酒帶有黑醋栗、黑櫻桃和紫羅蘭的香氣，一點點薄荷、香料香，喝起來相當愉悅。再來試的是2021年的西當村紅酒，帶有甜蜜紅莓、成熟黑莓、黑櫻桃與草莓的混合之味，以及薰衣草、胡椒薄荷和牡丹混合而成的優雅、馥郁的花香。西當村酒海拔2100米，在四個村莊中海拔最低，比較早熟，芬芳而甜美，適合早飲。最後我們喝的是敖云酒莊的旗艦酒2021敖云，敖云2021年份葡萄酒保留了香格里拉別具一格的風土特色，呈現出更加精緻優雅的風土表現力。敖云旗艦酒款杯中呈深邃的紅

寶石、深紫色，交織着礦物、石墨、桑葚、黑加侖子、焦糖和煙草的芳香。口感非常輕盈，一層接一層的豐腴果香在口中縈繞。新鮮程度與濃郁果香達到美好的平衡，口感誘人多汁、含細膩的單寧顆粒。是我喝過最好的敖云年份酒第二名，第一名是2015年這個年份（其中包含2013、2015、2016、2017、2019）。

最後Mark帶我們參觀酒廠和酒窖，他告訴我們，最新的酒窖還沒落成，還有以後的新餐廳和員工宿舍，再沒多久就竣工了。我們一起在門口刻有敖云標誌的大石前拍照留念，互道珍重，期待下次再相逢。🍾

以下是敖云酒的介紹：

敖云村酒

為了將四個村落獨特的風土特徵更好的詮釋出來，敖云村酒應運而生。從葡萄園管理，葡萄的挑選以及釀造工藝等，每個環節都基於這一目標去制定，意在將每款敖云村酒都打造成展現各村風貌的藝術品。

西當、斯農、説日、阿東，四個村落都參差地坐落於梅里雪山腳下，皆受到高海拔氣候（高紫外線，空氣含氧量低及晝夜溫差大等）的影響。除此之外，海拔的不同，村落朝向的差異以及土壤成分構成的原因等其他自然因素更是將各村的風格區別開來，形成了屬於每個村的獨特風土。

- 西當，藏語為「菜宗西單」，意為「安靜舒適之地」。其海拔2100米，在四個村莊中海拔最低。早年間，因其河水中堆積大量石塊，現河水退去後土壤以碩石和沙土為主，葡萄園大致朝東，擁有較高的地表溫度和溫暖的微氣候，因此有最早的成熟期，酒體柔和，氣味香甜。

- 斯農，藏語為「色吉木郎」，意為「未來的光明」。其海拔2200米，位於瀾滄江上游左岸，大致朝東北向的葡萄田。土壤分為兩個部分：峭壁上的葡萄田以板岩土壤為主，而平地的主要為黏土。日照時間略少於西當，葡萄成熟期也稍晚一些，酒體重具有獨特的礦物質感。

- 説日，藏語為「説巴日格」，意為「住在香柏樹周圍的人」。村落海拔2500米，面西。土壤以板岩石塊和黏土組成。因其黏土比較高，土壤溫度也相對較低，所以此村的葡萄成熟期也相對較晚，酒體更具平衡、細膩的口感。

- 阿東，藏語為「東木瓦書安」，意為「五湖四海聚集之地」。阿東海拔2600米，為4個村落最高，海拔也位全球葡萄園前列。其葡萄園可分為朝西、朝西北的兩部分，土壤中含有大量黏土以及少量板岩和花崗岩，有近乎最晚的成熟期，酒體更顯明亮爽朗、緊緻有力。

阿東霞多麗村酒

通過阿東霞多麗村酒詮釋阿東村風土，這款酒由阿東村的2,369株（生長於海拔2,600米）霞多麗釀製而成。自敖云探索旅程之初，便專注於紅酒，崇尚以呵護

取代損害的原則處理霞多麗原株，以便進一步了解村落與風土人情。釀造白葡萄酒所需要的不同葡萄園和釀酒工藝也促使品牌不斷學習精進。該款葡萄酒通過霞多麗來表達阿東村的涼爽風土，而阿東紅葡萄酒則由赤霞珠來表達。阿東村霞多麗最初於2016年推出，從2013年至2015年期間，通過長達3年的調配精進釀酒工藝，以滿足葡萄酒品鑑家所期待的卓越品質。

敖云年份酒：

敖云2013
品種：90%卡本內蘇維翁（Cabernet Sauvignon）、10%卡本內弗朗（Cabernet Franc）／分數：RP 93

敖云2014
品種：90%卡本內蘇維翁（Cabernet Sauvignon）、10%卡本內弗朗（Cabernet Franc）／分數：RP 91

敖云2015
品種：79%卡本內蘇維翁（Cabernet Sauvignon）、21%卡本內弗朗（Cabernet Franc）／分數：RP 94

敖云2016
品種：77%卡本內蘇維翁（Cabernet Sauvignon）、20%卡本內弗朗（Cabernet Franc）、4%希哈（Syrah）、2%小維多（Petit Verdot）。／分數：RP 93

敖云2017
品種：77%卡本內蘇維翁（Cabernet Sauvignon）、19%卡本內弗朗（Cabernet Franc）、4%希哈（Syrah）、3%小維多（Petit Verdot）、2%美洛（Merlot）。／分數：RP 94

敖云2018
品種：60%卡本內蘇維翁（Cabernet Sauvignon）、19%卡本內弗朗（Cabernet Franc）、7%希哈（Syrah）、4%小維多（Petit Verdot）、10%美洛（Merlot）。

敖云2019
品種：67%卡本內蘇維翁（Cabernet Sauvignon）、17%卡本內弗朗（Cabernet Franc）、10%希哈（Syrah）、6%小維多（Petit Verdot）。

敖云酒莊從2013年的農戶集體工作制轉變為2019年的田地到戶責任制，從原本的4個村落細分到113個農戶，讓每一位農戶都能更好地了解和管理葡萄莊園。在流程管理規範化後，也收穫了更為優質的葡萄果實。

多年來，敖云從一個又一個獨特而多樣的風土年份中積累經驗、探索與革新，並不斷調整和改良種植技術與工藝。敖云在不斷精進的過程中對香格里拉這塊神祕土地的理解更為深刻，從而釀造出順應自然，別具風土特色的葡萄酒。

DaTa

地址｜雲南省迪慶藏族自治州德欽縣升平鎮阿東村
電話｜0887-306-2111
網站｜http://www.Seña.cl/en/wine.php
備註｜不接受參觀

敖云旗艦酒

Ao Yun 2015

ABOUT
適飲期：現在～2045
中國市場價：14,000
品種：79% 卡本內蘇維翁（Cabernet Sauvignon）、21% 卡本內
　　　弗朗（Cabernet Franc）
木桶：35% 新橡木桶、35% 舊橡木桶、30% 陶罐
桶陳：18 個月
瓶陳：6 個月
年產量：30,000 瓶

品酒筆記

清新的花香和濃郁的甘草味撲面而來，混雜肉桂、肉豆蔻與
甜香料的味道，在黑莓、櫻桃核等黑色水果的果香味中達到
平衡口感，酒體膩而富有活力，單寧柔滑，還有黑加侖、石墨
和草本植物的適當酸度，整體酒款展現出高海拔的優雅與細
緻，餘韻悠長。

建議搭配

北京烤鴨、鐵板燒、菲力牛排、碳烤松阪豬、小羊腿等。

★ 推薦菜單　椒鹽牛小排

這是吉品海鮮的招牌菜之一，美國牛小排先去骨取肉的部分，加
以按摩，再以自製醬料醃製30分鐘，乾煎兩面微熟，上桌前灑上特
製蒜酥。軟嫩、香酥、肉質有彈性，醬汁濃郁而入味。這樣香氣四
溢美味可口的極品牛排，實在令人垂涎三尺，就算要減肥也是明
天的事了。這款酩悅軒尼詩團隊精心釀製的敖云旗艦酒充滿著各
式香料和黑色水果，有如一款天之佳釀，需要這道香味濃厚的牛
肉來搭配。尤其紅酒中的雄厚單寧和黑色果香可以柔化肉質的油
脂，這樣的組合讓我們見識到了強者的力量，大酒配大肉，喝的淋
漓暢快，吃的舒服快活。

吉品海鮮
地址｜台北市敦化南路一段1號

生活文化 82

世界酒莊巡禮：
精選 100 支美好年代葡萄酒，獨家品酒筆記與推薦中華料理搭配

作　　　者	黃輝宏
照片提供	黃輝宏
責任編輯	廖宜家
主　　　編	謝翠鈺
行銷企劃	陳玟利
美術編輯	劉秋筑
封面設計	Day and Days Design

董　事　長	趙政岷
出　版　者	時報文化出版企業股份有限公司
	108019 台北市和平西路三段 240 號 7 樓
	發行專線　　　(02)23066842
	讀者服務專線　0800231705・(02)23047103
	讀者服務傳真　(02)23046858
	郵撥　　　　　19344724 時報文化出版公司
	信箱　　　　　10899 台北華江橋郵局第 99 信箱
時報悅讀網	http://www.readingtimes.com.tw
法律顧問	理律法律事務所　陳長文律師、李念祖律師
印　　　刷	和楹印刷有限公司
二版一刷	2023 年 11 月 10 日
定　　　價	新台幣 1500 元

缺頁或破損的書，請寄回更換

世界酒莊巡禮：精選 100 支美好年代葡萄酒，獨家品酒筆記與推薦
中華料理搭配 / 黃輝宏著 . -- 再版 . -- 臺北市：時報文化出版企業
股份有限公司, 2023.11
　面；　公分 . -- (生活文化；82)
ISBN 978-626-374-520-9 (精裝)

1.CST: 葡萄酒

463.814　　　　　　　　　　　　　　　　112017674

ISBN 978-626-374-520-9
Printed in Taiwan